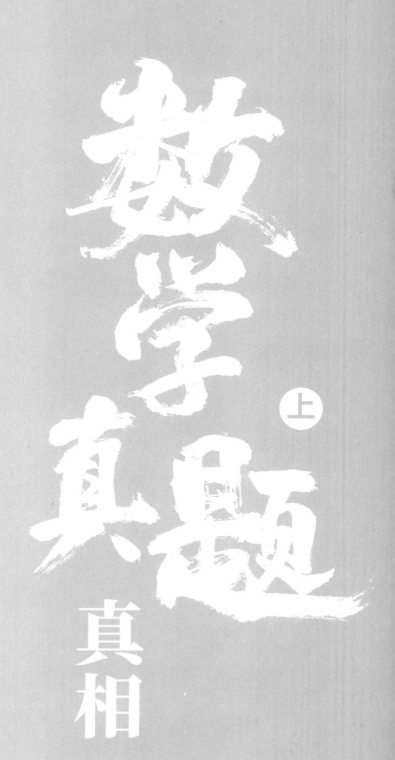

数学真题
上
真相

近十年真题及解析

董璞 —————— 编著

中国农业出版社
CHINA AGRICULTURE PRESS
·北京·

数学,作为 MBA、MPA、MPAcc 等管理类联考综合能力(科目代码:199)考试中的"兵家必争之地",不仅是分数占比最高的科目,更是决定考生能否脱颖而出的关键。然而,面对繁杂的知识点和变幻莫测的考题,许多考生在备考中感到无从下手,甚至陷入"听课能懂,做题却懵"的困境。此时,选择一本真正高效的辅导书,就如同在迷雾中找到一盏明灯,指引考生们抵达考试成功的彼岸。

本书以历年真题为核心,按照章节考点进行分类整理,分为两册:上册收录了 2016—2025 年近十年的真题,紧扣最新考试趋势;下册精选了 1997—2015 年间的经典真题,极具代表性。在真题解析方面,本书不仅提供了常规解法,还通过深入拆解题目,总结出实用的解题技巧和规律,帮助考生从"会做题"到"会思考",从"被动学习"到"主动突破"。

一、本书特色

(一)考点划分,高效复习

本书紧扣最新考试大纲分布,将内容划分为 10 个章节,每章按考点进行归纳整理。通过考点分类,考生可以快速构建知识框架,形成清晰的思维树状图,明确各章节的考查重点。这种结构化的复习方式,可以帮助考生迅速定位自己的薄弱环节,实现有针对性的高效复习。

(二)破题标志,迅速解题

通过对历年真题的深入研究,我们发现联考数学题目的出题方式和行文风格具有显著的规律性。许多题目中隐藏着【破题标志词】,这些关键词往往对应着固定的解题思路。本书独家归纳总结了这些【破题标志词】,帮助考生在解题时快速定位方向,提升解题速度和准确率。

（三）真题拆解，破题寻点

本书不仅提供真题解析，更注重对题目内在逻辑的深入剖析。通过对真题的深度拆解，我们提炼出题目的核心逻辑和破题关键，帮助考生构建个性化的解题思维框架。无论是听课还是看解析，考生常常陷入"听懂但不会做"的困境，而本书的目标正是帮考生打破这一瓶颈，从"被动接受"到"主动思考"，真正掌握数学思维的精髓。

（四）视频讲解，扫除盲点

为帮助考生更直观地理解题目，本书特别配备了与真题完全对应的视频课程。文字解析与视频讲解相结合，双重学习保障，名师点拨，事半功倍。无论是复杂题目的深入剖析，还是易错点的重点讲解，视频课程都能帮助考生扫除盲点，彻底掌握真题精髓。

二、考试题型解读

联考综合能力测试共 200 分，分为数学、逻辑、写作三部分．其中数学为试卷的第一部分，共有 25 题，全部为单项选择题，每题 3 分，共 75 分．具体题型分为问题求解和条件充分性判断两类。

（一）问题求解

套卷中数学部分第 1 ~ 15 题为问题求解，即为我们常见的单项选择题，不同于其他考试，联考中的问题求解为五选一，此处不再赘述。

（二）条件充分性判断

条件充分性判断题为联考数学中特有的题型，在套卷中为第 16 ~ 25 题．很多同学对于此类题目的考查模式理解不够透彻，导致做题速度慢，正确率低，需要在复习时有意识地重点练习。

【定义】在条件 A 成立的情况下，若一定可以推出结论 B 成立，则称 A 是 B 的充分条件．若由条件 A 不能推出结论 B 成立，则称 A 不是 B 的充分条件．

下面以一道真题来说明条件充分性判断题目的求解：

【2014.10.16】(条件充分性判断)$x \geqslant 2014$.

(1)$x > 2014$.　　　　　　(2)$x = 2014$.

解题说明：本题要求判断所给出的条件能否充分支持题干中陈述的结论。阅读条件(1)和(2)后选择：

A：条件(1)充分，但条件(2)不充分.

B：条件(2)充分，但条件(1)不充分.

C：条件(1)和(2)单独都不充分，但条件(1)和条件(2)联合起来充分.

D：条件(1)充分，条件(2)也充分.

E：条件(1)和(2)单独都不充分，条件(1)和条件(2)联合起来也不充分.

注意：本书中所有条件充分性判断题的选项均如上所示，故此类题目中都不再重复选项内容。

【解析】条件(1)：若 x 为一个大于 2014 的数，则它一定满足 $x \geqslant 2014$，故条件(1)可充分推出题干结论，充分. 条件(2)：若 $x = 2014$，则 x 一定满足 $x \geqslant 2014$，故条件(2)也可充分推出题干结论，充分.

根据条件充分性判断的选择原则，两条件均充分，选 D.

【答案】D

现将条件充分性判断的一般解题步骤总结如下：

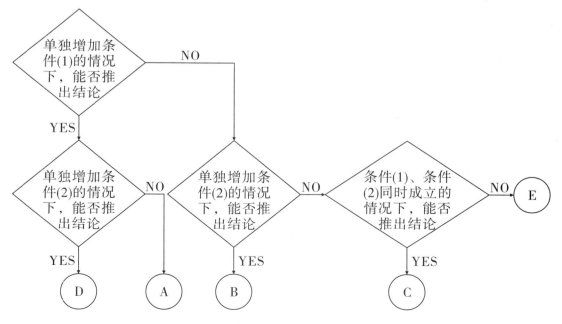

事实上,条件充分性判断解题极具技巧性,我们往往可以根据题目结构和特征迅速排除多个选项,甚至直接定位至正确选项,这些技巧在本书正文真题解析中将进行具体解读。

三、书中题目标号说明

本书中题目的编号方式有两种:2015 年之前,每年有两次联考,分别在 10 月和 1 月,故对于 2015 年以前的真题,以【年份.月份.题目序号】进行编号,如【2012.01.05】表示此题是 2012 年 1 月份的第 5 题;【2013.10.11】表示此题是 2013 年 10 月份的第 11 题.对于 2015 年及以后年份的真题,以【年份.题目序号】进行编号,如【2021.15】表示此题是 2021 年的第 15 题。

四、结束语

本书倾注了整个 MBA 大师教材编写组在联考数学方面研究的心血,旨在尽全力让每一位考生高效学习,不浪费一分宝贵的复习时间和精力.希望通过以上总结,帮助考生们掌握历年真题的正确复习方法,从而轻松应对管理类联考数学的复习,祝各位考生金榜题名!

董　璞
MBA 大师教材编写组
2025 年 3 月

目录

上篇

近十年真题

1.1　实数

1.1.1　整数

1.【2019. 16】(条件充分性判断)能确定小明年龄.

(1)小明年龄是完全平方数.

(2)20 年后小明年龄是完全平方数.

解析 ▶ P087

定义:一个自然数平方后所得到的数叫完全平方数,也叫平方数.

对此,我们需要记忆前 20 个完全平方数,即 0,1,4,9,16,25,36,49,64,81,100,121, 144,169,196,225,256,289,324,361,400,…

完全平方数的常用性质.

性质1:完全平方数的末位数字只可能是 0,1,4,5,6,9,不可能是 2,3,7,8;

性质2:两个连续正整数的平方数之间不存在完全平方数;

性质3:对于平方差公式 $a^2 - b^2 = (a+b)(a-b)$,$(a+b)$ 与 $(a-b)$ 的奇偶性相同.

1.1.2　有理数与无理数

2.【2023. 04】$\sqrt{5 + 2\sqrt{6}} - \sqrt{3} = ($ 　　$)$.

　　A. $\sqrt{2}$ 　　　　B. $\sqrt{3}$ 　　　　C. $\sqrt{6}$ 　　　　D. $2\sqrt{2}$ 　　　　E. $2\sqrt{3}$

解析 ▶ P087

3.【2021. 03】$\dfrac{1}{1+\sqrt{2}} + \dfrac{1}{\sqrt{2}+\sqrt{3}} + \cdots + \dfrac{1}{\sqrt{99} + \sqrt{100}} = ($ 　　$)$.

　　A. 9 　　　　B. 10 　　　　C. 11 　　　　D. $3\sqrt{11} - 1$ 　　　　E. $3\sqrt{11}$

解析 ▶ P087

1.2　整除

若一个整数 a 可以被整数 n 整除,则可将这个整数 a 表示为 $nk(k=0,1,2,\cdots)$. 例如将能被 2 整除的数表示为 $2k$,能被 3 整除的数设为 $3k$,其中 k 的取值根据题目要求进行限制.

解题时注意对于整数、有理数、无理数、实数定义的理解,明确下面等价关系:

1. $m=\dfrac{p}{q}$,其中 p 与 q 为非零整数 $\Leftrightarrow m$ 为有理数;

2. m 为整数, $m=\dfrac{p}{q} \Leftrightarrow p$ 是 q 的倍数, q 是 p 的因数.

这类题目的出题形式往往是要求判断一个(表示为形如 $\dfrac{p}{q}$ 的分数形式的)数是否为整数,首先考虑从判断分子 p 是否一定是分母 q 的倍数,或分母 q 一定是分子 p 的因数入手. 其次考虑从整数、有理数、无理数之间的关系入手.

在特值法代入时,注意特殊的整数:

1:其根号、平方、立方等各幂次均为其本身;1 乘以任何数都得任何数;任何数的 1 次幂均为其本身;1 是所有整数的因数.

0:不可以做分母,0 乘以任何数都得 0;任何数的 0 次幂均为 1;0 是所有非零整数的倍数.

4.【2017.07】在 1 到 100 之间,能被 9 整除的整数的平均值是(　　).
　A. 27　　　　　　B. 36　　　　　　C. 45　　　　　　D. 54　　　　　　E. 63

解析 ▶ P088

1.3　带余除法

【定理】设 a,b 是两个整数,其中 $b>0$,则存在整数 q,r 使得 $a=bq+r(0\leq r<b)$ 成立,而且 q,r 都是唯一的. q 叫作 a 被 b 除所得的不完全商, r 叫作 a 被 b 除所得到的余数.

特别地:当 $b=2$ 时,余数只可能取 0 或 1,我们根据余数的可能取值将整数分为两类,余数为 0 称为偶数,余数为 1 称为奇数.

5.【2024.17】(条件充分性判断)已知 n 是正整数. 则 n^2 除以 3 余 1.
　(1) n 除以 3 余 1.
　(2) n 除以 3 余 2.

解析 ▶ P088

6.【2022.08】某公司有甲、乙、丙三个部门.若从甲部门调 26 人到丙部门,则丙部门人数是甲部门人数的 6 倍;若从乙部门调 5 人到丙部门,则丙部门人数与乙部门人数相等.甲、乙两部门人数之差除以 5 的余数为(　　).

A. 0　　　　　　　B. 1　　　　　　　C. 2　　　　　　　D. 3　　　　　　　E. 4

解析 ▶ P088

7.【2019.20】(条件充分性判断)设 n 为正整数.则能确定 n 除以 5 的余数.

(1)已知 n 除以 2 的余数.

(2)已知 n 除以 3 的余数.

解析 ▶ P088

1.4　　奇数与偶数

1. 奇数偶数的四则运算法则:

奇±奇=偶;　　　偶±偶=偶;　　　偶±奇=奇;

奇×奇=奇;　　　偶×奇=偶;　　　偶×偶=偶.

奇数个奇数之和是奇数;

偶数个奇数之和是偶数;

任意个奇数相乘是奇数;

任意个偶数相乘是偶数.

2. 两相邻整数必为一奇一偶.

3. 除了最小质数 2 是偶数以外,其余质数均为奇数.

4. 0 是偶数.

8.【2016.18】(条件充分性判断)利用长度为 a 和 b 的两种管材能连接成长度为 37 的管道.(单位:m)

(1) $a=3,b=5$.

(2) $a=4,b=6$.

解析 ▶ P089

1.5　　质数与合数

质数/合数均为正整数,且有无穷多个;

1 既不是质数也不是合数;

最小的质数是 2,也是所有质数中唯一的偶数;

除过 2 以外,所有的质数都是奇数;

本类题目常使用穷举法求解,同学们需要熟记30以内的十个质数,即2,3,5,7,11,13,17,19,23,29.

算术基本定理:任一大于等于2的整数能表示成质数的乘积,即对于任意整数$a \geq 2$,有:

$a = p_1 p_2 \cdots p_n, p_1 \leq p_2 \leq \cdots \leq p_n.$

其中$p_1, p_2, \cdots, p_n$是质数,且这样的分解式是唯一的.将一个大于等于2的正整数写成几个质数乘积的形式即为因数分解.

9.【2023.22】(条件充分性判断)已知m, n, p是三个不同的质数.则能确定m, n, p的乘积.

(1)$m + n + p = 16$.

(2)$m + n + p = 20$.

解析 ▶ P089

10.【2021.04】设p, q是小于10的质数,则满足条件$1 < \dfrac{q}{p} < 2$的p, q有（　　　）.

A.2组　　　　　B.3组　　　　　C.4组　　　　　D. 5组　　　　　E.6组

解析 ▶ P089

1.6　　因数与倍数

11.【2025.14】a、b、c、d都为正整数,若$\dfrac{29}{35} = \dfrac{b}{a} + \dfrac{d}{c}$,则$a + b + c + d$的最小值为（　　　）.

A.15　　　　　B.16　　　　　C.17　　　　　D.18　　　　　E.24

解析 ▶ P090

12.【2025.17】(条件充分性判断)设m, n为正整数.则能确定m, n的乘积.

(1)已知m, n的最大公约数.

(2)已知m, n的最小公倍数.

解析 ▶ P090

1.7　　分数运算

常见的和为1的分数有如下几个,我们需要对其较敏感,以便快速选出满足题干的分数特值:$\dfrac{1}{2} + \dfrac{1}{2} = 1; \dfrac{1}{3} + \dfrac{2}{3} = \dfrac{1}{3} + \dfrac{1}{3} + \dfrac{1}{3} = 1; \dfrac{1}{4} + \dfrac{3}{4} = \dfrac{1}{4} + \dfrac{1}{4} + \dfrac{1}{2} = 1; \dfrac{1}{5} + \dfrac{2}{5} + \dfrac{2}{5} = \dfrac{2}{5} + \dfrac{3}{5}$

$= 1; \dfrac{1}{6} + \dfrac{1}{3} + \dfrac{1}{2} = 1.$

同时注意 $\dfrac{1}{2} = \dfrac{2}{4} = \dfrac{3}{6} = \dfrac{4}{8}\cdots$ 的替换.

13.【2018.18】(条件充分性判断)设 m,n 是正整数.则能确定 $m+n$ 的值.

    (1) $\dfrac{1}{m} + \dfrac{3}{n} = 1$.

    (2) $\dfrac{1}{m} + \dfrac{2}{n} = 1$.

解析 ▶ P090

1.8   绝对值的定义与性质

14.【2024.19】(条件充分性判断)设 a,b,c 为实数.则 $a^2 + b^2 + c^2 \leqslant 1$.

    (1) $|a| + |b| + |c| \leqslant 1$.

    (2) $ab + bc + ac = 0$.

解析 ▶ P091

1.9   去掉绝对值

    绝对值类题目的主要核心解题思路为去掉绝对值,去掉绝对值的基本方法有:根据定义去掉绝对值(零点分段法核心依然是利用绝对值定义)、利用 $a^2 = |a|^2$ 平方法去掉绝对值、利用绝对值的几何意义去掉绝对值、利用不等式的性质转化($|x| < a \Leftrightarrow -a < x < a$, $|x| > a \Leftrightarrow x < -a$ 或 $x > a(a > 0)$)去掉绝对值等.

    【定义】实数 a 的绝对值用 $|a|$ 表示,有 $|a| = \begin{cases} a, & a > 0 \\ 0, & a = 0 \\ -a, & a < 0 \end{cases}$.

    即:正数的绝对值还是它本身;负数的绝对值是它的相反数;零的绝对值还是零.

    若题目中已经给定绝对值内表达式取值范围,则直接利用定义去掉绝对值;若题目中未给出,则用零点分段划分出不同取值范围,在每个范围内分别用定义去掉绝对值,得到一个分段函数.

15.【2021.19】(条件充分性判断)设 a,b 为实数.则能确定 $|a| + |b|$ 的值.

    (1)已知 $|a+b|$ 的值.

    (2)已知 $|a-b|$ 的值.

解析 ▶ P091

1.10 绝对值的几何意义

绝对值的几何意义是距离,在数轴上(见图1-1),一个数 a 到原点的距离叫作该数的绝对值 $|a|$. $|a-b|$ 表示数轴上表示 a 的点和表示 b 的点的距离. 即:

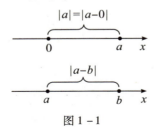

图1-1

绝对值代表距离的几何意义是其固有属性,但并不是所有绝对值类题目都适合用几何意义求解. 适用几何意义求解题目特征:

1. 几个绝对值式子加或者减,不能有乘除;

2. 只有一个变量 x;

3. x 系数为1,且只在绝对值内出现.

16.【2020.02】设 $A=\{x\,|\,|x-a|<1,x\in\mathbf{R}\}$,$B=\{x\,|\,|x-b|<2,x\in\mathbf{R}\}$,则 $A\subset B$ 的充分必要条件是( ).

    A. $|a-b|\leqslant1$ B. $|a-b|\geqslant1$ C. $|a-b|<1$

    D. $|a-b|>1$ E. $|a-b|=1$

解析 ▶ P091

17.【2017.25】(条件充分性判断)已知 a,b,c 为三个实数. 则 $\min\{|a-b|,|b-c|,|a-c|\}\leqslant5$.

    (1) $|a|\leqslant5$,$|b|\leqslant5$,$|c|\leqslant5$.

    (2) $a+b+c=15$.

解析 ▶ P092

1.10.1 两个绝对值之差

【破题标志词】形如 $|x-a|-|x-b|$ 的两个绝对值之差.

当 x 在 $[a,b]$ 之外时,部分距离相互抵消. 如图1-2所示,$|x-a|-|x-b|=|a-b|$,此即两绝对值之差的最大值. 如图1-3所示,$|x-a|-|x-b|=-|a-b|$,此即两绝对值之差的最小值.

当 x 在 $[a,b]$ 中移动时,两绝对值之差在最大值 $|a-b|$ 与最小值 $-|a-b|$ 之间变化,当 $x=\dfrac{a+b}{2}$,即 x 在 a,b 的中点时,绝对值之差为零,如图1-4所示.

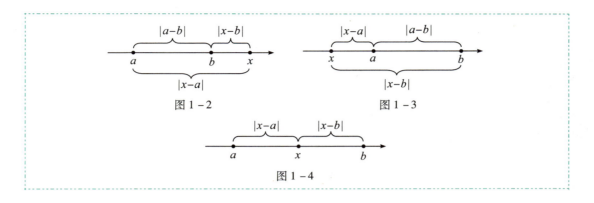

图 1-2   图 1-3

图 1-4

18.【2024.20】(条件充分性判断)设 a 为实数, $f(x) = |x-a| - |x-1|$. 则 $f(x) \leqslant 1$.

(1) $a \geqslant 0$.

(2) $a \leqslant 2$.

解析 ▶ P092

19.【2022.17】(条件充分性判断)设实数 x 满足 $|x-2| - |x-3| = a$. 则能确定 x 的值.

(1) $0 < a \leqslant \dfrac{1}{2}$.

(2) $\dfrac{1}{2} < a \leqslant 1$.

解析 ▶ P092

2.1 比与比例

关于比与比例题型我们需要具备如下关键知识点:

(1)见比设 k.

如给定甲与乙的数量之比为3:7,那么可设甲的数量为 $3k$ 件,乙的数量为 $7k$ 件. 由此设出满足比例的数量. 亦可得出甲、乙共有 $10k$ 件,其中乙的数量比甲多 $4k$ 件等.

(2)理解个体数量、总量、个体占总体的比例之间的关系式:

$$\frac{个体的数量}{个体占总体的比例}=总量$$

个体的数量 = 总量×个体占总体的比例

$$个体占总体的比例 = \frac{个体数量}{总量}$$

根据比与比例题目的特征点和入手方向可总结破题标志词:

【破题标志词】比 + 具体量 ⟹ 见比设 k 再求 k.

【破题标志词】全比例问题 ⟹ 特值法,比值即特值.

📍 2.1.1 整数比

1.【2023.03】一个分数的分子与分母之和为38,其分子、分母都减去15,约分后得到 $\frac{1}{3}$,则这个分数的分母与分子之差为(   ).

A.1   B.2   C.3   D.4   E.5

解析 ▶ P094

2.【2021.18】(条件充分性判断)某单位进行投票表决,已知该单位的男女员工人数之比为3:2. 则能确定是至少有50%的女员工参加了投票.

(1)投赞成票的人数超过了总人数的40%.

(2)参加投票的女员工比男员工多.

解析 ▶ P094

3. 【2019.03】某影城统计了一季度的观众人数,如图 2-1 所示.则一季度的男、女观众人数之比为( ).

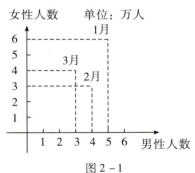

图 2-1

A. 3:4   B. 5:6   C. 12:13   D. 13:12   E. 4:3

解析 ▶ P094

4. 【2018.01】学科竞赛设一等奖、二等奖和三等奖,比例为 1:3:8,中奖率为 30%,已知 10 人获得一等奖,则参加竞赛的人数为( ).

A. 300   B. 400   C. 500   D. 550   E. 600

解析 ▶ P094

 ## 2.1.2   两个含共有项的比

【破题标志词】题目中给出两个比,但其中一项是共有的,即给出三项中两两之间的比.需要首先通过共有项作为桥梁将两个比转化为三项连比的形式.

【举例】a、b、c 三项中 $a:b=2:3$,$b:c=2:5$,求 $a:b:c$

此时利用两个比中表示共有项 b 的数字的最小公倍数(如本例中 b 在两个比中数字表示分为 2 和 3,则最小公倍数为 6)作为桥梁,将其转化为三个整数的比,$a:b=2:3=4:6$,$b:c=2:5=6:15$,则 $a:b:c=4:6:15$.

【扩展】这三项可以是代表不同对象的三项,也可以是在对两个对象进行讨论时,其中一个对象数量发生变化(如甲变为甲′),而另一个对象(如乙)数量保持不变.此时可化为甲:乙:甲′的连比形式.

5. 【2025.12】某公司有甲、乙、丙三个股东,甲的股份是丙的 2.4 倍,乙的股份是丙的 3 倍,现年底分红,红利的 20% 三人平分,剩余的三人按股份比例分配,已知丙最终分得 460 万元,则公司年底红利总计( ).

A. 2400 万   B. 2100 万   C. 1800 万   D. 1200 万   E. 1000 万

解析 ▶ P095

6.【2023.02】已知甲、乙两公司的利润之比为3∶4,甲、丙两公司的利润之比为1∶2,若乙公司的利润为3000万元,则丙公司的利润为(　　).

　A.5000万元　　　B. 4500万元　　　C. 4000万元　　　D. 3500万元　　　E. 2500万元

解析 ▶ P095

7.【2016.01】某家庭在一年总支出中,子女教育支出与生活资料支出的比为3∶8,文化娱乐支出与子女教育支出的比为1∶2.已知文化娱乐支出占家庭总支出的10.5%,则生活资料支出占家庭总支出的(　　).

　A.40%　　　　B.42%　　　　C.48%　　　　D.56%　　　　E.64%

解析 ▶ P095

2.2　利润与利润率

　　联考数学中的利润率为成本利润率,即以成本作为基准量进行计算,表示赚了成本的百分之多少.

　1. 售价 = 成本 + 利润 = 标价 × 折扣数 = 成本 × (1 + 利润率);

　2. 成本 = 售价 − 利润 = $\dfrac{利润}{利润率}$ = $\dfrac{售价}{1 + 利润率}$;

　3. 销售额 = 销售价格 × 销量;

　4. 利润率 = $\dfrac{利润}{成本}$ × 100%;

　5. 利润 = 售价 − 成本 = 成本 × 利润率;

8.【2022.02】某商品的成本利润率为12%,若其成本降低20%而售价不变,则利润率为(　　).

　A.32%　　　　B.35%　　　　C.40%　　　　D.45%　　　　E.48%

解析 ▶ P095

2.3　增长率问题

　　增长率为增加的数额与原来数额之间的比例关系.此类题目的关键是确定基准量,即相对于谁增加或减少了.

　1. a 相对于 b 增长了 10%,则有 $a = (1 + 10\%)b$;b 相对于 a 减少了 10%,则有 $b = (1 - 10\%)a$.

2. m 先增加 10%，再减少 10%，得到的值为多少？

先增加 10%：此时基准量为 m，增加后的值为 $(1+10\%)m$；再减少 10%：此时基准量为 $(1+10\%)m$，减少后的值为 $(1+10\%)m(1-10\%)$.

3. 比考点常结合利润/利润率考察，如某商品原价为 100 元，降价后为 80 元，求降价幅度（百分比）. 此时降价的基准量为原价为 100 元，故降价幅度为：$\dfrac{100-80}{100}\times100\%=20\%$.

 2.3.1　基础题型

9.【2024.01】甲股票上涨 20% 后的价格与乙股票下跌 20% 后的价格相等，则甲、乙股票的原价格之比为（　　）.

　　A.$1:1$　　　　　B.$1:2$　　　　　C.$2:1$　　　　　D.$3:2$　　　　　E.$2:3$

解析 ▶ P096

10.【2023.01】油价上涨 5% 后，加一箱油比原来多花 20 元. 一个月后油价下降了 4%，则加一箱油需要花（　　）.

　　A.384 元　　　　B.401 元　　　　C.402.8 元　　　　D.403.2 元　　　　E.404 元

解析 ▶ P096

2.3.2　多个对象比较

对于多个对象分别改变之后的关系类问题，在较为复杂的情况下推荐采用列表法，表中分别确定基准量，分别计算后进行比较.

11.【2018.23】（条件充分性判断）如果甲公司的年终奖总额增加 25%，乙公司的年终奖总额减少 10%，两者相等. 则能确定两公司的员工人数之比.

（1）甲公司的人均年终奖与乙公司的相同.

（2）两公司的员工人数之比与两公司的年终奖总额之比相等.

解析 ▶ P096

2.3.3　平均增长率

平均增长率是一个专有的概念，它不是增长率的平均值，而是指一定时间内，平均每年/月增长的速度.

如设第 1 年数值为 A（期初数值），第 n 年数值为 B（期末数值），若考虑每年均以相同的增长率 q 增长，从 A 增长至 B，则有：期末数值 $B=$ 期初数值 $A\cdot(q+1)^{n-1}$，故得平均增长率

公式：$q = \sqrt[\text{期数}n-1]{\dfrac{\text{期末数值}B}{\text{期初数值}A}} - 1$.

由公式可知，平均增长率只取决于期初数值、期末数值与增长期数，中间的数值即事实中具体如何从 A 增长至 B 的，则不影响平均增长率的值.

12.【2017.20】（条件充分性判断）能确定某企业产值的月平均增长率.

（1）已知一月份的产值.

（2）已知全年的总产值.

解析 ▶ P096

📍 2.3.4　全比例问题

增长率数学表达为百分比，对于给定条件和问题全部为比例（包括百分比）的题目，可以采用特值法快速求解.

13.【2020.01】某产品去年涨价 10%，今年涨价 20%，则该产品这两年涨价（　　）.

A. 15%　　　B. 16%　　　C. 30%　　　D. 32%　　　E. 33%

解析 ▶ P097

14.【2017.01】某品牌的电冰箱连续两次降价 10% 后的售价是降价前的（　　）.

A. 80%　　　B. 81%　　　C. 82%　　　D. 83%　　　E. 85%

解析 ▶ P097

2.4　浓度问题

两种相同成分不同浓度的溶液混合，混合前浓溶液的质量为 m，溶质质量分数为 $a\%$，稀溶液的质量为 n，溶质质量分数为 $b\%$，两溶液混合后的溶质质量分数为 $c\%$. 根据溶质列等式有：$ma\% + nb\% = (m+n)c\%$，整理得 $\dfrac{m}{n} = \dfrac{c-b}{a-c}$.

由此可得十字交叉法（或称"对角线法"）：

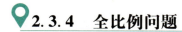

$$\begin{array}{c} \text{浓} \\ \\ \text{稀} \end{array} \searrow \text{混合} \nearrow \begin{array}{l} \text{混合} - \text{稀} \\ \overline{} \\ \text{浓} - \text{混合} \end{array} = \dfrac{\text{浓溶液质量}}{\text{稀溶液质量}}$$

说明：若用于纯溶剂（如水）稀释，则可把纯溶剂中溶质质量分数当作零；若加入的是纯溶质，则可把溶质质量分数看作 100%.

扩展:事实上,当一个整体按照某一个标准分为两部分时,一般会涉及一个大量、一个小量以及它们混合后的中间量——如男生分数、女生分数和全班平均分;投资甲数额、投资乙数额和投资总额等——均可用十字交叉法求解.

【破题标志词】两种不同浓度溶液混合⟹根据总溶质不变 & 总溶液不变列方程.

【大等量】两种算法总溶质不变,用大等量列方程.

【小等量】溶液总质量/体积不变,用小等量表示要素.

15.【2025.01】两瓶酒精溶液体积相同,酒精与水的体积之比分别为1:2 和2:3. 将这两瓶酒精溶液混合,混合后酒精与水的体积之比为(　　).

A. 7:13　　　　B. 11:19　　　　C. 23:37　　　　D. 3:5　　　　E. 5:7

解析 ▶ P097

16.【2021.12】现有甲、乙两种浓度酒精. 已知用10升甲酒精和12升乙酒精可以配成浓度为70%的酒精,用20升甲酒精和8升乙酒精可以配成浓度为80%的酒精,则甲酒精的浓度为(　　).

A. 72%　　　　B. 80%　　　　C. 84%　　　　D. 88%　　　　E. 91%

解析 ▶ P098

17.【2016.20】(条件充分性判断)将2升甲酒精和1升乙酒精混合得到丙酒精. 则能确定甲、乙两种酒精的浓度.

(1)1升甲酒精和5升乙酒精混合后的浓度是丙酒精浓度的$\frac{1}{2}$倍.

(2)1升甲酒精和2升乙酒精混合后的浓度是丙酒精浓度的$\frac{2}{3}$倍.

解析 ▶ P098

2.5 工程问题

 ## 2.5.1 基础题型

工程问题基础题型主要考察工作量、工作时间、工作效率之间的基本运算关系:$\frac{工作量}{工作时间}$ = 工作效率;$\frac{工作量}{工作效率}$ = 工作时间;工作量 = 工作时间 × 工作效率.

实际解题时,常将工作总量设为1进行分析.如日工作效率为每天完成工作总量的几分之一,有:日工作效率 $= \dfrac{1}{单独完成工作的天数}$.

【破题标志词】无具体工作量的工程问题:①工作总量设为特值1或最小公倍数;②工作效率设为特值1(或合适的特值).

18.【2017.16】(条件充分性判断)某人需要处理若干份文件,第一个小时处理了全部文件的 $\dfrac{1}{5}$,第二个小时处理了剩余文件的 $\dfrac{1}{4}$.则此人需要处理的文件数共25份.

(1)前两小时处理了10份文件.

(2)第二小时处理了5份文件.

解析 ▶ P098

2.5.2 效率改变,分段计算

19.【2022.01】一项工程施工3天后,因故停工2天,之后工程队提高工作效率20%,仍能按原计划完成,则原计划工期为( ).

A.9 天 B.10 天 C.12 天 D.15 天 E.18 天

解析 ▶ P098

20.【2019.01】车间计划10天完成一项任务,工作3天后因故停工2天,若仍要按原计划完成任务,则工作效率需要提高( ).

A.20% B.30% C.40% D.50% E.60%

解析 ▶ P099

2.5.3 合作工作,效率之和

两队合作完成工作,工作效率之和等于总效率,工作量之和等于总工作量.

21.【2025.04】一项任务,甲单独完成需要15天,甲、乙两人共同完成需要6天,甲、乙、丙三人共同完成需要4天.现在乙单独工作1天后,余下工作由甲、丙两人共同完成,还需要( ).

A.4 天 B.5 天 C.6 天 D.7 天 E.8 天

解析 ▶ P099

22. 【2025.16】(条件充分性判断)甲、乙、丙三人共同完成了一批零件的加工,三人的工作效率互不相同,已知他们的工作效率之比. 则能确定这批零件的数量.
(1)已知甲、乙两人加工零件数量之差.
(2)已知甲、丙两人加工零件数量之和.

解析 ▶ P099

23. 【2021.17】(条件充分性判断)清理一块场地. 则甲、乙、丙三人能在2天内完成.
(1)甲、乙两人需要3天完成.
(2)甲、丙两人需要4天完成.

解析 ▶ P100

 ## 2.5.4　工费问题

24. 【2019.10】某单位要铺设草坪,若甲、乙两公司合作需6天完成,工时费共计2.4万元. 若甲公司单独做4天后由乙公司接着做9天完成,工时费共计2.35万元. 若由甲公司单独完成该项目,则工时费共计(　　)万元.
A. 2.25 　　　　B. 2.35 　　　　C. 2.4 　　　　D. 2.45 　　　　E. 2.5

解析 ▶ P100

 ## 2.5.5　负效率类工程问题

25. 【2024.09】在雨季,某水库的蓄水量已超警戒水位,同时上游来水均匀注入水库,需要及时泄洪. 若开4个泄洪闸,则水库的蓄水量降到安全水位需要8天;若开5个泄洪闸,则水库的蓄水量降到安全水位需要6天. 若开7个泄洪闸,则水库的蓄水量降到安全水位需要(　　).
A. 4.8天 　　　B. 4天 　　　C. 3.6天 　　　D. 3.2天 　　　E. 3天

解析 ▶ P100

2.6　行程问题

 ## 2.6.1　基础题型

> 需要理解行程距离,行进的速度,行程时间三者之间的关系,即:
>
> 路程$(s) = $速度$(v) \times$时间$(t)$;速度$(v) = \dfrac{路程(s)}{时间(t)}$;时间$(t) = \dfrac{路程(s)}{速度(v)}$.
>
> 【破题标志词】行程问题⟹题干文字中找时间等量,画图找路程等量.

26.【2025.03】某人骑车从甲地前往乙地，前三分之一路程的平均速度是 12km/h，中间三分之一路程的平均速度是 18km/h，后三分之一路程的平均速度是 12km/h. 此人全程的平均速度是（　　）.

  A.12.5km/h   B.13km/h   C.13.5km/h   D.14km/h   E.14.5km/h

解析 ▶ P101

27.【2024.22】（条件充分性判断）兔窝位于兔子正北 60 米，狼在兔子正西 100 米，兔子和狼同时直奔兔窝. 则兔子率先到达兔窝.

  (1)兔子的速度是狼的速度的 $\dfrac{2}{3}$.

  (2)兔子的速度是狼的速度的 $\dfrac{1}{2}$.

解析 ▶ P101

28.【2023.21】（条件充分性判断）甲、乙两车分别从 A，B 两地同时出发相向而行，1 小时后，甲车到达 C 点，乙车到达 D 点（如图 2－2）. 则能确定 A，B 两地的距离.

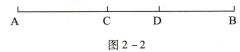

图 2－2

  (1)已知 C、D 两地的距离.

  (2)已知甲、乙两车的速度比.

解析 ▶ P101

29.【2022.14】已知 A，B 两地相距 208 km，甲、乙、丙三车的速度分别为 60 km/h，80 km/h，90 km/h. 甲、乙两车从 A 地出发去 B 地，丙车从 B 地出发去 A 地，三车同时出发. 当丙车与甲、乙两车距离相等时，用时（　　）.

  A.70 min   B.75 min   C.78 min   D.80 min   E.86 min

解析 ▶ P101

30.【2021.23】（条件充分性判断）某人开车去上班，有一段路因维修限速通行. 则可以算出此人上班的距离.

  (1)路上比平时多用了半小时.

  (2)已知维修路段的通行速度.

解析 ▶ P102

31.【2021.15】甲、乙两人相距 330 km，他们驾车同时出发，经过 2 h 相遇，甲继续行驶 2 h 24 min 后到达乙的出发地. 则乙的车速为（　　）.

  A.70 km/h B.75 km/h C.80 km/h D.90 km/h E.96 km/h

解析 ▶ P102

32.【2020.13】甲乙两人在相距 1800 m 的 A、B 两地相对运动,甲的速度为 100 m/min,乙的速度为 80 m/min,两人同时出发,则两人第三次相遇时,甲距其出发点(　)米.

A.600　　　B.900　　　C.1000　　　D.1400　　　E.1600

解析 ▶ P102

33.【2019.13】货车行驶 72 km 用时 1 h,速度 v 与行驶时间 t 的关系如图 2-3 所示,则 $v_0 = (\quad) km/h$.

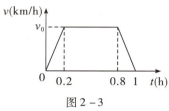

图 2-3

A.72　　　B.80　　　C.90　　　D.85　　　E.100

解析 ▶ P102

34.【2017.18】(条件充分性判断)某人从 A 地出发,先乘时速为 220 千米的动车,后转乘时速为 100 千米的汽车到达 B 地.则 A,B 两地的距离为 960 千米.

(1)乘动车的时间与乘汽车的时间相等.

(2)乘动车的时间与乘汽车的时间之和为 6 小时.

解析 ▶ P103

35.【2016.03】上午 9 时一辆货车从甲地出发前往乙地,同时一辆客车从乙地出发前往甲地,中午 12 时两车相遇.已知货车和客车的时速分别是 90 千米和 100 千米,则当客车到达甲地时,货车距乙地的距离是(　).

A.30 千米　　B.43 千米　　C.45 千米　　D.50 千米　　E.57 千米

解析 ▶ P103

2.6.2　相遇和追及

相向运动的两物体相对速度为两速度之和,同向运动的两物体相对速度为两速度之差.

$$相遇时间 = \frac{相遇距离}{速度之和(v_1 + v_2)} ; 追及时间 = \frac{追及距离}{速度之差(v_1 - v_2)}.$$

36.【2023.06】甲、乙两人从同一地点出发,甲先出发 10 分钟,若乙跑步追赶甲,则 10 分钟可追上;若乙骑车追赶甲,每分钟比跑步多行 100 米,则 5 分钟可追上.那么甲每分钟走的距离为(　).

A. 50 m　　　B. 75 m　　　C. 100 m　　　D. 125 m　　　E. 150 m

解析 ▶ P103

 ### 2.6.3　顺水/逆水行船

> 逆水行船时：实际速度为 $v_{船} - v_{水}$.
>
> 顺水行船是：实际速度为 $v_{船} + v_{水}$.

37.【2024.12】甲、乙两码头相距 100 千米，一艘游轮从甲地顺流而下到达乙地用了 4 小时，返回时游轮的静水速度增加了 25%，用了 5 小时. 则航道的水流速度为（　　　）.
A. 3.5 km/h　　B. 4 km/h　　C. 4.5 km/h　　D. 5 km/h　　E. 5.5 km/h

解析 ▶ P103

2.7　分段计费问题

38.【2018.03】某单位采取分段收费的方式收取网络流量（单位：Gb）费用，每月流量 20（含）以内免费，流量 20 到 30（含）的收费 1 元/Gb，流量 30 到 40（含）的收费 3 元/Gb，流量 40 以上的收费 5 元/Gb. 小王这个月用了 45Gb 的流量，则他应该交费（　　　）.
A. 45 元　　　B. 65 元　　　C. 75 元　　　D. 85 元　　　E. 135 元

解析 ▶ P104

2.8　集合问题

【集合问题核心】

1. 熟知每一个封闭区域的含义.

2. 计算时，没加的部分加上，被重复计算的部分减去重复的.

二饼图问题公式：

$$N(A \cup B) = N(A) + N(B) - N(A \cap B)$$

三饼图问题公式：

$$N(A \cup B \cup C) = N(A) + N(B) + N(C) - N(A \cap B) - N(A \cap C) - N(B \cap C) + N(A \cap B \cap C)$$

2.8.1 二饼图

39.【2025.07】某单位举行田径赛,参加田赛项目有 50 人,参加径赛项目有 45 人. 已知该单位有 90 名员工,其中 18 人未参加比赛,若两类项目均参加的女员工有 5 名,则两类项目均参加的男员工有( ).

A.10 人   B.12 人   C.14 人   D.16 人   E.18 人

解析 ▶ P104

40.【2017.02】张老师到一所中学进行招生咨询,上午接到了 45 名同学的咨询,其中的 9 位同学下午又咨询了张老师,占张老师下午咨询学生的 10%,一天中向张老师咨询的学生人数为( ).

A.81   B.90   C.115   D.126   E.135

解析 ▶ P104

2.8.2 三饼图

41.【2021.01】某便利店第一天售出 50 种商品,第二天售出 45 种商品,第三天售出 60 种商品. 前两天售出的商品有 25 种相同,后两天售出的商品有 30 种相同,这三天售出的商品至少有( ).

A.70 种   B.75 种   C.80 种   D.85 种   E.100 种

解析 ▶ P105

42.【2018.06】有 96 位顾客至少购买了甲、乙、丙三种商品中的一种,经调查:同时购买了甲、乙两种商品的有 8 位,同时购买了甲、丙两种商品的有 12 位,同时购买了乙、丙两种商品的有 6 位,同时购买了三种商品的有 2 位,则仅购买一种商品的顾客有( ).

A.70 位   B.72 位   C.74 位   D.76 位   E.82 位

解析 ▶ P105

43.【2017.06】老师问班上 50 名同学周末复习情况,结果有 20 人复习过数学、30 人复习过语文、6 人复习过英语,且同时复习了数学和语文的有 10 人、同时复习过语文和英语的有 2 人、同时复习过英语和数学的有 3 人. 若同时复习过这三门课的人为 0,则没有复习过这三门课程的学生人数为( ).

A.7   B.8   C.9   D.10   E.11

解析 ▶ P106

2.9　不定方程

44. 【2025.18】(条件充分性判断)甲班有 34 人,乙班有 36 人,在满分为 100 的考试中,甲班总分数与乙班总分数相等. 则可知两班的平均分之差.
(1)两班的平均分都是整数.
(2)乙班的平均分不低于 65.

解析 ▶ P106

45. 【2021.22】(条件充分性判断)某人购买了果汁、牛奶和咖啡三种物品. 已知果汁每瓶 12 元,牛奶每盒 15 元,咖啡每盒 35 元. 则能确定所买各种物品的数量.
(1)总花费为 104 元.
(2)总花费为 215 元.

解析 ▶ P106

46. 【2020.20】(条件充分性判断)共有 n 辆车. 则能确定人数.
(1)若每辆 20 座,1 车未满.
(2)若每辆 12 座,则少 10 个座.

解析 ▶ P106

47. 【2020.22】(条件充分性判断)已知甲、乙、丙三人共捐款 3500 元. 则能确定每人捐款金额.
(1)三人的捐款金额各不相同.
(2)三人的捐款金额都是 500 的倍数.

解析 ▶ P107

48. 【2017.10】某公司用 1 万元购买了价格分别为 1750 元和 950 元的甲、乙两种办公设备,则购买的甲、乙办公设备的件数分别为( ).
A. 3,5　　　　B. 5,3　　　　C. 4,4　　　　D. 2,6　　　　E. 6,2

解析 ▶ P107

2.10　至多至少及最值问题

2.10.1　至多至少

49. 【2017.24】(条件充分性判断)某机构向 12 位教师征题,共征集到 5 种题型的试题 52 道. 则能确定供题教师的人数.

(1) 每位供题教师提供试的试题数目相同.
(2) 每位供题教师提供的题型不超过 2 种.

解析 ▶ P107

 2.10 2　最值问题

50.【2016.05】某商场将每台进价为 2000 元的冰箱以 2400 元销售时,每天售出 8 台.调研表明,这种冰箱的售价每降低 50 元,每天就能多销售 4 台,若要每天的销售利润最大,则该冰箱的定价应为(　　).

A.2200 元　　　　B.2250 元　　　　C.2300 元　　　　D.2350 元　　　　E.2400 元

解析 ▶ P108

2.11　一般方程——寻找等量关系

在此类题目中,主要考察设未知量及列方程的基本功,列方程的核心是找到前后不变的量.与此同时常结合单位换算(时间、重量、路程、体积等),公约数/公倍数,奇数/偶数等知识点,和单循环赛、双循环赛等日常知识共同考察.

51.【2022.11】购买 A 玩具和 B 玩具各 1 件需花费 1.4 元,购买 200 件 A 玩具和 150 件 B 玩具需花费 250 元.A 玩具的单价为(　　).

A.0.5 元　　　　B.0.6 元　　　　C.0.7 元　　　　D.0.8 元　　　　E.0.9 元

解析 ▶ P108

52.【2022.20】(条件充分性判断)将 75 名学生分成 25 组,每组 3 人. 则能确定女生人数.
(1) 已知全是男生的组数和全是女生的组数.
(2) 只有 1 名男生的组数与只有 1 名女生的组数相等.

解析 ▶ P108

53.【2020.03】一项考试的总成绩由甲、乙、丙三部分组成:总成绩 = 甲成绩×30% + 乙成绩×20% + 丙成绩×50%,考试通过的标准是:每部分 50 分,且总成绩 60 分,已知某人甲成绩 70 分,乙成绩 75 分,且通过这项考试,则此人丙成绩的分数至少是(　　).

A.48　　　　B.50　　　　C.55　　　　D.60　　　　E.62

解析 ▶ P109

54.【2018.21】(条件充分性判断)甲购买了若干件 A 玩具,乙购买了若干件 B 玩具送给了幼儿园,甲比乙少花了 100 元.则能确定甲购买的玩具件数.
　(1)甲与乙共购买了 50 件玩具.
　(2)A 玩具的价格是 B 玩具的 2 倍.

解析 ▶ P109

55.【2016.02】有一批同规格的正方形瓷砖,用他们铺满整个正方形区域时剩余 180 块,将此正方形区域的边长增加一块瓷砖的长度时,还需要增加 21 块才能铺满,该批瓷砖共有(　　).
　A.9981 块　　　B.10000 块　　　C.10180 块　　　D.10201 块　　　E.10222 块

解析 ▶ P109

2.12　新题型

56.【2023.16】(条件充分性判断)有体育、美术、音乐、舞蹈 4 个兴趣班,每名同学至少参加 2 个.则至少有 12 名同学参加的兴趣班完全相同.
　(1)参加兴趣班的同学共有 125 人.
　(2)参加 2 个兴趣班的同学有 70 人.

解析 ▶ P109

57.【2023.23】(条件充分性判断)八个班参加植树活动,共植树 195 棵.则能确定各班植树棵数的最小值.
　(1)各班植树的棵数均不相同.
　(2)各班植树棵数的最大值是 28.

解析 ▶ P109

58.【2022.07】桌上放有 8 只杯子,将其中的 3 只杯子翻转(杯口朝上与朝下互换)作为 1 次操作.8 只杯口朝上的杯子经 n 次操作后,杯口全部朝下,则 n 的最小值为(　　).
　A.3　　　B.4　　　C.5　　　D.6　　　E.8

解析 ▶ P110

59.【2020.08】某网站对单价为 55 元,75 元,80 元的三种商品进行促销,促销策略是每单满 200 元减 m 元,如果每单减 m 元后实际售价均不低于原价的 8 折,那么 m 的最大值为(　　).
　A.40　　　B.41　　　C.43　　　D.44　　　E.48

解析 ▶ P110

60. 【2020.09】某人在同一观众群体中调查了对五部电影的看法,得到如表 2-1 所示数据:

表 2-1

电影	第一部	第二部	第三部	第四部	第五部
好评率	0.25	0.5	0.3	0.8	0.4
差评率	0.75	0.5	0.7	0.2	0.6

据此数据,观众意见分歧最大的前两部电影依次是(　　).

A. 第一部,第三部　　　　　　B. 第二部,第三部　　　　　　C. 第二部,第五部

D. 第四部,第一部　　　　　　E. 第四部,第二部

解析 ▶P110

61. 【2019.07】将一批树苗种在一个正方形花园的边上,四角都种、如果每隔 3 米种一棵,那么剩余 10 棵树苗;如果每隔 2 米种一棵,那么恰好种满正方形的 3 条边,则这批树苗有(　　)棵.

A. 54　　　　　　B. 60　　　　　　C. 70　　　　　　D. 82　　　　　　E. 94

解析 ▶P111

 数据描述问题

2.13.1　平均值的基本计算

【算术平均值】设 $x_1, x_2, \cdots, x_n$ 为 n 个数,称 $\dfrac{x_1 + x_2 + \cdots + x_n}{n}$ 为这 n 个数的算术平均值,记为:$\bar{x} = \dfrac{1}{n} \sum\limits_{i=1}^{n} x_i.$

62. 【2019.23】(条件充分性判断)某校理学院五个系每年录取人数如表 2-2 所示.

表 2-2

院系	数学系	物理系	化学系	生物系	地理学系
录取人数	60	120	90	60	30

今年与去年相比,物理系平均分没有变. 则理学院录取平均分升高了.

(1)数学系录取平均分升高了 3 分,生物系录取平均分降低了 2 分.

(2)化学系录取平均分升高了 1 分,地理学系录取平均分降低了 4 分.

解析 ▶P111

63. 【2018.02】为了解某公司员工的年龄结构,按男、女人数的比例进行了随机抽样,结果如表2-3所示.

表2-3

男员工年龄/岁	23	26	28	30	32	34	36	38	41
女员工年龄/岁	23	25	27	27	29	31			

根据表中数据估计,该公司男员工的平均年龄与全体员工的平均年龄分别是(单位:岁)( ).

A. 32,30   B. 32,29.5   C. 32,27   D. 30,27   E. 29.5,27

解析 ▶ P111

 ## 2.13.2 总体均值与部分均值

如果一个总体可分为甲、乙两部分,数量分别为 m 和 n. 其中甲的平均值为 a,乙的平均值为 b,总体平均值为 c,则有:

1. 总体的平均值 c,一定在两个部分平均值 a 和 b 之间. 具体在中间的什么位置,取决于甲乙数量的比例大小关系.

2. 总额 $= c \times$ 总数量 $= c \times (m+n) = a \times m + b \times n$

即可整理为:$(a-c) \times m = (c-b) \times n$

当一个整体按照某一个标准分为两部分时,一般会涉及到一个大量、一个小量以及它们混合后的中间量——如男生分数、女生分数和全班平均分;投资甲数额、投资乙数额和投资总额等——均可用公式(甲均值 a - 总体均值 c) × 甲数量 = (总体均值 c - 乙均值 b) × 乙数量或十字交叉法求解,任选其一即可.

【破题标志词】总体均值与部分均值⇒①数值计算:根据总量列等式;②定性判断:总体均值/甲均值/乙均值/甲乙间的比知三推四.

64. 【2022.18】(条件充分性判断)两个人数不等的班数学测验的平均分不相等. 则能确定人数多的班.

(1)已知两个班的平均分.

(2)已知两个班的总平均分.

解析 ▶ P112

65. 【2021.16】(条件充分性判断)某班增加两名同学. 则该班的平均身高增加了.

(1)增加的两名同学的平均身高与原来男同学的平均身高相同.

(2)原来男同学的平均身高大于女同学的平均身高.

解析 ▶ P112

66.【2016.16】(条件充分性判断)已知某公司的男员工的平均年龄和女员工的平均年龄. 则能确定该公司员工的平均年龄.
(1)已知该公司员工的人数.
(2)已知该公司男、女员工的人数之比.

解析 ▶P113

2.13.3　方差的计算与大小比较

【方差】在一组数据 $x_1, x_2, \cdots, x_n$ 中,各数据与它们的平均数 $\bar{x}$ 的差的平方的平均值称为这组数据的方差,通常用 s^2 表示,求方差公式为:

$$s^2 = \frac{1}{n}\left[(x_1-\bar{x})^2 + (x_2-\bar{x})^2 + \cdots + (x_n-\bar{x})^2\right] \ 或 \ s^2 = \frac{1}{n}(x_1^2 + x_2^2 + \cdots + x_n^2) - (\bar{x})^2.$$

方差的算术平方根称为这组数据的标准差.

方差用来反映数据波动的大小,方差大波动大,方差小波动小.

【结论】当把一组数变为原来的 n 倍后,这组数的方差会变为原来的 n^2 倍;当把一组数中的每个数都加上一个相同的数时,这组数的方差不变.

67.【2023.12】跳水比赛中,裁判给某选手的一个动作打分,其平均值为8.6,方差为1.1,若去掉一个最高得分9.7和一个最低得分7.3,则剩余得分的(　　).
A. 平均值变小,方差变大
B. 平均值变小,方差变小
C. 平均值变小,方差不变
D. 平均值变大,方差变大
E. 平均值变大,方差变小

解析 ▶P113

68.【2019.08】10名同学的语文和数学成绩如表2−4所示.

表2−4

语文成绩（分）	90	92	94	88	86	95	87	89	91	93
数学成绩（分）	94	88	96	93	90	85	84	80	82	98

语文和数学成绩的均值分别是 E_1 和 E_2,标准差分别为 σ_1 和 σ_2,则(　　).
A. $E_1 > E_2, \sigma_1 > \sigma_2$
B. $E_1 > E_2, \sigma_1 < \sigma_2$
C. $E_1 > E_2, \sigma_1 = \sigma_2$
D. $E_1 < E_2, \sigma_1 > \sigma_2$
E. $E_1 < E_2, \sigma_1 < \sigma_2$

解析 ▶P113

69.【2017.14】甲、乙、丙三人每轮各投篮 10 次,投了三轮,投中数如表 2 − 5 所示.

表 2 − 5

	第一轮	第二轮	第三轮
甲	2	5	8
乙	5	2	5
丙	8	4	9

记 $\sigma_1,\sigma_2,\sigma_3$ 分别为甲、乙、丙投中数的方差,则(　　).

A. $\sigma_1 > \sigma_2 > \sigma_3$ 　　　B. $\sigma_1 > \sigma_3 > \sigma_2$ 　　　C. $\sigma_2 > \sigma_1 > \sigma_3$ 　　　D. $\sigma_2 > \sigma_3 > \sigma_1$ 　　　E. $\sigma_3 > \sigma_2 > \sigma_1$

解析 ▶ P113

70.【2016.21】(条件充分性判断)设两组数据 $S_1:3,4,5,6,7$ 和 $S_2:4,5,6,7,a.$ 则能确定 a 的值.

(1) S_1 与 S_2 的均值相等.

(2) S_1 与 S_2 的方差相等.

解析 ▶ P114

第3章

代数式

3.1 乘法公式

3.1.1 基础运用

平方差：$a^2 - b^2 = (a+b)(a-b)$.

完全平方：$(a \pm b)^2 = a^2 \pm 2ab + b^2$.

三元完全平方：$(a+b+c)^2 = a^2 + b^2 + c^2 + 2ab + 2bc + 2ac$.

立方和与立方差：$a^3 \pm b^3 = (a \pm b)(a^2 \mp ab + b^2)$.

完全立方：$(a \pm b)^3 = a^3 \pm 3a^2b + 3ab^2 \pm b^3$.

$\dfrac{1}{2}\left[(a \pm b)^2 + (a \pm c)^2 + (b \pm c)^2\right] = a^2 + b^2 + c^2 \pm ab \pm bc \pm ac$.

三元立方和：$a^3 + b^3 + c^3 - 3abc = (a+b+c)(a^2+b^2+c^2-ab-bc-ac)$.

在运用乘法公式解题时，注意如下思维和套路的锻炼和熟悉.

递向思维：不仅要会从等号左边至右边正向应用，还应会从右至左递向应用；

整体与部分：对于乘法公式的各个部分均要敏感，学会用多个部分凑配出整体；互为倒数：乘法公式中当 a、b 互为倒数，即 $ab=1$ 时，公式形态将有所改变，注意识别. 如 $(a \pm b)^2 = a^2 \pm 2ab + b^2$ 变为 $\left(a \pm \dfrac{1}{a}\right)^2 = a^2 \pm 2 + \dfrac{1}{a^2}$.

1.【2025.21】（条件充分性判断）设 a,b 为实数. 则 $\left(a + b\sqrt{2}\right)^{\frac{1}{2}} = 1 + \sqrt{2}$.

  （1）$a = 3$，$b = 2$.

  （2）$\left(a - b\sqrt{2}\right)\left(3 + 2\sqrt{2}\right) = 1$.

解析 ▶ P115

2.【2024.21】（条件充分性判断）设 a,b 为正实数. 则能确定 $a \geqslant b$.

  （1）$a + \dfrac{1}{a} \geqslant b + \dfrac{1}{b}$.

(2) $a^2 + a \geqslant b^2 + b$.

解析 ▶ P115

3.【2022.03】设 x, y 为实数，则 $f(x, y) = x^2 + 4xy + 5y^2 - 2y + 2$ 的最小值为（　　）.

A. 1　　　　　B. $\dfrac{1}{2}$　　　　　C. 2　　　　　D. $\dfrac{3}{2}$　　　　　E. 3

解析 ▶ P115

📍 3.1.2　倒数形态乘法公式

【破题标志词：倒数形态乘法公式】 题目中出现互为倒数的两数之和的形式，如 $a + \dfrac{1}{a}$，$x + \dfrac{1}{x}, \dfrac{a}{b} + \dfrac{b}{a}$ 等. 此类题目在运用乘法公式求解时，需要特别注意当 a 和 b 互为倒数，即 $ab = 1$ 时，一部分公式形态将有所改变，如：

完全平方：$\left(a \pm \dfrac{1}{a}\right)^2 = a^2 \pm 2 + \dfrac{1}{a^2}$ $\left[\text{递向应用：} a^2 + \dfrac{1}{a^2} = \left(a \pm \dfrac{1}{a}\right)^2 \mp 2\right]$.

立方和与立方差：$a^3 \pm \dfrac{1}{a^3} = \left(a \pm \dfrac{1}{a}\right)\left(a^2 \mp 1 + \dfrac{1}{a^2}\right)$.

若已知 $x + \dfrac{1}{x} = m$，则可求出 $x^2 + \dfrac{1}{x^2}$ 与 $x^3 + \dfrac{1}{x^3}$ 的值，反之不一定.

$x^2 + \dfrac{1}{x^2} = \left(x + \dfrac{1}{x}\right)^2 - 2 = m^2 - 2$；

$x^3 + \dfrac{1}{x^3} = \left(x + \dfrac{1}{x}\right)\left(x^2 + \dfrac{1}{x^2} - 1\right) = m \times (m^2 - 3)$；

$x^4 + \dfrac{1}{x^4} = \left(x^2 + \dfrac{1}{x^2}\right)^2 - 2 = (m^2 - 2)^2 - 2$.

4.【2022.22】（条件充分性判断）已知 x 为正实数. 则能确定 $x - \dfrac{1}{x}$ 的值.

(1) 已知 $\sqrt{x} + \dfrac{1}{\sqrt{x}}$ 的值.

(2) 已知 $x^2 - \dfrac{1}{x^2}$ 的值.

解析 ▶ P116

5.【2020.06】已知实数 x 满足 $x^2 + \dfrac{1}{x^2} - 3x - \dfrac{3}{x} + 2 = 0$，则 $x^3 + \dfrac{1}{x^3} = （　　）$.

A. 12　　　　　B. 15　　　　　C. 18　　　　　D. 24　　　　　E. 27

解析 ▶ P116

3.2 特值法在代数式中的应用

一般地,代数式求值类题目均首选采用特值法求解,即有【破题标志词】代数式求具体值 $\Rightarrow$ 特值法.这要求我们对于整数 $1\sim20$ 的完全平方, $1\sim5$ 的立方及其简单运算比较敏感.并且尤其注意逆向思维,如不仅要熟记 $5^3=125$,更需要看到 125 可以联想到 5^3 .

$1^2=1$	$2^2=4$	$3^2=9$
$6^2=36$	$7^2=49$	$8^2=64$
$11^2=121$	$12^2=144$	$13^2=169$
$16^2=256$	$17^2=289$	$18^2=324$
$1^3=1$	$2^3=8$	$3^3=27$
$4^3=64$	$5^3=125$	$6^3=216$

6.【2019.5】设实数 a,b 满足 $ab=6$, $|a+b|+|a-b|=6$,则 $a^2+b^2=($).

   A. 10   B. 11   C. 12   D. 13   E. 14

解析 ▶ P116

7.【2018.5】设实数 a,b 满足 $|a-b|=2$, $|a^3-b^3|=26$,则 $a^2+b^2=($).

   A. 30   B. 22   C. 15   D. 13   E. 10

解析 ▶ P117

4.1 方程、函数与不等式基础

1.【2025.22】(条件充分性判断)设 p,q 是常数. 若等腰三角形的底和腰长是方程 $x^2 - 3px + q = 0$ 的两个不同的根. 则能确定该三角形.

   (1) $q \leqslant 2p^2$.

   (2) $p \geqslant 2$.

解析 ▶P118

2.【2021.05】设二次函数 $f(x) = ax^2 + bx + c$,且 $f(2) = f(0)$,则 $\dfrac{f(3) - f(2)}{f(2) - f(1)} = ($ $)$.

   A. 2   B. 3   C. 4   D. 5   E. 6

解析 ▶P118

3.【2020.23】(条件充分性判断)设函数 $f(x) = (ax - 1)(x - 4)$. 则在 $x = 4$ 左侧附近有 $f(x) < 0$.

   (1) $a > \dfrac{1}{4}$.

   (2) $a < 4$.

解析 ▶P119

4.【2016.19】(条件充分性判断)设 x,y 是实数. 则 $x \leqslant 6, y \leqslant 4$.

   (1) $x \leqslant y + 2$.

   (2) $2y \leqslant x + 2$.

解析 ▶P119

4.2 一元二次方程

📍 4.2.1 构造二次方程求解

5.【2022.23】(条件充分性判断)已知 a,b 为实数. 则能确定 $\dfrac{a}{b}$ 的值.

  (1) $a,b,a+b$ 成等比数列.

  (2) $a(c+b)>0$.

解析 ▶ P120

6.【2022.21】(条件充分性判断)某直角三角形的三边长 a,b,c 成等比数列. 则能确定公比的值.

  (1) a 是直角边长.

  (2) c 是斜边长.

解析 ▶ P120

7.【2021.25】(条件充分性判断)给定两个直角三角形. 则这两个直角三角形相似.

  (1)每个直角三角形的边长成等比数列.

  (2)每个直角三角形的边长成等差数列.

解析 ▶ P121

📍 4.2.2 仅给出根的数量,求系数

> 题目一般通过如下破题标志词给出根的数量的相关条件:
>
> 【破题标志词】二次方程有(两个)实根/两个相等的实根/有两个不相等的实根. 分别意味着根的判别式 $\Delta \geqslant 0, \Delta = 0$ 和 $\Delta > 0$. (本书中的根都指实根)
>
> 【破题标志词】二次方程无实根. 意味着根的判别式 $\Delta < 0$.
>
> 【破题标志词】方程有增根. 意味着在分式方程的分母中含有 $x-a$, 而求出根 a;或根式方程含有 $\sqrt{x-a}$, 而求出根 $x<a$;或求出根不满足原方程有意义所隐含的条件.

8.【2019.22】(条件充分性判断)关于 x 的方程 $x^2 + ax + b - 1 = 0$ 有实根.

  (1) $a + b = 0$.

  (2) $a - b = 0$.

解析 ▶ P121

📍 4.2.3　给出／求方程两根的算式

本考点有两种出题方式：

【破题标志词】给出二次方程，求关于两根的算式。即题目中给出已知方程的两个实根x_1和x_2，要求由x_1和x_2组成的算式的值。

【破题标志词】给出关于两根的算式，求二次方程系数。即题目中给出含有未知系数的方程及关于两根x_1和x_2的算式的值，要求未知系数的值。这两种题目实际均在于考察韦达定理的乘法公式的运用。

【韦达定理】方程$ax^2 + bx + c = 0 (a \neq 0)$的两个根为$x_1, x_2$，则有：

$$x_1 + x_2 = -\frac{b}{a}, \quad x_1 x_2 = \frac{c}{a}.$$

由韦达定理我们可求出如下关于两根的算式值：

$$\frac{1}{x_1} + \frac{1}{x_2} = \frac{x_1 + x_2}{x_1 x_2} = -\frac{b}{c};$$

$$x_1^2 + x_2^2 = (x_1 + x_2)^2 - 2 x_1 x_2 = \frac{b^2 - 2ac}{a^2};$$

$$x_1 - x_2 = \sqrt{(x_1 + x_2)^2 - 4 x_1 x_2} = \sqrt{\frac{b^2}{a^2} - \frac{4c}{a}} = \frac{\sqrt{\Delta}}{|a|}(\text{设} x_1 > x_2);$$

$$x_1^2 - x_2^2 = (x_1 + x_2)(x_1 - x_2) = -\frac{b}{a} \cdot \frac{\sqrt{\Delta}}{|a|}(\text{设} x_1 > x_2).$$

9.【2016.12】设抛物线$y = x^2 + 2ax + b$与x轴相交于A, B两点，C点坐标为$(0, 2)$，若$\triangle ABC$的面积等于6，则(　　)．

A. $a^2 - b = 9$　　　B. $a^2 + b = 9$　　　C. $a^2 - b = 36$　　　D. $a^2 + b = 36$　　　E. $a^2 - 4b = 9$

解析 ▶ P121

📍 4.2.4　二次函数求最值

函数$y = a\left(x + \frac{b}{2a}\right)^2 + \frac{4ac - b^2}{4a}$的对称轴为$x = -\frac{b}{2a}$．

当$a > 0$时，函数$y = a\left(x + \frac{b}{2a}\right)^2 + \frac{4ac - b^2}{4a}$有最小值$\frac{4ac - b^2}{4a}$．

当$a < 0$时，函数$y = a\left(x + \frac{b}{2a}\right)^2 + \frac{4ac - b^2}{4a}$有最大值$\frac{4ac - b^2}{4a}$．

10.【2018.25】（条件充分性判断）设函数 $f(x) = x^2 + ax$. 则 $f(x)$ 的最小值与 $f(f(x))$ 的最小值相等.

(1) $a \geqslant 2$.

(2) $a \leqslant 0$.

解析 ▶P122

11.【2018.15】函数 $f(x) = \max\{x^2, -x^2 + 8\}$ 的最小值为（　　）.

A. 8　　　　　B. 7　　　　　C. 6　　　　　D. 5　　　　　E. 4

解析 ▶P122

12.【2017.22】（条件充分性判断）设 a, b 是两个不相等的实数. 则函数 $f(x) = x^2 + 2ax + b$ 的最小值小于零.

(1) $1, a, b$ 成等差数列.

(2) $1, a, b$ 成等比数列.

解析 ▶P123

13.【2016.23】（条件充分性判断）设 x, y 是实数. 则可以确定 $x^3 + y^3$ 的最小值.

(1) $xy = 1$.

(2) $x + y = 2$.

解析 ▶P123

4.2.5　给出根的取值范围相关计算

对于仅给出二次方程 $ax^2 + bx + c = 0 (a \neq 0)$ 两根的取值范围的题目，往往需要结合抛物线图像进行求解. 此时需要同学们对于二次方程、二次函数、二次不等式之间的关系有较为透彻的了解. 本考点题目常见**破题标志词**总结如下：

【破题标志词1】二次方程在 (m, n) 范围内只有一个根 $\Leftrightarrow f(m)$ 和 $f(n)$ 一正一负，即 $f(m)f(n) < 0$.

【破题标志词2】二次方程两个根都在 $[m, n]$ 范围中 $\Leftrightarrow \begin{cases} \Delta \geqslant 0 \\ m \leqslant \dfrac{x_1 + x_2}{2} \leqslant n \\ af(m) \geqslant 0 \\ af(n) \geqslant 0 \end{cases}$

【破题标志词3】二次方程的一个根大于 m，一个根小于 m（或给出某数在两根之间）$\Leftrightarrow af(m) < 0$.

注：由于**【破题标志词1】**和**【破题标志词3】**中，分别有 $f(m)f(n) < 0$ 和 $af(m) < 0$，自然限制了抛物线穿过 x 轴，即 $\Delta > 0$，因此无需再额外验证根的判别式正负性.

14.【2023.17】(条件充分性判断)关于 x 的方程 $x^2 - px + q = 0$ 有两个实根 a, b. 则 $p - q > 1$.

    (1) $a > 1$.

    (2) $b < 1$.

解析 ▶ P124

15.【2016.25】(条件充分性判断)已知 $f(x) = x^2 + ax + b$. 则 $0 \leqslant f(1) \leqslant 1$.

    (1) $f(x)$ 在区间 $[0,1]$ 中有两个零点.

    (2) $f(x)$ 在区间 $[1,2]$ 中有两个零点.

解析 ▶ P124

4.2.6 　给出抛物线过点、对称轴、与坐标轴交点等求系数

    本类题目中往往同时给出方程的根、对称轴、与 x 轴 y 轴或某直线交点等多个条件,要求系数的具体数值. 同学们只需解读出各个条件所代表的数学含义和等价关系,代入原函数即可解出. 本考点题目常见破题标志词总结如下.

    题目给出抛物线图像过点 (m,n). 入手方向:直接将 $x = m, y = n$ 代入抛物线方程,得到一个关于系数的等式.

    【破题标志词】给出抛物线图像过点 $(m,n) \Rightarrow$ 将 $\begin{cases} x = m \\ y = n \end{cases}$ 代入函数解析式.

    举例:抛物线图像过点 $(0,1)$ 的数学含义是, $x = 0, y = 1$ 能够使得 $y = ax^2 + bx + c$ 成立,由此可得到一个关于方程系数的关系式.

    【破题标志词】题目给出抛物线对称轴为 $x = m$ /方程两根之和为 m /方程两根之积为 m /方程两根之差为 m 等. 入手方向依次如下:

    对称轴为 $x = m$,等同于给出关于系数的等式 $-\dfrac{b}{2a} = m$;

    给出方程的两根之和为 $x_1 + x_2 = m$,等同于给出关于系数的等式 $-\dfrac{b}{a} = m$;

    给出方程的两根之积为 $x_1 x_2 = m$,等同于给出对应的系数表达式 $\dfrac{c}{a} = m$;

    给出方程的两根之差为 $x_1 - x_2 = m$,由 $(x_1 - x_2)^2 = (x_1 + x_2)^2 - 4x_1 x_2$ 可知 ,等同于给出对应系数的表达式 $\left(\dfrac{b}{a}\right)^2 - \dfrac{4c}{a} = \dfrac{b^2 - 4ac}{a^2} = m^2$.

16.【2024.18】(条件充分性判断)设二次函数 $f(x) = ax^2 + bx + 1$. 则能确定 $a < b$.

    (1) 曲线 $y = f(x)$ 关于直线 $x = 1$ 对称.

    (2) 曲线 $y = f(x)$ 与直线 $y = 2$ 相切.

解析 ▶ P124

4.3 特殊方程/不等式

4.3.1 高次方程/不等式求解

> 考点概要:联考中对于高次方程/不等式(即最高次项次数超过2次的方程/不等式)求解的核心思路是降次,使其转化为二次及以下方程求解.常见题型及解法有如下四种:
>
> 1. 求根降次法:题目中直接或间接给出方程的一个根,就可提出一个一次因式,从而将方程次数下降一次,直至变为二次及以下.如【2000.01.05】中给定一根$x_1 = -1$.
>
> 2. 替换降次法:题目中给出关于未知量的较高次项和较低次项间等量变换关系式,根据关系式将较高次项用较低次多项式替换.如【2009.01.21】中给出$a^2 - 3a + 1 = 0$,则可将待求式中a^2用$3a - 1$替换.
>
> 3. 换元法:当题目中所有未知量的幂次成倍数,如x^2,x^4或x^3,x^6等,将x^2或x^3当作一个整体换元.
>
> 4. 恒为正:将算式因式分解为几个式子相乘的形式,其中若有恒为正的式子(开口向上且$\Delta < 0$),则它不影响不等式解集,原不等式解集等同于剩余算式解集(恒为负的式子也可消去,注意消去时不等号变向).
>
> 根据不同题型总结题目破题标志词如下:
>
> 【破题标志词1】题目中直接或间接给出根的值.
>
> 【破题标志词2】题目中直接或间接给出关于未知量的较高次项和较低次项间等量变换关系式.
>
> 【破题标志词3】题目中所有未知量的幂次成倍数.
>
> 【破题标志词4】题目中算式可因式分解出恒为正/负的式子.

17.【2024.24】(条件充分性判断)设曲线$y = x^3 - x^2 - ax + b$与x轴有三个不同的交点A,B,C.则$|BC| = 4$.

 (1)点A的坐标为$(1,0)$.

 (2)$a = 4$.

解析 ▶P125

4.3.2 无理方程/不等式求解

> 无理方程/不等式即带有根号的方程/不等式,核心入手解题方向是利用平方法去掉根号.因此需要对方程/不等式进行整理,无理部分和有理部分分别放在等号/不等号左右两边.注意保证根号和算式整体均有意义.

18.【2025.23】(条件充分性判断)设x,y是实数.则$\sqrt{2x^2 + 2y^2} - |x| - y^2 \geq 0$.

(1) $|x| \leqslant 1$.

(2) $|y| \leqslant 1$.

解析 ▶ P125

19.【2020.25】(条件充分性判断)设 a,b,c,d 是正实数. 则 $\sqrt{a} + \sqrt{d} \leqslant \sqrt{2(b+c)}$.

(1) $a + d = b + c$.

(2) $ad = bc$.

解析 ▶ P125

📍 4.3.3　带绝对值的方程/不等式求解

对于带有绝对值的方程/不等式,主要出题形式有:

1. 绝对值内为一次的方程/不等式:利用绝对值的几何意义或根据绝对值定义进行零点分段等处理,相关知识详见第三章绝对值部分.

2. 绝对值内为二次的方程/不等式:【破题标志词1】$|ax^2 + bx + c|$.

入手方向:优先验证 Δ. 若 $\Delta < 0$ 并且开口向上 $(a > 0)$,说明该二次函数值恒大于零,可以直接去绝对值. 反之若 $\Delta < 0$ 并且开口向下 $(a < 0)$,说明该二次函数值恒小于零,可以去掉绝对值后变为其相反数.

3. 【破题标志词2】题目方程/不等式中为形如 $ax^2 + b|x| + c$ 算式.

入手方向:利用 $x^2 = |x|^2$,进行换元处理如

$$a x^2 + b|x| + c = a|x|^2 + b|x| + c \xRightarrow{t = |x|} at^2 + bt + c \ (t = |x|).$$

20.【2023.09】方程 $x^2 - 3|x-2| - 4 = 0$ 的所有实根之和为(　　　).

A. -4　　　　B. -3　　　　C. -2　　　　D. -1　　　　E. 0

解析 ▶ P125

21.【2022.25】(条件充分性判断)设实数 a,b 满足 $|a - 2b| \leqslant 1$. 则 $|a| > |b|$.

(1) $|b| > 1$.

(2) $|b| < 1$.

解析 ▶ P126

22.【2021.13】函数 $f(x) = x^2 - 4x - 2|x - 2|$ 的最小值为(　　　).

A. -4　　　　B. -5　　　　C. -6　　　　D. -7　　　　E. -8

解析 ▶ P126

23.【2017.04】不等式 $|x-1| + x \leqslant 2$ 的解集为(　　　).

A. $(-\infty,1]$　　B. $\left(-\infty,\dfrac{3}{2}\right]$　　C. $\left[1,\dfrac{3}{2}\right]$　　D. $[1,+\infty)$　　E. $\left[\dfrac{3}{2},+\infty\right)$

解析 ▶P126

4.4 均值不等式

4.4.1　算术平均值与几何平均值基本计算

【算术平均值】设$x_1,x_2,\cdots,x_n$为n个数,称$\dfrac{x_1+x_2+\cdots+x_n}{n}$为这$n$个数的算术平均值,记为:$\bar{x}=\dfrac{1}{n}\displaystyle\sum_{i=1}^{n}x_i$.

【几何平均值】设$x_1,x_2,\cdots,x_n$为n个正实数,称$\sqrt[n]{x_1\cdot x_2\cdot\cdots\cdot x_n}$为这$n$个数的几何平均值,记为:$x_g=\sqrt[n]{\displaystyle\prod_{i=1}^{n}x_i}$.

24.【2020.18】(条件充分性判断)若a,b,c是实数.则能确定a,b,c的最大值.
　　(1)已知a,b,c的平均值.
　　(2)已知a,b,c的最小值.

解析 ▶P127

4.4.2　均值定理相关计算

【均值定理】对于任意n个正实数$x_1,x_2,\cdots,x_n$有:
$$\dfrac{x_1+x_2+\cdots+x_n}{n}\geqslant\sqrt[n]{x_1x_2\cdots x_n}.$$
当且仅当$x_1=x_2=\cdots=x_n$时,等号成立($x_i>0,i=1,\cdots,n$).

即:若干正数的算术均值大于等于它们的几何均值,且当这些正数全部相等时,它们的算术均值与几何均值相等.

均值定理告诉我们:如果几个正代数式的乘积为定值,则它们的和有最小值(当且仅当每个式子均相等时等号成立,取到最小值).如果几个正代数式的和为定值,则它们的积有最大值(当且仅当每个式子均相等时等号成立,取到最大值).即有:

【破题标志词】限制为正＋求最值⇒均值定理.

25.【2024.04】函数 $f(x) = \dfrac{x^4 + 5x^2 + 16}{x^2}$ 的最小值为（　　）.

    A. 12   B. 13   C. 14   D. 15   E. 16

解析 ▶ P127

26.【2023.13】设 x 为正实数，则 $\dfrac{x}{8x^3 + 5x + 2}$ 的最大值为（　　）.

    A. $\dfrac{1}{15}$ B. $\dfrac{1}{11}$ C. $\dfrac{1}{9}$ D. $\dfrac{1}{6}$ E. $\dfrac{1}{5}$

解析 ▶ P127

27.【2020.24】（条件充分性判断）设 a, b 为正实数. 则 $\dfrac{1}{a} + \dfrac{1}{b}$ 存在最小值.

（1）已知 ab 的值.

（2）已知 a, b 是方程 $x^2 - (a+b)x + 2 = 0$ 的不同实根.

解析 ▶ P128

28.【2019.02】设函数 $f(x) = 2x + \dfrac{a}{x^2}(a > 0)$ 在 $(0, +\infty)$ 内的最小值为 $f(x_0) = 12$，则 $x_0 = $（　　）.

    A. 5   B. 4   C. 3   D. 2   E. 1

解析 ▶ P128

5.1 数列基础：三项成等差、等比数列

5.1.1 数列基础

【数列】依一定次序排成的一列数即为数列.

数列可分为有穷数列、无穷数列；递增数列、递减数列；摆动数列；常数列（各项均为同一个常数）. 数列的通项公式为数列的第 n 项 a_n 与其项数 n 之间的关系. 数列的前 n 项和为 $S_n = a_1 + a_2 + a_3 + \cdots + a_n$.

1.【2016.24】（条件充分性判断）已知数列 $a_1, a_2, a_3, \cdots, a_{10}$. 则 $a_1 - a_2 + a_3 - \cdots + a_9 - a_{10} \geqslant 0$.

(1) $a_n \geqslant a_{n+1}$, $n = 1, 2, \cdots, 9$.

(2) $a_n^2 \geqslant a_{n+1}^2$, $n = 1, 2, \cdots, 9$.

解析 ▶ P129

5.1.2 三项成等差、等比数列

【破题标志词】a, b, c 成等差数列 $\Leftrightarrow 2b = a + c$.

【破题标志词】a, b, c 成等比数列 $\Leftrightarrow b^2 = ac$（$b \neq 0$）.

以上两个破题标志词等同于给出了三个变量的一个关系等式，可以结合任意考点出题.

2.【2021.02】三位年轻人的年龄成等差数列，且最大与最小的两人年龄之差的 10 倍是另一人的年龄，则三人中年龄最大的是（   ）.

A. 19 岁　　　　B. 20 岁　　　　C. 21 岁　　　　D. 22 岁　　　　E. 23 岁

解析 ▶ P129

3.【2019.17】（条件充分性判断）甲、乙、丙三人各自拥有不超过 10 本图书，甲再购入 2 本图书后，他们拥有的图书数量能构成等比数列. 则能确定甲拥有图书的数量.

（1）已知乙拥有的图书数量.

（2）已知丙拥有的图书数量.

解析 ▶ P129

4.【2018.19】（条件充分性判断）甲、乙、丙三人的年收入成等比数列.则能确定乙的年收入的最大值.

（1）已知甲、丙两人的年收入之和.

（2）已知甲、丙两人的年收入之积.

解析 ▶ P130

5.【2017.03】甲、乙、丙三种货车载重量成等差数列.2 辆甲种车和 1 辆乙种车载重量为 95 吨，1 辆甲种车和 3 辆丙种车载重量为 150 吨.则甲、乙、丙各一辆车一次最多运送货物（　　）.

A.125 吨　　　　B.120 吨　　　　C.115 吨　　　　D.110 吨　　　　E.105 吨

解析 ▶ P130

5.2　等差数列

5.2.1　定义和性质

【**等差数列**】如果一个数列从第二项起，每一项减去它的前一项所得的差都等于同一常数，即 $a_{n+1} - a_n = d$，那么这个数列就叫作等差数列，这个常数叫作等差数列的公差 d.

等差数列通项公式：$a_n = a_1 + (n-1)d$.

若等差数列公差 $d = 0$，数列 $\{a_n\}$ 为常数列.

等差数列前 n 项和公式：$S_n = \dfrac{n(a_1 + a_n)}{2} = na_1 + \dfrac{n(n-1)}{2}d$.

等差数列的判定方法：

1. 从定义角度判断：$a_{n+1} - a_n$ 是否为常数.

2. 从 a_n 或 S_n 表达式特征角度判断：等差数列的通项 $a_n = dn + (a_1 - d)$，为关于 n 的一次函数；$S_n = na_1 + \dfrac{n(n-1)}{2}d = \dfrac{d}{2}n^2 + \dfrac{2a_1 - d}{2}n = An^2 + Bn$，即可整理为仅含一次项和二次项的关于 n 的二次函数形式.

6.【2025.24】（条件充分性判断）已知 a_1, a_2, a_3, a_4, a_5 为实数.则 a_1, a_2, a_3, a_4, a_5 成等差数列.

（1）$a_1 + a_5 = a_2 + a_4$.

（2）$a_1 + a_5 = 2a_3$.

解析 ▶ P130

7. 【2025.09】$1 + 2 - 3 + 4 + 5 - 6 + 7 + 8 - 9 + 10 + \cdots + 97 + 98 - 99 = ($ ）

   A. 1536   B. 1551   C. 1568   D. 1584   E. 1617

   解析 ▶ P131

8. 【2024.06】已知等差数列 $\{a_n\}$ 满足 $a_2 a_3 = a_1 a_4 + 50$，且 $a_2 + a_3 < a_1 + a_5$，则公差为（ ）.

   A. 2   B. -2 C. 5   D. -5 E. 10

   解析 ▶ P131

9. 【2022.24】(条件充分性判断) 已知正数列 $\{a_n\}$. 则 $\{a_n\}$ 是等差数列.

   (1) $a_{n+1}^2 - a_n^2 = 2n, n = 1, 2, \cdots$.

   (2) $a_1 + a_3 = 2a_2$.

   解析 ▶ P131

10. 【2019.25】(条件充分性判断) 设数列 $\{a_n\}$ 的前 n 项和为 S_n. 则 $\{a_n\}$ 为等差数列.

    (1) $S_n = n^2 + 2n, n = 1, 2, 3, \cdots$.

    (2) $S_n = n^2 + 2n + 1, n = 1, 2, 3, \cdots$.

    解析 ▶ P131

11. 【2016.13】某公司以分期付款方式购买一套定价为 1100 万元的设备，首期付款 100 万元，之后每月付款 50 万元，并支付上期余额的利息，月利率 1%. 该公司共为此设备支付了（ ）.

    A. 1195 万元   B. 1200 万元   C. 1205 万元   D. 1215 万元   E. 1300 万元

    解析 ▶ P132

 ## 5.2.2   等差数列各项的下标

【破题标志词】题干中出现等差数列多个项之和的具体值, 一般考查等差数列的各项与下标之间的关系, 即: 下标和相等的两项之和相等.

如 $\{a_n\}$ 为等差数列, 下标和 $1 + 10 = 2 + 9 = 3 + 8 = 4 + 7 = \cdots$, 则有: $a_1 + a_{10} = a_2 + a_9 = a_3 + a_8 = a_4 + a_7 = \cdots$

【拓展1】下标和为偶数, 可求出中间项;

　　　　下标和为奇数, 可求出中间两项的和.

【拓展2】已知前奇数个项的中间项 $a_{中间项}$, 可求出前奇数个项的和 $S_n = n \cdot a_{中间项}$;

已知前奇数个项的和 S_n, 可求出这奇数个项的中间项 $a_{中间项} = \dfrac{1}{n} S_n$;

已知前偶数个项中间两项之和, 可求出前偶数个项的和 $S_n = \dfrac{n}{2}($中间两项和$)$, 反之亦然.

12. 【2018.17】(条件充分性判断)设$\{a_n\}$为等差数列.则能确定$a_1 + a_2 + \cdots + a_9$的值.

(1)已知a_1的值.

(2)已知a_5的值.

解析 ▶ P132

📍 5.2.3 等差数列求和

13. 【2024.03】甲、乙两人参加健步走活动.第一天两人走的步数相同,此后甲每天都比前一天多走700步,乙每天走的步数保持不变.若乙前7天走的总步数与甲前6天走的总步数相同,则甲第7天走了(　).

A.10500步　　 B.13300步　　 C.14000步　　 D.14700步　　 E.15400步

解析 ▶ P132

14. 【2024.10】如图5-1,在三角形点阵中,第n行及其上方所有点个数为a_n,如$a_1 = 1$,$a_2 = 3$.已知a_k是平方数且$1 < a_k < 100$,则$a_k = ($ 　 $)$.

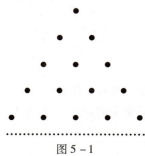

图5-1

A.16　　　　　 B.25　　　　　 C.36　　　　　 D.49　　　　　 E.81

解析 ▶ P133

【破题标志词】题目中直接或间接给出等差数列$\{a_n\}$相邻两项之积在分母,求$\sum \dfrac{1}{a_n a_{n+1}}$.

利用等差数列两项之差恒等于公差d的特性,将每一个分式裂项相消.推导过程如下:

$$\frac{1}{a_1 a_2} = \frac{1}{d} \times \frac{d}{a_1 a_2} = \frac{1}{d} \times \frac{a_2 - a_1}{a_1 a_2} = \frac{1}{d} \times \left(\frac{1}{a_1} - \frac{1}{a_2} \right),$$

$$\frac{1}{a_n a_{n+1}} = \frac{1}{d} \times \frac{d}{a_n a_{n+1}} = \frac{1}{d} \times \frac{a_{n+1} - a_n}{a_n a_{n+1}} = \frac{1}{d} \times \left(\frac{1}{a_n} - \frac{1}{a_{n+1}} \right),$$

则$\displaystyle\sum_{n=1}^{99} \frac{1}{a_n a_{n+1}} = \frac{1}{a_1 a_2} + \frac{1}{a_2 a_3} + \cdots + \frac{1}{a_{99} a_{100}} = \frac{1}{d} \times \frac{d}{a_1 a_2} + \frac{1}{d} \times \frac{d}{a_2 a_3} + \cdots + \frac{1}{d} \times \frac{d}{a_{99} a_{100}}$

$$= \frac{1}{d} \left(\frac{a_2 - a_1}{a_1 a_2} + \frac{a_3 - a_2}{a_2 a_3} + \cdots + \frac{a_{100} - a_{99}}{a_{99} a_{100}} \right)$$

$$= \frac{1}{d} \left(\frac{1}{a_1} - \frac{1}{a_2} + \frac{1}{a_2} - \frac{1}{a_3} + \cdots + \frac{1}{a_{99}} - \frac{1}{a_{100}} \right) = \frac{1}{d} \left(\frac{1}{a_1} - \frac{1}{a_{100}} \right)$$

📍 5.2.4 等差数列过零点的项

本类题目的考点主要在于考查 S_n 的范围,题干中含有【破题标志词】形如 S_n 某具体数字的条件,或求 S_n 的最大值/最小值.

1. 当 $a_1 < 0, d > 0$,即数列为递增数列时,随着 n 增加 a_n 越来越大,S_n 有最小值.设其中 a_n 为数列过零点的项,且 $a_n > 0$,那么前 n 项和有且仅有一个最小值 S_{n-1}.

2. 当 $a_1 > 0, d < 0$,即数列为递减数列时,随着 n 增加 a_n 越来越小,S_n 有最大值.设其中 a_n 为数列过零点的项,且 $a_n < 0$,那么前 n 项和有且仅有一个最大值 S_{n-1}.

注意:若过零点的项 $a_n = 0$,则 $S_{n-1} = S_n$,数列有两个相等的最值.

15.【2020.05】等差数列 $\{a_n\}$ 满足 $a_1 = 8$,且 $a_2 + a_4 = a_1$,则 $\{a_n\}$ 前 n 项和的最大值为(　　).
    A. 16   B. 17   C. 18   D. 19   E. 20

解析 ▶ P133

5.3 等比数列

📍 5.3.1 定义和性质

【等比数列】如果一个数列从第二项起,每一项与它的前一项的比都等于同一常数,即 $\dfrac{a_{n+1}}{a_n} = q$,那么这个数列就叫作等比数列,这个常数就叫作等比数列的公比 q ($q \neq 0$)(等比数列每一项 a_n 和公比 q 均不为零).

等比数列通项公式:$a_n = a_1 q^{n-1}$ ($q \neq 0$).

16.【2023.18】(条件充分性判断)已知等比数列 $\{a_n\}$ 的公比大于1. 则 $\{a_n\}$ 单调递增.
    (1) a_1 是方程 $x^2 - x - 2 = 0$ 的根.
    (2) a_1 是方程 $x^2 + x - 6 = 0$ 的根.

解析 ▶ P133

17.【2023.24】(条件充分性判断)设数列 $\{a_n\}$ 的前 n 项和为 S_n. 则 $a_2, a_3, a_4, \cdots$ 为等比数列.
    (1) $S_{n+1} > S_n, n = 1, 2, 3, \cdots$.
    (2) $\{S_n\}$ 是等比数列.

解析 ▶ P134

18.【2021.24】(条件充分性判断)已知数列 $\{a_n\}$.则数列 $\{a_n\}$ 为等比数列.

(1) $a_n a_{n+1} > 0$.

(2) $a_{n+1}^2 - 2a_n^2 - a_n a_{n+1} = 0$.

解析 ▶ P134

5.3.2　等比数列求和

等比数列前 n 项和公式 $(q \neq 0)$:

1. 当 $q \neq 1$ 时, $S_n = \dfrac{a_1(1-q^n)}{1-q}$;

2. 当 $q = 1$ 时, $S_n = na_1$ (此时数列 $\{a_n\}$ 为常数列);

3. 当 $n \to \infty$, 且 $0 < |q| < 1$ 时, $S = \lim\limits_{n \to \infty} \dfrac{a(1-q^n)}{1-q} = \dfrac{a_1}{1-q}$.

注意: 在等比数列求和时, 若不能确定 q 的取值, 则应分 $q = 1$ 和 $q \neq 1$ 两种情况讨论.

【拓展】若 $\{a_n\}$ 为等比数列, 公比为 q, 则:

$\{a_n^2\}$ 为等比数列, 公比为 q^2;

$\{|a_n|\}$ 为等比数列, 公比为 $|q|$;

$\left\{\dfrac{1}{a_n}\right\}$ 为等比数列, 公比为 $\dfrac{1}{q}$;

$\{a_n \cdot a_{n+1}\}$ 为等比数列, 公比为 q^2.

19.【2024.25】(条件充分性判断)设 $\{a_n\}$ 为等比数列, S_n 是 $\{a_n\}$ 的前 n 项和, 则能确定 a_n 的公比.

(1) $S_3 = 2$.

(2) $S_9 = 26$.

解析 ▶ P134

20.【2018.07】如图 5-2 所示, 四边形 $A_1B_1C_1D_1$ 是平行四边形, A_2, B_2, C_2, D_2 分别是四边形 $A_1B_1C_1D_1$ 四边的中点, A_3, B_3, C_3, D_3 分别是四边形 $A_2B_2C_2D_2$ 四边的中点, 依次下去, 得到四边形序列 $A_nB_nC_nD_n$ $(n = 1, 2, 3, \cdots)$, 设 $A_nB_nC_nD_n$ 的面积为 S_n, 且 $S_1 = 12$, 则 $S_1 + S_2 + S_3 + \cdots = (\quad)$.

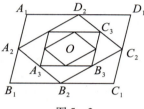

图 5-2

A. 16　　　　　　B. 20　　　　　　C. 24　　　　　　D. 28　　　　　　E. 30

解析 ▶ P134

5.4 一般数列

对于数列 $\{a_n\}$，题目仅给出 a_n 与 a_{n+1} 或 a_{n-1} 的关系式，这些 a_n 与 a_{n+1} 或 a_{n-1} 的关系式称为递推公式，此时一般通过递推公式找到前几个元素数值的变化规律来判断后面元素的数值.

21.【2020.11】已知数列 $\{a_n\}$ 满足 $a_1=1,a_2=2$ 且 $a_{n+2}=a_{n+1}-a_n(n=1,2,3,\cdots)$，则 $a_{100}=($).

  A. 1 B. -1 C. 2 D. -2 E. 0

解析 ▶P135

22.【2019.15】设数列 $\{a_n\}$ 满足 $a_1=0,a_{n+1}-2a_n=1$，则 $a_{100}=($).

  A. $2^{99}-1$ B. 2^{99} C. $2^{99}+1$ D. $2^{100}-1$ E. $2^{100}+1$

解析 ▶P135

6.1 三角形

6.1.1 性质和分类

1. 【2023.11】如图 6-1,在三角形 ABC 中,$\angle BAC = 60°$,BD 平分 $\angle ABC$,交 AC 于 D,CE 平分 $\angle ACB$ 交 AB 于 E,BD 和 CE 交于 F,则 $\angle EFB = ($ $)$.

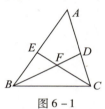

图 6-1

　A. 45°　　　　　B. 52.5°　　　　　C. 60°　　　　　D. 67.5°　　　　　E. 75°

解析 ▶ P136

2. 【2019.11】在 $\triangle ABC$ 中,$AB = 4$,$AC = 6$,$BC = 8$,D 为 BC 的中点,则 $AD = ($ $)$.

　A. $\sqrt{11}$　　　　B. $\sqrt{10}$　　　　C. 3　　　　D. $2\sqrt{2}$　　　　E. $\sqrt{7}$

解析 ▶ P136

3. 【2016.22】(条件充分性判断)已知 M 是一个平面有限点集. 则平面上存在到 M 中各点距离相等的点.

(1) M 中只有三个点.

(2) M 中的任意三点都不共线.

解析 ▶ P137

6.1.2 三角形面积

三角形面积公式:$S = \dfrac{1}{2} \times$ 底 $\times$ 高

三角形面积公式重要应用:

1. $S = \dfrac{1}{2} \times$ 任意一个底边 $\times$ 相对应的高,如图 $6 - 2 - a$ 所示:

$$S_{\triangle ABC} = \frac{1}{2} AH \times BC = \frac{1}{2} CH' \times AB = \frac{1}{2} BH'' \times AC.$$

2. 如图 $6 - 2 - b$ 所示,在直角三角形中 $S = \dfrac{1}{2} \times AC \times BC = \dfrac{1}{2} AB \times CH$,故有【破题标志词】题目同时出现直角三角形及其斜边上的高,考虑使用直角三角形斜边上的高 $\times$ 斜边 $=$ 两直角边之积.

3.【破题标志词】底边在同一条直线,共用一个顶点的两个三角形(图 $6 - 2 - c$ 所示),它们高相等,面积比等于底边比.如 $\dfrac{S_{\triangle BAD}}{S_{\triangle BCD}} = \dfrac{AD}{CD}$.

4.【破题标志词】顶点在与底边平行线上的两个三角形(如图 $6 - 2 - c$ 所示.),它们高相等,面积比等于底边比,面积和 $= \dfrac{1}{2}$(底边和)$\times$ 高.如:$\dfrac{S_{\triangle BAD}}{S_{\triangle B'AC}} = \dfrac{AD}{AC}$,$\dfrac{S_{\triangle BAC}}{S_{\triangle B'AC}} = \dfrac{AC}{AC} = 1$;$S_{\triangle BAD} + S_{\triangle BCD} = \dfrac{1}{2}(AD + CD)h = \dfrac{1}{2} AC \times h$,$S_{\triangle BAC} + S_{\triangle B'AC} = \dfrac{1}{2}(AC + AC)h = AC \cdot h$.

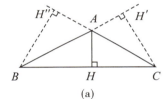 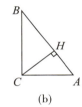 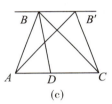

(a)　　　　　　　　　(b)　　　　　　　　　(c)

图 $6 - 2$

4.【2020.10】如图 $6 - 3$,在 $\triangle ABC$ 中,$\angle ABC = 30°$,将线段 AB 绕点 B 旋转至 DB,使 $\angle DBC = 60°$,则 $\triangle DBC$ 与 $\triangle ABC$ 的面积之比为(　　　　).

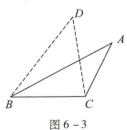

图 $6 - 3$

A. 1 　　　　 B. $\sqrt{2}$ 　　　　 C. 2 　　　　 D. $\dfrac{\sqrt{3}}{2}$ 　　　　 E. $\sqrt{3}$

解析 ▶ P137

📍 6.1.3　重要三角形

直角三角形的判定(三边长分别为 a, b, c):

1. 一个角为 $90°$ 的三角形.

2. $a^2 + b^2 = c^2$.

3. 三角形面积 $S = \dfrac{1}{2}ab$.

4. 若三角形底边为圆的直径,顶点在圆周上,则它为直角三角形(直径所对的圆周角为直角,如图 6 - 4 所示).

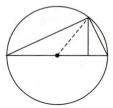

图 6 - 4

直角三角形的性质:若一个三边分别为 a, b, c 的三角形为直角三角形,则有:

1. $a^2 + b^2 = c^2$.

2. 面积 $S = \dfrac{1}{2} a \times b = \dfrac{1}{2} c \times d$($d$ 为斜边上的高).

3. 斜边上的中线等于斜边的一半.

重要三角形包括等腰直角三角形,内角为 $30° - 60° - 90°$ 的直角三角形和等边三角形(如图 6 - 5 - a, 6 - 5 - b, 6 - 5 - c).

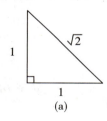
(a)

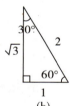
(b)

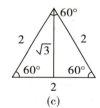
(c)

图 6 - 5

等腰直角三角形的三边之比为 $1 : 1 : \sqrt{2}$,若直角边为 a,面积 $= \dfrac{1}{2}a^2$.

内角为 $30° - 60° - 90°$ 的三角形的三边之比为 $1 : \sqrt{3} : 2$,若最短边为 a,面积 $= \dfrac{\sqrt{3}}{2}a^2$. 等边三角形的高与边长的比为 $\sqrt{3} : 2 = \dfrac{\sqrt{3}}{2} : 1$,若边长为 a,面积 $= \dfrac{\sqrt{3}}{4}a^2$.

在重要三角形中:边 a、边 b、边 c、$S_{\triangle ABC}$ 这四个条件中只需要知道任一个,就可以确定其他的所有项.

5.【2020.16】(条件充分性判断)在 $\triangle ABC$ 中,$\angle B = 60°$. 则 $\dfrac{c}{a} > 2$.

(1) $\angle C < 90°$.

(2) $\angle C > 90°$.

解析 ▶ P137

📍 6.1.4 相似三角形

相似三角形的判定:满足下列条件之一的两个三角形相似:

1.有两角对应相等.

2.三条边对应成比例.

3.有一角相等,且夹这个角的两边对应成比例.

4.一条直角边与一条斜边对应成比例.

相似三角形性质:

1.对应角相等.

2.对应边成比例(为相似比).(对应线段成比例,即对应高、对应中线、对应角平分线、外接圆半径、内切圆半径以及周长的比等于相似比.)

3.面积比 = 相似比^2.

【破题标志词】题目中出现两条平行线,或者出现梯形、矩形的同时也有三角形,或者出现多个相关联的直角三角形,求面积,求边长或求比例时,考虑使用相似三角形入手解题.

6.【2022.09】在直角 $\triangle ABC$ 中,D 是斜边 AC 的中点,以 AD 为直径的圆交 AB 于 E. 若 $\triangle ABC$ 的面积为8,则 $\triangle AED$ 的面积为(　　).

A.1　　　　　B.2　　　　　C.3　　　　　D.4　　　　　E.6

解析 ▶ P138

7.【2022.16】(条件充分性判断)如图 $6-6$,AD 与圆相切于点 D,AC 与圆相交于 B,C. 则能确定 $\triangle ABD$ 与 $\triangle BDC$ 的面积比.

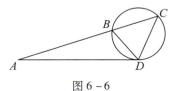

图 $6-6$

(1)已知 $\dfrac{AD}{CD}$.

(2)已知 $\dfrac{BD}{CD}$.

解析 ▶ P138

8.【2022.19】(条件充分性判断)在 $\triangle ABC$ 中,D 为 BC 边上的点,BD、AB、BC 成等比数列. 则 $\angle BAC = 90°$.

(1)$BD = DC$.

(2)$AD \perp BC$.

解析 ▶ P138

9.【2019.21】(条件充分性判断) 如图 6-7, 已知正方形 $ABCD$ 面积, O 为 BC 上一点, P 为 AO 的中点, Q 为 DO 上一点. 则能确定三角形 PQD 的面积.

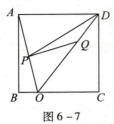

图 6-7

(1) O 为 BC 的三等分点.
(2) Q 为 DO 的三等分点.

解析 ▶ P138

10.【2018.20】(条件充分性判断) 如图 6-8, 在矩形 $ABCD$ 中, $AE = FC$. 则三角形 AED 与四边形 $BCFE$ 能拼接成一个直角三角形.

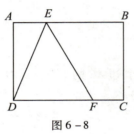

图 6-8

(1) $EB = 2FC$.
(2) $ED = EF$.

解析 ▶ P139

11.【2017.11】已知 $\triangle ABC$ 和 $\triangle A'B'C'$ 满足 $AB : A'B' = AC : A'C' = 2 : 3$, $\angle A + \angle A' = \pi$, 则 $\triangle ABC$ 和 $\triangle A'B'C'$ 的面积之比为 ( ).
A. $\sqrt{2} : \sqrt{3}$　　　　B. $\sqrt{3} : \sqrt{5}$　　　　C. $2 : 3$　　　　D. $2 : 5$　　　　E. $4 : 9$

解析 ▶ P139

6.2　四边形

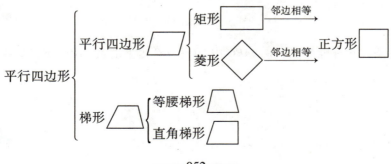

6.2.1 矩形

一个角是直角的平行四边形称为矩形(图6-9-a),矩形的四个角均是直角,正方形(图6-9-b)对角线相等且互相平分.邻边相等的矩形称为正方形.

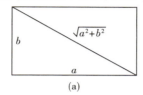

(a)　(b)

图6-9

面积 $S=ab$;周长 $C=2(a+b)$;　$a:a:\sqrt{2}a=1:1:\sqrt{2}$,面积 $S=a^2$
$a^2+b^2=$ 对角线 l^2

12.【2016.17】(条件充分性判断)如图6-10,正方形 $ABCD$ 由四个相同的长方形和一个小正方形拼成 则能确定小正方形的面积.

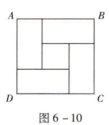

图6-10

(1)已知正方形 $ABCD$ 的面积.
(2)已知长方形的长与宽之比.

解析 ▶ P139

6.2.2 平行四边形/菱形

13.【2025.19】(条件充分性判断)如图6-11,在菱形 $ABCD$ 中,M,N 分别为 AD 和 CD 的中点.P 是 AC 上的动点.则能确定 $PM+PN$ 的最小值.

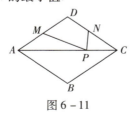

图6-11

(1)已知 AC.
(2)已知 AB.

解析 ▶ P140

6.2.3　梯形

14.【2025.10】如图 6 - 12,在边长为 1 的正方形 $ABCD$ 中,E、F 分别为 AB,AD 的中点,DE,BF 交于点 O,四边形 $BCDO$ 的面积为(　　)

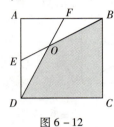

图 6 - 12

A. $\dfrac{2}{3}$　　　　　B. $\dfrac{3}{4}$　　　　　C. $\dfrac{5}{9}$　　　　　D. $\dfrac{7}{12}$　　　　　E. $\dfrac{11}{18}$

解析 ▶ P140

15.【2016.08】如图 6 - 13,在四边形 $ABCD$ 中,$AB /\!/ CD$,AB 与 CD 的边长分别为 4 和 8. 若 $\triangle ABE$ 的面积为 4,则四边形 $ABCD$ 的面积为(　　).

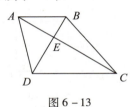

图 6 - 13

A. 24　　　　　B. 30　　　　　C. 32　　　　　D. 36　　　　　E. 40

解析 ▶ P140

6.3　圆与扇形

6.3.1　基础题型

16.【2025.02】已知圆、正方形、等边三角形的周长分别为 a,b,c. 若它们的面积相等,则(　　).
A. $a < b < c$　　B. $a < c < b$　　C. $b < a < c$　　D. $b < c < a$　　E. $c < b < a$

解析 ▶ P141

17.【2017.05】某种机器人可搜索到的区域是半径为 1 米的圆,若该机器人沿直线行走 10 米,则其搜索过的区域的面积(单位:平方米)为(　　).

A. 10　　　　　B. $10 + \pi$　　　　　C. $20 + \dfrac{\pi}{2}$　　　　　D. $20 + \pi$　　　　　E. 10π

解析 ▶ P141

6.3.2 内切与外接

如图 6-14 所示:
正方形 $ABCD$ 的边长为 $2a$;
内切圆 O 的半径为 a;
圆 O 内接正方形 $EFGH$ 边长为 $\sqrt{2}a$.

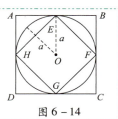

图 6-14

18.【2024.11】如图 6-15,在边长为 2 的正三角形材料中裁剪出一个半圆形工件. 半圆的直径在三角形的一条边上,则这个半圆的面积最大为(　　).

图 6-15

A. $\dfrac{3\pi}{8}$ 　　　　 B. $\dfrac{3\pi}{5}$ 　　　　 C. $\dfrac{3\pi}{4}$ 　　　　 D. $\dfrac{\pi}{4}$ 　　　　 E. $\dfrac{\pi}{2}$

解析 ▶P141

19.【2020.12】如图 6-16,圆 O 的内接 $\triangle ABC$ 是等腰三角形,底边 $BC=6$,顶角为 $\dfrac{\pi}{4}$,则圆 O 的面积为(　　).

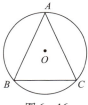

图 6-16

A. 12π 　　　　 B. 16π 　　　　 C. 18π 　　　　 D. 32π 　　　　 E. 36π

解析 ▶P142

20.【2018.04】如图 6-17,圆 O 是三角形 ABC 的内切圆,若三角形 ABC 的面积与周长的大小之比为 $1:2$,则圆 O 的面积为(　　).

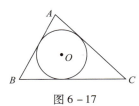

图 6-17

A. π 　　　　B. 2 　　　　C. 3π 　　　　D. 4π 　　　　E. 5π

解析 ▶ P142

6.4　不规则图形／阴影图形面积

> 求阴影面积常用方法为标号法,具体步骤如下:
>
> 1. 依次将图中所有区域封闭标号.
> 2. 算出能确定面积的图形面积(正方形、长方形、圆形、扇形、直角三角形、等边三角形等),以标号表示.
> 3. 写出需要求的阴影面积图形,以标号表示.
> 4. 凑配计算.

21.【2025.05】如图 6 – 18,圆的半径为 2,圆心角 $\angle AOB = 120°$,点 C 是劣弧 $\overparen{AB}$ 上的动点,则四边形 $AOBC$ 面积的最大值为(　　　).

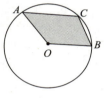

图 6 – 18

A. $\sqrt{3}$ 　　B. $2\sqrt{3}$ 　　C. 4 　　D. $3\sqrt{3}$ 　　E. $4\sqrt{3}$

解析 ▶ P142

22.【2024.08】如图 6 – 19,正三角形 ABC 边长为 3,以 A 为圆心,以 2 为半径作圆弧,再分别以 B,C 为圆心,以 1 为半径作圆弧,则阴影部分的面积为(　　　).

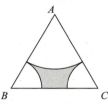

图 6 – 19

A. $\dfrac{9}{4}\sqrt{3} - \dfrac{\pi}{2}$ 　　B. $\dfrac{9}{4}\sqrt{3} - \pi$ 　　C. $\dfrac{9}{8}\sqrt{3} - \dfrac{\pi}{2}$ 　　D. $\dfrac{9}{8}\sqrt{3} - \pi$ 　　E. $\dfrac{3}{4}\sqrt{3} - \dfrac{\pi}{2}$

解析 ▶ P143

23.【2022.04】如图 6 – 20,$\triangle ABC$ 是等腰直角三角形,以 A 为圆心的圆弧交 AC 于 D,交 BC 于 E,交 AB 的延长线于 F,若曲边三角形 CDE 与 BEF 的面积相等,则 $\dfrac{AD}{AC} = ($　　　$)$.

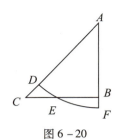

图 6-20

A. $\dfrac{\sqrt{30}}{2}$ B. $\dfrac{2}{\sqrt{5}}$ C. $\sqrt{\dfrac{3}{\pi}}$ D. $\dfrac{\sqrt{\pi}}{2}$ E. $\sqrt{\dfrac{2}{\pi}}$

解析 ▶ P143

24.【2021.09】如图 6-21，正六边形边长为 1，分别以正六边形的顶点 O、P、Q 为圆心，以 1 为半径作圆弧，则阴影部分的面积为(　　)．

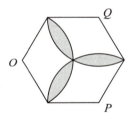

图 6-21

A. $\pi - \dfrac{3\sqrt{3}}{2}$ B. $\pi - \dfrac{3\sqrt{3}}{4}$ C. $\dfrac{\pi}{2} - \dfrac{3\sqrt{3}}{4}$ D. $\dfrac{\pi}{2} - \dfrac{3\sqrt{3}}{8}$ E. $2\pi - 3\sqrt{3}$

解析 ▶ P143

25.【2017.09】如图 6-22，在扇形 AOB 中，$\angle AOB = \dfrac{\pi}{4}$，$OA = 1$，$AC \perp OB$，则阴影部分的面积为(　　)．

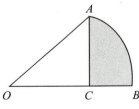

图 6-22

A. $\dfrac{\pi}{8} - \dfrac{1}{4}$ B. $\dfrac{\pi}{8} - \dfrac{1}{8}$ C. $\dfrac{\pi}{4} - \dfrac{1}{2}$ D. $\dfrac{\pi}{4} - \dfrac{1}{4}$ E. $\dfrac{\pi}{4} - \dfrac{1}{8}$

解析 ▶ P144

7.1　长方体、正方体

长方体与正方体图像及性质见下表7-1.

表7-1

	正方体	长方体
图像	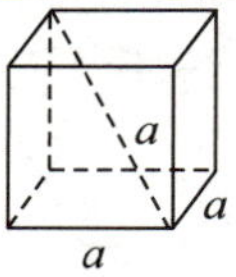	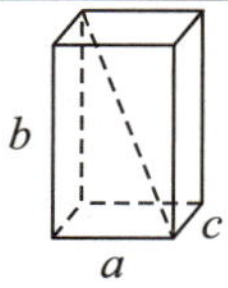
表面积	$6a^2$	$2(ab+bc+ac)$
体积	a^3	abc
体对角线	$\sqrt{3}a$	$\sqrt{a^2+b^2+c^2}$

1.【2020.21】(条件充分性判断)在长方体中,能确定长方体的体对角线.

(1)已知共顶点的三个面的面积.

(2)已知共顶点的三个面的面对角线.

解析▶P145

2.【2017.13】将长、宽、高分别为 $12,9,6$ 的长方体切割成正方体,且切割后无剩余,则能切割成相同正方体的最少个数为(　　).

A.3　　　　B.6　　　　C.24　　　　D.96　　　　E.648

解析▶P145

3.【2016.09】现有长方形木板340张,正方形木板160张(图7-1-a),这些木板恰好可以装配成若干个竖式和横式的无盖箱子(图7-1-b),装配成的竖式和横式箱子的个数分别为(　　).

(a)　　　　　　　　　　(b)

图7-1

A.25,80　　　B.60,50　　　C.20,70　　　D.60,40　　　E.40,60

解析▶P145

7.2　圆柱体

如图 7-2，设圆柱体高为 h，底面半径为 r，则：

上下底面积 $= \pi r^2$；

体积 $= \pi r^2 h$；

侧面积 $= 2\pi rh$；

全表面积 $= 2\pi r^2 + 2\pi rh$.

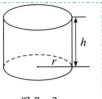

图 7-2

4.【2024.13】如图 7-3，圆柱形容器的底面半径是 $2r$，将半径为 r 的铁球放入容器后，液面的高度为 r，液面原来的高度为（　　）．

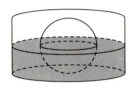

图 7-3

A. $\dfrac{r}{6}$　　　　B. $\dfrac{r}{3}$　　　　C. $\dfrac{r}{2}$　　　　D. $\dfrac{2r}{3}$　　　　E. $\dfrac{5r}{6}$

解析 ▶ P146

7.3　球体

如图 7-4，设球的半径是 R，则

体积：$V = \dfrac{4}{3}\pi R^3$；

表面积：$S = 4\pi R^2$.

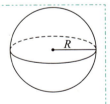

图 7-4

5.【2025.06】如图 7-5，在大半球中挖去一个同心小半球，小半球直径为大半球直径的一半，若小半球的体积为 20cm^3，则剩下部分的体积为（　　）．

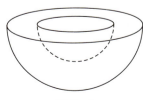

图 7-5

A. 160 cm³   B. 140 cm³   C. 100 cm³   D. 80 cm³   E. 60 cm³

解析 ▶ P146

7.4　内切与外接

6.【2021.07】若球体的内接正方体的体积为 8 m³，则该球体的表面积为（　　）.

A. 4π m²   B. 6π m²   C. 8π m²   D. 12π m²   E. 24π m²

解析 ▶ P146

7.【2019.09】如图 7-6，正方体位于半径为 3 的球内，且一面位于球的大圆上，则正方体表面积最大为（　　）.

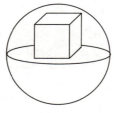

图 7-6

A. 12   B. 18   C. 24   D. 30   E. 36

解析 ▶ P147

7.5　切割∕打孔∕组合图形

8.【2023.10】如图 7-7，从一个棱长为 6 的正方体中裁去两个相同的正三棱锥，若正三棱锥的底面边长 $AB = 4\sqrt{2}$，则剩余几何体的表面积为（　　）.

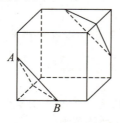

图 7-7

A. 168   B. $168 + 16\sqrt{3}$ C. $168 + 32\sqrt{3}$ D. $112 + 32\sqrt{3}$ E. $124 + 16\sqrt{3}$

解析 ▶ P147

9.【2022.06】如图 7-8，在棱长为 2 的正方体中，A,B 是顶点，C,D 是所在棱的中点，则四边形 $ABCD$ 的面积为（　　）.

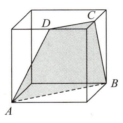

图 7 - 8

A. $\dfrac{9}{2}$ B. $\dfrac{7}{2}$ C. $\dfrac{3\sqrt{2}}{2}$ D. $2\sqrt{5}$ E. $3\sqrt{2}$

解析 ▶ P147

10.【2019.12】如图 7 - 9,六边形 $ABCDEF$ 是平面与棱长为 2 的正方体所截得到的. 若 A,B,D,E 分别为相应棱的中点,则六边形 $ABCDEF$ 的面积为(   ).

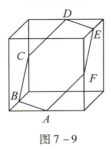

图 7 - 9

A. $\dfrac{\sqrt{3}}{2}$ B. $\sqrt{3}$ C. $2\sqrt{3}$ D. $3\sqrt{3}$ E. $4\sqrt{3}$

解析 ▶ P147

11.【2018.14】如图 7 - 10,圆柱体的底面半径为 2,高为 3,垂直于底面的平面截圆柱体所得截面为矩形 $ABCD$. 若弦 AB 所对的圆心角是 $\dfrac{\pi}{3}$,则截掉部分(较小部分)的体积为(   ).

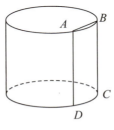

图 7 - 10

A. $\pi - 3$ B. $2\pi - 6$ C. $\pi - \dfrac{3\sqrt{3}}{2}$ D. $2\pi - 3\sqrt{3}$ E. $\pi - \sqrt{3}$

解析 ▶ P148

12.【2017.21】(条件充分性判断)如图 7 - 11,一个铁球沉入水池中.则能确定铁球的体积.

图 7 – 11

（1）已知铁球露出水面的高度.

（2）已知水深及铁球与水面交线的周长.

解析 ▶ P148

13.【2016.15】如图 7 – 12,在半径为 10 厘米的球体上开一个底面半径是 6 厘米的圆柱形洞,则洞的内壁面积为(单位:平方厘米)(　　　).

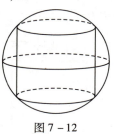

图 7 – 12

A. 48π　　　　　　B. 288π　　　　　　C. 96π　　　　　　D. 576π　　　　　　E. 192π

解析 ▶ P148

8.1　点与直线

【点到直线距离公式】点 $P(x_0, y_0)$ 到直线 $Ax + By + C = 0$ 的距离为：$d = \dfrac{|Ax_0 + By_0 + C|}{\sqrt{A^2 + B^2}}$.

【中点坐标公式】给定两个点 $A(x_1, y_1)$，$B(x_2, y_2)$，两点中点坐标 $= \left(\dfrac{x_1 + x_2}{2}, \dfrac{y_1 + y_2}{2}\right)$.

【两直线位置关系】设两条直线方程为：$l_1 : A_1 x + B_1 y + C_1 = 0$，$l_2 : A_2 x + B_2 y + C_2 = 0$. 则两直线位置关系如表 8-1 所示.

表 8-1　两直线位置关系

	相交	平行	重合
交点个数	一个	无	两个以上
方程组解 $\begin{cases} A_1 x + B_1 y + C_1 = 0 \\ A_2 x + B_2 y + C_2 = 0 \end{cases}$	有唯一解 (x_0, y_0)，即 l_1 和 l_2 的交点	无解	无穷多解
斜率	$k_1 \neq k_2$；垂直时有：$A_1 A_2 + B_1 B_2 = 0, k_1 \times k_2 = -1$	$\dfrac{A_1}{A_2} = \dfrac{B_1}{B_2} \neq \dfrac{C_1}{C_2}$；$k_1 = k_2$	$\dfrac{A_1}{A_2} = \dfrac{B_1}{B_2} = \dfrac{C_1}{C_2}$；$k_1 = k_2$

【破题标志词】两条直线垂直直线斜率关系 $k_1 \times k_2 = -1$，或系数关系 $A_1 A_2 + B_1 B_2 = 0$.

【破题标志词】两条直线平行：直线斜率关系 $k_1 = k_2$，或系数关系 $\dfrac{A_1}{A_2} = \dfrac{B_1}{B_2} \neq \dfrac{C_1}{C_2}$.

1.【2024.05】已知点 $O(0, 0)$，$A(a, 1)$，$B(2, b)$，$C(1, 2)$，若四边形 $OABC$ 为平行四边形，则 $a + b = ($ 　　 $)$.

A. 3 　　　　 B. 4 　　　　 C. 5 　　　　 D. 6 　　　　 E. 7

解析 ▶ P149

2.【2023.07】如图 8-1，已知点 $A(-1, 2)$，点 $B(3, 4)$. 若点 $P(m, 0)$ 使得 $|PB| - |PA|$ 最大，则（ 　 ）.

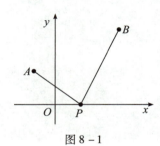

图 8-1

A. $m = -5$ 　　B. $m = -3$ 　　C. $m = -1$ 　　D. $m = 1$ 　　E. $m = 3$

解析 ▶ P149

3. 【2019.24】(条件充分性判断)设三角形区域 D 由直线 $x + 8y - 56 = 0$, $x - 6y + 42 = 0$ 与 $kx - y + 8 - 6k = 0(k < 0)$ 围成. 则对任意的 $(x, y) \in D$, $\lg(x^2 + y^2) \leqslant 2$.

(1) $k \in (-\infty, -1]$.

(2) $k \in \left[-1, -\dfrac{1}{8} \right]$.

解析 ▶ P149

8.2　求直线与坐标轴组成图形的面积

4. 【2020.07】设实数 x, y 满足 $|x - 2| + |y - 2| \leqslant 2$, 则 $x^2 + y^2$ 的取值范围是(　　).

A. $[2, 18]$ 　　B. $[2, 20]$ 　　C. $[2, 36]$ 　　D. $[4, 18]$ 　　E. $[4, 20]$

解析 ▶ P150

8.3　圆

圆的标准方程: $(x - x_0)^2 + (y - y_0)^2 = r^2$, 其中 (x_0, y_0) 为圆心, r 为半径.

圆的一般方程: $x^2 + y^2 + Dx + Ey + F = 0$, 其中系数满足 $D^2 + E^2 - 4F > 0$. 圆的一般方程中常数项为零 $\Leftrightarrow$ 圆过原点.

另有【破题标志词】曲线一般方程中无常数项 $\Rightarrow$ 曲线必过原点. 即代入原点坐标 $(0, 0)$, 曲线方程等式成立.

一般方程用配方法可化为标准方程: $\left(x + \dfrac{D}{2} \right)^2 + \left(y + \dfrac{E}{2} \right)^2 = \dfrac{D^2 + E^2 - 4F}{4}$, 即圆心为 $\left(-\dfrac{D}{2}, -\dfrac{E}{2} \right)$, 半径 $r = \dfrac{\sqrt{D^2 + E^2 - 4F}}{2}$.

圆的有关题目主要考察以下几点：

1. 配方找圆心和半径.

2. 找圆与 x 轴和 y 轴的交点：即代入 $y=0$ 或者 $x=0$ 解方程.

【破题标志词】求曲线与 x 轴交点 $\Rightarrow$ 代入 $y=0$.

【破题标志词】求曲线与 y 轴交点 $\Rightarrow$ 代入 $x=0$.

3. 圆与圆的位置关系. 设两圆 $C_1:(x-x_1)^2+(y-y_1)^2=r^2$，$C_2:(x-x_2)^2+(y-y_2)^2=r_2^2$，则两圆的圆心距为 $d=\sqrt{(x_1-x_2)^2+(y_1-y_2)^2}$.

C_1 与 C_2 外离 $\Leftrightarrow d>r_1+r_2$；

C_1 与 C_2 外切 $\Leftrightarrow d=r_1+r_2$；

C_1 与 C_2 内切 $\Leftrightarrow d=|r_1-r_2|$；

C_1 与 C_2 相交于两点 $\Leftrightarrow |r_1-r_2|<d<r_1+r_2$；

C_1 与 C_2 为包含关系 $\Leftrightarrow 0\leqslant d<|r_1-r_2|$；

【破题标志词】两圆位置关系 $\Leftrightarrow$ 圆心距与两半径和/差的大小关系.

4. 点、直线与圆的位置关系.

5. 【2016.10】圆 $x^2+y^2-6x+4y=0$ 上到原点距离最远的点是（　　　）.

A.$(-3,2)$　　　B.$(3,-2)$　　　C.$(6,4)$　　　D.$(-6,4)$　　　E.$(6,-4)$

解析 ▶ P150

8.4　直线与圆

8.4.1　直线与圆的等式

本考点主要考察直线与圆的位置关系，根据切点和切线求参数值. 对于给定圆的切点，除了相切相关性之外，另有两层意思：1. 由于切点在圆上，可将切点坐标带入圆的方程，得到关于圆方程中未知量的关系式；2. 由于切点在圆上，根据圆的定义，切点到圆心的距离等于圆的半径.

本考点破题标志词及入手方向如下：

【破题标志词】判断直线与圆位置关系 $\Rightarrow$ 数形结合. 首先考虑找圆心及半径 r，根据直线与圆心的距离 d 判断位置关系，即若 $d>r$ 则直线与圆相离；若 $d=r$ 则直线与圆相切；若 $0\leqslant d<r$ 则直线与圆相交于两点，特别地，当 $d=0$ 时，直线过圆心，将圆平分.

若直线与圆相交，有弦长，则有【破题标志词】直线与圆相交弦长 $\Rightarrow d$、r 与弦长一半构成直角三角形，符合勾股定理.

【破题标志词】已知切点求切线.

【结论1】圆 $x^2 + y^2 = r^2$ 上点 $M(x_0, y_0)$ 处的切线方程为 $x_0 x + y_0 y = r^2$.

【结论2】圆 $(x-a)^2 + (y-b)^2 = r^2$ 上一点 (x_0, y_0) 的切线方程为 $(x_0 - a)(x - a) + (y_0 - b)(y - b) = r^2$.

【破题标志词】过圆外一点 (x_0, y_0) 求切线. 过圆外一点可引两条切线, 根据点斜式设切线方程为 $y - y_0 = k(x - x_0)$, 利用圆心到切线的距离等于半径, 即 $d = r$ 求出 k 值.

【破题标志词】已知斜率求切线. 根据斜截式设切线方程为 $y = kx + b$. 利用圆心到切线的距离 d 等于半径 r 求出 b 值, 求出平行的两条切线.

6.【2025.08】已知点 A 是圆 $x^2 + y^2 - 16x - 12y + 75 = 0$ 的圆心, 过原点 O 作圆的一条切线, 切点为 B, 则三角形 AOB 的面积为 (   ).

   A. $\dfrac{15}{2}\sqrt{5}$ B. $15\sqrt{5}$ C. 25   D. $25\sqrt{3}$ E. $\dfrac{25}{2}\sqrt{3}$

解析 ▶ P150

7.【2021.20】(条件充分性判断) 设 a 为实数, 圆 $C: x^2 + y^2 = ax + ay$. 则能确定圆 C 的方程.
(1) 直线 $x + y = 1$ 与圆 C 相切.
(2) 直线 $x - y = 1$ 与圆 C 相切.

解析 ▶ P151

8.【2021.10】已知 $ABCD$ 是圆 $x^2 + y^2 = 25$ 的内接四边形, 若 A, C 是直线 $x = 3$ 与圆 $x^2 + y^2 = 25$ 的交点, 则四边形 $ABCD$ 面积的最大值为 (   ).

   A. 20   B. 24   C. 40   D. 48   E. 80

解析 ▶ P151

9.【2020.17】(条件充分性判断) $x^2 + y^2 = 2x + 2y$ 上的点到 $ax + by + \sqrt{2} = 0$ 的距离最小值大于 1.
(1) $a^2 + b^2 = 1$.
(2) $a > 0, b > 0$.

解析 ▶ P152

10.【2019.19】(条件充分性判断) 直线 $y = kx$ 与圆 $x^2 + y^2 - 4x + 3 = 0$ 有两个交点.
(1) $-\dfrac{\sqrt{3}}{3} < k < 0$.
(2) $0 < k < \dfrac{\sqrt{2}}{2}$.

解析 ▶ P152

11.【2018.24】(条件充分性判断)设 a,b 为实数. 则圆 $x^2+y^2=2y$ 与直线 $x+ay=b$ 不相交.

　　(1) $|a-b|>\sqrt{1+a^2}$.

　　(2) $|a+b|>\sqrt{1+a^2}$.

解析 ▶ P152

12.【2018.10】已知圆 $C:x^2+(y-a)^2=b$. 若圆 C 在点 $(1,2)$ 处的切线与 y 轴的交点为 $(0,3)$,则 $ab=$ (　　).

　　A. -2　　　　B. -1　　　　C. 0　　　　D. 1　　　　E. 2

解析 ▶ P152

13.【2017.17】(条件充分性判断)圆 $x^2+y^2-ax-by+c=0$ 与 x 轴相切. 则能确定 c 的值.

　　(1)已知 a 的值.

　　(2)已知 b 的值.

解析 ▶ P153

 ## 8.4.2　直线与圆的不等式

【破题标志词】两变量的不等关系⇒数形结合.

直线与圆的位置如图 $8-2$ 所示:

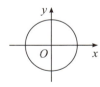

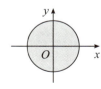

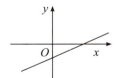

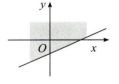

图 $8-2$

　　题目给出符合圆或直线一般式的不等式,代入特殊点(优选原点)判断其表示的范围:若代入原点坐标后若不等式成立,不等式表示包括原点的平面区域;若代入原点坐标后若不等式不成立,不等式表示不包括原点的平面区域.

14.【2024.23】(条件充分性判断)设 x,y 为实数. 则能确定 $x\geqslant y$.

　　(1) $(x-6)^2+y^2=18$.

　　(2) $|x-4|+|y+1|=5$.

解析 ▶ P153

15.【2023.20】(条件充分性判断)设集合 $M=\{(x,y)\,|\,(x-a)^2+(y-b)^2\leqslant 4\}$, $N=\{(x,y)\,|\,x>0,$ $y>0\}$. 则 $M\cap N\neq\varnothing$.

(1) $a < -2$.

(2) $b > 2$.

解析 ▶ P153

16.【2021.21】(条件充分性判断) 设 x,y 为实数. 则能确定 $x \leqslant y$.

(1) $x^2 \leqslant y - 1$.

(2) $x^2 + (y-2)^2 \leqslant 2$.

解析 ▶ P154

17.【2018.16】(条件充分性判断) 设 x,y 为实数. 则 $|x+y| \leqslant 2$.

(1) $x^2 + y^2 \leqslant 2$.

(2) $xy \leqslant 1$.

解析 ▶ P154

8.5　直线、圆与抛物线

设不与 y 轴平行的一直线方程为 $y = kx + b$,抛物线方程为 $y = Ax^2 + Bx + C$. 联立两方程可得到关于 x 的一元二次方程 $Ax^2 + (B-k)x + C - b = 0$,由此二次方程根的判别式取值情况可判断直线与抛物线位置关系.

直线与抛物线有两个交点(相交) $\Leftrightarrow \Delta > 0$.

【破题标志词】直线与抛物线有一个交点(相切) $\Leftrightarrow \Delta = 0$.

【破题标志词】直线与抛物线没有交点 $\Leftrightarrow \Delta < 0$.

注:若直线与 y 轴平行(与 x 轴垂直),则它与任意抛物线均有且仅有一个交点.

若抛物线与 x 轴相切,说明抛物线顶点在 x 轴上,则可直接用二次方程根的判别式 $\Delta = 0$.

18.【2025.25】(条件充分性判断) 已知曲线 $L: y = a(x-1)(x-7)$. 则能确定实数 a 的值.

(1) L 与圆 $(x-4)^2 + (y+1)^2 = 10$ 恰有三个交点.

(2) L 与圆 $(x-4)^2 + (y-4)^2 = 25$ 有四个交点.

解析 ▶ P155

19.【2017.19】(条件充分性判断) 直线 $y = ax + b$ 与抛物线 $y = x^2$ 有两个交点.

(1) $a^2 > 4b$.

(2) $b > 0$.

解析 ▶ P155

8.6　一般对称

关于对称我们需要明确两个定义:轴对称和中心对称.

轴对称:把一个图形沿着某一条直线折叠,如果它能够和另一个图形重合,那么这两个图形关于这条直线对称,这条直线叫作对称轴.

中心对称:把一个图形绕着某一点旋转$180°$,如果能够和另一个图形重合,那么这两个图形关于这个点中心对称,这个点叫作对称中心.

成轴对称或者中心对称的两个图形是全等形,面积相等.对称轴是对称点连线的中垂线,对称中心是对称点连线的中心点.

【破题标志词】点关于一般直线对称$\Rightarrow$ $\begin{cases}\text{垂直:两点连线与对称轴垂直}\\\text{平分:两点中点在对称轴上}\end{cases}$

【破题标志词】圆关于一般直线对称$\Rightarrow$ $\begin{cases}\text{垂直:两圆心连线与对称轴垂直}\\\text{平分:两圆心中点在对称轴上}\end{cases}$

20.【2019.04】设圆 C 与圆 $(x-5)^2+y^2=2$ 关于 $y=2x$ 对称,则圆 C 的方程为(　　).

A. $(x-3)^2+(y-4)^2=2$　　　　B. $(x+4)^2+(y-3)^2=2$

C. $(x-3)^2+(y+4)^2=2$　　　　D. $(x+3)^2+(y+4)^2=2$

E. $(x+3)^2+(y-4)^2=2$

解析 ▶ P155

8.7　线性规划求最值

题目给出关于点 (x,y) 的曲线方程,限制其在坐标系内的取值范围,要求关于 x,y 的算式的最值,如求 $\frac{y}{x}$ 的最小值、$2x+3y$ 的最大值等.入手方向为寻找算式的解析几何意义,即令 $\frac{y}{x}=k$ 或 $2x+3y=b$,整理知 $y=kx$ 或 $y=-\frac{2}{3}x+\frac{b}{3}$,则题目转换化为求直线斜率或在 y 轴截距可取到的最值.

【破题标志词】求 $mx+ny$ 最值$\Rightarrow$ 截距型线性规划.

【破题标志词】求 $\frac{y-n}{x-m}$ 最值$\Rightarrow$ 斜率型线性规划.

【破题标志词】求 $(x-m)^2+(y-n)^2$ 最值$\Rightarrow$ 距离型线性规划.

【破题标志词】求 xy 最值$\Rightarrow$ 乘积型线性规划.

技巧:一般情况下,线性规划最值点常在可行域边界处取得,但具体是边界交点还是边界线需要数形结合具体分析.考场亦可将可行域边界点和边界线代入目标函数对比取值大小.

21.【2024.15】设非负实数 x,y 满足 $\begin{cases}2\leqslant xy\leqslant 8\\\dfrac{x}{2}\leqslant y\leqslant 2x\end{cases}$,则 $x+2y$ 的最大值为(　　).

A. 3　　　　　B. 4　　　　　C. 5　　　　　D. 8　　　　　E. 10

解析 ▶ P156

22.【2023.19】(条件充分性判断)设 x,y 是实数. 则 $\sqrt{x^2+y^2}$ 有最小值和最大值.

(1) $(x-1)^2+(y-1)^2=1$.

(2) $y=x+1$.

解析 ▶ P156

23.【2018.22】(条件充分性判断)已知点 $P(m,0)$, $A(1,3)$, $B(2,1)$, 点 (x,y) 在三角形 PAB 上.
则 $x-y$ 的最小值和最大值分别为 -2 和 1.

(1) $m\leqslant 1$.

(2) $m\geqslant -2$.

解析 ▶ P156

24.【2016.11】如图 $8-3$, 点 A,B,O 的坐标分别为 $(4,0)$, $(0,3)$, $(0,0)$, 若 (x,y) 是 $\triangle AOB$ 中的
点, 则 $2x+3y$ 的最大值为( ).

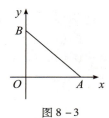

图 $8-3$

A. 6　　　　　　B. 7　　　　　　C. 8　　　　　　D. 9　　　　　　E. 12

解析 ▶ P157

第9章

排列组合

9.1 排列组合基础知识

【**加法原理**】如果完成一件事有 n 种不同方案,第 1 种方案中有 m_1 种不同方法,第 2 种方案中有 m_2 种不同方法,以此类推,第 n 种方案中有 m_n 种不同方法.若不论用哪一种方案中的哪一种方法,都可以完成此事,则完成这件事共有 $N = m_1 + m_2 + \cdots + m_n$ 种不同方法.

【**乘法原理**】如果完成一件事需要经过 n 个步骤,做第 1 步有 m_1 种不同的方法,做第 2 步有 m_2 种不同的方法,以此类推,做第 n 步有 m_n 种不同的方法,则完成这件事共有: $N = m_1 \cdot m_2 \cdot m_3 \cdot \cdots \cdot m_n$ 种不同方法.

加法原理与乘法原理是排列列组合的基础,其中加法原理对应求解中的分情况讨论,而乘法原理对应求解中的分步骤完成.

1.【2022.10】一个自然数的各位数字都是 105 的质因数,且每个质因数最多出现一次,这样的自然数有(　　).

A. 6 个　　　　　　B. 9 个　　　　　　C. 12 个　　　　　　D. 15 个　　　　　　E. 27 个

解析 ▶ P158

9.2 不同元素选取分配问题

📍 9.2.1 从不同备选池中选取元素

2.【2019.14】某中学的 5 个学科各推荐 2 名教师作为支教候选人,若从中选派来自不同学科的 2 人参加支教工作,则不同的选派方式有(　　).

A. 20 种　　　　　　B. 24 种　　　　　　C. 30 种　　　　　　D. 40 种　　　　　　E. 45 种

解析 ▶ P158

3.【2018.11】羽毛球队有 4 名男运动员和 3 名女运动员,从中选出两组参加混双比赛,则不同的选派方式有(　　　).

　　A.9 种　　　　　B.18 种　　　　　C.24 种　　　　　D.36 种　　　　　E.72 种

解析 ▶ P158

4.【2016.06】某委员会由三个不同专业的人员组成,三个专业的人数分别是 2,3,4,从中选派 2 位不同专业的委员外出调研,则不同的选派方式有(　　　).

　　A.36 种　　　　　B.26 种　　　　　C.12 种　　　　　D.8 种　　　　　E.6 种

解析 ▶ P159

📍9.2.2　不同元素分组,每组不能为空——分堆分配

　　【破题标志词】不同元素分组,每组不能为空,此时应先分组,再根据题目需要将分好的组进行分配.

　　注意:分组问题消序.分组时,如果有几组含有元素个数相同,则会因为分步选取顺序不同而产生重复计算.此时需要在分组后进行消序,有几个组含元素个数相同,就除以几的阶乘 $(A_m^m = m!)$.如若有 2 组含元素个数相同,则除以 $A_2^2 = 2$;若有 3 组含元素个数相同,则除以 $A_3^3 = 6$.

5.【2020.15】某科室有 4 名男职员,2 名女职员,若将这 6 名职员分为 3 组,每组 2 人,且女职员不同组,则不同的安排方式有(　　　)种.

　　A.4　　　　　B.6　　　　　C.9　　　　　D.12　　　　　E.15

解析 ▶ P159

6.【2018.08】将 6 张不同的卡片 2 张一组分别装入甲、乙、丙 3 个袋中,若指定的两张卡片要在同一组,则不同的装法有(　　　).

　　A.12 种　　　　　B.18 种　　　　　C.24 种　　　　　D.30 种　　　　　E.36 种

解析 ▶ P159

7.【2017.15】将 6 人分成 3 组,每组 2 人,则不同的分组方式共有(　　　)种.

　　A.12　　　　　B.15　　　　　C.30　　　　　D.45　　　　　E.90

解析 ▶ P159

9.3　相同元素选取分配问题——隔板法

【隔板法】有 n 个完全相同的元素,投放到 m 个地方/分配给 m 个人,每个地方/每个人至少分得一个元素,则可能的方法数为 C_{n-1}^{m-1}.

隔板法使用条件:1. n 个待分配元素完全相同,只看数量;2. m 个分配地方不同;3. 每个地方至少分得一个元素(不能为空);4.分配完所有元素.

【破题标志词】相同元素分不同组,每组不能为空⇒隔板法.

8.【2024.07】已知 m,n,k 都是正整数.若 $m+n+k=10$,则 m,n,k 的取值方法有(　　).
A. 21 种　　　　　B. 28 种　　　　　C. 36 种　　　　　D. 45 种　　　　　E. 55 种

解析 ▶ P160

9.4　排列问题

9.4.1　捆绑法与插空法

【破题标志词】相邻问题⇒捆绑法.具体步骤为:

1. 捆绑,先整体考虑,将要求相邻的特殊元素捆绑视为一个"大元素"与其余"普通元素"进行排列.

2. 松绑,按题目要求对每个捆绑整体内的元素进行组内排列.

【破题标志词】不相邻问题⇒插空法.

9.【2023.08】由于疫情防控,电影院要求不同家庭之间至少间隔一个座位,同一家庭的成员要相连.两个家庭去看电影,一家 3 人,一家 2 人,现有一排 7 个相连的座位,则符合要求的坐法有(　　).
A. 36 种　　　　　B. 48 种　　　　　C. 72 种　　　　　D. 144 种　　　　　E. 216 种

解析 ▶ P160

9.4.2　消序问题

当题目中需要排列的元素出现局部定序(顺序固定)/局部元素相同时,需要消序.因为这些情况会减少排列的方法总数,减少的倍数为定序数/元素相同数的全排列(阶乘).

【破题标志词】元素定序/相同⇒有几个元素定序/相同,就除以几的全排列.

10.【2025.15】如图 9 - 1,A、B、C、D、E 五个集装箱堆两组,每次运走最上面的集装箱,将五个全部运走,则不同的搬运顺序有(　　).

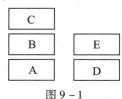

图 9 – 1

A.5 种　　　　　B.6 种　　　　　C.10 种　　　　　D.12 种　　　　　E.15 种

解析 ▶ P160

11.【2023.15】快递员收到 3 个同城快递任务,取送地点各不相同,取送件可穿插进行. 不同的取送件方式有(　　).

A.6 种　　　　　B.27 种　　　　　C.36 种　　　　　D.90 种　　　　　E.360 种

解析 ▶ P161

9.5　错位重排

　　错位重排又称不对号入座/装错信封/元素不对应问题,表述为:编号是 $1,2,\cdots,n$ 的 n 封信,装入编号为 $1,2,\cdots,n$ 的 n 个信封,要求每封信和信封的编号不同,问有多少种装法.

　　错位重排问题只需记住前几个元素错位重排方案数即可:记 D_n 为 n 个元素错位重排的方法数,则 $D_1 = 0, D_2 = 1, D_3 = 2, D_4 = 9, D_5 = 44$.

12.【2018.13】某单位为检查 3 个部门的工作,由这 3 个部门的主任和外聘的 3 名人员组成检查组,分 2 人一组检查工作,每组有 1 名外聘成员,规定本部门主任不能检查本部门,则不同的安排方式有(　　).

A.6 种　　　　　B.8 种　　　　　C.12 种　　　　　D.18 种　　　　　E.36 种

解析 ▶ P161

9.6　分情况讨论

13.【2022.15】如图 9 – 2,用 4 种颜色对图中的五块区域进行涂色,每块区域涂一种颜色,且相邻的两块区域颜色不同. 不同的涂色方法有(　　).

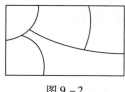

图 9 – 2

A.12 种   B.24 种   C.32 种   D.48 种   E.96 种

解析 ▶ P161

14.【2021.08】甲、乙两组同学中,甲组有 3 名男同学、3 名女同学,乙组有 4 名男同学、2 名女同学.从甲、乙两组中各选出 2 名同学,这 4 人中恰有 1 名女同学的选法有( ).

A.26 种   B.54 种   C.70 种   D.78 种   E.105 种

解析 ▶ P161

9.7   总体剔除法

15.【2023.05】某公司财务部有 2 名男员工、3 名女员工,销售部有 4 名男员工、1 名女员工.现要从中选 2 名男员工、1 名女员工组成工作小组,并要求每部门至少有 1 名员工入选,则工作小组的构成方式有( ).

A.24 种   B.36 种   C.50 种   D.51 种   E.68 种

解析 ▶ P162

16.【2022.12】甲、乙两支足球队进行比赛,比分为 4:2,且在比赛过程中乙队没有领先过,则不同的进球顺序有( ).

A.6 种   B.8 种   C.9 种   D.10 种   E.12 种

解析 ▶ P161

17.【2016.14】某学生要在 4 门不同课程中选修 2 门课程,这 4 门课程中的 2 门各开设 1 个班,另外 2 门各开设 2 个班,该学生不同的选课方式共有( ).

A.6 种   B.8 种   C.10 种   D.13 种   E.15 种

解析 ▶ P162

10.1 古典概型

10.1.1 基础题型

古典概型概率计算公式 $P = \dfrac{\text{满足要求方法数}}{\text{总方法数}}$. 古典概型要求满足以下两个条件:

1. 有限性:试验中所有可能出现的基本事件数量为有限个.

2. 等可能性:每个基本事件出现的可能性相同.

1.【2025.20】(条件充分性判断)在分别标记了数字 $1,2,3,4,5,a$ 的 6 张卡片中随机抽取 2 张. 则这两张卡片上的数字之和为奇数的概率大于 $\dfrac{1}{2}$.

(1) $a = 7$.

(2) $a = 8$.

解析 ▶ P163

2.【2025.13】一个箱子中有 2 个白球,3 个红球,4 个黑球.随机取出 2 个小球,则取到同色的概率为( ).

A. $\dfrac{1}{10}$ 　　 B. $\dfrac{1}{4}$ 　　 C. $\dfrac{7}{36}$ 　　 D. $\dfrac{5}{18}$ 　　 E. $\dfrac{1}{3}$

解析 ▶ P163

3.【2024.14】有 4 种不同的颜色,甲、乙两人各随机选 2 种,则两人所选颜色完全相同的概率为( ).

A. $\dfrac{1}{6}$ 　　 B. $\dfrac{1}{9}$ 　　 C. $\dfrac{1}{12}$ 　　 D. $\dfrac{1}{18}$ 　　 E. $\dfrac{1}{36}$

解析 ▶ P163

4.【2024.16】(条件充分性判断)已知袋中装有红、黑、白三种颜色的球若干个,随机取出1球.则该球是白球的概率大于$\frac{1}{4}$.

(1)红球数量最少.

(2)黑球数不到一半.

解析▶P164

5.【2022.13】4名男生和2名女生随机站成一排,则女生既不在两端也不相邻的概率为(　　).

　A.$\frac{1}{2}$　　　　B.$\frac{5}{12}$　　　　C.$\frac{3}{8}$　　　　D.$\frac{1}{3}$　　　　E.$\frac{1}{5}$

解析▶P164

6.【2020.19】(条件充分性判断)甲、乙两种品牌的手机共20部,任取2部,恰有1部甲品牌的概率为p.则$p>\frac{1}{2}$.

(1)甲品牌手机不少于8部.

(2)乙品牌的手机多于7部.

解析▶P164

7.【2020.14】如图10-1,节点A,B,C,D两两相连,从一个节点沿线段到另一个节点当作1步.若机器人从节点A出发,随机走了3步,则机器人未到达过节点C的概率为(　　).

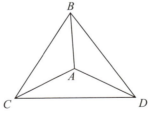

图10-1

　A.$\frac{4}{9}$　　　　B.$\frac{11}{27}$　　　　C.$\frac{10}{27}$　　　　D.$\frac{19}{27}$　　　　E.$\frac{8}{27}$

解析▶P164

10.1.2　穷举法

8.【2024.02】将3张写有不同数字的卡片随机地排成一排,数字面朝下.翻开左边和中间的2张卡片,如果中间卡片上的数字大,那么取中间的卡片,否则取右边的卡片.则取出的卡片上数字最大的概率为(　　).

A. $\dfrac{5}{6}$　　　　B. $\dfrac{2}{3}$　　　　C. $\dfrac{1}{2}$　　　　D. $\dfrac{1}{3}$　　　　E. $\dfrac{1}{4}$

解析 ▶ P165

9.【2023.14】如图 $10-2$，在矩形 $ABCD$ 中，$AD=2AB$，E,F 分别是 AD,BC 的中点. 从 A,B,C,D,E，F 中任意选取 3 个点，则这三个点为顶点可组成直角三角形的概率为（　　）.

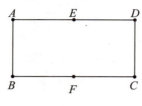

图 $10-2$

A. $\dfrac{1}{2}$　　　　B. $\dfrac{11}{20}$　　　　C. $\dfrac{3}{5}$　　　　D. $\dfrac{13}{20}$　　　　E. $\dfrac{7}{10}$

解析 ▶ P165

10.【2023.25】（条件充分性判断）甲有两张牌 a,b，乙有两张牌 x,y，甲、乙各任意取出一张. 则甲取出的牌不小于乙取出牌的概率不小于 $\dfrac{1}{2}$.

（1）$a>x$.

（2）$a+b>x+y$.

解析 ▶ P166

11.【2020.04】从 1 至 10 这 10 个整数中任取 3 个数，恰有 1 个质数的概率是（　　）.

A. $\dfrac{2}{3}$　　　　B. $\dfrac{1}{2}$　　　　C. $\dfrac{5}{12}$　　　　D. $\dfrac{2}{5}$　　　　E. $\dfrac{1}{120}$

解析 ▶ P166

12.【2018.12】从标号为 1 到 10 的 10 张卡片中随机抽取 2 张，它们的标号之和能被 5 整除的概率为（　　）.

A. $\dfrac{1}{5}$　　　　B. $\dfrac{1}{9}$　　　　C. $\dfrac{2}{9}$　　　　D. $\dfrac{2}{15}$　　　　E. $\dfrac{7}{45}$

解析 ▶ P166

13.【2017.12】甲从 1、2、3 中抽取一个数，记为 a；乙从 1、2、3、4 中抽取一数，记为 b，规定当 $a>b$ 或者 $a+1<b$ 时甲获胜，则甲获胜的概率为（　　）.

A. $\dfrac{1}{6}$　　　　B. $\dfrac{1}{4}$　　　　C. $\dfrac{1}{3}$　　　　D. $\dfrac{5}{12}$　　　　E. $\dfrac{1}{2}$

解析 ▶ P167

14.【2016.07】从 1 到 100 的整数中任取一个数,则该数能被 5 或 7 整除的概率为( ).

A.0.02   B.0.14   C.0.2   D.0.32   E.0.34

解析 ▶P167

15.【2016.04】在分别标记了数字 1、2、3、4、5、6 的 6 张卡片中随机取 3 张,其上数字之和等于 10 的概率为( ).

A.0.05   B.0.1   C.0.15   D.0.2   E.0.25

解析 ▶P167

10.2　概率乘法公式与加法公式

 ### 10.2.1　基本应用

> 【独立事件】各个事件在发生的时候,不会产生相互影响.
>
> 对于相互独立事件有概率乘法公式:$P(AB) = P(A)P(B)$;意味着相互独立事件同时发生的概率等于每个事件发生的概率相乘.此公式可推广至 n 个相互独立事件均发生的概率,为每个事件发生的概率的乘积,即:
>
> 事件 $A_1, A_2, \cdots, A_n$ 相互独立,$P_{均发生} = P(A_1)P(A_2)\cdots P(A_n)$;
>
> 事件 $A_1, A_2, \cdots, A_n$ 相互独立,则 $\overline{A_1}, \overline{A_2}, \cdots, \overline{A_n}$ 也相互独立.

16.【2019.18】(条件充分性判断)有甲乙两袋奖券,获奖率分别为 p 和 q,某人从两袋中各随机抽取 1 张奖券.则此人获奖的概率不小于 $\dfrac{3}{4}$.

(1)已知 $p + q = 1$.

(2)已知 $pq = \dfrac{1}{4}$.

解析 ▶P167

17.【2018.09】甲、乙两人进行围棋比赛,约定先胜 2 盘者赢得比赛,已知每盘棋甲获胜的概率是 0.6,乙获胜的概率是 0.4,若乙在第一盘获胜,则甲赢得比赛的概率为( )

A.0.144   B.0.288   C.0.36   D.0.4   E.0.6

解析 ▶P168

10.2.2 需分情况讨论的问题

> 当完成一件事需要2步及以上,第一步有好几种可能,并且第一步所选的不同的结果会令第2步面临不同情况时,需要分情况讨论,之后使用概率加法.
>
> 或当一件事有几种不同的完成方式,分情况讨论每一种方式的概率,之后使用概率加法.

18.【2017.08】某试卷由15道选择题组成,每道题有4个选项,只有一项是符合试题要求的,甲有6道题是能确定正确选项,有5道能排除2个错误选项,有4道能排除1个错误选项,若从每题排除后剩余的选项中选一个作为答案,则甲得满分的概率为( ).

A. $\dfrac{1}{2^4} \times \dfrac{1}{3^5}$　　　　B. $\dfrac{1}{2^5} \times \dfrac{1}{3^4}$　　　　C. $\dfrac{1}{2^5} + \dfrac{1}{3^4}$　　　　D. $\dfrac{1}{2^4} \times \left(\dfrac{3}{4}\right)^5$　　　　E. $\dfrac{1}{2^4} + \left(\dfrac{3}{4}\right)^5$

解析 ▶ P168

10.3　　抽签模型

10.3.1　抽签技巧

> 题目中出现尝试密码、选不相同的数字等取出后不放回的场景,由于随着每次抽取,样本数量会减少,抽过的数字、球等不会再次抽到,每次抽取所面临的情况随前面抽取结果的不同而不同.
>
> 本考点主要解题技巧归纳如下:
>
> 【抽签技巧1】第1次抽中概率=第2次抽中的概率=第k次抽中的概率=$\dfrac{\text{有奖票数}}{\text{总奖票数}}$.
>
> 【抽签技巧2】多个人抽奖,每人中奖概率均=$\dfrac{\text{有奖票数}}{\text{总奖票数}}$.
>
> 多人一起抽和按照任何顺序依次抽,每个人中奖概率均相同,与抽取顺序无关.
>
> 【抽签技巧3】单张有奖,前k次之内抽中的概率,等于第一次抽中的概率乘以k.
>
> 【说明】技巧1与技巧2可同时适用一张或多张奖券有奖,而技巧3仅适用于一张奖券有奖的情况.
>
> 当仅一张有奖时,第1次抽中概率=第k次抽中=[恰]第k次抽中=第k次才抽中.
>
> 当多张有奖时,第k次抽中包含互斥的多种情况,为其概率和,[恰]第k次抽中=第k次才抽中,是诸多互斥情况中的一种.详见考点精讲第十章概率(强化篇10.1)举例2.

19.【2021.11】某商场利用抽奖的方式促销,100个奖券中设有3个一等奖,7个二等奖,则一等奖先于二等奖抽完的概率为( ).

A. 0.3   B. 0.5   C. 0.6   D. 0.7   E. 0.73

解析 ▶ P168

 ## 10.3 2   分组问题抽签法

题目出现多个元素分组,要求讨论特定元素在同一组或不在同一组的概率,只需要考虑特定元素的分组,其余元素的分组情况对结果不产生影响.

本考点主要解题步骤归纳如下:

1. 假设每组有相对应数量的签,总签数与元素总数相同.

2. 以第一个特定元素视角,从所有签中任选一张.

3. 以第二个特定元素视角,从剩余签中选取满足要求的签.

……

根据乘法公式,所有抽签概率相乘.

20.【2025.1】已知100个小球中有两个次品,将100个球任意装10箱,每箱10个,则次品在同一箱的概率为(   ).

A. $\dfrac{1}{5}$ B. $\dfrac{2}{11}$ C. $\dfrac{1}{10}$ D. $\dfrac{1}{11}$ E. $\dfrac{9}{100}$

解析 ▶ P169

10.4   伯努利概型

【n次独立重复试验】进行n次试验,如果每次试验的条件都相同,且各次试验相互独立(即每次试验的结果都不受其它各次试验结果发生情况的影响)则称为n次独立重复试验.

【伯努利公式】如果在一次试验中,某事件发生的概率是p,那么在n次独立重复试验中这件事恰好发生k次的概率,即$P_n(k) = C_n^k p^k q^{n-k}(k=0,1,2,\cdots,n)$其中$q=1-p$.伯努利概型特征:

1. 每次试验条件是一样的,是重复性的试验序列.

2. 每次试验相互独立,试验结果互不影响,即各次试验中发生(不发生)的概率保持不变.

3. 每次试验的结果只有某件事发生(A)与不发生($\bar{A}$)两种.

注意伯努利概型公式的两个特殊情况:

1. $k=n$,即在n重伯努利试验中事件A全部发生的概率:$P_n(n) = C_n^n p^n q^0 = p^n$.

2. $k=0$,即在n重伯努利试验中事件A没有发生的概率:$P_n(0) = C_n^0 p^0 q^n = q^n$.

21.【2017.23】(条件充分性判断)某人参加资格考试,有 A 类和 B 类可选,A 类的合格标准是抽 3 道题至少会做 2 道，B 类的合格标准是抽 2 道题需都会做．则此人参加 A 类合格的概率大．

（1）此人 A 类题中有 60% 会做．

（2）此人 B 类题中有 80% 会做．

解析 ▶ P169

10.5　对立事件法

【对立事件】如果一件事情发生的概率为 P，那么这件事情不发生就叫做与之对立的事件，它不发生的概率为 $1-P$．

【破题标志词】题目中出现至多／至少／不全发生，往往从正面求解其概率比较困难，此时考虑利用其对立事件概率求解，简记为"正难则反"．

至少：至少有一个（ $\geqslant 1$ 个），对立事件为 <1 个，即一个也没有；至少有 2 个（ $\geqslant 2$ 个），对立事件为 <2 个，即 0 个或 1 个，需分类讨论．

至多：至多有一个（ $\leqslant 1$ 个），即 0 个或 1 个，需分类讨论．总数为 3 个时，至多有 2 个（ $\leqslant 2$ 个），对立事件为 >2 个，即 3 个．

22.【2022.05】如图 $10-3$，已知相邻的圆都相切．从这 6 个圆中随机取出 2 个，这 2 个圆不相切的概率是（　　）．

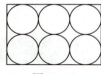

图 $10-3$

A. $\dfrac{8}{15}$　　　B. $\dfrac{7}{15}$　　　C. $\dfrac{3}{5}$　　　D. $\dfrac{2}{5}$　　　E. $\dfrac{2}{3}$

解析 ▶ P169

23.【2021.06】如图 $10-4$，由 P 到 Q 电路中有三个元件，分别标为 T_1，T_2，T_3．电流能通过 T_1，T_2，T_3 的概率分别是 0.9，0.9，0.99．假设电流能否通过三个元件是相互独立的，则电流能在 P、Q 之间通过的概率是（　　）．

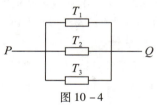

图 $10-4$

A. 0.8019　　　B. 0.9989　　　C. 0.999　　　D. 0.9999　　　E. 0.99999

解析 ▶ P169

24.【2021.14】从装有 1 个红球、2 个白球、3 个黑球的袋中随机取出 3 个球,则这 3 个球的颜色至多有两种的概率为(   ).

A.0.3   B.0.4   C.0.5   D.0.6   E.0.7

解析 ▶ P170

25.【2019.06】在分别标记了数字 1,2,3,4,5,6 的 6 张卡片里,甲随即抽取 1 张后,乙从余下的卡片中再随机抽取 2 张,乙的卡片数字之和大于甲的卡片数字的概率为(   ).

A.$\dfrac{11}{60}$ B.$\dfrac{13}{60}$ C.$\dfrac{43}{60}$ D.$\dfrac{47}{60}$ E.$\dfrac{49}{60}$

解析 ▶ P170

下篇

答案与解析

第1章 算术

1.1 实数

1.1.1 整数

1. 【2019.16】答案：C

【真题拆解】 分析题目发现给出了两个特征点：①完全平方数,需有一定数字敏感度；②年龄,年龄一定是正整数(符合实际规律).

【解析】 第一步仅知道小明年龄是完全平方数或20年后是完全平方数,均不能唯一确定小明年龄,即单独都不充分,此时考虑联合.设小明年龄为 n,联合可得,n 和 $n+20$ 均为完全平方数,两个完全平方数相差20.

观察以下知识点中完全平方数中符合人类寿命的,有且仅有一对完全平方数相差为20,即当小明年龄为16时,20年后为36,均为完全平方数.因此条件联合充分,可唯一确定小明年龄是16.

1.1.2 有理数与无理数

2. 【2023.04】答案：A

【真题拆解】 题目给出了嵌套根式,可凑配完全平方利用 $\sqrt{a^2}=a(a>0)$ 进行化简.

【解析】 $5+2\sqrt{6}=3+2\times\sqrt{3}\times\sqrt{2}+2=\left(\sqrt{3}\right)^2+2\times\sqrt{3}\times\sqrt{2}+\left(\sqrt{2}\right)^2=\left(\sqrt{3}+\sqrt{2}\right)^2$. 因此 $\sqrt{5+2\sqrt{6}}-\sqrt{3}=\sqrt{\left(\sqrt{3}+\sqrt{2}\right)^2}-\sqrt{3}=\sqrt{3}+\sqrt{2}-\sqrt{3}=\sqrt{2}$.

3. 【2021.03】答案：A

【真题拆解】【破题标志词】 分数的分母中带有根号,要求化简/求值 $\Rightarrow$ 分母有理化.

【解析】 根据平方差公式可得 $(\sqrt{2}+1)(\sqrt{2}-1)=\left(\sqrt{2}\right)^2-1^2=2-1=1$,依次将每一项分母有理化得：

$$原式=\frac{\sqrt{2}-1}{(\sqrt{2}+1)(\sqrt{2}-1)}+\frac{\sqrt{3}-\sqrt{2}}{(\sqrt{3}+\sqrt{2})(\sqrt{3}-\sqrt{2})}+\cdots+\frac{\sqrt{100}-\sqrt{99}}{(\sqrt{100}+\sqrt{99})(\sqrt{100}-\sqrt{99})}$$

$$=(\sqrt{2}-1)+(\sqrt{3}-\sqrt{2})+\cdots+(\sqrt{98}-\sqrt{97})+(\sqrt{99}-\sqrt{98})+(\sqrt{100}-\sqrt{99})$$

$$=-1+\sqrt{100}=10-1=9.$$

1.2　整除

4.【2017.07】答案：D

【真题拆解】题目给出了两个特征点：①能被9整除的整数，可表示为$9k$；②求这些数的平均值.

【解析】设1至100之间能被9整除的数为$9k(k=1,2,3,\cdots,11)$，即$9,18,27,\cdots,99$共11个，它们的平均值为：

$$\frac{9+18+27+\cdots+90+99}{11}=\frac{9(1+2+\cdots+11)}{11}=54.$$

【说明】对于较多项的四则运算，我们首先需要观察数据特征，利用提公因数、通分、裂项、正序倒序等方法先化简再计算.即上式中提出公因数9再进行求和.

【技巧】事实上，由于这些整数都是9的连续倍数，即每一项与前一项的差均为9，则它们构成等差数列，可利用等差数列前n项和公式进行求解.平均值为：

$$\frac{S_n}{n}=\frac{(a_1+a_n)\times n}{2n}=\frac{9+99}{2}=54.$$

1.3　带余除法

5.【2024.17】答案：D

【真题拆解】题目所求结论和条件都给出的是正整数n或n^2除以整数3，并给出余数的值，符合**【破题标志词】**整数a除以整数b，余数为$r\Rightarrow$有等式$a=bk+r$（其中k为整数，$0\leqslant r$）.

【解析】条件(1)：设$n=3k_1+1$，则$n^2=(3k_1+1)^2=9k_1^2+6k_1+1=3(3k_1^2+2k_1)+1$，即$n^2$除以3商为$3k_1^2+2k_1$，余数为1，充分.

　　条件(2)：设$n=3k_2+2$，则$n^2=(3k_2+2)^2=9k_2^2+12k_2+4=3(3k_2^2+4k_2+1)+1$，即$n^2$除以3商为$3k_2^2+4k_2+1$，余数为1，充分.

6.【2022.08】答案：C

【真题拆解】本题破题方向主要有两个，一是能根据人数变动建立数学等量关系，二是需掌握带余除法的运算.

【解析】设甲、乙、丙三个部门的人数分别为x,y,z，依题意有方程组$\begin{cases}6(x-26)=z+26\\y-5=z+5\end{cases}$，两式相减得$6x-y=172(x>26,y>5)$，甲乙两部门人数之差$x-y=172-5x$，其中$5x$为5的倍数，故$x-y$除以5的余数即为172除以5的余数.$172=34\times5+2$，余数为2.

【总结】若a能被c整除，那$a+b$除以c的余数等于b除以c的余数.

7.【2019.20】答案：E

【真题拆解】n的具体值未知，抽象问题.**【破题标志词】**抽象问题$\Rightarrow$具体化（特值法）.原则上特值只能证伪不能证真.

【解析】特值法：条件(1)单独成立时，取n为除以2余数为0的正整数，如$n=4=2\times2+0$和

$n = 6 = 2 \times 3 + 0$. 但它们除以 5 时根据带余除法公式有：$n = 4 = 5 \times 0 + 4$ 和 $n = 6 = 5 \times 1 + 1$，即余数分别为 4 和 1，不能唯一确定，条件(1)单独不充分.

同理，对于条件(2)，取 n 为除以 3 余数为 0 的正整数，如 $n = 3$ 和 $n = 6$. 它们除以 3 的余数均为 0，但除以 5 的余数分别为 3 和 1，不能唯一确定，条件(2)单独不充分.

考虑联合条件(1)条件(2)，简便起见取 n 为除以 2 和除以 3 余数均为 0 的正整数，如 $n = 6$ 和 $n = 12$，但它们除以 5 的余数分别为 1 和 2，不能唯一确定，联合也不充分.

1.4 奇数与偶数

8.【2016.18】答案：A

【真题拆解】两条件互斥，不能联合. 根据题目建立等量关系，一个等式，两个未知量，并且每种长度的数量只能为正整数.**【破题标志词】**[多个未知量]＋[一个等式]，限制未知量为整数的等式⇒[奇偶性＋数字实验]破题.

【解析】设两种管材分别使用 x、y 根，其中 x,y 均为自然数，题干要求证明 $ax + by = 37$.

条件(1)：$3x + 5y = 37$，将 37 拆分为 3 的倍数和 5 的倍数的和，可解得 $x = 9, y = 2$ 或 $x = 4, y = 5$，均可以成立.

条件(2)：a, b 全为偶数，根据奇数偶数的四则运算，a 的任意倍数 ± b 的任意倍数 = 偶数，而 37 为奇数因此不充分.

1.5 质数与合数

9.【2023.22】答案：A

【真题拆解】分析题目结构发现两个特征点：①三个数都是质数，可优先考虑有一个偶质数 2（最特殊）；②两个条件给了三个数的和，三元一次方程单独联立都不能求出具体值，可从[奇偶性＋质数]破题.**【破题标志词】**包含质数的等式⇒结合奇偶性及其四则运算判断.

【解析】条件(1)：偶＋奇＋奇＝偶，所以 m, n, p 中必有唯一的偶质数 2，只有 2,3,11 满足 $m + n + p = 16$，则能确定 m, n, p 的乘积.

条件(2)：偶＋奇＋奇＝偶，所以 m, n, p 中必有唯一的偶质数 2，但 2,5,13 和 2,7,11 均满足 $m + n + p = 20$，则不能确定 m, n, p 的乘积.

10.【2021.04】答案：B

【真题拆解】本题符合**【破题标志词】**确定范围的质数⇒穷举法.

【解析】小于 10 的质数有 2,3,5,7 共四个，$1 < \dfrac{q}{p} < 2$ 即 $p < q < 2p$，四个质数得到四个区间分别为 $(2, 4), (3, 6), (5, 10), (7, 14)$. 其中区间内包含一质数的有 $2 < 3 < 4, 3 < 5 < 6, 5 < 7 < 10$，共有三组.

1.6 因数与倍数

11.【2025.14】答案:C

【真题拆解】$\dfrac{b}{a}+\dfrac{d}{c}$ 为最简分数,通分化为 $\dfrac{bc+ad}{ac}$. 要求 $a+b+c+d$ 的最小值,则 a、b、c、d 都尽可能的小.

【解析】若要求 $a+b+c+d$ 的最小值要满足 a、b、c、d 都尽可能的小,$\dfrac{29}{35}=\dfrac{b}{a}+\dfrac{d}{c}=\dfrac{bc+ad}{ac}$,令 $ac=35=5\times7$,a、c 最小值为 $a=5,c=7$,则 $5d+7b=29$,$5d$ 和 $7b$ 尾数为 $[0\ 和\ 9]$ 或 $[5\ 和\ 4]$,解得 $d=3,b=2$,所以 $a+b+c+d$ 的最小值 $5+7+3+2=17$.

12.【2025.17】答案:C

【真题拆解】两条件给出了最大公因数与最小公倍数,根据 $ab=(a,b)\times[a,b]$,可求出 m,n 的乘积.

【解析】根据最大公因数 (a,b) 与最小公倍数 $[a,b]$ 的关系 $ab=(a,b)\times[a,b]$ 可得,已知 m,n 的最大公约数和最小公倍数,就可以知道它们的乘积,两条件联合充分.

1.7 分数运算

13.【2018.18】答案:D

【真题拆解】对于限定讨论范围为整数的题目,常使用穷举法或特值代入法.

【解析】思路一:本题中由于 m,n 是正整数,而条件中 m 和 n 都在分子并且相加等于 1,说明 m 和 n 都不能太大,否则两个分数之和一定会小于 1.所以我们可以依次尝试较小的整数,使用特值代入法.

观察题目特征,条件(1)和条件(2)均为两分数和为 1,根据常见的和为 1 的分数选取特值.

条件(1):仅有两组正整数满足. 当 $m=2,n=6$ 时,$\dfrac{1}{2}+\dfrac{3}{6}=1$;当 $m=4,n=4$ 时,$\dfrac{1}{4}+\dfrac{3}{4}=1$.这两种情况均满足 $m+n=8$,故可以唯一确定 $m+n$ 的值.

条件(2):仅有两组正整数满足. 当 $m=2,n=4$ 时,$\dfrac{1}{2}+\dfrac{2}{4}=1$;当 $m=3,n=3$ 时,$\dfrac{1}{3}+\dfrac{2}{3}=1$.这两种情况均满足 $m+n=6$,故也可以确定 $m+n$ 的值.

思路二:条件(1) $\dfrac{1}{m}+\dfrac{3}{n}=1\Rightarrow n+3m=mn\Rightarrow mn-3m-n=0\Rightarrow m(n-3)-n+3=3$,提公因式得 $(m-1)(n-3)=3$,3 是质数,所以 $\begin{cases}m-1=1\\n-3=3\end{cases}$ 或 $\begin{cases}m-1=3\\n-3=1\end{cases}$,解得 $\begin{cases}m=2\\n=6\end{cases}$ 或 $\begin{cases}m=4\\n=4\end{cases}$,则能确定 $m+n=8$,条件(1)单独充分.

条件(2) $\dfrac{1}{m}+\dfrac{2}{n}=1\Rightarrow mn-2m-n=0\Rightarrow m(n-2)-n+2=2$,即 $(m-1)(n-2)=2=1\times2$,所以 $\begin{cases}m-1=1\\n-2=2\end{cases}$ 或 $\begin{cases}m-1=2\\n-2=1\end{cases}$,解得 $\begin{cases}m=2\\n=4\end{cases}$ 或 $\begin{cases}m=3\\n=3\end{cases}$,则能确定 $m+n=6$.

【陷阱】本题中两个条件单独成立时,并不能唯一确定 m,n 各自的取值,但 $m+n$ 的取值是可以唯一确定的.

1.8 绝对值的定义与性质

14.【2024.19】答案:A

【真题拆解】分析题目特征:①给出了平方和绝对值,利用 $a^2 = |a|^2$ 求解;②一个等式多个未知量,可设特值,条件充分性判断题中,原则上特值法只能证伪不能证真.

【解析】条件(1):$0 \leqslant |a| \leqslant 1, a^2 = |a|^2 < |a|$;

$\qquad 0 \leqslant |b| \leqslant 1, b^2 = |b|^2 < |b|$;

$\qquad 0 \leqslant |c| \leqslant 1, c^2 = |c|^2 < |c|$.

$\qquad |a| + |b| + |c| \leqslant 1$,则 $a^2 + b^2 + c^2 \leqslant 1$ 恒成立,条件(1)充分.

$\qquad$ 条件(2):设特值 $a = -100, b = c = 0$,此时 $a^2 + b^2 + c^2 > 1$,不充分.

1.9 去掉绝对值

15.【2021.19】答案:C

【真题拆解】代入特值或根据几何意义分析发现两条件单独均不充分,联合型.特征点:遇到绝对值,去掉绝对值.

【解析】设 $|a+b| = m, |a-b| = n (m \geqslant 0, n \geqslant 0)$,则 $a+b = \pm m, a-b = \pm n$,所以有四种可能,分别为:

$$\begin{cases} a+b = m \\ a-b = n \end{cases} \qquad \begin{cases} a+b = -m \\ a-b = n \end{cases} \qquad \begin{cases} a+b = m \\ a-b = -n \end{cases} \qquad \begin{cases} a+b = -m \\ a-b = -n \end{cases}$$

以 $\begin{cases} a+b = m \\ a-b = n \end{cases}$ 为例,解关于 a,b 的二元一次方程得 $\begin{cases} a = \dfrac{m+n}{2} \\ b = \dfrac{m-n}{2} \end{cases}$,故 $|a| + |b| = \left| \dfrac{m+n}{2} \right| + \left| \dfrac{m-n}{2} \right|$. 同样的方法可以求出另外三种情况下,仍有 $|a| + |b| = \left| \dfrac{m+n}{2} \right| + \left| \dfrac{m-n}{2} \right|$,故两条件联合可以确定 $|a| + |b|$ 的值.

1.10 绝对值的几何意义

16.【2020.02】答案:A

【真题拆解】分析题目结构有两个特征点:①带绝对值的不等式,可根据绝对值的几何意义去掉绝对值;②$A \subset B$ 即集合 A 是集合 B 的真子集.

【解析】根据绝对值的几何意义可知,$A = \{x \mid |x-a| < 1, x \in R\}$ 表示数轴上与点 a 距离小于 1 的所有点的集合,即 $a-1 < x < a+1$,集合 $B = \{x \mid |x-b| < 2, x \in R\}$ 表示数轴上与点 b 距离小于 2 的点的集合,即 $b-2 < x < b+2$. 依据题意作图 $1-5$ 如下:

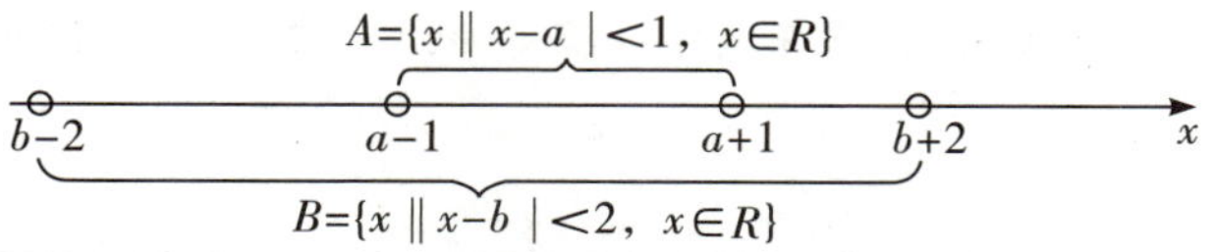

$$A=\{x\,|\,|x-a|<1,\ x\in R\}$$

图1-5

随着 a,b 两点在数轴上的移动,两集合的范围亦发生变化. 当且仅当边界点满足 $\begin{cases} a-1\geqslant b-2 \\ a+1\leqslant b+2 \end{cases}$ 时, $A\subset B$ 成立. 整理得 $\begin{cases} a-b\geqslant -1 \\ a-b\leqslant 1 \end{cases}$,即 $|a-b|\leqslant 1$.

真子集:如果集合 $A\subseteq B$,但存在元素 $x\in B$ 且 $x\notin A$,就称集合 A 是集合 B 的真子集,记作 $A\subset B$ (或 $B\supset A$).

17.【2017.25】答案:A

【真题拆解】分析题目结构:1. min 表示最小值函数,如 $\min\{x,y,z\}$ 表示 x,y,z 中的最小值. max 表示最大值函数,如 $\max\{x,y,z\}$ 表示 x,y,z 中的最大值.

2. 本题需要求证 $|a-b|,|b-c|,|a-c|$ 中的最小值小于等于5,当从正面入手困难时可从反面考虑,即若 $|a-b|,|b-c|,|a-c|$ 不可能全都大于5,则它们之中的最小值必小于等于5.

3. 条件(1)给出了带绝对值的不等式,可根据绝对值的几何意义分析三点间的距离关系求解;条件(2)中给定 a,b,c 之和的关系式,题干要求推出 a,b,c 之间距离的取值情况. 由于当两数为一正一负时,它们之和可以很小,但在数轴上两数之间距离可以很远. 因此取特值时首先考虑有正有负,正负相差较大的组合.

【解析】$\min\{|a-b|,|b-c|,|a-c|\}\leqslant 5$ 表示 $|a-b|,|b-c|,|a-c|$ 三个表达式中的最小值小于等于5,也就是条件只要能推出其中至少一个小于等于5即充分.

根据绝对值几何意义, $|a|$ 表示数轴上一点 a 到原点的距离 $\Rightarrow |a-b|$ 表示数轴上 a,b 两点之间的距离,以此类推.

条件(1): $|a|\leqslant 5,|b|\leqslant 5,|c|\leqslant 5$ 表示数轴上点 a,b,c 均在 $[-5,5]$ 之间,则 a,b,c 两两之间距离不可能都大于5,即 $|a-b|,|b-c|,|a-c|$ 中至少有一个小于等于5,也即 $\min\{|a-b|,|b-c|,|a-c|\}\leqslant 5$ 充分.

条件(2):取 $a=0,b=-10,c=25$,可知条件(2)不充分.

18.【2024.20】答案:C

【真题拆解】分析题目特征符合【破题标志词】形如 $|x-a|-|x-b|$ 的两个绝对值之差. 当 x 在 $[a,b]$ 中 b 点右侧任意位置时取得最大值 $|a-b|$, x 在 $[a,b]$ 中 a 点左侧任意位置时取得最小值 $-|a-b|$,当 x 在 $[a,b]$ 之内的任意位置,两绝对值之差在最大值 $|a-b|$ 与最小值 $-|a-b|$ 之间变化.

【解析】当 $x\leqslant a$ 时,取最小值 $-|a-b|$;当 $x\geqslant b$ 时,取最大值 $|a-b|$. 结论 $f(x)\leqslant 1$ 要求 $f(x)$ 的最大值小于等于1. $f(x)=|x-a|-|x-1|$ 的最大值等于 $|a-1|$,即结论要求 $|a-1|\leqslant 1$,解得 $0\leqslant a\leqslant 2$,所以条件(1)和条件(2)单独都不充分,联合充分.

19.【2022.17】答案:A

【真题拆解】分析题目特征符合【破题标志词】形如 $|x-a|-|x-b|$ 的两个绝对值之差. 当 x 在

$[a,b]$中b点右侧任意位置时取得最大值$|a-b|$,x在$[a,b]$中a点左侧任意位置时取得最小值$-|a-b|$,当x在$[a,b]$之内的任意位置,两绝对值之差在最大值$|a-b|$与最小值$-|a-b|$之间变化.

【解析】思路一:能定定x的值也就是说这个绝对值方程有唯一解.

根据【破题标志词】形如$|x-2|-|x-3|$的两个绝对值之差,当x取$(-\infty,2]$内任意值时,两绝对值之差$|x-2|-|x-3|=-1$恒成立;当x取$[3,+\infty)$内任意值时,两绝对值之差$|x-2|-|x-3|=1$恒成立;当$2<x<3$时,$|x-2|-|x-3|=x-2+(x-3)=2x-5=a$,$x=\dfrac{5+a}{2}$,有唯一解.即题干结论成立要求$2<\dfrac{5+a}{2}<3$,$-1<a<1$,条件(1)充分,条件(2)不充分.

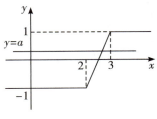

图 1-6

思路二:数形结合思想,令$f(x)=|x-2|-|x-3|$,$g(x)=a$.

函数$f(x)$的最大值为$|2-3|=1$,最小值为$-|2-3|=-1$,当$-1<a<1$时,$g(x)$与$f(x)$的函数图像(见图1-6)只有一个交点,即只有唯一对应的x值.

第2章　应用题

2.1　比与比例

2.1.1　整数比

1.【2023.03】答案:D

【真题拆解】分析题目特征:①题目给了一个分数,即两个数的比值;②这两数之和的具体值已知.【破题标志词】比 + 具体量⇒见比设 k 再求 k.

【解析】第一步:见比设 k. 设约分后分子数值为 k,分母数值为 $3k$.

第二步:求出 k 代表的具体值. 则原分子为 $k + 15$,分母为 $3k + 15$,原分子分母相加得 $k + 15 + 3k + 15 = 38$,解得 $k = 2$,分母与分子之差 $= 3k + 15 - (k + 15) = 2k = 4$.

2.【2021.18】答案:C

【真题拆解】题目给出男女人数的比,见比设 k,将所有可用 k 表示的量均用 k 表示,需注意参加投票的人数要大于等于投赞成票的人数.

【解析】两条件单独均不充分,考虑联合. 男女员工人数之比为 $3:2$,故设男员工有 $3k$ 人,女员工有 $2k$ 人,则总人数为 $5k$. 条件(1)投赞成票的人数超过了总人数的 40%,即投赞成票人数多于 $5k \times 40\% = 2k$. 参加投票人数 $\geqslant$ 投赞成票人数,而条件(2)参加投票女员工比男员工多,故参加投票女员工人数大于 k,而女员工有 $2k$ 人,故可以确定至少有 50% 的女员工参加了投票.

3.【2019.03】答案:C

【真题拆解】本题主要考查比与比例的问题,但是数据需从统计图中获取. 统计图横轴表示的男性的观众人数,纵轴表示的是女性的观众人数,图中 1 月引出的两条虚线与横轴和纵轴交点处的数值就分别是 1 月份的男性观众人数和女性观众人数,2、3 月同理.

【解析】由图可知:1～3 月男女人数分别为:1 月 5 男 6 女,2 月 4 男 3 女,3 月 3 男 4 女.

则一季度的男女观众人数之比为 $\dfrac{男}{女} = \dfrac{5 + 4 + 3}{6 + 3 + 4} = \dfrac{12}{13}$.

4.【2018.01】答案:B

【真题拆解】分析题目特征:①题目给了三个奖项的比值;②中奖率 $= \dfrac{中奖人数}{参加竞赛的人数}$;③一等奖

的人数已知,【破题标志词】比 + 具体量 ⇒ 见比设 k 再求 k.

【解析】一等奖、二等奖、三等奖的比例是 $1:3:8$,故根据见比设 k 可设一等奖 k 人,二等奖 $3k$ 人,三等奖 $8k$ 人.根据 10 人获得一等奖可知 $k=10$,故总获奖人数为 $k+3k+8k=12k=120$ 人.根据获奖率为 30% 可知参加竞赛的总人数为 $\dfrac{120}{0.3}=400$ 人.

 ### 2.1.2　两个含共有项的比

5.【2025.12】答案:A

【真题拆解】甲丙之比、乙丙之比为分数形式并含有共有项丙,先整理为整数比形式,再取丙的最小公倍数化为整数连比.

【解析】设红利共有 x 万元.

红利的 20% 三人平分,此部分红利丙可分得 $0.2x \cdot \dfrac{1}{3}=\dfrac{1}{15}x$ 万元.

剩余的 88% 按比例分配,由题意可知甲丙的股份之比为 $2.4:1=12:5$,乙丙的股份之比为 $3:1=15:5$,甲乙丙之比为 $12:15:5$.此部分红利丙可分得 $0.8x \cdot \dfrac{5}{12+15+5}=\dfrac{1}{8}x$ 万元.

可得等式 $\dfrac{1}{15}x+\dfrac{1}{8}x=460$,解得 $x=2400$ 万元.

6.【2023.02】答案:B

【真题拆解】分析题目特征:①具体量乙的利润额已知;②甲乙之比、甲丙之比含有共有项甲,取甲的最小公倍数化为整数连比,符合【破题标志词】比 + 具体量 ⇒ 见比设 k 再求 k.

【解析】甲、丙两公司的利润之比为 $1:2=3:6$,所以甲、乙、丙公司的利润比为 $3:4:6$.

　　可设甲、乙、丙公司的利润分别为 $3k$ 万元、$4k$ 万元、$6k$ 万元.则 $4k=3000$,解得 $k=750$ 万元.所以丙公司的利润为 $6k=6\times750=4500$ 万元.

7.【2016.01】答案:D

【真题拆解】分析题目特征:①文化娱乐支出占家庭总支出的 10.5% 是具体量;②三个含有共有项的比,取子女教育支出的最小公倍数化为整数连比,符合【破题标志词】比 + 具体量 ⇒ 见比设 k 再求 k.

【解析】根据题意得子女教育:生活资料 $=3:8=6:16$,文化娱乐:子女教育 $=1:2=3:6$,则化为三项连比的形式有,文化娱乐:子女教育:生活资料 $=3:6:16$.故可设文化娱乐支出为 $3k$ 元,子女教育支出为 $6k$ 元,生活资料支出为 $16k$ 元.根据其中文化娱乐的 $3k$ 元占家庭总支出的 10.5% 可得,$3k=10.5\%$,$k=3.5\%$,即 k 元收入占总支出的 3.5%.因此生活资料占总支出的 $16\times3.5\%=56\%$.

2.2　利润与利润率

8.【2022.02】答案:C

【真题拆解】题目条件中数据和选项均为百分比,【破题标志词】全比例问题 ⇒ 特值法,如本题中设原成本为 100 元,将百分比化为具体数量,方便计算.

【解析】设原成本为100元,则降低后成本为(1-20%)×100=80,售价=(1+12%)×100=112,故后来的利润率$=\dfrac{112-80}{80}×100\%=40\%$.

2.3　增长率问题

2.3.1　基础题型

9.【2024.01】答案:E

【真题拆解】分析题目特征点:①已知甲上涨、乙下降的增长率;②变动后的价格相等,列等量关系.

【解析】设甲、乙股票的原价格分别为x,y,则$x(1+20\%)=y(1-20\%)$,解得$\dfrac{x}{y}=\dfrac{0.8}{1.2}=\dfrac{2}{3}$.

10.【2023.01】答案:D

【真题拆解】油价先上涨5%后下降4%,求最终油价,为多次增长问题.

【解析】设价格变动前每箱油x元,则有$5\%x=20$,解得$x=400$.因此涨价5%后油价为$400+20=420$元.再降价4%后加满一箱油需要$420×(1-4\%)=403.2$元.

2.3.2　多个对象比较

11.【2018.23】答案:D

【真题拆解】求甲公司与乙公司各自年终奖总额增减后,员工人数之比,【破题标志词】多个对象比较⇒列表法.

【解析】设甲公司员工人数为x,年终奖总额为m,乙公司员工人数为y,年终奖总额为n.

表2-6

	员工人数	年终奖总额	增减后年终奖总额
甲公司	x	m	$(1+25\%)m$
乙公司	y	n	$(1-10\%)n$

甲公司和乙公司增减后的年终奖总额相等,可得$(1+25\%)m=(1-10\%)n$,即$1.25m=0.9n$.题干要求确定$\dfrac{x}{y}$的唯一具体数值.

条件(1):人均年终奖相等即$\dfrac{m}{x}=\dfrac{n}{y}$,整理得$\dfrac{x}{y}=\dfrac{m}{n}=\dfrac{0.9}{1.25}$,条件(1)充分.

条件(2):给定$\dfrac{x}{y}=\dfrac{m}{n}=\dfrac{0.9}{1.25}$,也充分.

2.3.3　平均增长率

12.【2017.20】答案:E

【真题拆解】分析题目特征点:平均增长率只与①期初数值②期末数值③增长的期数有关.

【解析】由平均增长率公式 $q = \sqrt[\text{期数}]{\dfrac{\text{期末数值} B}{\text{期初数值} A}} - 1$ 可知,需要知道期初数值、期末数值及增长期数方可确定平均增长率. 本题中全年由 1 月至 12 月经历了 11 期增长, 条件(1)中给定一月份产值, 即期初数值, 但无论单独或联合两条件均无法确定 12 月产值即期末数值, 因此单独或联合均不充分.

事实上, 平均增长率只与期初数值、期末数值和增长期数有关, 中间的数值不影响平均增长率的值. 而对于相同的一月产值和总产值, 可以对应完全不同的 12 月产值及平均增长率. 例如:

1 ~ 12 月产值分别为: 10, 20, 20, 20, 20, 20, 20, 20, 20, 20, 20, 40. 此时总产值为 250, 平均增长率 $q = \sqrt[11]{\dfrac{40}{10}} - 1 = \sqrt[11]{4} - 1$.

1 ~ 12 月产值分别为 10, 20, 20, 20, 20, 20, 20, 20, 20, 20, 30, 30. 总产值为 250, 平均增长率 $q = \sqrt[11]{\dfrac{30}{10}} - 1 = \sqrt[11]{3} - 1$.

📍 2.3.4　全比例问题

13.【2020.01】答案:D

【真题拆解】给定条件和问题全部为百分比, 【破题标志词】全比例问题 ⟹ 特值法. 【破题标志词】多次增减 ⟹ 连乘.

【解析】思路一(推荐):设去年该产品原价为 100 元, 两次涨价后为 $(1 + 10\%) \times (1 + 20\%) \times 100 = 132$ 元. 因此这两年比原价 100 元上涨 32%.

思路二:设该产品原价为 a, 则两次涨价后价格为 $(1 + 10\%)(1 + 20\%)a = 1.1 \times 1.2a = 1.32a$, 比原价 a 上涨 32%.

14.【2017.01】答案:B

【真题拆解】给定条件和问题全部为百分比, 【破题标志词】全比例问题 ⟹ 特值法. 【破题标志词】多次增减 ⟹ 连乘.

【解析】思路一(推荐):设冰箱原价为 100 元, 则连续两次降价后售为 $100 \times (1 - 10\%) \times (1 - 10\%) = 81$ 元, 是降价前的 81%.

思路二:设该冰箱的原价为 a, 两次降价后的售价为 $a(1 - 10\%)(1 - 10\%) = 0.81a$, 即是降价前的 81%.

2.4　浓度问题

15.【2025.01】答案:B

【真题拆解】分析题目特征:①题目给了两瓶酒精溶液酒精与水的体积之比;②给定条件和问题全部为比例, 【破题标志词】全比例问题 ⟹ 特值法.

【解析】根据两瓶酒精体积相同, 两瓶溶液的酒精与水之比分别为 $1:2 = 5:10$ 和 $2:3 = 6:9$, 设甲溶液中酒精含量为 5, 水含量为 10; 乙溶液中酒精含量为 6, 水含量为 9, 则两种溶液的体积都为 15. 根据混合前后溶质体积不变和溶液体积不变可得:混合后酒精与水的体积之比

为 $(5+6):(10+9)=11:19$.

16.【2021.12】答案:E

【真题拆解】甲酒精与乙酒精浓度不相同,给出了不同比例混合后的浓度,【破题标志词】两种不同浓度溶液混合⇒根据总溶质不变&总溶液不变列方程.

【解析】设甲酒精浓度为 x,乙酒精浓度为 y,故有 $\begin{cases}10x+12y=70\%\times22\\20x+8y=80\%\times28\end{cases}$,解得 $x=91\%$.

17.【2016.20】答案:E

【真题拆解】甲酒精与乙酒精浓度不相同,给出了不同比例混合后的浓度,【破题标志词】两种不同浓度溶液混合⇒根据总溶质不变&总溶液不变列方程.

【解析】设甲乙浓度分别为 x,y,则 2 升甲与 1 升乙混合得到的丙的浓度为 $\dfrac{2x+y}{3}$,题干要求分别确定 x、y 的值.

条件 (1):$\dfrac{x+5y}{6}=\dfrac{1}{2}\times\dfrac{2x+y}{3}$,则 $x=4y$. 条件 (2):$\dfrac{x+2y}{3}=\dfrac{2}{3}\times\dfrac{2x+y}{3}$,则 $x=4y$. 均不能确定 x、y 的值,因此条件 (1) 条件 (2) 单独均不充分,联合也不充分.

2.5　工程问题

📍 2.5.1　基础题型

18.【2017.16】答案:D

【真题拆解】分别求出第一小时、第二小时处理文件的比例关系,条件给出了具体量,可求出总量.

【解析】第一小时处理全部文件的 $\dfrac{1}{5}$,剩余全部文件的 $1-\dfrac{1}{5}=\dfrac{4}{5}$. 第二小时处理剩余文件的 $\dfrac{1}{4}$,即处理全部文件的 $\left(1-\dfrac{1}{5}\right)\times\dfrac{1}{4}=\dfrac{1}{5}$. 故前 2 小时共处理了全部文件的 $\dfrac{2}{5}$.

条件 (1):前两小时处理了 10 份文件,占全部文件的 $\dfrac{2}{5}$,则需处理文件为 $\dfrac{10}{\frac{2}{5}}=25$(份),充分.

条件 (2):第二小时处理了 5 份文件,占全部文件的 $\dfrac{1}{5}$,则需处理文件为 $\dfrac{5}{\frac{1}{5}}=25$(份),亦充分.

📍 2.5.2　效率改变,分段计算

19.【2022.01】答案:D

【真题拆解】分析题目特征点:施工 3 天后停工 3 天,工作效率改变,【破题标志词】效率改变⇒分段计算.

【解析】思路一:【破题标志词】无具体工作量的工程问题:工作总量设为特值 1 或最小公倍数. 本

题工作总量设为1,工作效率为x,则计划工期为$\frac{1}{x}$天,工作效率提高后工作时间为$\frac{1}{x}-5$.根据工作总量列等式有$3x+1.2x\left(\frac{1}{x}-5\right)=1,3x+1.2-6x=1$,解得$x=\frac{1}{15}$,计划工期为$\frac{1}{x}=15$天

思路二:设工作效率为1,原计划工作天数为t,则工作总量为t.根据题意前后工作总量相等列方程得:$1\times3+1.2\times(t-5)=t$,解得$t=15$.

20.【2019.01】答案:C

【真题拆解】 分析题目特征点:施工3天后停工3天,工作效率改变,**【破题标志词】** 效率改变⟹分段计算.

【解析】 思路一:**【破题标志词】** 无具体工作量的工程问题:工作总量设为特值1或最小公倍数.本题工作总量设为1,计划10天完成一项任务,则计划每天效率为$\frac{1}{10}$,前三天工作量为$\frac{3}{10}$.设后5天工作效率提高a,则后五天工作量为$\frac{1}{10}(1+a)\times5$,故有$\frac{3}{10}+\frac{1}{10}(1+a)\times5=1$,解得$a=40\%$.

思路二:计划10天完成一项任务,则计划每天效率为$\frac{1}{10}$,前三天工作量为$\frac{3}{10}$.则后5天需要完成$\frac{7}{10}$的工作量,每天工作效率为$\frac{7}{10}\times\frac{1}{5}=\frac{7}{50}$,工作效率提高:$\dfrac{\frac{7}{50}-\frac{1}{10}}{\frac{1}{10}}=\frac{2}{5}=40\%$.

2.5.3 合作工作,效率之和

21.【2025.04】答案:C

【真题拆解】 甲、乙两人共同完成,甲、乙、丙三人共同完成,符合**【破题标志词】** 合作工作⟹效率相加.**【破题标志词】** 无具体工作量的工程问题:工作总量设为特值1或最小公倍数.

【解析】 将工作总量设为15,6,4的最小公倍数60,则甲效率为$\frac{60}{15}=6$,甲效率+乙效率$=\frac{60}{6}=10$,则乙效率为$10-4=6$,甲效率+乙效率+丙效率$=\frac{60}{4}=15$,则丙效率为$15-10=5$.设甲、丙还需n天完成,则$1\times6+(4+5)n=60$,解得$n=6$.

22.【2025.16】答案:D

【真题拆解】 分析题目特征点:①甲、乙、丙三人共同完成工作,工作量之和等于总工作量.②已知他们的工作效率之比,要求这批零件的数量,符合**【破题标志词】** 比具体量见比设k再求k.

【解析】 三人共同完成一批零件,工作时间相等,所以三人的工作效率之比就是他们的工作总量之比,设甲乙丙的效率比为$a:b:c(a>b>c)$,则甲、乙、丙的工作量分别为ak,bk,ck.

条件(1):设甲、乙加工零件之差为m,则$ak-bk=m,k=\frac{m}{a-b},k$已知,则$ak+bk+ck$的值可以确定,充分.

条件(2):设甲、丙加工零件之和为 n,则 $ak+bk=n$,$k=\dfrac{n}{a+b}$,k 已知,则 $ak+bk+ck$ 的值可以确定,充分.

23.【2021.17】答案:E

【真题拆解】三人合作清理一块场地,【破题标志词】合作工作 $\Rightarrow$ 效率相加.

【解析】设甲乙丙三人的效率依次为 x,y,z,题干要求甲乙丙三人能在 2 天内完成,即 $x+y+z\geqslant$ $\dfrac{1}{2}$. 两条件单独均不充分,考虑联合. 则 $x+y=\dfrac{1}{3}$,$x+z=\dfrac{1}{4}$,$x+y+z=\dfrac{1}{3}+z$,无法确定.

【技巧】假设丙的效率为零,即 $z=0$,则甲乙丙三人完成时间等于甲乙两人完成时间,即共需 3 天,无法在 2 天内完成,故不充分.

 ## 2.5.4　工费问题

24.【2019.10】答案:E

【真题拆解】分析题目特征点:①工时费 $\Rightarrow$ 工费问题,【破题标志词】工费问题 $\Rightarrow$ 施工安排和施工费用分别列方程组,分别求解. ②甲乙合作完成一项工程,【破题标志词】合作工作 $\Rightarrow$ 效率相加.

【解析】无具体工作量,设工作总量为 1,甲公司效率为 x,乙公司效率为 y,则 $\begin{cases}(x+y)\times 6=1\\4x+9y=1\end{cases}$,解得 $x=\dfrac{1}{10}$. 即甲单独做需要 10 天可完成该项目. 再设甲公司每天的工时费为 a 万元,乙公司每天的工时费为 b 万元,则 $\begin{cases}6a+6b=2.4\\4a+9b=2.35\end{cases}$,解得 $a=0.25$. 故甲公司单独做工时费为 $10\times 0.25=2.5$(万元).

 ## 2.5.5　负效率类工程问题

25.【2024.09】答案:B

【真题拆解】分析题目信息:在注水的同时也在排水,属于负效率类工程问题,给排水问题中需要将水池注满时,一段时间内注水量应等于水池原有水量与同时间内排水量总和

【解析】假设警戒水位与安全水位之间总水量为 24,设上游均匀注水的效率为 x,下游泄洪效率为 y,根据题意,同时间内泄洪量需等于上游注水量与两水位之间总水量总和,即有 $\begin{cases}8\times 4y=24+8x\\6\times 5y=24+6x\end{cases}$,解方程组得 $\begin{cases}x=1\\y=1\end{cases}$. 设开 7 个泄洪闸时,$n$ 天能到安全水位,同理分析可列等式 $7\times 1\times n=24+1\times n$,解得 $n=4$.

2.6 行程问题

2.6.1 基础题型

26.【2025.03】答案:C

【真题拆解】速度为路程与时间之比,求哪一段的速度就要用相对应的路程除以时间,给定条件和问题全部为比例,【破题标志词】全比例问题⟹特值法.

【解析】设:甲乙两地相距108km,则平均速度 $= \dfrac{\text{总路程}}{\text{总时间}} = \dfrac{108}{\dfrac{36}{12} + \dfrac{36}{18} + \dfrac{36}{12}} = 13.5\text{km/h}.$

27.【2024.22】答案:A

【真题拆解】分析题目特征点:①兔子到兔窝的距离已知,狼到兔窝的距离可由勾股定理求出(图2-4);②两条件分别给出兔子和狼的速度比.

【解析】根据勾股定理可得狼到兔窝的距离 $= \sqrt{100^2 + 60^2} = 20\sqrt{34}.$

兔子用时 $= \dfrac{60}{v_{兔子}},$

狼用时 $= \dfrac{20\sqrt{34}}{v_{狼}}, \dfrac{60}{v_{兔子}} < \dfrac{20\sqrt{34}}{v_{狼}}, \dfrac{v_{兔子}}{v_{狼}} > \dfrac{60}{20\sqrt{34}} = \dfrac{3}{\sqrt{34}}.$

条件(1): $\dfrac{v_{兔子}}{v_{狼}} = \dfrac{2}{3} > \dfrac{3}{\sqrt{34}},$ 充分.

条件(2): $\dfrac{v_{兔子}}{v_{狼}} = \dfrac{1}{2} < \dfrac{3}{\sqrt{34}},$ 不充分.

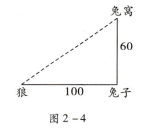

图2-4

28.【2023.21】答案:E

【真题拆解】行程问题,同时出发,相向而行,等量关系为 $AB = AC + CD + DB$,每段距离都可以利用距离等于速度乘以时间来表示,求两地距离需要知道甲、乙的速度.

【解析】类型判断:两条件单独均信息不完全,均不充分,本题为联合型题目.

设甲、乙两车的速度比 k 已知,CD 两地间距离 a 也已知.设 AB 间距离为 s,甲车速度为 x,则乙车速度为 kx. $x \times 1 + a + kx \times 1 = s, k, a$ 已知,但不知道 x 的值,故无法确定 A、B 两地的距离.

29.【2022.14】答案:C

【真题拆解】虽然甲乙两车是同时同地出发的,但是两车速度不同,直线行驶不会被追上,不需要考虑追击问题,甲乙两辆车和丙车是相向而行.【破题标志词】行程问题⟹题干文字中找时间等量,画图找路程等量.

【解析】根据题意画图2-5:

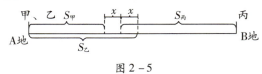

图2-5

设经过 t 小时,丙车与甲、乙两车距离都为 x 千米,根据题意可得 $\begin{cases} 60t+90t+x=208 \\ 80t+90t-x=208 \end{cases}$,解得 $t=1.3$ 小时,1.3 小时 $=1.3\times60$ 分钟 $=78$ 分钟.

30.【2021.23】答案:E

【真题拆解】类型判断:要求距离,需要知道时间和速度,条件(1)缺少速度,条件(2)缺少时间,两个条件都不完整,属于联合型. 等量关系:上班距离 = 维修距离 + 非维修距离.

【解析】两条件单独均不充分,考虑联合.

分段计算上班距离,根据是否维修限速上班距离均相等建立等量关系得 $S=v_{非维修}\times t_{非维修}+v_{维修}\times t_{维修}=v_{非维修}\times(t_{非维修}+t_{维修}-0.5)$,整理得 $v_{维修}\times t_{维修}=v_{非维修}\times t_{维修}-0.5\,v_{非维修}$. 仅已知 $v_{维修}$ 无法求得 s,故单独或联合均不充分.

31.【2021.15】答案:D

【真题拆解】分析题目特征:同时出发,相向而行,相遇问题. 等量关系:相遇距离 = 相遇时间 × 速度之和.

【解析】甲的行驶时间为 $2+2.4=4.4$ 小时,故甲的速度 $V_{甲}=\dfrac{330}{4.4}$ km/h $=75$ km/h. 甲、乙两小时相遇共行进 330 km,故有 $75\times2+V_{乙}\times2=330$,解得 $V_{乙}=90$ km/h.

32.【2020.13】答案:D

【真题拆解】甲乙两人是做相对运动的,面对面行走是相遇问题.【破题标志词】行程问题 $\Rightarrow$ 题干文字中找时间等量,画图找路程等量.

【解析】如图 2-6 所示,两人第一次相遇时,共走过 1800 m(如图中实线所示),之后各自往返而行,自分开至再次相遇时,共走过 1800×2 m(如图中虚线所示).之后每相遇一次,两人共多走一个 1800×2 m. 故两人第三次相遇时,共走过 $1800\times(1+2+2)=9000$ m $=S_{甲}+S_{乙}$. 在相同时间内,两人行进路程之比等于速度之比,即 $\dfrac{S_{甲}}{S_{乙}}=\dfrac{v_{甲}}{v_{乙}}=\dfrac{100}{80}=\dfrac{5}{4}$,故 $S_{甲}=5000=1800\times2+1400$ m,故甲距其出发点 1400 m.

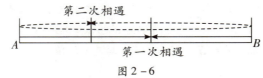

图 2-6

33.【2019.13】答案:C

【真题拆解】本题主要会分析 $v-t$ 图像,在 $v-t$ 图像中,图像与坐标轴围成的图形面积等于行程(图 2-7).

【解析】思路一:根据 $s=vt$ 分段计算,$\dfrac{1}{2}\times0.2\,v_0+0.6\times v_0+\dfrac{1}{2}\times0.2\,v_0=72$,解得 $v_0=90$(km/h).

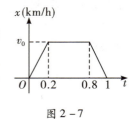

图 2-7

思路二:行驶距离即为图 2−7 中梯形面积 72,梯形的高为 v_0,上底为 $0.8-0.2=0.6$,下底为 1,故高 $v_0=90(km/h)$.

34.【2017.18】**答案:C**

【真题拆解】行程问题寻找等量关系列方程,路程等量:乘动车路段 + 乘汽车路段 $=AB$ 两地的距离,两条件给出了时间等量关系.

【解析】设某人乘动车 x 小时,乘汽车 y 小时,题干要求 $220x+100y=960$.

条件(1)表示 $x=y$,条件(2)表示 $x+y=6$,单独均不充分,考虑联合,得 $x=3,y=3$,此时 $220\times3+100\times3=320\times3=960$.故联合充分.

35.【2016.03】**答案:E**

【真题拆解】分析题目特征:①同时出发,相向而行;②客车速度快,所以相遇后客车到达甲地的时间等于货车的行驶时间.

【解析】由题意知:$v_货=90\ km/h$,$v_客=100\ km/h$,相遇时两车均行驶了 3 h(如图 2−8 所示).即相遇时:$s_{货1}=90\times3=270(km)$,$s_{客1}=100\times3=300(km)$.相遇后,客车继续行驶到达甲地,耗时 $t=\dfrac{270}{100}h=2.7(h)$.同时货车走了相同时间,行进距离为 $s_{货2}=2.7\times90=243(km)$.此时货车距乙地 $300-243=57(km)$.

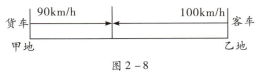

图 2−8

 2.6.2　相遇和追及

36.【2023.06】**答案:C**

【真题拆解】分析题目特征:①同一地点出发,追击问题;②跑步和骑车两种不同的追击方式列方程求解.【破题标志词】行程问题 ⇒ 题干文字中找时间等量,画图找路程等量.路程等量:甲路程 = 乙路程 − 初始距离,时间等量:甲用时 = 乙用时.

【解析】设甲每分钟走 x 米,乙每分钟跑步 y 米,每分钟骑行 $y+100$ 米.

乙跑步追甲时,甲行驶 20 分钟的距离等于乙跑步 10 分钟的距离,即 $20x=10y$;

乙骑车追甲时,甲行驶 15 分钟的距离等于乙骑行 5 分钟的距离,即 $15x=5\times(y+100)$.

联立两方程解得 $x=100$,即甲每分钟走 100 米.

 2.6.3　顺水/逆水行船

37.【2024.12】**答案:D**

【真题拆解】分析题目信息:①从甲地到乙地顺水行船,实际速度为 $v_船+v_水$;②返回时逆水行船,实际速度为 $v_船-v_水$;③顺水和逆水路程相等.

【解析】

表 2－7

	实际船速	用时(小时)
顺水行船	$v_船 + v_水$	4
逆水行船	$1.25 v_船 - v_水$	5

$$\begin{cases} v_船 + v_水 = \dfrac{100}{4} \\ (1+25\%)v_船 - v_水 = \dfrac{100}{5} \end{cases}, 解得 \begin{cases} v_船 = 20 \\ v_水 = 5 \end{cases}.$$

2.7　分段计费问题

38.【2018.03】答案：B

【真题拆解】分析题目特征:不同的区间范围内有不同的计费标准,为分段计费问题,识别分段点及各区间执行标准之后每段分别计算.

【解析】小王一共用了 45 Gb 流量,故 20～30 Gb 和 30～40 Gb 的这两段费用都需要全额缴付.20～30 Gb(含)共收费 $10 \times 1 = 10$(元);30～40 Gb(含)共收费 $10 \times 3 = 30$(元).40～45 Gb 共收费 $5 \times 5 = 25$(元).即小王应该交费 $25 + 30 + 10 = 65$(元).

2.8　集合问题

2.8.1　二饼图

39.【2025.07】答案：E

【真题拆解】集合问题先画饼图,有田赛、径赛两个集合,熟知每一个封闭区域的含义,没加的部分加上,被重复计算的部分减去重复的.

【解析】根据题意画出二饼图如图 2－9,参加田径赛的有 $90 - 18 = 72$ 人,两类项目均参加的有 $50 + 45 - 72 = 23$ 人,其中女生有 5 名,则男生有 $23 - 5 = 18$ 人.

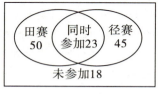

图 2－9

40.【2017.02】答案：D

【真题拆解】分析题目特征点:①9 名同学上午、下午都咨询,重复元素;②给出了一个比例关系,$\dfrac{9 名重复咨询同学}{下午咨询学生} = 10\%$.

【解析】9 名下午咨询的同学占下午咨询学生的 10%,则下午共有 $\dfrac{9}{10\%} = 90$(名)同学咨询.全天咨询学生为 $45 + 90 - 9 = 126$(名).

2.8.2 三饼图

41.【2021.01】答案：B

【真题拆解】题目中出现了三天的销售情况，如果将每一天都作为一个"饼"，三天会有"三饼"，若要这三天售出的种类最少，则需要重复的商品最多．

【解析】思路一：分析法．要求这三天出售商品种类最少，则需要重复商品最多，假设第一天售出的 50 件商品全部包含在第三天的 60 件以内，则三天共售出至少 $50 + 45 + 60 - (25 + 30 + 50) + 25 = 75$．

思路二：作图法．如图 2-10 所示作三饼图

第一天售出 50 种商品，即 $a + d + f + g = 50$；同理 $b + d + e + g = 45$，$c + e + f + g = 60$．

前两天售出有 25 种相同，即 $d + g = 25$；后两天售出商品有 30 种相同，$e + g = 30$．

则 $a + f = 25$，$c + f = 30$．要求这三天出售商品种类最少，则需要重复商品最多，即重复部分 $f = 25$，则 $a = 0$，$c = 5$．三天出售商品至少有 $45 + a + f + c = 45 + 0 + 25 + 5 = 75$．

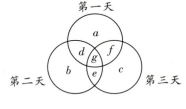

图 2-10

42.【2018.06】答案：C

【真题拆解】分析题目特征点：①三种商品当做三个"饼"，集合问题画饼图；②至少购买一种，说明总人数为 96；③熟悉饼图中每一个封闭区域的含义，需要注意"同时购买了甲、乙两种商品的顾客"包含两种情况，即只购买了甲、乙两种商品的顾客和同时购买了甲、乙、丙三种商品的顾客．

【解析】设只买了甲一种产品的人数为 a，只买了乙一种产品的人数为 b，只买了乙一种产品的人数为 c，仅购买一种商品的顾客人数即为 $a + b + c$．顾客的购买情况如图 2-11 所示：

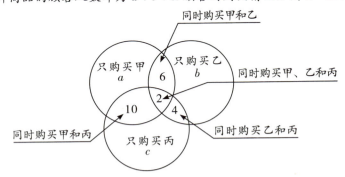

图 2-11

上图中七个区域没有任何重叠，每块区域含义均不同．同时题干条件指出，每个人都至少买了一件商品，说明这 7 个区域也覆盖了所有顾客的情况，所以 7 个区域的人数和，就是顾客的总数 96．故有 $a + b + c + 2 + 6 + 10 + 4 = 96$，$a + b + c = 74$．

43.【2017.06】答案：C

【真题拆解】分析题目特征点：①总人数为50,有数学、英语、语文三个"饼"；②同时复习过这三门课的人为0,所以同时复习两门课的人数即只复习两门课的人数.

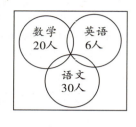

【解析】做三饼图2 – 12：

由上图及题中信息可知没有复习过三门课程的学生人数为 $50 - (20 + 30 + 6 - 10 - 2 - 3 + 0) = 9$.

图 2 – 12

2.9　不定方程

44.【2025.18】答案：E

【真题拆解】分析题目特征点：①甲班和乙班的平均分未知,两个未知量.②甲班总分数与乙班总分数相等,根据等量关系可列方程.

【解析】设甲班平均分是 x,乙班平均分是 y,则有 $34x = 36y$,即 $\dfrac{x}{y} = \dfrac{18}{17}$.

条件(1)：两班的平均分都是整数,可知 x 是 18 的倍数,y 是 17 的倍数,求不出 $x - y$ 的值,单独不充分.

条件(2)：$y \geq 65$,单独不充分.

两条件联合,$y \geq 65$ 且是 17 的倍数,满足条件的取值有 $\begin{cases} x = 72 \\ y = 68 \end{cases}$ 和 $\begin{cases} x = 90 \\ y = 85 \end{cases}$, $x - y = 4$ 或 $x - y = 5$,不能唯一确定两班的平均分之差,所以联合亦不充分.

45.【2021.22】答案：A

【真题拆解】题目给出了每种物品的单价,条件给出的是总花费,需要求数量,如果设出每种商品的购买数量也只能得到一个的等式,但是拥有三个未知数,且盒数只能为正整数.【破题标志词】[多个未知量] + [一个等式],限制未知量为整数的等式⇒奇偶性.

【解析】设三种各买了 x, y, z 个,x, y, z 均为正整数.

条件(1) $12x + 15y + 35z = 104$,若 $z = 2$,则 $12x + 15y = 104 - 70 = 34$,此时没有正整数 x, y 满足方程. 故一定有 $z = 1$,$12x + 15y = 69$,题目化为二元不定方程. 由奇偶四则运算可知,$15y$ 为奇数,所以 y 为奇数,依次代入 $1, 3$ 验证得,有唯一解 $y = 3$ 时 $12x = 69 - 45 = 24$,$x = 2$.

条件(2) $12x + 15y + 35z = 215$,$35 \times 6 = 210$,z 可能为 1 至 5,当 $z = 1$ 时,$12x = 180 - 15y = 5(36 - 3y)$,$12x$ 为 5 的倍数可得 x 一定是 5 的倍数,即 $\begin{cases} x = 5 \\ y = 8 \end{cases}$, $\begin{cases} x = 10 \\ y = 4 \end{cases}$ 都满足条件,解不唯一,条件(2)不充分.

46.【2020.20】答案：E

【真题拆解】题目中出现了多个未知量,并且有一个等式,且人数只能为正整数.【破题标志词】

[多个未知量] + [一个等式],限制未知量为整数的等式⇒奇偶性.需注意结论所求的确定人数是指唯一确定.

【解析】设有 x 人.条件(1)$20(n-1) \leq x < 20n$;条件(2)$12n+10=x$.条件(1)与(2)单独不成立,考虑联合. $\begin{cases} 20(n-1) \leq x < 20n \\ 12n+10=x \end{cases}$,$20n-20 \leq 12n+10 < 20n$,$10 < 8n \leq 30$. 当 $n=2$ 和 $n=3$ 时均可使不等式成立,无法唯一确定 n 的取值,因此也无法唯一确定人数,故单独和联合均不充分,选 E.

47.【2020.22】答案:E

【真题拆解】条件给出了甲乙丙的范围,结论实际要求唯一确定甲乙丙各自的捐款金额,属于不定方程的题目.

【解析】思路一:本题为对称条件,即任意互换甲乙丙的顺序,题目条件所给出的算式不变,故无法唯一确定甲乙丙每人捐款金额,即单独和联合均不充分,选 E.

思路二:条件(1)无法形成等式,只有甲乙丙之和一个等式解不出三个未知数的值,条件(2)与条件(1)一样缺少条件,两个条件都不完整,需要联合.设三人捐款数额分别为 $500k_1$,$500k_2$,$500k_3$,其中 k_1, k_2, k_3 互不相同.由题意知 $500k_1 + 500k_2 + 500k_3 = 3500$,整理得 $k_1 + k_2 + k_3 = 7 = 1 + 2 + 4$,仅可确定 3500 元捐款分成的三份分别为 500 元、1000 元和 2000 元,而无法唯一确定每个人各自捐款是 500 元、1000 元和 2000 元中的哪一种,选 E.

48.【2017.10】答案:A

【真题拆解】分析题目信息:①购买两种设备的总额是 10000;②甲、乙购买数量是正整数,两个未知量.根据等量关系只能列一个方程,符合【破题标志词】[多个未知量] + [一个等式],限制未知量为整数的等式⇒奇偶性.

【解析】设购买了甲 a 件,乙 b 件,据题意列方程:$1750a + 950b = 10000$,化简得 $35a + 19b = 200$. 其中 200 为 5 的倍数,$35a$ 也为 5 的倍数,则 $19b$ 必为 5 的倍数,穷举得 $b=5$,则 $a=3$. 或可直接代入选项验证.

2.10 至多至少及最值问题

2.10.1 至多至少

49.【2017.24】答案:C

【真题拆解】分析题目特征点:①向 12 位教师征题,供题教师人数未知,但一定小于 12,每位教师提供的题目数量未知;②一共 52 道题可列方程,乘积形式符合【破题标志词】[一个数] = [某些数的乘积]⇒将此数因数分解.

【解析】设供题教师人数为 $x(x \leq 12)$,题干要求唯一确定 x 的取值.条件(1):每位供题教师提供试题数目相同,则设每人提供 n 题,$52 = nx = 2 \times 2 \times 13$. 由于 x 为小于等于 12 的正整数,则有 $x=$

$2, n = 26$ 或 $x = 4, n = 13$，不能唯一确定 x 的取值. 条件(2)单独不充分, 此时考虑联合. 条件(2)中每位教师提供的题型不超过 2 种, 当 $x = 2$ 时最多能提供 4 种题型, 小于 5 种, 舍. 故 $x = 4$, 联合充分.

 ## 2.10.2　最值问题

50.【2016.05】答案:B

【真题拆解】分析题目特征点:求利润最大, 为最值问题, 根据题目场景列出一元二次函数, 化为求一元二次函数最值问题.

【解析】设冰箱定价降低 x 个 50 元, 即定价为 $(2400 - 50x)$ 元, 则每天可以多销售 $4x$ 台, 即每天销售 $(8 + 4x)$ 台. 根据总利润 = 单台利润 × 销售量 = (单台售价 – 单台成本) × 销售量, 得总利润 = $(2400 - 50x - 2000)(8 + 4x) = -200x^2 + 1200x + 3200$. 图像为开口向下的抛物线, 当且仅当取对称轴 $x = -\dfrac{1200}{2 \times 200} = 3$ 时, 有最大利润, 此时定价 $2400 - 50 \times 3 = 2250$(元).

2.11　一般方程——寻找等量关系

51.【2022.11】答案:D

【真题拆解】题目给出了两个情况, 买不同数量组合的商品需要不同的价格, 每种情况都可以得到一个方程式, 联立得方程组即可解得两种商品的单价.

【解析】设 A 玩具的单价为 x 元, B 玩具的单价为 y 元. 根据题意可列方程组 $\begin{cases} x + y = 1.4 \\ 200x + 150y = 250 \end{cases}$, 解得 $\begin{cases} x = 0.8 \\ y = 0.6 \end{cases}$.

52.【2022.20】答案:C

【真题拆解】要确定女生的人数, 需要确定每组中的女生人数, 并且确定含有女生人数的组的数量, 所以本题的入手点为确定分组情况, 并验证是否能确定每种情况的组数.

【解析】分组一共有四种情况, 如表 2 - 8 所示:

表 2 - 8

分组情况	男生人数	女生人数	组描述
情况①	3 男	0 女	全是男生的组
情况②	2 男	1 女	只有 1 名女生的组
情况③	1 男	2 女	只有 1 名男生的组
情况④	0 男	3 女	全是女生的组

两条件单独信息均不完全, 联合后所有情况组数已知, 并且每组中女生人数已知, 进而可得出女生总人数.

53.【2020.03】答案：B

【真题拆解】分析题目特征,寻找等量关系,根据丙成绩≥50分,且总成绩≥60这两个不等关系可以列出两个不等式,组成不等式组,进而解出不等式组即可.

【解析】设某人丙成绩为x分,此人通过考试,即$70 \times 30\% + 75 \times 20\% + 50\% x \geq 60$,解得$x \geq 48$.同时要求每部分≥50分,即$x \geq 50$,故联合可知此人丙成绩的分数至少是50分.

54.【2018.21】答案：E

【真题拆解】分析题目特征:总花费甲比乙少花了100元,总花费 = 件数×单价,根据数量关系列方程求解.购买的件数和单价都未知,一个方程两个未知量,花费钱数不一定为整数,所以本题不能用奇偶性求解.

【解析】条件(1)和条件(2)单独均不充分,考虑联合.设甲买了x件,每件$2n$元;乙买了$(50 - x)$件,花了n元.则有$(50 - x) \cdot n - x \cdot 2n = 100$.一个方程包含两个未知数,无法确定未知量具体数值.

55.【2016.02】答案：C

【真题拆解】等量关系:增加前后这批瓷砖的总数量不变,列方程求解.

【解析】设原正方形区域边长为x块砖的长度,则该批瓷砖共有$(x^2 + 180)$块,原正方形增加一块砖长度共用砖数为$(x + 1)^2 = (x^2 + 180) + 21$,解得$x = 100$,故该批瓷砖共有$100^2 + 180 = 10180$（块）.

【技巧】由于这批瓷砖铺满整个正方形区域时剩余180块,故瓷砖数减去180一定为完全平方数,可排除B、D、E.

2.12 新题型

56.【2023.16】答案：D

【真题拆解】问题"则至少有12名同学参加的兴趣班完全相同"为抽屉原理的经典问法,运气最差原则.

【解析】每名同学至少参加2个包括参加2个、3个、4个三种情况,总的方法数为$C_4^2 + C_4^3 + C_4^4 = 11$种.

条件(1)11种选择兴趣班的可能当作11个抽屉,把125个同学当做元素.$125 \div 11 = 11 \cdots 4$,根据抽屉原理,每个抽屉至少有11个元素,还剩下4个元素需要放入,所以至少有12名同学在一个抽屉,即参加的兴趣班完全相同,充分.

条件(2)参加2个兴趣班的有$C_4^2 = 6$个抽屉,有70个元素,$70 \div 6 = 11 \cdots 4$,故至少有12名同学参加完全一样的2个兴趣班,充分.

57.【2023.23】答案：C

【真题拆解】"能确定"就要求"唯一确定",若要使有一个班植树棵数最少,那么其他7个班级的植树数量就需要尽可能的大,联合两个条件可以推出其他七个班级的植树数量,之后就可以通过树的总数确定植树棵树的最小值.

【解析】条件(1)和条件(2)单独不充分,考虑联合.

当任意 7 个班棵数是 28,27,26,25,24,23,22 时,最后剩下的一个班棵树为 20,能确定最小值.

58.【2022.07】答案:B

【真题拆解】将杯子翻转 2,4,6,8…即偶数次时,会恢复原本状态,翻转 1,3,5,7…即奇数次时,杯子反置,可以通过枚举得出答案.

【解析】假设从左至右杯子编号为①－⑧,本题考察归纳与演绎的思维,翻一次杯口向下口向下杯子数 +3(如翻转①、②、③号杯子),之后翻转分四种情况:

情况一:与前次完全不重复地翻杯子(如翻转④、⑤、⑥号杯子),每多翻一次杯口向的下杯子数 +3;

情况二:与前次重复一个杯子翻转(如翻转③、④、⑤号杯子),每多翻一次杯口向下的杯子数 +1;

情况三:与前次重复两个杯子翻转(如翻转②、③、④号杯子),每多翻一次杯口向下的杯子数 −1;

情况四:与上次重复三个杯子翻转,每多翻一次杯口向下 −3,明显不符合题意,不作讨论.

最终要将 8 个杯子全部翻转至杯口向下,最少的步骤有【$3+1+1+3=8$】或【$3-1+3+3=8$】或【$3+3-1+3=8$】三种情况,即至少经过 4 次操作使杯口全部朝下.

详细翻转情况如下:

【$3+1+1+3=8$】①+②+③;③+④+⑤,⑤+⑥+⑦,③+⑤+⑧;

【$3-1+3+3=8$】①+②+③;④+⑤+⑥,⑤+⑥+⑦,⑤+⑥+⑧;

【$3+3-1+3=8$】①+②+③;②+③+④,②+③+⑤,⑥+⑦+⑧.

59.【2020.08】答案:B

【真题拆解】题目"每单减 m 元后实际售价均不低于原价的 8 折"中的"均"字非常的关键,即不管什么样的情况下,计算出的 m 都得满足实际售价不低于原价的 8 折,所以就要考虑优惠力度最大时的 m 的取值,只有优惠力度最大的时候 m 都满足题意了,其他情况才都可以满足题意.

【解析】促销策略是每单满 200 元减 m 元,则购买商品总价在大于等于 200 元时,总价越接近 200 元,所得到的优惠力度越大.三种商品原价可组成的最低满 200 元的价格组合为 $55+75+75=205$,八折后为 $205\times0.8=164$ 元.根据题意有 $205-m\geqslant164,m\leqslant41$ 元.

60.【2020.09】答案:C

【真题拆解】解答本题最重要的是理解"分歧最大"表示的是好评率与差评率之差最小,好评率与差评率之差越大说明分歧越小.比如好评率为 100%,差评率为 0%,此时分歧是最小的,也可以说是没有分歧的,因为所有人都是好评.

【解析】所有人都给出好评是没有分歧,所有人都给出差评也是没有分歧,若一半好评一半差评表明分歧最大.分歧程度与好评率和差评率关系可以用图 2－13 表示:

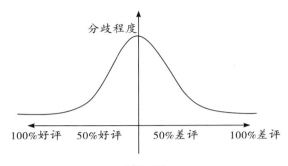

图2－13

故意见分歧最大的两部电影为第二部和第五部.

61.【2019.07】答案：D

【真题拆解】分析题目特征点：①正方形四边都种，环形植树；②只种三边，无法闭环，可以看做是直线型植树问题.

【解析】设正方形边长为 a 米，正方形四边包括四角每隔3米种一棵，此时共种 $\dfrac{4a}{3}$ 颗；每隔2米种一棵，恰好种满正方形的3条边，此时共种 $\left(\dfrac{3a}{2}+1\right)$ 棵. 故可列方程 $\dfrac{4a}{3}+10=\dfrac{3a}{2}+1$，解得 $a=54$.

则树苗共有 $\dfrac{4a}{3}+10=\dfrac{3a}{2}+1=82$（棵）.

2.13 数据描述问题

 ### 2.13.1 平均值的基本计算

62.【2019.23】答案：C

【真题拆解】在总人数没有发生变化的情况下，总分升高了，平均分也就升高了，计算理学院总分的变化情况时，需要用每个系的人数乘以每个系平均分的变化情况再求和，而不是将各个系的平均分相加减.

【解析】条件(1)不知道化学系和地理系的平均分变化情况，不充分. 同理条件(2)无法确定数学系和生物系的平均分变化情况，两个条件单独信息均不充分. 考虑联合，总分的变化为 $60\times3+120\times0+90\times1+60\times(-2)+30\times(-4)=30$，即理学院总分提高了30分，而录取人数不变，故录取平均分升高了，条件(1)条件(2)联合充分.

63.【2018.02】答案：A

【真题拆解】分析题目特征，求平均年龄，需要知道男员工和全体员工的年龄总和与总人数.

【解析】公司一共有9名男员工，6名女员工，共15名员工. 男员工平均年龄为男员工年龄之和除以9，全体员工平均年龄为所有员工年龄之和除以15. 代入题干中条件可得：$\bar{x}_{男}=$

$$\frac{23+26+28+30+32+34+36+38+41}{9}=\frac{288}{9}=32,\bar{x}_{\text{全}}=\frac{288+23+25+27+27+29+31}{15}=\frac{450}{15}=$$

30（岁）.

【技巧】 观察到将男工年龄中 $23+1,41-1$，则恰好构成首项为 24，公差为 2 的等差数列前 9 项和，可根据等差数列求和公式求和 $S=\frac{9}{2}(24+40)=9\times32$，故平均值为 $\frac{S}{9}=32$. 女员工年龄同理.

📍 2.13.2 总体均值与部分均值

64.【2022.18】答案：C

【真题拆解】 定性判断：①总体均值，②甲均值，③乙均值，④两部分之间的比例：这四个量已知任意三项可确定第四项.

【解析】 设这两个班平均分分别为 a 和 b，且 $a>b$，人数分别为 m 和 n，两班总平均分为 c. 两条件单独信息不完全，考虑联合.

根据总分列等式可得：总分 $=am+bn=c(m+n)=cm+cn$，整理得 $(a-c)m=(c-b)n,\dfrac{m}{n}=$

$\dfrac{c-b}{a-c}$，故可以确定两班级的人数之比，两条件联合充分.

65.【2021.16】答案：C

【真题拆解】 分析题目特征点：条件给出了部分均值，求总体均值，该班的平均身高一定在男同学平均身高和女同学平均身高之间. **【破题标志词】** 总体均值与部分均值 $\Rightarrow$ 定性判断：总体均值/甲均值/乙均值/甲乙间的比知三推四.

【解析】 条件（1）不能确定男女同学平均身高的大小，不充分；条件（2）不能确定增加的同学的身高，不充分，两条件单独均不充分，考虑联合.

思路一：设该班原有男生 a 名，女生 b 名；男生平均身高为 x，女生平均身高为 y，原班级平均身高为 $\dfrac{ax+by}{a+b}$.

由条件（1）可知增加两名同学后的班级平均身高为 $\dfrac{ax+by+2x}{a+b+2}$，题干结论成立要求

$\dfrac{ax+by+2x}{a+b+2}>\dfrac{ax+by}{a+b}$.

两式相减通分整理得：原平均身高 $-$ 现平均身高 $=$

$\dfrac{ax+by+2x}{a+b+2}-\dfrac{ax+by}{a+b}=\dfrac{(a+2)(a+b)x+(a+b)by}{(a+b+2)(a+b)}-\dfrac{(a+b+2)ax+(a+b+2)by}{(a+b+2)(a+b)}=$

$\dfrac{2bx-2by}{(a+b+2)(a+b)}=\dfrac{2b(x-y)}{(a+b+2)(a+b)}$.

由条件（2）可知 $x-y>0$，故原平均身高 $-$ 现平均身高 $=\dfrac{2b(x-y)}{(a+b+2)(a+b)}>0$，该班同学的平均身高增加了.

思路二:两条件单独均不充分,联合. 该班的平均身高一定在男、女同学两个平均身高之间,并且数值接近人数多的一方,男生的人数增加了,那么总体均值就会向男生的平均身高靠拢一些,因为男生平均身高比女生高,所以总体的平均身高也会.

66.【2016.16】答案:B

【真题拆解】分析题目特征:已知甲均值、乙均值、甲乙间的比,能确定总体均值,符合【破题标志词】总体均值与部分均值⇒定性判断:总体均值/甲均值/乙均值/甲乙间的比知三推四.

【解析】已知男女员工的平均年龄分别为 a、b,设男女员工的人数分别为 x、y,题干要求员工平均年龄 $\frac{ax+by}{x+y}$. 条件(1):$x+y$ 已知,无法确定 $\frac{ax+by}{x+y}$,不充分. 条件(2):$x:y=k$ 已知,可以将 x 用 y 表示:$x=ky$,则平均年龄 $\frac{ax+by}{x+y}=\frac{aky+by}{ky+y}=\frac{ak+b}{k+1}$,全部字母已知,条件(2)充分.

 # 2.13.3 方差的计算与大小比较

67.【2023.12】答案:E

【真题拆解】方差用来反映数据波动的大小,去掉一个最高分和一个最低分后,剩余得分变得更集中.

【解析】原平均值为 8.6,去掉的最高分和最低分的平均值为 $\frac{9.7+7.3}{2}=8.5<8.6$,去掉拖后腿的,所以剩余得分的平均值变大了. 去掉一个最高分和一个最低分后,剩下的成绩变得更集中了,方差变小了.

68.【2019.08】答案:B

【真题拆解】给出表格数据求平均值和标准差,套公式.

【解析】观察到数据在 90 左右波动,故以 90 作为基准量进行计算以减少运算量.

$$E_1=\frac{90\times10+0+2+4-2-4+5-3-1+1+3}{10}=\frac{905}{10}=90.5,$$

$$E_2=\frac{90\times10+4-2+6+3+0-5-6-10-8+8}{10}=\frac{890}{10}=89,$$

$$\sigma_1^2=\frac{1}{10}(0.5^2+1.5^2+3.5^2+2.5^2+4.5^2+4.5^2+3.5^2+1.5^2+0.5^2+2.5^2),$$

$$\sigma_2^2=\frac{1}{10}(5^2+1^2+7^2+4^2+1^2+4^2+5^2+9^2+7^2+9^2),$$

故 $E_1>E_2$,$\sigma_1<\sigma_2$.

【技巧】已求得 $E_1=90.5$,$E_2=89$,观察可知语文成绩偏离 E_1 波动较小,而数学成绩偏离 E_2 波动较大,方差用来反映数据波动的大小,故 $\sigma_1<\sigma_2$.

69.【2017.14】答案:B

【真题拆解】给出表格数据先求平均值再求方差,套公式.

【解析】$\overline{x}_1 = \dfrac{2+5+8}{3} = 5$，$\overline{x}_2 = \dfrac{5+2+5}{3} = 4$，$\overline{x}_3 = \dfrac{8+4+9}{3} = 7$，则根据方差计算公式有：

$$\sigma_1 = \frac{1}{3}\left[(2-5)^2 + (5-5)^2 + (8-5)^2\right] = 6;$$

$$\sigma_2 = \frac{1}{3}\left[(5-4)^2 + (2-4)^2 + (5-4)^2\right] = 2;$$

$$\sigma_3 = \frac{1}{3}\left[(8-7)^2 + (4-7)^2 + (9-7)^2\right] = \frac{14}{3},$$

故 $\sigma_1 > \sigma_3 > \sigma_2$。

70.【2016.21】答案：A

【真题拆解】分析题目特征：两组数据，其中一组数据有一个未知量，若均值相等，平均值为关于数据的一次算式，可求得未知量的值；若方差相等，方差为关于数据的二次算式，因此仅知道方差条件不能唯一确定某数据值，且任意连续五个整数的方差都为2.

【解析】条件（1）：$\dfrac{3+4+5+6+7}{5} = \dfrac{4+5+6+7+a}{5}$，$a = 3$，条件（1）充分.

根据方差计算公式可知：条件（2）中 $S_1^2 = \dfrac{1}{5}\left[(3-5)^2 + (4-5)^2 + (5-5)^2 + (6-5)^2 + (7-5)^2\right] = 2$，$S_2^2 = \dfrac{1}{5}(4^2 + 5^2 + 6^2 + 7^2 + a^2) - \left[\dfrac{1}{5}(4+5+6+7+a)\right]^2$，且 $S_1 = S_2$，则 $a = 3$ 或 8，不唯一确定，条件（2）不充分.

第3章　代数式

3.1　乘法公式

📍 3.1.1　基础运用

1.【2025.21】答案：A

【真题拆解】分析题目特征:结论给出等式,两条件给出的是关于两未知数的数量关系,需直接带入结论进行验证.

【解析】条件(1)：$(3+2\sqrt{2})^{+}=\sqrt{3+2\sqrt{2}}=\frac{1}{2}\sqrt{1^2+(\sqrt{2})^2+2\times1\times\sqrt{2}}=\sqrt{(1+\sqrt{2})^2}=1+\sqrt{2}$,

条件(1)充分.

条件(2)：①当 $b=0$ 时,$a=\dfrac{1}{3-2\sqrt{2}}=\dfrac{1}{(1-\sqrt{2})^2}$.

②当 a,b 均为有理数时,$(a-b\sqrt{2})(3+2\sqrt{2})=1$,整理得 $3a-4b-1+(2a-3b)\sqrt{2}=0$.

$\begin{cases}3a-4b-1=0\\2a-3b=0\end{cases}$ 解得 $\begin{cases}a=3\\b=2\end{cases}$.

2.【2024.21】答案：B

【真题拆解】分析题目特征:条件和结论都给出的是两个未知量间的不等关系,可设特值,条件充分性判断题中,原则上特值法只能证伪不能证真.

【解析】条件(1)：取 $a=0.1,b=0.5$,满足 $a+\dfrac{1}{a}\geqslant b+\dfrac{1}{b}$,但是 $a<b$,不充分.

条件(2)：思路一：$a^2+a=\left(a+\dfrac{1}{2}\right)^2-\dfrac{1}{4},b^2+b=\left(b+\dfrac{1}{2}\right)^2-\dfrac{1}{4}$.原不等式变形为 $\left(a+\dfrac{1}{2}\right)^2-\dfrac{1}{4}$

$\geqslant\left(b+\dfrac{1}{2}\right)^2-\dfrac{1}{4}$,即 $\left(a+\dfrac{1}{2}\right)^2\geqslant\left(b+\dfrac{1}{2}\right)^2$,又 a,b 为正实数,所以 $a+\dfrac{1}{2}\geqslant b+\dfrac{1}{2},a\geqslant b$,条件(2)充分.

思路二：$a^2+a\geqslant b^2+b,a^2-b^2\geqslant b-a,(a+b)(a-b)\geqslant b-a,(a+b)(a-b)+(a-b)\geqslant0$,

$(a+b+1)(a-b)\geqslant0$,又 a,b 为正实数,即 $a+b+1>0$,则 $a\geqslant b$,充分.

3.【2022.03】答案：A

【真题拆解】给出了代数式求最值,分析题目结构不符合一元二次方程、均值定理、线性规划形式,符合【破题标志词】利用完全平方公式求代数最值⇒变形为 $[$常数$+($ $)^2]$ 求最小值.

【解析】$f(x,y)=x^2+4xy+5y^2-2y+2=x^2+4xy+4y^2+y^2-2y+1+1=(x+2y)^2+(y-1)^2+1$

$\geqslant 1$. 故所求代数式最小值为 1, 当 $x+2y=0$ 且 $y-1=0$, 即 $x=-2,y=1$ 时, 可取到此最小值.

📍 3.1.2 　倒数形态乘法公式

4.【2022.22】答案:B

【真题拆解】分析题目结构有两个特征点:①x 为正实数;②条件给出的代数式都是倒数和/倒数差形态, 结论求唯一确定倒数差的值. 符合【破题标志词】倒数和/倒数差$\Rightarrow$完全平方公式/立方和立方差公式.

【解析】条件(1):思路一:$x-\dfrac{1}{x}=\left(\sqrt{x}+\dfrac{1}{\sqrt{x}}\right)\left(\sqrt{x}-\dfrac{1}{\sqrt{x}}\right)$, 只要确定 $\sqrt{x}-\dfrac{1}{\sqrt{x}}$ 的值即可确定 $x-\dfrac{1}{x}$ 的值. 而 $\left|\sqrt{x}-\dfrac{1}{\sqrt{x}}\right|=\sqrt{\left(\sqrt{x}+\dfrac{1}{\sqrt{x}}\right)^2-4}$, 无法确定正负, 故条件(1)不充分.

　　思路二:特值法排除. $x=2$ 或 $x=\dfrac{1}{2}$ 时, 均有 $\sqrt{x}+\dfrac{1}{\sqrt{x}}=\sqrt{x}+\sqrt{\dfrac{1}{x}}=\dfrac{3\sqrt{2}}{2}$. 但 $x=2$ 时 $x-\dfrac{1}{x}=$ $\dfrac{3}{2}$, $x=\dfrac{1}{2}$ 时 $x-\dfrac{1}{x}=-\dfrac{3}{2}$. 即同样的 $\sqrt{x}+\dfrac{1}{\sqrt{x}}$ 的值对应不同的 $x-\dfrac{1}{x}$ 的取值可能, 无法唯一确定, 不充分.

　　条件(2):$x^2-\dfrac{1}{x^2}=\left(x-\dfrac{1}{x}\right)\left(x+\dfrac{1}{x}\right)=\left(x-\dfrac{1}{x}\right)\sqrt{\left(x-\dfrac{1}{x}\right)^2+4}$, 因为 x 为正实数, 所以 $x+\dfrac{1}{x}$ 一定为正, 即 $x^2-\dfrac{1}{x^2}$ 与 $x-\dfrac{1}{x}$ 同正同负, 可唯一确定 $x-\dfrac{1}{x}$ 的值.

5.【2020.06】答案:C

【真题拆解】分析题目结构有两个特征点:①等式中含有分式, 需注意分式中分母一定不为零;②题目等式含有倒数和/倒数差形态, 求立方和. 符合【破题标志词】倒数和/倒数差$\Rightarrow$完全平方公式/立方和立方差公式.

【解析】$x^2+\dfrac{1}{x^2}-3x-\dfrac{3}{x}+2=\left(x^2+\dfrac{1}{x^2}+2\right)-3x-\dfrac{3}{x}=\left(x+\dfrac{1}{x}\right)^2-3\left(x+\dfrac{1}{x}\right)=$ $\left(x+\dfrac{1}{x}\right)\left(x+\dfrac{1}{x}-3\right)=0$, 将 $x+\dfrac{1}{x}$ 看作一个整体可得, $x+\dfrac{1}{x}=3$ 或 $x+\dfrac{1}{x}=0$(由于分母 x 非零, 故 $x+\dfrac{1}{x}\neq 0$, 舍). 由立方和公式可得 $x^3+\dfrac{1}{x^3}=\left(x+\dfrac{1}{x}\right)\left(x^2-1+\dfrac{1}{x^2}\right)=\left(x+\dfrac{1}{x}\right)\left[\left(x+\dfrac{1}{x}\right)^2-3\right]=$ $3\times 6=18$.

3.2 　特值法在代数式中的应用

6.【2019.05】答案:D

【真题拆解】根据【破题标志词】代数式求具体值$\Rightarrow$特值法. 分析已知条件特征、选项特征发现给出的都是整数,可猜测 a,b 都是整数,可对 6 进行质因数分解,代入绝对值等式,找到符合条件的特值.分析所求代数式特征发现 a^2+b^2 轮换对称(交换位置和原式等价)且具有非负性,所以 a^2+b^2 的值不受 a,b 大小和正负的影响,可设 $a>b>0$,去绝对值,【破题标志词】遇到绝对值 $\Rightarrow$ 去掉绝对值.

【解析】思路一:假设 a,b 都为正整数,$6=1\times6=2\times3$,代入 $a=3,b=2$ 符合 $|a+b|+|a-b|=6$,即 $a^2+b^2=9+4=13$.

思路二:假设 $a>b>0$,则可去掉绝对值 $|a+b|+|a-b|=a+b+a-b=2a=6$,故 $a=3,b=2$,它们为满足题干条件的特值,代入得 $a^2+b^2=9+4=13$.

7.【2018.05】答案:E

【真题拆解】分析所求代数式特征发现 a^2+b^2 轮换对称且具有非负性,所以 a^2+b^2 的值不受 a,b 大小和正负的影响,可设 $a>b>0$,去绝对值,【破题标志词】遇到绝对值 $\Rightarrow$ 去掉绝对值.根据【破题标志词】代数式求具体值 $\Rightarrow$ 特值法,去掉绝对值后优先特值求解.

【解析】假设 $a>b>0$,则可去掉绝对值得 $|a-b|=a-b=2$,$|a^3-b^3|=a^3-b^3=26$.观察知 $3-1=2$;$26=27-1=3^3-1^3$,故可取特值 $a=3,b=1$,代入得 $a^2+b^2=1^2+3^2=10$,选 E.

4.1 方程、函数与不等式基础

1.【2025.22】答案：A

【真题拆解】要确定三角形,得确定三角形的三边,可将三角形的边求出来,之后利用三边关系求解.

【解析】p,q 是常数,所以本题不用求 p,q 的取值,只需要两根满足三边关系,且指向唯一的等腰三角形即可,举例如下表所示:

情况	求出两根也无法唯一确定三角形	可以唯一确定三角形
图例		
解读	若求出小根为 4,大根为 6,则可以构成以 4 为腰 6 为底的等腰三角形;也可以构成 6 为腰 4 为底的等腰三角形,无法唯一确定.	若求出小根为 2,大根为 10,则只能构成以 10 为腰 2 为底的等腰三角形;若以 10 为底边,2 为腰,则无法构成三角形.此时可唯一确定此等腰三角形

因此本题若需要确定此等腰三角形,需要满足大根大于等于小根的两倍,此时只有一种构成等腰三角形的情况. 根据求根公式有:大根为 $\dfrac{3p+\sqrt{9p^2-4q}}{2}$,小根为 $\dfrac{3p-\sqrt{9p^2-4q}}{2}$.

即有:$\dfrac{3p+\sqrt{9p^2-4q}}{2} \geqslant 2 \times \dfrac{3p-\sqrt{9p^2-4q}}{2}$,化简得 $q \leqslant 2p^2$.

2.【2021.05】答案：B

【真题拆解】分析已知条件特征点:①表明 $f(x)$ 是二次函数,仅描述函数形态,未确定具体值,可考虑采用特值法设函数解析式;②$x=2$ 时的函数值和 $x=0$ 时的函数值相等,说明对称轴在 0 和 2 的中间处取得. 分析所求结论特征点:分式求值,要求分式的值需要求出二次函数 $f(x)$ 的解析式.

【解析】思路一:设 $f(2)=f(0)=0$,根据两根式设函数为 $f(x)=(x-2)(x-0)=x(x-2)$,则

$f(3) = 3$, $f(1) = -1$, $\dfrac{f(3) - f(2)}{f(2) - f(1)} = \dfrac{3 - 0}{0 - (-1)} = 3$.

思路二: $f(2) = f(0)$, 则抛物线关于 $x = \dfrac{0 + 2}{2} = 1$ 对称, 设函数为 $f(x) = (x - 1)^2$, 则 $f(3) = 2^2$ $= 4$, $f(2) = 1$, $f(1) = 0$, 则 $\dfrac{f(3) - f(2)}{f(2) - f(1)} = \dfrac{4 - 1}{1 - 0} = 3$.

3.【2020.23】答案:A

【真题拆解】 题干给出了函数解析式 $f(x) = (ax - 1)(x - 4) = a\left(x - \dfrac{1}{a}\right)(x - 4)$, 形式符合一元二次函数的交点式, 但未明确说明是一元二次函数, 所以二次项系数为未知字母时, 要考虑其是否可能为0. 分析条件特征: 给出了 a 的取值范围, 通过比较两根 $\dfrac{1}{a}$ 和 4 的大小可确定 $x = 4$ 两侧 $f(x)$ 的大小, 根据不等式的性质有, 当 $a > b > 0$ 时, $\dfrac{1}{a} < \dfrac{1}{b}$, 当 $a < b < 0$ 时, $\dfrac{1}{a} > \dfrac{1}{b}$. 分析结论求在 $x = 4$ 左侧附近有 $f(x) < 0$, 可画图数形结合求解.

【解析】 条件(1) $a > \dfrac{1}{4}$, 故 $a \neq 0$, 函数 $f(x) = (ax - 1)(x - 4) = a\left(x - \dfrac{1}{a}\right)(x - 4)$ 对应方程的两根式, $x_1 = \dfrac{1}{a}$, $x_2 = 4$. 根据不等式的性质 $a > \dfrac{1}{4} > 0$ 得 $0 < \dfrac{1}{a} < 4$, $x_1 = \dfrac{1}{a} < x_2 = 4$, 故函数图像如图 4 – 1 所示, 在 $x = 4$ 左侧附近有 $f(x) < 0$, 条件(1)充分.

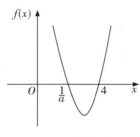

图 4 – 1

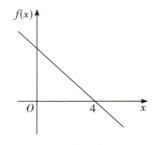

图 4 – 2

条件(2) $a < 4$, 当 $a = 0$ 时, $f(x) = -x + 4$, 如图 4 – 2 所示, $f(x)$ 为一条斜向下的直线, 过一、二、四象限, 在 $x = 4$ 左侧附近 $f(x) > 0$, 条件(2)不充分.

4.【2016.19】答案:C

【真题拆解】 分析条件特征: 条件(1)条件(2)仅说明 x, y 的相对大小关系, 并不能分别确定它们的取值范围, 判断为联合型, 解不等式组. 本题考察不等式基本性质、运算, 主要原则有:

1. 可加不可减, 相加要同向;

2. 加法运算后不可逆;

3. 不等式两边同乘负数变方向(未知正负不能乘).

【解析】 两条件单独不充分, 考虑联合, 解不等式组: $\begin{cases} x \leq y + 2 & ① \\ 2y \leq x + 2 & ② \end{cases}$

两式相加可得 $x + 2y \leq x + y + 4$, $y \leq 4$; 式① $\times 2 +$ 式②得 $2x + 2y \leq x + 2y + 6$, $x \leq 6$. 故联合充

分,选 C.

4.2 一元二次方程

4.2.1 构造二次方程求解

5.【2022.23】答案:E

【真题拆解】分析题目特征点有两个:①条件(1)给出三项成等比数列(定量),符合【破题标志词】三项成等比数列设为 a,b,c,则有 $b^2 = ac(b \neq 0)$;②条件(2)给出了 a,b 间的不等关系(定性),根据平方具有非负性条件(1)可推出条件(2).分析结论特征:要确定 $\dfrac{a}{b}$ 的值,通过等价变形构造关于 $\dfrac{a}{b}$ 的方程.所以本题的入手点为三项成等比数列+构造关于 $\dfrac{a}{b}$ 的一元二次方程求值.

【解析】条件(1):根据【破题标志词】$a,b,a+b$ 三项成等比数列 $b^2 = a(a+b)$,且 $b \neq 0$.由此可得 $a(a+b) > 0$,即条件(1)可以推出条件(2),若条件(1)不充分,则条件(2)一定不充分.

$b^2 = a(a+b) = a^2 + ab$,移项得 $a^2 + ab - b^2 = 0$,结论求 $\dfrac{a}{b}$ 的值,所以还需要方程两边同时除以 b^2 来构造出关于 $\dfrac{a}{b}$ 的一元二次方程,两边同除以 b^2 得 $\left(\dfrac{a}{b}\right)^2 + \dfrac{a}{b} - 1 = 0$.将 $\dfrac{a}{b}$ 看作一个整体,得到关于 $\dfrac{a}{b}$ 的二次方程,利用求根公式解得 $\dfrac{a}{b} = \dfrac{-1+\sqrt{5}}{2}$ 或 $\dfrac{a}{b} = \dfrac{-1-\sqrt{5}}{2}$,有两个不等的实根,故无法确定 $\dfrac{a}{b}$ 的值.因此两条件单独或联合均不充分.

6.【2022.21】答案:D

【真题拆解】分析题干条件给出了三个特征点:①a,b,c 是直角三角形的三边,满足勾股定理;②根据【破题标志词】三项成等比数列 $\Leftrightarrow$ 设为 a,b,c,则有 $b^2 = ac(b \neq 0)$;③隐含大小关系,三边长一定为正数,$q > 0$,若 a,b,c 三项成等比数列,当公比 $q > 1$ 时,$a < b < c$,此时 a,b 为直角边,c 为斜边,当 $0 < q < 1$ 时,$a > b > c$,a 为斜边,b,c 为直角边.分析结论特征:要确定公比 q 的值,$q = \dfrac{c}{b} = \dfrac{b}{a}$,在三项等比数列中 $\dfrac{c}{a} = q^2$.

【解析】已知 a 为直角边时(直角边小于斜边长度),且 a,b,c 成等比数列,故 c 为斜边.已知 c 为斜边时,a 一定为直角边,故条件(1)和条件(2)等价.

根据直角三角形勾股定理和三边长成等比数列,可列方程组 $\begin{cases} a^2 + b^2 = c^2 \\ b^2 = ac \end{cases}$,故 $ac = c^2 - a^2$,$c^2 - ac - a^2 = 0$.两边同除以 a^2 得 $\left(\dfrac{c}{a}\right)^2 - \dfrac{c}{a} - 1 = 0$,将 $\dfrac{c}{a}$ 看作一个整体求解二次方程得 $\dfrac{c}{a} = \dfrac{1 \pm \sqrt{5}}{2}$.由于边长为正,故 $\dfrac{c}{a} = \dfrac{\sqrt{5}+1}{2} = q^2$,公比为正,可以确定公比的值,两条件等价均充分.

7.【2021.25】答案:D

【真题拆解】分析题干条件给特征点:①给定两个直角三角形的三边,三边关系满足勾股定理;②条件(1)三边长满足【破题标志词】三项成等比数列⟺设为 a,b,c,则有 $b^2=ac(b\neq0)$;③条件(2)三边长满足【破题标志词】三项成等差数列⟺设为 a,b,c,则有 $2b=a+c$.分析结论特征:只要确定三角形形状相同,即边长满足相同的比例关系即可确定三角形相似.

【解析】设三边长为 a,b,c,其中 c 为斜边,且 $a<b<c$,直角三角形满足 $a^2+b^2=c^2$.

条件(1)边长成等比数列即 $\begin{cases} a^2+b^2=c^2 \\ b^2=ac \end{cases}$,联立得 $a^2-ac-c^2=0$,两边同除以 c^2 得 $\left(\dfrac{a}{c}\right)^2+\dfrac{a}{c}$

$-1=0$,将 $\dfrac{a}{c}$ 看作一个整体求解二次方程得 $\dfrac{a}{c}=\dfrac{-1\pm\sqrt{5}}{2}$.由于边长为正,故 $\dfrac{a}{c}=\dfrac{\sqrt{5}-1}{2}$,$a=$

$\dfrac{\sqrt{5}-1}{2}c$,$b=\sqrt{ac}=\sqrt{\dfrac{\sqrt{5}-1}{2}}c$.即任何边长成等比数列的直角三角形三边满足 $a:b:c=\dfrac{\sqrt{5}-1}{2}:$

$\sqrt{\dfrac{\sqrt{5}-1}{2}}:1$ 的相同比例关系,三角形相似.

条件(2)边长成等差数列,即 $\begin{cases} a^2+b^2=c^2 ① \\ 2b=a+c ② \end{cases}$,②式平方得 $4b^2=(a+c)^2$,由①得 $b^2=c^2-a^2$ 代

入前式得 $4c^2-4a^2=a^2+2ac+c^2$,移项合并同类项 $5a^2+2ac-3c^2=0$,因式分解 $(a+c)(5a-3c)$

$=0$,由于边长为正,所以 $a+c\neq0$,故 $5a-3c=0$,$a=\dfrac{3}{5}c$,$b=\dfrac{a+c}{2}=\dfrac{4}{5}c$.即任何边长成等差数列

的直角三角形三边满足 $a:b:c=\dfrac{3}{5}c:\dfrac{4}{5}c:c=3:4:5$ 的相同比例关系,三角形相似.

4.2.2 仅给出根的数量,求系数

8.【2019.22】答案:D

【真题拆解】分析题干需要判定方程有实根,题干符合【破题标志词】一元二次方程有实根⟺ $\Delta\geq$ 0.条件给出未知字母的关系式符合【破题标志词】给定未知字母取值或关系式⟹代入.

【解析】题干要成立意味着给定的一元二次方程根的判别式 $\Delta=a^2-4(b-1)\geq0$.

条件(1):$a+b=0,b=-a,\Delta=a^2-4(b-1)=a^2+4a+4=(a+2)^2\geq0$,充分.

条件(2):$a-b=0,a=b,\Delta=a^2-4(b-1)=a^2-4a+4=(a-2)^2\geq0$,充分.

4.2.3 给出/求方程两根的算式

9.【2016.12】答案:A

【真题拆解】分析题目特征信息:①给出了抛物线方程为 $y=x^2+2ax+b$;②抛物线与 x 轴相交于 A,B 两点表明了方程有两根,可猜想韦达定理;③给出 C 点坐标为 $(0,2)$,即表明点 C 到 x 轴(直线 AB)的距离为 2,即 $OC=2$;④ $S_{\triangle ABC}=6=\dfrac{1}{2}\cdot AB\cdot OC$.分析选项发现求关于二次方程系数的关系,综上分析符合【破题标志词】一元二次方程已知两根求系数⟹韦达定理.

【解析】根据抛物线图像与二次方程根的关系可知,抛物线 $y=x^2+2ax+b$ 与 x 轴相交于 A,B 两

点意味着两交点横坐标值为方程两根.且根据韦达定理有:$x_1 + x_2 = -2a, x_1 x_2 = b$.设两交点坐标为 $A(x_1, 0), B(x_2, 0), x_2 > x_1$,如图 4-3 所示.$C$ 点纵坐标值 2 为三角形的高,底边长为 $AB = x_2 - x_1$.因此三角形面积为

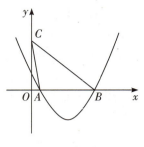

$$S = \frac{1}{2} \times AB \times OC = \frac{1}{2}(x_2 - x_1) \times 2 = x_2 - x_1 = \sqrt{(x_1 + x_2)^2 - 4x_1 x_2}$$

$$= \sqrt{4a^2 - 4b} = 2\sqrt{a^2 - b} = 6,可得 a^2 - b = 9.$$

图 4-3

 4.2.4　二次函数求最值

10.【2018.25】答案:D

【真题拆解】 分析题目特征点:①给出了一元二次函数方程,二次项系数未知;②有一个嵌套函数 $f(f(x))$,表示将 $f(x)$ 的函数值 $x^2 + ax$ 再代入函数 $f(x)$ 中得到一个新函数.分析题干结论特征:求 $f(x)_{min} = f(f(x))_{min}$ 时 a 的取值范围,二次函数最值在对称轴处取得,条件小范围能推出结论大范围,则条件充分.

【解析】 第一步:函数 $f(x)$ 在对称轴 $x = -\frac{a}{2}$ 处取得最小值 $f\left(-\frac{a}{2}\right) = \frac{a^2}{4} - a \times \frac{a}{2} = -\frac{a^2}{4}$.

第二步:$f(f(x)) = (x^2 + ax)^2 + a(x^2 + ax) = \left(x^2 + ax + \frac{a}{2}\right)^2 - \frac{a^2}{4}$,$f(f(x))_{min} = f(x)_{min} = -\frac{a^2}{4}$,则完全平方式 $\left(x^2 + ax + \frac{a}{2}\right)^2 = 0$,即 $x^2 + ax + \frac{a}{2} = 0$ 有实根,**【破题标志词】** 一元二次方程有实根 $\Leftrightarrow \Delta \geqslant 0$.即根的判别式 $\Delta = a^2 - 4 \times \frac{a}{2} = a^2 - 2a = a(a-2) \geqslant 0$,得 $a \leqslant 0$ 或 $a \geqslant 2$.

第三步:即题干结论成立要求 a 的取值范围是 $a \leqslant 0$ 或 $a \geqslant 2$.因此条件(1)和条件(2)均充分.

11.【2018.15】答案:E

【真题拆解】 max 表示取集合中数值最大的元素,如 $\max\{3, 5\} = 5$ 表示取 3 和 5 组成的数集中最大的元素 5.若集合中为函数,如本题中 x^2 和 $-x^2 + 8$,即 $f(x) = \max\{x^2, -x^2 + 8\}$ 表示在 x 的不同取值范围内,$f(x)$ 的值取 x^2 和 $-x^2 + 8$ 中较大的那一个,结论求的是函数 $f(x)$ 的最小值.

【解析】 思路一:代数法求解.

当 $x^2 > -x^2 + 8$,即 $x^2 > 4$ 时,$f(x) = x^2 > 4$.

当 $x^2 = -x^2 + 8$,即 $x^2 = 4$ 时,$f(x) = x^2 = 4$,$f(x)_{min} = 4$.

当 $x^2 < -x^2 + 8$,即 $x^2 < 4$ 时,$f(x) = -x^2 + 8 > 4$.(根据不等式的性质可得 $-x^2 > -4, -x^2 + 8 > -4 + 8 = 4$).

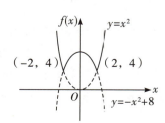

综上所述 $f(x)$ 为分段函数 $f(x) = \begin{cases} x^2, & x < -2 \\ -x^2 + 8, & -2 \leqslant x \leqslant 2, \\ x^2, & x > 2 \end{cases}$

$f(x)$ 的最小值为 4.

思路二:数形结合法.$f(x) = x^2$ 的曲线是一条以 y 轴为对称轴,

图 4-4

顶点为原点$(0,0)$的开口向上的抛物线.$f(x)=-x^2+8$的曲线是一条以y轴为对称轴,顶点为$(0,8)$的开口向下的抛物线.$f(x)=\max\{x^2,-x^2+8\}$表示在x的不同取值范围内,$f(x)$的值取x^2和$-x^2+8$中较大的那一个,画图取上面大的一部分(即实线部分)为函数$f(x)$的图像.从图$4-4$中可以看出,此曲线(实线部分)的最小值出现在两条曲线的交点处,即当$x^2=-x^2+8$,$x^2=4$时,$f(x)_{\min}=x^2=4$.

12.【2017.22】答案:A

【真题拆解】分析题干特征:①$a\neq b$;②一元二次函数二次项系数为正,抛物线开口向上,最小值在对称轴$x=-\dfrac{b}{2a}$处取得;③条件(1)给出三项成等差数列,【破题标志词】三项成等差数列$\Leftrightarrow$设为a,b,c,则有$2b=a+c$;④条件(2)给出三项成等比数列,【破题标志词】三项成等比数列$\Leftrightarrow$设为a,b,c,则有$b^2=ac(b\neq 0)$.

【解析】题干结论一元二次函数在对称轴$x=-\dfrac{2a}{2}=-a$处取得最小值,$f(x)_{\min}=f(-a)=a^2-2a^2+b=-a^2+b<0$,即结论求$a^2-b>0$.

若从抛物线图像与方程的根考虑:$f(x)=x^2+2ax+b$,开口向上,最小值小于零,意味着$f(x)$与x轴有两个交点,即$\Delta=4a^2-4b>0$,亦可推出结论求$a^2-b>0$.

条件(1):$1,a,b$成等差数列$\Rightarrow 2a=1+b$,即$b=2a-1$.代入$a^2-b=a^2-2a+1=(a-1)^2\geqslant 0$.当$a=1$时等号成立,而此时$b=2-1=1=a$,不满足$a,b$为不相等实数,故$a\neq 1$,$(a-1)^2>0$.条件(1)充分.

条件(2):$1,a,b$成等比数列$\Leftrightarrow a^2=b\neq 0$,代入得$a^2-b=b-b=0$,条件(2)不充分.

13.【2016.23】答案:B

【真题拆解】分析结论特征:求代数式x^3+y^3的最小值.分析条件特征:条件(1)给出xy乘积为1,说明x,y均不为0且同号,可以除后变形代入,符合【破题标志词】给定未知字母取值或简单关系式$\Rightarrow$代入求解;条件(2)给出$x+y$的值,求立方和x^3+y^3,符合乘法公式的先用乘法公式变形处理,代数式求最值符合【破题标志词】代数式求最值:可变形为二次函数的$\Rightarrow$利用二次函数求最值.

【解析】条件(1):$xy=1$仅说明x,y同号且互为倒数,$y=\dfrac{1}{x}$代入所求代数式得$x^3+y^3=x^3+\dfrac{1}{x^3}$,极限分析,当$x,y<0$时,如$x=-10$,$y=-\dfrac{1}{10}$,$x=-100$,$y=-\dfrac{1}{100}$等,均满足条件,但$x^3+y^3$可以取到非常小,并没有确定的最小值,条件(1)不充分.

条件(2):将待求式x^3+y^3因式分解得$x^3+y^3=(x+y)[(x+y)^2-3xy]=8-6xy$,将$y=2-x$代入得$x^3+y^3=8-6x(2-x)=6x^2-12x+8$.题目转化为求关于$x$的二次函数最值,当$x=-\dfrac{(-12)}{2\times 6}=1$时可取到最小值.条件(2)充分.

【总结】对于仅给定乘积关系的算式,如条件(1)$xy=1$,一定要注意讨论每一项的正负号,否则容易误选D.若本题中限定x,y均为正实数,则对于条件(1)符合均值定理【破题标志词】同几项之和的最小值$\Rightarrow$凑配使它们的乘积为常数,即有$x^3+y^3\geqslant 2\sqrt{x^3\cdot y^3}=2$,则此时条件(1)也充分.

4.2.5 给出根的取值范围相关计算

14.【2023.17】答案：C

【真题拆解】分析题干特征：给出一元二次方程有两实根，求系数关系．分析条件特征：两条件单独只给出了 a,b 其中之一的范围，故需要联合，联合 $a>1$ 且 $b<1$ 等价于给出方程的两根，一个根比 1 大，一个根比 1 小，符合**【破题标志词3】**一元二次方程的一个根大于 m，一个根小于 m（或给出某数在两根之间）$\Leftrightarrow af(m)<0$．

【解析】两条件单独不充分联合，联合 $a>1$ 且 $b<1$ 等价于给出方程的两根，一个根比 1 大，一个根比 1 小，根据**【破题标志词3】**一元二次方程的一个根大于 m，一个根小于 m（或给出一个数 m 在两根之间）$f(m)$ 和 a 异号，即 $af(m)<0$．故 $af(1)=1-p+q<0$，即 $p-q>1$，两条件联合充分．

15.【2016.25】答案：D

【真题拆解】分析题干特征：给出了一元二次函数解析式，二次项系数为正，抛物线开口向上，一次项系数和常数项未知．分析条件特征：条件（1）和条件（2）都表明函数有两个零点，可将函数解析式设为零点式 $f(x)=x^2+ax+b=(x-x_1)(x-x_2)$ 求解．事实上，两个条件描述的是对称等价关系，因此一个条件充分，另一个条件也一定充分．

【解析】本题难度较大，综合考察了方程的根、两根式方程表达式、不等式变形和对抛物线的熟悉程度，得分率较低．

由于两条件均讨论函数的两个零点，对应方程的两根 x_1,x_2，因此将表达式转化为两根式：$f(x)=x^2+ax+b=(x-x_1)(x-x_2)$，此时 $f(1)=(1-x_1)(1-x_2)$．

条件（1）：$f(x)$ 在区间 $[0,1]$ 中有两个零点，即 $0\leq x_1\leq 1,0\leq x_2\leq 1$．不等式变形得 $0\leq 1-x_1\leq 1$，$0\leq 1-x_2\leq 1$，因此 $0\leq f(1)=(1-x_1)(1-x_2)\leq 1$，条件（1）充分．

条件（2）：$f(x)$ 在区间 $[1,2]$ 上有两个零点，即 $1\leq x_1\leq 2,1\leq x_2\leq 2$．不等式变形得 $-1\leq 1-x_1\leq 0,-1\leq 1-x_2\leq 0$，因此 $0\leq f(1)=(1-x_1)(1-x_2)\leq 1$，条件（2）亦充分．

4.2.6 给出抛物线过点、对称轴、与坐标轴交点等求系数

16.【2024.18】答案：C

【真题拆解】分析题目特征：条件（1），条件（2）单独都只能得出 a,b 之间的比例关系，无法得出具体大小关系，所以联合分析，条件（1），条件（2）已知曲线关于直线对称，符合**【破题标志词】**题目给出抛物线对称轴为 $x=m$，由对称轴和相切条件可得出关于 a,b 的两个方程，联合求解得出 a,b 大小关系．

【解析】条件（1）：曲线 $y=f(x)$ 的对称轴为 $x=-\dfrac{b}{2a}=1$，可得 $b=-2a$，无法确定 $a<b$，不充分．

条件（2）：**【破题标志词】**直线与抛物线有一个交点（相切）$\Rightarrow$ 联立方程 $\Delta=0$．曲线 $y=f(x)$ 与直线 $y=2$ 仅有一个交点，即联合两个解析式得到的二次方程有两个相等的实数根，即 $ax^2+bx-1=0$ 的判别式 $\Delta=b^2+4a=0,b^2=-4a$，无法确定 $a<b$，不充分．

联合两个条件，$\begin{cases} b=-2a \\ b^2=-4a>0 \end{cases}$，解得 $a<0,b>0$，因此 $a<b$，联合充分．

4.3 特殊方程/不等式

4.3.1 高次方程/不等式求解

17. 【2024.24】答案:C

【真题拆解】观察曲线方程参数含有两个,条件(1)无法得出具体的参数值,条件(2)单独只能得出一个参数,所以需要联合带入方程中得出参数的值,符合【破题标志词】题目中直接或间接给出根的值. 从而计算$|BC|$.

【解析】条件(1)和条件(2)单独均不充分,考虑联合

设方程为$f(x) = x^3 - x^2 - ax + b$,将条件(2)$a = 4$代入曲线方程$f(x)$得:$f(x) = x^3 - x^2 - 4x + b$,再将条件(1)点$A$的坐标带入得:$f(1) = 1 - 1 - 4 + b = 0$,解得$b = 4$.

$$y = x^3 - x^2 - 4x + 4 = x^2(x - 1) - 4(x - 1) = (x^2 - 4)(x + 1) = (x + 2)(x - 2)(x + 1).$$

解得$x = 1$或2或-2,B,C两点坐标为$(2,0)$或$(2,0)$,则$|BC| = 4$,联合充分.

4.3.2 无理方程/不等式求解

18. 【2025.23】答案:B

【真题拆解】对于带根号、绝对值、平方的不等式,优先考虑移向两边平方去掉根号,对不等式进行化简变形.

【解析】条件(1):取特值$x = 0,y = 2$,$\sqrt{2x^2 + 2y^2} - |x| - y^2 = 2\sqrt{2} - 4 < 0$,条件(1)不充分.

条件(2):$\sqrt{2x^2 + 2y^2} \geqslant |x| + y^2$

$$2x^2 + 2y^2 \geqslant (|x| + y^2)^2$$
$$2x^2 + 2y^2 \geqslant |x|^2 + 2y^2|x| + y^4$$
$$x^2 - 2y^2|x| + 2y^2 - y^4 \geqslant 0$$

令y^2为一个常数,可得一个关于$|x|$的二次不等式,则$\Delta = (2y^2)^2 - 4(2y^2 - y^4) = 8y^4 - 8y^2 = 8y^2(y^2 - 1) \leqslant 0$,$y^2 - 1 \leqslant 0$,$y^2 \leqslant 1$,条件(2)充分.

19. 【2020.25】答案:A

【真题拆解】分析题干特征点:①a,b,c,d是正实数,限制为正;②带根号的无理不等式利用平方法去掉根号,前面限制为正,也可考虑均值定理求解.③条件给出了未知字母关系式,符合【破题标志词】给定未知字母取值或简单关系式⇒代入.

【解析】条件(1),代入$a + d = b + c$得$\sqrt{a} + \sqrt{b} \leqslant \sqrt{2(a + d)}$,不等式两边均为正,两边平方得$a + d + 2\sqrt{ad} \leqslant 2a + 2d$,整理得$a + d - 2\sqrt{ad} = (\sqrt{a} - \sqrt{d})^2 \geqslant 0$恒成立,条件(1)充分.

条件(2)$ad = bc$,代入$a = 100,d = \dfrac{1}{100},b = 1,c = 1$得$\sqrt{a} + \sqrt{d} = 10 + \dfrac{1}{10} > \sqrt{2 \times 2} = 4$,不满足结论不等式,条件(2)不充分.

4.3.3 带绝对值的方程/不等式求解

20. 【2023.09】答案:B

【真题拆解】对题干给出的方程进行分析发现方程中含有绝对值,对于含有绝对值的方程一般利用分段讨论将带绝对值的方程化为一般一元二次方程. 符合【破题标志词】遇到绝对值⇒去掉绝对值.

【解析】当 $x-2\geq0$ 时,即 $x\geq2$,则方程为 $x^2-3(x-2)-4=0$,即 $x^2-3x+2=0$,因式分解 $(x-2)$ $(x-1)=0$,解得 $x=2$ 或 $x=1$(前提 $x\geq2$ 含去);

当 $x-2<0$ 时,即 $x<2$,则方程为 $x^2+3(x-2)-4=0$,即 $x^2+3x-10=0$,因式分解 $(x+5)$ $(x-2)=0$,解得 $x=-5$ 或 $x=2$(前提 $x<2$ 含去).

综上所述,方程有两个实根 $x=2$ 或 $x=-5$,两实根之和为 $2-5=-3$.

21.【2022.25】答案:A

【真题拆解】题目给出了 $|$代数式$|<a$ 的形式,根据不等式的性质去掉绝对值,【破题标志词】遇到绝对值⇒去掉绝对值. 然后通过 b 的取值范围求出 a 的取值范围进而可以求出 $|a|$ 与 $|b|$ 的大小关系.

【解析】根据不等式的性质,$|a-2b|\leq1$,即 $-1\leq a-2b\leq1$,$2b-1\leq a\leq2b+1$.

条件(1)由 $|b|>1$ 可得 $b>1$ 或 $b<-1$. 当 $b>1$ 时,两边同乘 -1 得 $-b<-1$,两边同加 $2b$ 得 $2b-1>2b-b=b$,故有 $a\geq2b-1>b>1$,$|a|>|b|$ 成立.

当 $b<-1$ 时,两边同乘 -1 得 $-b>1$,两边同加 $2b$ 得 $2b+1<2b-b=b$,故有 $a\leq2b+1<b<-1$,$|a|>|b|$ 成立. 故条件(1)充分.

条件(2)当 $a=0,b=0$ 时,满足 $|b|=0<1$,$|a-2b|=0\leq1$,但 $|a|=|b|$,故条件(2)不充分.

22.【2021.13】答案:B

【真题拆解】分析题目发现函数中不仅出现了 $|x-2|$,而且 x^2-4x 还可以凑出 $(x-2)^2$,根据【破题标志词】形如 $ax^2+b|x|+c$ 的方程/不等式⇒利用 $x^2=|x|^2$ 换元处理. 将 $|x-2|$ 作为一个整体来看待,可以得出关于 $|x-2|$ 的一元二次函数,这样题目就转化为了一元二次函数求最值的问题.

【解析】$f(x)=x^2-4x-2|x-2|=x^2-4x+4-4-2|x-2|=(x-2)^2-2|x-2|-4=|x-2|^2-2|x-2|-4$. 换元设 $|x-2|=t(t\geq0)$,原函数转化为关于 t 的二次函数 $f(t)=t^2-2t-4$,在对称轴 $t=-\dfrac{-2}{2\times1}=1(t\geq0)$ 处取得最小值,$f(t)_{\min}=f(1)=1^2-2-4=-5$.

23.【2017.04】答案:B

【真题拆解】题目给出了带绝对值的不等式求解集,【破题标志词】遇到绝对值⇒去掉绝对值.

【解析】思路一:零点分段去掉绝对值.

当 $x-1\geq0,x\geq1$ 时,可直接去掉绝对值得 $x-1+x\leq2$,解得 $1\leq x\leq\dfrac{3}{2}$.

当 $x-1<0,x<1$ 时,去掉绝对值加负号得 $1-x+x\leq2$,解得 $x<1$.

综上,两种情况求并集,该不等式的解集为 $x\leq\dfrac{3}{2}$

思路二:平方法去掉绝对值.

$|x-1|+x\leq2$,移项得 $|x-1|\leq2-x$,根据绝对值的非负性 $2-x\geq0$,解得 $x\leq2$,两边平方

$(x-1)^2 \leqslant (2-x)^2$，即 $x^2 - 2x + 1 \leqslant 4 - 4x + x^2$，解得 $x \leqslant \dfrac{3}{2}$.

【技巧】利用答案差异化特值代入原不等式排除错误选项. 如代入 $x = 0$, $|0-1| + 0 = 1 < 2$ 成立，排除 C,D,E；代入 $x = 1.1$, $|1.1-1| + 1.1 = 1.2 < 2$ 成立，排除 A. 故选 B.

4.4 均值不等式

📍 4.4.1 算术平均值与几何平均值基本计算

24.【2020.18】答案：E

【真题拆解】[类型判断]两条件都单独无法确定最大的数,联合型. 分析题目特征：①给出三个实数的平均值,考查了平均值的基本计算；②给出这三个数中的最小值. 对结论进行分析,要确定这三个数中最大的数是多少,而非可能取到的最大值.

【解析】条件(1)已知 a,b,c 的平均值,可设为 m,故 $\dfrac{a+b+c}{3} = m$, $a + b + c = 3m$,无法确定最大值.

条件(2) a,b,c 最小值已知,可设为 n,设三个实数大小关系为 $a \leqslant b \leqslant c$,故有 $a = n$,亦无法确定最大值. 两条件单独均不充分,考虑联合.

联合条件(1)与条件(2)得 $\begin{cases} a+b+c = 3m \\ a = n \end{cases}$,此时只能求得 $b + c = 3m - n$,但无法确定 c 的值,故联合亦不充分.

📍 4.4.2 均值定理相关计算

25.【2024.04】答案：B

【真题拆解】观察函数解析式直接求最值较为复杂,适当化简后分析题目特征符合【破题标志词】限制为正 + 求最值 ⇒ 均值定理. 题目没有给出定值,需要变形后平均拆项凑配定值.

【解析】$\dfrac{x^4 + 5x^2 + 16}{x^2}$ 分子分母同除以 x^2 得：$x^2 + \dfrac{16}{x^2} + 5$. 由【破题标志词】限制为正 + 求最值 ⇒ 均值定理得 $f(x) = \dfrac{x^4 + 5x^2 + 16}{x^2} = x^2 + \dfrac{16}{x^2} + 5 \geqslant 2\sqrt{x^2 \cdot \dfrac{16}{x^2}} + 5 = 2\sqrt{16} + 5 = 13$,当且仅当 $x^2 = \dfrac{16}{x^2}$, $x^2 = 4$ 时可取到 " = "(最小值)

26.【2023.13】答案：B

【真题拆解】分析题目特征符合【破题标志词】限制为正 + 求最值 ⇒ 均值定理. 题目没有给出定值,需要变形后平均拆项凑配定值,需注意拆分后参与运算的项数发生变化.

【解析】将关于 x 的分式上下同除以 x,并进行平均拆项凑配定值可得：

$$\frac{x}{8x^3+5x+2}=\frac{1}{8x^2+5+\frac{2}{x}}=\frac{1}{8x^2+\frac{1}{x}+\frac{1}{x}+5}\leq\frac{1}{3\sqrt[3]{8x^2\cdot\frac{1}{x}\cdot\frac{1}{x}}+5}=\frac{1}{11}.$$

27.【2020.24】答案：A

【真题拆解】分析题目特征符合【破题标志词】限制为正 + 求最值⇒均值定理. 分析条件特征：条件(1)给出 a,b 两项之积的定值. 条件(2) a,b 是方程两个不等的根，给出两根，考虑韦达定理得到定值. 分析结论特征：求代数式存在最小值，说明考察均值定理取等号（取到最值）的条件，当且仅当参与均值定理运算的每一项均相等时，方可取到最值.

【解析】条件(1) ab 已知，$a>0,b>0$ 满足均值定理使用条件，故有 $\frac{1}{a}+\frac{1}{b}\geq2\sqrt{\frac{1}{ab}}$，$\frac{1}{a}+\frac{1}{b}$ 存在最小值 $2\sqrt{\frac{1}{ab}}$，当 $\frac{1}{a}=\frac{1}{b}$ 时取得最小值，条件(1)充分.

条件(2)思路一：a,b 是方程 $x^2-(a+b)x+2=0$ 的不同实根，由韦达定理可知 $ab=2$，使用均值定理 $\frac{1}{a}+\frac{1}{b}\geq2\sqrt{\frac{1}{ab}}=\sqrt{2}$. 由于取得最小值条件为 $\frac{1}{a}=\frac{1}{b}$ 即 $a=b$，而 a,b 是方程的不同实根，即 $a\neq b$，无法取得此最小值，条件(2)不充分.

条件(2)思路二：二次方程有不同实根，则根的判别式 $\Delta=(a+b)^2-8>0$，解得 $a+b>2\sqrt{2}$ 或 $a+b<-2\sqrt{2}$（a,b 是正实数，舍），故 $\frac{1}{a}+\frac{1}{b}=\frac{a+b}{ab}=\frac{a+b}{2}>\sqrt{2}$，仅可无限接近 $\sqrt{2}$，即不存在确定的最小值，故条件(2)不充分.

28.【2019.02】答案：B

【真题拆解】分析题目特征点：①$x\in(0,+\infty)$，限制 x 为正实数；②根据【破题标志词】限制为正 + 求最值⇒均值定理，给出了最小值是12，求得 a 的值. 分析结论特征求取得最小值时 x_0 的值，可根据均值定理取等条件求得.

【解析】由于 $x\in(0,+\infty)$ 且 $a>0$，满足均值定理使用条件. 平均拆项凑配定值得 $f(x)=x+x+\frac{a}{x^2}$ $\geq3\sqrt[3]{x\cdot x\cdot\frac{a}{x^2}}=3\sqrt[3]{a}=12$，解得 $a=4^3$. 当且仅当参与运算各项均相等，即 $x=x=\frac{a}{x^2}$ 时等号成立，即取到最小值. 故有 $x_0^3=a=4^3$，解得 $x_0=4$.

第5章　　数　列

5.1 数列基础:三项成等差、等比数列

🔖 5.1.1 数列基础

1.【2016.2~】答案:A

【真题拆解】分析条件特征:条件(1)给出 $a_n \geqslant a_{n+1}$,数列单调递减;条件(2)给出的数列带平方,考虑有正负两种情况.

【解析】条件(1): $a_n \geqslant a_{n+1}$,数列单调递减,则 $a_1 \geqslant a_2, a_3 \geqslant a_4, a_5 \geqslant a_6, a_7 \geqslant a_8, a_9 \geqslant a_{10}$,故 $(a_1 - a_2)$ $+ (a_3 - a_4) + \cdots + (a_9 - a_{10}) \geqslant 0$,条件(1)充分.

条件(2) $a_n^2 \geqslant a_{n+1}^2$,移项得 $a_n^2 - a_{n+1}^2 \geqslant 0$,平方差公式得 $(a_n - a_{n+1})(a_n + a_{n+1}) \geqslant 0$,故有 $\begin{cases} a_n - a_{n+1} \geqslant 0 \\ a_n + a_{n+1} \geqslant 0 \end{cases}$ 或 $\begin{cases} a_n - a_{n+1} \leqslant 0 \\ a_n + a_{n+1} \leqslant 0 \end{cases}$.当后面不等式组对 $n = 1, 2 \cdots\cdots 9$ 都成立时, $a_1 - a_2 + a_3 - \cdots + a_9 - a_{10} \leqslant 0$,故条件(2)不充分.

🔖 5.1.2 三项成等差、等比数列

2.【2021.02】答案:C

【真题拆解】分析题目特征:①三人年龄成等差数列,符合【破题标志词】三项成等差数列 $\Leftrightarrow$ 设为 $a - d, a, a + d$,自动满足;②最大与最小年龄之差是 $2d$.

【解析】由小到大设三人年龄为 $a - d, a$ 和 $a + d$,则 $10(a + d - a + d) = 20d = a$,则三人年龄为 $19d, 20d, 21d$.观察选项得,仅有 C 选项符合,即当 $d = 1$ 时三人中年龄最大的是 21 岁.

3.【2019.17】答案:C

【真题拆解】分析题目特征:①甲数量 $+2$ 后与乙、丙数量构成等比数列,符合【破题标志词】三项成等比数列 $\Leftrightarrow$ 若为 a, b, c,则有 $b^2 = ac\,(b \neq 0)$;②条件给出了乙、丙数量的值.[类型判断]三项成等比,已知其中一项不能推出另外一项的值,联合型.

【解析】设甲、乙、丙三人各自拥有的图书数量为 x, y, z,已知 $x \leqslant 10, y \leqslant 10, z \leqslant 10$,且 $y^2 = (x + 2)z$.题干要求确定 x 的值.条件(1)已知 y 的值,条件(2)已知 z 的值,单独均不充分,考虑联合. $x =$

$\dfrac{y^2}{z} - 2$，已知 y,z 的值可确定 x 的值，联合充分.

4.【2018.19】答案：D

【真题拆解】分析题目特征：①三人的年收入成等比数列，符合【破题标志词】三项成等比数列 $\Leftrightarrow$ 若为 a,b,c，则有 $b^2 = ac$（$b \neq 0$）；②条件（1）给出了 $a+c$ 为定值，条件（2）ac 为定值. 分析结论特征：确定 b 的最大值，又 $b^2 = ac$ 即确定 ac 的最大值，且年收入一定为正数，条件给出定值求最大值，考虑使用均值定理.

【解析】设甲、乙、丙三人的年收入为 a,b,c，成等比数列，故有 $b^2 = ac$. 由于收入为正值，故 $b = \sqrt{ac}$.

条件（1）：甲、丙两人的年收入之和为定值即 $a+c$ 为定值，故由均值定理可知 $a+c \geq 2\sqrt{ac} = 2b \Rightarrow b \leq \dfrac{a+c}{2}$，故可确定乙的年收入 b 的最大值为 $\dfrac{a+c}{2}$，均值定理取等的条件当且仅当 $a=c$ 时可取到此最大值，条件（1）充分. 条件（2）：已知甲、丙两人的年收入之积 ac 为定值，则乙的年收入 $b = \sqrt{ac}$ 也为确定值，即一个常数，常数的最大值最小值均为它本身，故条件（2）亦充分.

5.【2017.03】答案：E

【真题拆解】分析题目特征：①甲、乙、丙三种货车载重量成等差数列，根据【破题标志词】三项成等差数列 $\Leftrightarrow \begin{cases} ①设为\ a-d,a,a+d，自动满足 \\ ②设为\ a,b,c，则有\ 2b = a+c \end{cases}$ ②根据不同车辆数的载重量建立数学等量关系.

分析题目特征：甲、乙、丙各一辆车一次最多运送多少，即求三种车载重量之和.

【解析】思路一：设甲车载重量为 a 吨，乙车载重量为 b 吨，丙车载重量为 c 吨，a,b,c 成等差数列

$\Leftrightarrow 2b = a+c$，故可列方程组 $\begin{cases} 2b = a+c \\ 2a+b = 95 \\ a+3c = 150 \end{cases} \Rightarrow \begin{cases} a = 30 \\ b = 35 \\ c = 40 \end{cases} \Rightarrow a+b+c = 105.$

思路二：设甲车载重量为 $(a-d)$ 吨，乙车载重量为 a 吨，丙车载重量为 $(a+d)$ 吨，故可列方程组 $\begin{cases} 2(a-d) + a = 95 \\ (a-d) + 3(a+d) = 150 \end{cases}$，解得 $a = 35$，$(a-d) + a + (a+d) = 3a = 105.$

5.2   等差数列

📍 5.2.1   定义和性质

6.【2025.24】答案：E

【真题拆解】【破题标志词】[等差数列] + [单一等式条件] $\Rightarrow$ 特例法. 故本题优先使用特值法进行数字试验.

【解析】条件（1）：取特值 $a_1 = 1, a_2 = 5, a_4 = 7, a_5 = 11$，不满足等差数列且 a_3 的值不确定.

条件（2）：取特值 $a_1 = 1, a_3 = 6, a_5 = 11, a_1 + a_5 = 2a_3$，但不确定 a_4, a_5 的值，因此条件（2）亦不充分.

联立 $a_1 = 1, a_2 = 5, a_3 = 6, a_4 = 7, a_5 = 11$,不是等差数列,联立不充分.

7.【2025.09】答案:D

【真题拆解】分析题目特征,每三项的运算结果,构成 $a_1 = 0$,公差 $d = 3$ 的等差数列,再运用等差数列求和公式 $S_n = \dfrac{n(a_1 + a_n)}{2}$ 求解.

【解析】$1 + 2 - 3 = 1 - 1 = 0, 4 + 5 - 6 = 4 - 1 = 3, 97 + 98 - 99 = 97 - 1 = 96$,可看作首项 $a_1 = 0$,末项 $a_n = 96$,公差 $d = 3$ 的等差数列,$d = \dfrac{a_n - a_1}{n-1} = 3$ 得 $n = 33$,前 33 项和为 $\dfrac{(0 + 96) \times 33}{2} = 1584$

8.【2024.06】答案:C

【真题拆解】【破题标志词】[等差数列] + [单一等式条件] ⟹ 特例法. 故本题优先使用特值法进行数字试验. 常规方法:使用 a_1 和 d 代入替换求解 d 的值,再利用【破题标志词】等差数列某几项和 ⟹ 下标和相等的两项之和相等定位 d 的范围.

【解析】思路一:数列通项求解. $a_2 a_3 = a_1 a_4 + 50 \Rightarrow (a_1 + d)(a_1 + 2d) = a_1(a_1 + 3d) + 50$ 展开化简得 $2d^2 = 50$,解得 $d^2 = 25$. $a_2 + a_3 < a_1 + a_5$ 即 $a_1 + d + a_1 + 2d < a_1 + a_1 + 4d$,解得 $d > 0$,所以 $d = 5$.

思路二:数字试验. 假设 $a_1 = 0$,则 $a_2 a_3 = 50 = 2 \times 5 \times 5$,此时 $a_2 = 5, a_3 = 10$. 则数列为 $0, 5, 10, 15, 20, \cdots$,所以 $a_2 + a_3 = 15, a_1 + a_5 = 20$,满足 $a_2 + a_3 < a_1 + a_5$,即公差为 5.

9.【2022.24】答案:C

【真题拆解】分析结论特征:判断 $\{a_n\}$ 是等差数列,可从定义角度、a_n 或 S_n 表达式特征角度判断. 分析条件特征:条件(1)给出了一个递推公式,根据【破题标志词】所有数列难题 ⟹ 依次代入选项 $n = 1, 2, 3, \cdots$ 验证选项/寻找规律. 对于递推公式常见处理方式有构造等比数列、累加、累乘、找循环节等四种方法. 条件(2)表明前三项成等差数列,但不代表所有项成等差数列.

【解析】条件(1)依次代入 $n = 1, 2, 3, \cdots$,得 $a_2^2 - a_1^2 = 2; a_3^2 - a_2^2 = 4; a_4^2 - a_3^2 = 6; \cdots; a_n^2 - a_{n-1}^2 = 2(n-1)$. 所有等式累加可得 $a_n^2 - a_1^2 = 2(1 + 2 + 3 + \cdots + n) = n^2 - n, a_n^2 = n^2 - n + a_1^2$,等差数列通项公式是一个关于 n 的一次函数,条件(1)单独无法确定 $\{a_n\}$ 是否为等差数列.

条件(2) $a_1 + a_3 = 2a_2$,表明 a_1, a_2, a_3 三项成等差数列,且各项为正,设公差为 $d(d > 0)$. 条件(2)单独不充分,与条件(1)联合可得 $\begin{cases} a_2^2 - a_1^2 = 2 \times 1 \\ a_3^2 - a_2^2 = 2 \times 2 \end{cases}$, $\begin{cases} a_2^2 - (a_2 - d)^2 = 2 \\ (a_2 + d)^2 - a_2^2 = 4 \end{cases}$, $\begin{cases} 2a_2 d - d^2 = 2 \\ 2a_2 d + d^2 = 4 \end{cases}$,化简得

整理得 $\begin{cases} d = 1 (d > 0) \\ a_2 = \dfrac{3}{2} \end{cases}$. 即 $a_1 = a_2 - d = \dfrac{1}{2}$.

代入 $a_n^2 = n^2 - n + a_1^2$ 得 $a_n^2 = n^2 - n + \dfrac{1}{4} = \left(n - \dfrac{1}{2}\right)^2$,数列为正数列,$a_n = n - \dfrac{1}{2} (n = 1, 2, \cdots)$,$\{a_n\}$ 通项公式是一个关于 n 的一次函数,符合等差数列的通项公式特征,所以 $\{a_n\}$ 是等差数列,两条件联合充分.

10.【2019.25】答案:A

【真题拆解】分析结论特征:判断 $\{a_n\}$ 是等差数列,可从定义角度、a_n 或 S_n 表达式特征角度判断. 分析条件特征:两条件都给出了数列的前 n 项和公式,判断是否符合关于 n 的不含常数项的二次函数形式.

【解析】思路一：根据等差数列求和公式可知 $S_n = na_1 + \dfrac{n(n-1)}{2}d = \dfrac{d}{2}n^2 + \dfrac{2a_1-d}{2}n = An^2 + Bn$，即可整理为仅含一次项和二次项的关于 n 的二次函数形式.

　　条件(1)：$S_n = n^2 + 2n$ 符合等差数列求和公式应有表达形式，数列 $\{a_n\}$ 为等差数列，条件(1)充分.

　　条件(2)：$S_n = n^2 + 2n + 1$，多了一个常数项，不符合等差数列求和公式应有表达形式，数列 $\{a_n\}$ 不是等差数列，条件(2)不充分.

　　思路二：利用 $a_n = \begin{cases} a_1 = S_1, & n = 1 \\ S_n - S_{n-1}, & n \geqslant 2 \end{cases}$.

　　条件(1)：$a_1 = S_1 = 1^2 + 2 \times 1 = 3$，$a_2 = S_2 - S_1 = 8 - 3 = 5$，$a_3 = S_3 - S_2 = 15 - 8 = 7, \cdots$，观察可知 $\{a_n\}$ 为等差数列，条件(1)充分.

　　条件(2)：$S_n = n^2 + 2n + 1 = (n+1)^2$，$a_1 = S_1 = 4$，$a_2 = S_2 - S_1 = 9 - 4 = 5$，$a_3 = S_3 - S_2 = 16 - 9 = 7$，$\{a_n\}$ 非等差数列，条件(2)不充分.

11.【2016.13】答案：C

【真题拆解】对题目进行分析：①每月利息 = 上期余额 × 月利率；②总付款 = 应付款(定价) + 每月利息之和，建立数学等量关系.

【解析】首付 100 万元后，还需付 1000 万元，每月固定付款 50 万元，分 $\dfrac{1000}{50} = 20$ 个月付完. 故首月支付利息 $1000 \times 1\%$（万元），第 2 个月需支付利息 $950 \times 1\%$（万元）……共需支付 20 个月，最后 1 个月为 $50 \times 1\%$（万元）. 因此总付款为：$1100 + (1000 + 950 + \cdots + 50) \times 1\% = 1100 + 50(20 + 19 + \cdots + 1) \times 1\% = 1100 + 0.5 \times \dfrac{20(1+20)}{2} = 1100 + 105 = 1205$（万元）.

【小知识】等额本金：每月固定还本金，并支付上期余款的利息. 等额本息：每月还款额相同，在月供中"本金与利息"的分配比例中，前半段时期所还的利息比例大、本金比例小，还款期限过半后逐步转为本金大、利息比例小.

📍 5.2.2　等差数列各项的下标

12.【2018.17】答案：B

【真题拆解】题目需要确定等差数列前 9 项和 $S_9 = a_1 + a_2 + \cdots + a_9$ 的值，前奇数个项的和 $S_n = n \cdot a_{中间项}$. 本题容易误以为单独一个首项 a_1 不能单独推出前 n 项和 S_n 的取值情况，由于同样的原因，单独第 5 项 a_5 也不能单独推出 S_n 的取值情况，而考虑联合误选 C.

【解析】根据已知前奇数个项的中间项 $a_{中间项}$，可求出前奇数个项的和 $S_n = n \cdot a_{中间项}$，可知，$S_9 = 9a_5$. 故条件(1)不充分，条件(2)充分.

📍 5.2.3　等差数列求和

13.【2024.03】答案：D

【真题拆解】乙步数为常数列，甲步数均构成等差数列，首项 a_1 和公差 d 已知，使用等差数列求和

公式 $S_n = na_1 + \dfrac{n(n-1)}{2}d$ 列等式求解.

【解析】设第一天甲乙走的步数均为 x. 甲步数:首项为 x,公差为 700 的等差数列,甲前 6 天走的总步数为 $S_6 = 6x + \dfrac{6 \times 5}{2} \times 700$. 乙步数:每一项均为 x 的常数列,乙前 7 天走的总步数为 $T_7 = 7x$. $7x = 6x + \dfrac{6 \times 5}{2} \times 700$,解得 $x = 15 \times 700$. $a_7 = 15 \times 700 + 6 \times 700 = 21 \times 700 = 14700$,则甲第 7 天走了 14700 步.

14.【2024.10】答案:C

【真题拆解】要注意 a_n 为第 n 行及其上方所有点个数.依次为 $1 + 2 + 3 + \cdots$,故为等差数列,使用等差数列求和公式 $a_k = S_n = \dfrac{n(a_1 + a_n)}{2}$ 进行求解.

【解析】a_k 表示首项为 1,公差为 1 的前 n 项和,即 $a_k = S_n = \dfrac{n(n+1)}{2}$,所以 $1 < \dfrac{n(n+1)}{2} < 100$,又 a_k 是完全平方数,当 $n = 8$ 时符合条件,此时 $a_k = \dfrac{n(n+1)}{2} = 36$.

 5.2.4 等差数列过零点的项

15.【2020.05】答案:E

【真题拆解】分析题目特征:①给出了等差数列首项 a_1 的值;②$a_2 + a_4 = a_1$,已知首项根据通项公式可求得公差;③求 S_n 的最大值,当 $a_1 > 0$,$d < 0$,即数列为递减数列时,随着 n 增加 a_n 越来越小,S_n 有最大值.【破题标志词】等差数列 S_n 的最值⟹寻找数列变号的项.

【解析】$a_2 + a_4 = 2a_1 + 4d = a_1$,代入 $a_1 = 8$ 得 $8 + 4d = 0$,解得 $d = -2$,故 $a_5 = a_1 + 4d = 0$,数列中 $a_1 \sim a_4$ 均为正,a_6 及以后均为负,从第一项起,所有非负项之和为数列 $\{a_n\}$ 前 n 项和的最大值,即 $S_4 = S_5 = \dfrac{(8+0) \times 5}{2} = 20$.

5.3 等比数列

 5.3.1 定义和性质

16.【2023.18】答案:C

【真题拆解】分析题目特征:公比大于 1 时,若要使数列递增,需满足数列首项大于 0,因此题目结论就转换为用条件验证 a_1 是否大于 0.分析条件特征:根据【破题标志词】给定一个数是方程的一个根代入此数得到一个等式.

【解析】条件(1) $a_1^2 - a_1 - 2 = 0$,因式分解 $(a_1 - 2)(a_1 + 1) = 0$,故 $a_1 = 2$ 或 -1,当 $a_1 = -1$ 时数列为递减,不充分.

条件(2) $a_1^2 + a_1 - 6 = 0$,因式分解 $(a_1 - 2)(a_1 + 3) = 0$,故 $a_1 = 2$ 或 -3,当 $a_1 = -3$ 时数列为递减,不充分.

两条件联合取交集可得 $a_1 = 2$,数列递增,充分.

17.【2023.24】答案:C

【真题拆解】判定数列 $\{a_n\}$ 从第二项开始为等比数列,每一项与它的前一项的比都等于同一常数.条件(1)给出了 S_{n+1} 和 S_n,而 $a_{n+1} = S_{n+1} - S_n$.

【解析】条件(1)由 $S_{n+1} > S_n$ 可得 $S_{n+1} - S_n = a_{n+1} > 0$,单独不充分.

条件(2)数列 $\{a_n\}$ 满足 $1, 0, 0, 0, \cdots, \{S_n\}$ 是等比数列,但 $a_2, a_3, a_4, \cdots$ 不为等比数列.

考虑联合,当 $n \geqslant 2$ 时, $a_{n+1} = S_{n+1} - S_n = qS_n - qS_{n-1} = q(S_n - S_{n-1}) = qa_n$,即 $a_{n+1} = qa_n$,

$q = \dfrac{a_{n+1}}{a_n}$ 为常数,所以当 $n \geqslant 2$ 时, $\{a_n\}$ 为等比数列,则 $a_2, a_3, a_4, \cdots$ 为等比数列.

18.【2021.24】答案:C

【真题拆解】条件给出了 a_{n+1} 和 a_n 的数量关系,结论要判定数列是否为等比数列,需要用定义法来判定,若 $\dfrac{a_{n+1}}{a_n}$ 是一个非零定值,那么数列 $\{a_n\}$ 就是等比数列.

【解析】条件(1) $a_n a_{n+1} > 0$ 仅能推出数列每一项非零且相邻两项同号,无法推出结论,条件(1)不充分.

条件(2)十字相乘因式分解得 $a_{n+1}^2 - 2a_n^2 - a_n a_{n+1} = (a_{n+1} - 2a_n)(a_{n+1} + a_n) = 0$,即有 $a_{n+1} = 2a_n$ 或 $a_{n+1} = -a_n$,无法确定每项非零,条件(2)不充分.

联合得:由条件(1) $a_n a_{n+1} > 0$ 知数列每项非零且相邻两项同号,故 $a_{n+1} + a_n \neq 0$,仅可能有 $a_{n+1} - 2a_n = 0$,即 $a_{n+1} = 2a_n$, $\dfrac{a_{n+1}}{a_n} = 2$,符合等比数列定义,两条件联合充分.

📍 5.3.2　等比数列求和

19.【2024.25】答案:E

【真题拆解】两条件给出了 S_3 和 S_9 的值,求等比数列的公比,根据【破题标志词】出现形如 $S_n, S_{2n}, S_{3n} \Rightarrow$ 片段和定理.

【解析】类型判断:两条件单独信息不完全,联合型. $S_n, S_{2n} - S_n$ 和 $S_{3n} - S_{2n} \cdots$ 构成新等比数列,新公比为 q^n. 由等比数列性质可知 $S_3, S_6 - S_3, S_9 - S_6$ 成等比数列,公比 $q^3 = \dfrac{S_9 - S_6}{S_6 - S_3} = \dfrac{S_6 - S_3}{S_3}$. 设 $S_6 = x$,

$\dfrac{26 - x}{x - 2} = \dfrac{x - 2}{2}$,整理得 $x^2 - 2x - 48 = 0$, $(x - 8)(x + 6) = 0$,解得 $x = 8$ 或 $x = -6$. 故 $q^3 = -4$ 或 3,不充分.

20.【2018.07】答案:C

【真题拆解】分析题目考查中点四边形的面积是原四边形面积的一半.

【解析】本题以平行四边形相关性质入手,考查无穷等比数列求和.

$S_1 = 12$,而A_2,B_2,C_2,D_2分别是A_1,B_1,C_1,D_1四边的中点,故$S_2 = 12 \times \dfrac{1}{2}$,依此类推,这一系列四边形$S_n$的面积,构成首项$S_1 = 12$,公比$q = \dfrac{1}{2}$的等比数列,通项为$S_n = 12 \times \left(\dfrac{1}{2}\right)^{n-1}$. 由于当$n \to \infty$,且$0 < |q| < 1$时,等比数列所有项之和为$\dfrac{a_1}{1-q}$,故$S_1 + S_2 + S_3 + \cdots = \dfrac{12}{1 - \dfrac{1}{2}} = 24$.

5.4 一般数列

21.【2020.11】答案:B

【真题拆解】分析题目特征:①给出a_1,a_2的值;②给出了一个a_n与a_{n+1}的递推公式,对于递推公式常见处理方式有构造等比数列、累加、累乘、找循环节等四种方法.③求a_{100}的值,需要求出a_n的通项或规律.

【解析】本题采用穷举法.已知$a_1 = 1$,$a_2 = 2$,根据**【破题标志词】**所有数列难题⇒依次代入选项$n = 1,2,3,\cdots$验证选项/寻找规律.递推公式$a_{n+2} = a_{n+1} - a_n$中分别代入$n = 1,2,3,\cdots$可得:$a_3 = a_2 - a_1 = 1$,$a_4 = -1$,$a_5 = -2$,$a_6 = -1$,$a_7 = 1$,$a_8 = 2$,$a_9 = 1$,$a_{10} = -1$,$a_{11} = -2$,$a_{12} = -1$.观察可知,此数列为周期为6的周期数列,每一个周期均为$1,2,1,-1,-2,-1$,$100 = 16 \times 6 + 4$,意味着a_{100}是第17个周期中的第四个数,故$a_{100} = -1$.

22.【2019.15】答案:A

【真题拆解】分析题目特征:①给出a_1的值;②给出了一个a_n与a_{n+1}的递推公式,对于递推公式常见处理方式有构造等比数列、累加、累乘、找循环节等四种方法.③求a_{100}的值,需要求出a_n的通项或规律.

【解析】思路一:已知$a_{n+1} - 2a_n = 1$,故$a_{n+1} = 2a_n + 1$. 根据**【破题标志词】**所有数列难题⇒依次代入选项$n = 1,2,3,\cdots$验证选项/寻找规律.n依次取$1,2,3\cdots$并代入$a_1 = 0$,分别可得$a_2 = 1$,$a_3 = 3 = 2^2 - 1$,$a_4 = 7 = 2^3 - 1$,$a_5 = 15 = 2^4 - 1$,$a_6 = 31 = 2^5 - 1$,根据数值变化规律可知$a_n = 2^{n-1} - 1$,故$a_{100} = 2^{99} - 1$.

思路二:已知$a_{n+1} - 2a_n = 1$,故$a_{n+1} = 2a_n + 1$. 待定系数法凑配等比数列:$a_{n+1} + m = 2(a_n + m)$,$a_{n+1} = 2(a_n + m) - m = 2a_n + 1$,解得$m = 1$. 故$\dfrac{a_{n+1} + 1}{a_n + 1} = 2$. 数列$\{a_n + 1\}$为首项为$a_1 + 1 = 1$,公比为2的等比数列,通项公式为$a_n + 1 = 2^{n-1}$,整理得$a_n = 2^{n-1} - 1$. 故$a_{100} = 2^{99} - 1$.

6.1   三角形

6.1.1   性质和分类

1.【2023.11】答案：C

【真题拆解】分析题目特征：①给出一个特殊角度60°，题目三角形形状未唯一锁定，根据【破题标志词】几何中的具体化⟹设出特殊位置/关系/形状．设△ABC为等边三角形，可三线合一求∠EFB．②角平分线平分角，且角平分线上的点到角两边的距离相等．

【解析】思路一：设△ABC为等边三角形，BD平分∠ABC，∠ABF = 30°，CE平分∠ACB，根据【破题标志词】[等边/等腰三角形] + [中线/角平分线/高线]⟹三线合一．CE⊥AB，∠BEF = 90°，∠EFB = 60°．

思路二：由∠BAC = 60°得∠ABC + ∠ACB = 180° − 60° = 120°，BD平分∠ABC，CE平分∠ACB，因此∠DBC + ∠ECB = $\frac{1}{2}$∠ABC + $\frac{1}{2}$∠ACB = 60°．又∠EFB是△FBC的一个外角，三角形一个外角等于不相邻的两个内角和，故有∠EFB = ∠DBC + ∠ECB = 60°．

2.【2019.11】答案：B

【真题拆解】分析题目特征：①已知三角形的三边长；②给出了BC边的中线求中线长，考虑三角形中线定理——三角形一条中线两侧所对的边平方和等于底边平方的一半与该边中线平方的两倍的和．

【解析】思路一：如图6 − 23所示，过A作AH⊥BC，根据勾股定理有：

$$\begin{cases} AH^2 + BH^2 = AH^2 + (4 - DH)^2 = AB^2 = 16 \\ AH^2 + CH^2 = AH^2 + (4 + DH)^2 = AC^2 = 36 \end{cases}, 解得 \begin{cases} AH^2 = \dfrac{135}{16} \\ DH = \dfrac{5}{4} \end{cases},$$

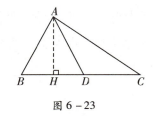

图6 − 23

$AD = \sqrt{\dfrac{135}{16} + \dfrac{25}{16}} = \sqrt{10}$．

思路二：三角形中线定理，即 $AB^2 + AC^2 = \dfrac{1}{2}BC^2 + 2AD^2$，有 $2AD^2 =$

$4^2 + 6^2 - \dfrac{1}{2} \times 8^2$，$AD^2 = 8 + 18 - 16 = 10$，则 $AD = \sqrt{10}$．

3.【2016. 22】答案：C

【真题拆解】不共线的三点可以形成一个三角形, 三角形外接圆的圆心到三角形各个顶点距离相等.

【解析】条件(1)：若三点共线, 则不充分；条件(2)：不一定存在到 M 中各点距离相等的点, 不充分. 联合条件(1)与(2)可得连接 M 中三点的三角形外心(外接圆圆心)到三角形各个顶点距离相等, 这个距离即外接圆的半径, M 中每个点在同一圆上, 即存在点到平面有限点集 M 中的每个点距离都相等, 故联合充分.

 ## 6.1.2 三角形面积

4.【2020. 10】答案：E

【真题拆解】分析题目特征：①给出了两个特殊角度30°、60°, 30°直角三角形三边长之比为 $1:\sqrt{3}:2$；②旋转后 AB 的长度不变；③旋转后的两三角形共底边, 等底三角形的面积比等于高之比.

【解析】如图 6-24 所示, 过 A 点做 $\triangle ABC$ 在 BC 边上的高 h_1, 过 D 点做 BC 边上的高 h_2.

$\triangle ABH_1$ 和 $\triangle BDH_2$ 均为内角为 30°, 60°, 90° 的直角三角形, 三边比为 $1:\sqrt{3}:2$, 故 $h_1=\dfrac{AB}{2}$, $\dfrac{BD}{h_2}=\dfrac{2}{\sqrt{3}}\Rightarrow h_2=\dfrac{\sqrt{3}}{2}BD$. 因为 DB 是由 AB 绕点 B 旋转而来, 故 $AB=DB$, $h_1=\dfrac{AB}{2}=\dfrac{1}{2}BD$. 则 $\triangle DBC$ 与 $\triangle ABC$ 的面积之比为 $\dfrac{S_{\triangle DBC}}{S_{\triangle ABC}}=\dfrac{\dfrac{1}{2}\cdot BC\cdot h_2}{\dfrac{1}{2}\cdot BC\cdot h_1}=\dfrac{h_2}{h_1}=\dfrac{\dfrac{\sqrt{3}}{2}BD}{\dfrac{1}{2}BD}=\sqrt{3}$.

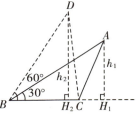

图 6-24

6.1.3 重要三角形

5.【2020. 16】答案：B

【真题拆解】[类型判断]两条件矛盾不能联合, A 或 B 型. 结论求证 $\dfrac{c}{a}$ 比值变化：锁定分母变分子/锁定分子变分母. 三角形中大角对大边, 小角对小边.

【解析】如图 6-25 所示：

$\dfrac{c}{a}=2$ 时, 恰有 $\angle C=90$, 固定 a 不变, 使 $\angle C$ 减少至 $\angle C<90°$, 可得 c 减少, 此时 $\dfrac{c}{a}<2$, 故条件(1)不充分. 同理固定 a 不变, 使 $\angle C$ 增加至 $\angle C>90°$, 可得 c 增大, 此时 $\dfrac{c}{a}>2$, 故条件(2)充分.

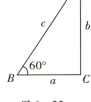

图 6-25

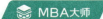

 6.1.4 相似三角形

6.【2022.09】答案:B

【**真题拆解**】分析题目特征:①直径对的圆周角是直角;②两直角三角形共顶点 A 字型相似;③D 是斜边中点,可得边长比;④相似三角形的面积比 = 相似比^2.

【**解析**】根据题意作图 6 - 26:

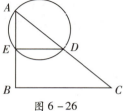

图 6 - 26

AD 为直径,根据直径所对的圆周角为直角可知 $\angle AED = 90°$,且 $\triangle AED$ 与 $\triangle ABC$ 共顶点 A,符合【破题标志词】A 字型相似,相似比 $\dfrac{AD}{AC} = \dfrac{1}{2}$.再由相似三角形面积比 = 相似比^2 可得 $\dfrac{S_{\triangle AED}}{S_{\triangle ABC}} = \left(\dfrac{AD}{AC}\right)^2 = \dfrac{1}{4}$,$S_{\triangle AED} = \dfrac{1}{4} \times 8 = 2$.

7.【2022.16】答案:B

【**真题拆解**】分析题目特征:①题目给出了与圆相切的直线和与圆相交的弦,与圆相切的直线同圆内与圆相交的弦相交所形成的夹角叫做弦切角,本题中 $\angle ADB$ 即为弦切角,联想【弦切角定理】弦切角等于它所夹的弧所对的圆周角.②条件给出了三角形的边长比求面积比,可联想相似三角形面积比 = 相似比^2 进行求解.

【**解析**】根据【弦切角定理】弦切角等于它所夹的弧所对的圆周角,即 $\angle ADB = \angle BCD$,且 $\triangle ABD$ 与 $\triangle ADC$ 共用 $\angle A$,故 $\triangle ABD$ 与 $\triangle ADC$ 符合反 A 字型相似,相似比为 $\dfrac{BD}{CD}$,面积比为 $\dfrac{S_{\triangle ABD}}{S_{\triangle ADC}} = \dfrac{BD^2}{CD^2}$,即

$$\frac{S_{\triangle ABD}}{S_{\triangle BDC}} = \frac{S_{\triangle ABD}}{S_{\triangle ADC} - S_{\triangle ABD}} = \frac{\dfrac{S_{\triangle ABD}}{S_{\triangle ADC}}}{\dfrac{S_{\triangle ADC}}{S_{\triangle ADC}} - \dfrac{S_{\triangle ABD}}{S_{\triangle ADC}}} = \frac{\left(\dfrac{BD}{CD}\right)^2}{1 - \left(\dfrac{BD}{CD}\right)^2}.$$ 故条件(2)充分而条件(1)不充分.

8.【2022.19】答案:B

【**真题拆解**】分析题干特征:三项成等比符合【破题标志词】BD、AB、BC 三项成等比数列 $\Leftrightarrow AB^2 = BD \cdot BC$.

【**解析**】根据题意作图 6 - 27:

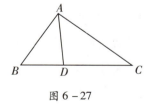

图 6 - 27

条件(1)设 $BD = DC = x$,则 $BC = 2x$.由 BD、AB、BC 三项成等比数列可知 $AB = \sqrt{BD \cdot BC} = \sqrt{2}x$,无法确定 AC 的长度,不充分.

条件(2)$AB^2 = BD \cdot BC$,故 $\dfrac{AB}{BD} = \dfrac{BC}{AB}$,且 $\triangle ABC$ 与 $\triangle ABD$ 共用 $\angle B$,两三角形相似.所以 $\angle BAC = 90°$,充分.

9.【2019.21】答案:B

【**真题拆解**】分析题目特征点:①已知正方形面积,确定三角形面积,建立此三角形与正方形的面积关系,能明确与正方形面积的数量关系就可以确定三角形面积;②若两个三角形,高相等,那么这两个三角形的面积之比就等于其底边之比.

【解析】根据【破题标志词】[△DOP 与 △DOA 底同线]＋[共顶点 D]⇒等高模型，$S_{\triangle DOP}=\dfrac{1}{2}S_{\triangle DOA}$，正

方形 ABCD 与 △DOA 等高，可知 △DOA 的面积等于正方形面积的一半，即 $S_{\triangle DOA}=\dfrac{1}{2}S_{\square ABCD}$，所以只

需要确定 Q 的位置就可以求出三角形 PQD 的面积，故条件(1)不充分，条件(2)充分.

10.【2018.20】答案：D

【真题拆解】要拼接成一个直角三角形，先做辅助线，延长 EF 与 BC，这两条延长线的交点设为

M，易知由 △CFM 与四边形 BCFE 拼成的 △MBE 为直角三角形. 因此只要证明 △CFM 与 △AED

全等，即可证明 △AED 与四边形 BCFE 能拼接成一个直角三角形.

【解析】如图 6 -28 做辅助线，延长 EF 与 BC，这两条延长线的交点设为 M.

对于条件(1)，由于 ∠EBC＝∠FCM 为直角，∠BEF＝∠CFM 同位角

相等. 因此 △MBE∽△MCF，对应边成比例，EB＝2FC，因此 BM＝2CM＝

BC＋CM，矩形 ABCD 中，AD＝BC，即有：AD＝BC＝CM. 综上所述，对于

△CFM 和 △AED，AE＝CF，AD＝CM，∠DAE＝∠FCM＝90°，即 △CFM 与

△AED 全等(边角边)，条件(1)充分.

对于条件(2)，ED＝EF，即 △DEF 为等腰三角形，∠EDF＝∠EFD，由

对顶角相等可知 ∠EFD＝∠CFM，由内错角相等可知 ∠AED＝∠EDF，因

此 ∠CFM＝∠AED，△MCF 与 △AED 全等(角边角)，条件亦(2)充分.

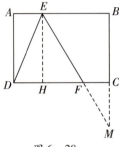

图 6 -28

【技巧】事实上，本题中条件(1)EB＝2FC，可得 DF＝2AE，过点 E 作 DF 的垂线，与 DF 相交于 H

点，AEHD 构成一个矩形，因此 AE＝DH，DF＝2DH，因此 △EHD≌△EHF(边角边)，对应边相等，

因此 ED＝EF，即条件(1)与条件(2)等价，条件(1)充分则条件(2)也一定充分.

【陷阱】事实上，本题两个条件是等价的，如果不彻底分析，易误选 C.

11.【2017.11】答案：E

【真题拆解】题目给出了边长比求面积比，可设特殊角度，将几何问题具体化，根据相似三角形面

积比等于相似比平方求解.

【解析】取特值分析，令 $\angle A=\angle A'=\dfrac{\pi}{2}$. 又已知 AB：A′B′＝AC：A′C′＝2：3，有一角相等，且夹这等

角的两边对应成比例，则此时 $S_{\triangle ABC}$ 和 $S_{\triangle A'B'C'}$ 相似，相似比即为 2：3. 根据相似三角形面积比等于

相似比平方可知：$\dfrac{S_{\triangle ABC}}{S_{\triangle A'B'C'}}=\left(\dfrac{2}{3}\right)^2=\dfrac{4}{9}$.

6.2　四边形

📍 6.2.1　矩形

12.【2016.17】答案：C

【真题拆解】要确定小正方形的面积需确定小正方形的边长，对图分析，小正方形的边长等于长

方形的长减去长方形的宽,将题目转化为求长方形的长 - 宽的值.

【解析】本题考查平面几何面积. 两条件单独均不充分,考虑联合. 设大正方形边长为 a,设长方形长为 x,宽为 y(见图 6 - 29).

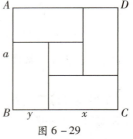

图 6 - 29

题干要求确定 $(x-y)^2$ 的值. 条件(1)中已知正方形 $ABCD$ 的面积,即已知边长 a 的值,而 $a = x + y$,无法确定 $x - y$ 的值,单独不充分.

条件(2)已知 $\dfrac{x}{y} = k$,单独亦不充分,联合条件(1) $\begin{cases} a = x + y \\ \dfrac{x}{y} = k \end{cases}$,解得

$x = \dfrac{ka}{k+1}, y = \dfrac{a}{k+1}$. 代入即可以确定 $(x-y)^2$ 的值,即能确定小正方形面积,联合充分.

6.2.2　平行四边形/菱形

13.【2025.19】答案:B

【真题拆解】P 是 AC 上的一个动点,根据两点之间线段最短,要确定 $PM + PN$ 的最小值,只需要让 MPN 在同一直线上就可以. 以 AC 为对称轴做的对称点 N',此时 $PM + PN = PM + PN'$,满足 MPN' 在同一直线上,所以 $PM + PN$ 的值最小.

【解析】$ABCD$ 是菱形,AC 是角平分线,角平分线上的点到角两边的距离相等,即过 AC 做 N 的对称点 N',则 $PM + PN = PM + PN'$,两点之间直线最短,所以当 P 过 MN' 与 AC 的交点时,$PM + PN = MN'$ 可取得最小值. N' 和 M 分别是 AB 和 CD 的中点,则 $MN' /\!/ AB$ 且 $MN' = AB$,条件(2)单独充分.

6.2.3　梯形

14.【2025.10】答案:A

【真题拆解】连接 EF, BD 成梯形,根据蝶形定理 $S_1 : S_2 : S_3 : S_4 = a^2 : ab : ab : b^2$,可解得 S_4 的值,S_4 再加上正方形面积的一半就是四边形 $BCDO$ 的面积.

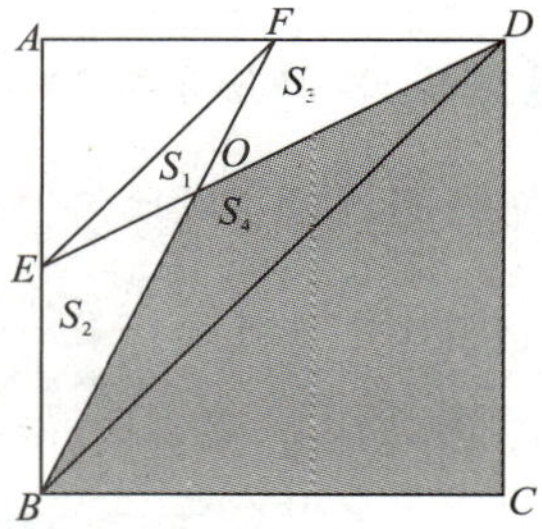

【解析】连接 EF, BD,由于 E、F 分别为 AB, AD 的中点,得 EF 平行于 BD,且 $EF = \dfrac{1}{2} BD$,在梯形 $EFDB$ 中,根据蝶形定理可得 $S_1 : S_2 : S_3 : S_4 = \left(\dfrac{\sqrt{2}}{2}\right)^2 : \dfrac{\sqrt{2}}{2} \cdot \sqrt{2} : \dfrac{\sqrt{2}}{2} \cdot \sqrt{2} : (\sqrt{2})^2 = 1 : 2 : 2 : 4$,设分别为 $k, 2k, 4k, k + 2k + 2k + 4k + \dfrac{1}{2} \times \dfrac{1}{2} \times \dfrac{1}{2} = \dfrac{1}{2}, k = \dfrac{1}{24}, S_{阴} = \dfrac{1}{2} + 4k = \dfrac{2}{3}$.

图 6 - 30

15.【2016.08】答案:D

【真题拆解】梯形的对角线分割出来的四个三角形(见图 6 - 31)的面积的关系:$S_1 : S_2 : S_3 : S_4 = a^2 : ab : ab : b^2$.

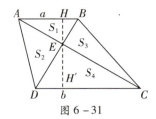

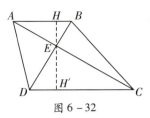

图 6-31　　　　　　　　　　　　图 6-32

【解析】思路一：根据蝶形定理，$S_{\triangle ABE}:S_{\triangle ADE}:S_{\triangle BCE}:S_{\triangle DCE}=16:32:32:64=4:8:8:16$. $S_{\triangle ABE}=4$，所以 $S_{\triangle ADE}=S_{\triangle BCE}=8$，$S_{\triangle BCE}=16$，$S_{ABCD}=4+8+8+16=36$.

思路二：$AB\parallel CD$，根据【破题标志词】$\triangle ABE$ 与 $\triangle CDE$ 符合 8 字型相似，过 E 作 HH' 分别垂直 AB 和 DC（见图 6-32）. 根据相似三角形对应高成比例有：$\dfrac{EH}{EH'}=\dfrac{AB}{CD}=\dfrac{4}{8}=\dfrac{1}{2}$，$S_{\triangle ABE}=4=\dfrac{1}{2}AB\times EH=2EH$，故 $EH=2$，$EH'=4$，$HH'=2+4=6$. 梯形面积 $S_{ABCD}=\dfrac{1}{2}(4+8)\times 6=36$.

6.3　圆与扇形

 ### 6.3.1　基础题型

16.【2025.02】答案：A

【真题拆解】【破题标志词】全比例问题$\Rightarrow$特值法. 设圆、正方形、等边三角形的面积都是 1，再分别求出 a,b,c 的值进行比较大小.

【解析】设圆、正方形、等边三角形的面积都是 1，圆的半径为 r，正方形边长为 m，等边三角形边长为 n. 可得 $\pi r^2=1$，$m^2=1$，$\dfrac{\sqrt{3}}{4}n^2=1$，则 $r=\sqrt{\dfrac{1}{\pi}}$，$m=1$，$n=\sqrt{\dfrac{4}{\sqrt{3}}}$，周长分别为 $a=2\pi r=2\pi\sqrt{\dfrac{1}{\pi}}=\sqrt{4\pi}$，$b=4m=4=\sqrt{16}$，$c=3n=\sqrt{\dfrac{36}{\sqrt{3}}}$，得 $a<b<c$.

17.【2017.05】答案：D

【真题拆解】圆直线平移得到的区域为一个矩形和两个半圆的和.

【解析】据题意作图 6-33 可知：

机器人搜索出的区域为矩形 $ABCD$ 和两个半圆（即一个圆）的和，即 $S=10\times(1+1)+\pi\times 1^2=20+\pi$（平方米）.

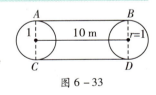

图 6-33

 ### 6.3.2　内切与外接

18.【2024.11】答案：A

【真题拆解】分析题目特征点：①半圆在三角形内，相切时面积最大；②通过【30°直角 $\triangle MNC$】三边长度之比为 $1:\sqrt{3}:2$，求出半径 r 的值，进而通过半圆面积公式 $S=\dfrac{1}{2}\pi r^2$ 求得半圆的面积.

【解析】当正三角形另两条边与半圆相切时，面积最大. 由对称性可得，圆心 M 在 BC 中点上，则

$MC = 1$. 【$30°$直角$\triangle MNC$】三边长度之比为$1 : \sqrt{3} : 2$,得$r = \dfrac{\sqrt{3}}{2}$,则半圆面积为$= \dfrac{1}{2}\pi r^2 = \dfrac{1}{2}\pi\left(\dfrac{\sqrt{3}}{2}\right)^2$

$= \dfrac{3}{8}\pi$.

19.【2020.12】答案:C

【真题拆解】分析题目特征点:①求三角形外接圆的面积,需要知道外接圆的半径;②$\angle A$是圆周角,同一条弧所对圆心角是其圆周角的2倍.

【解析】如图$6-34$所示,连接OB, OC.

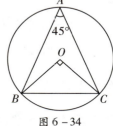

由题意知顶角$\angle A = \dfrac{\pi}{4}$,故$\angle BOC = \dfrac{\pi}{2}$,$BO = CO = r$,$\triangle BOC$为等腰直角

三角形,三边之比为$1 : 1 : \sqrt{2}$,底边$BC = 6$,故$BO = CO = r = \dfrac{6}{\sqrt{2}}$,圆$O$的面积

$S = \pi r^2 = 18\pi$.

图$6-34$

20.【2018.04】答案:A

【真题拆解】给出三角形面积与周长比值,求内切圆面积,三角形内切圆的圆心即三条角平分线的交点,内心到三条边的距离相等,均等于内切圆半径.

【解析】如图$6-35$,连接OA, OB, OC,

因为圆O是内切圆,所以连接圆心和相切点的直线与三角形的

边垂直,即为三角形的高.令圆O的半径r,则$S_{\triangle AOB} = \dfrac{AB \times r}{2}$,同理有:

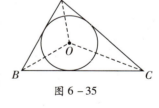

$S_{\triangle AOC} = \dfrac{AC \times r}{2}$,$S_{\triangle BOC} = \dfrac{BC \times r}{2}$,$S_{\triangle ABC} = \dfrac{r}{2}(AC + AB + BC) = \dfrac{r}{2} \times$ 三角形

周长,得$\dfrac{S_{\triangle ABC}}{三角形周长} = \dfrac{r}{2} = \dfrac{1}{2} \Rightarrow r = 1$,故圆$O$面积等于$\pi$.

图$6-35$

6.4　不规则图形/阴影图形面积

21.【2025.05】答案:B

【真题拆解】连接AB,通过图形分析可得,动点C的移动不会改变三角形AOB的大小,三角形ABC底边AB确定,高越大面积越大,当动点C在劣弧$\overset{\frown}{AB}$点时高最大,此时三角形ABC的面积最大,再分别求出三角形AOB的面积和三角形ABC的面积,相加得到四边形$AOBC$面积的最大值.

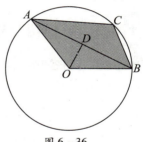

【解析】如图$6-36$,连接AB,过点O作AB的垂线交AB于点D,由于【$30°$直角三角形】三边长度之比为$1 : \sqrt{3} : 2$,可求得$AB = 2\sqrt{3}$,则$S_{\triangle AOB}$

$= \sqrt{3}$,三角形ABC底AB确定,高越大面积越大,当C在劣弧$\overset{\frown}{AB}$中点时

高最大,此时$S_{四边形AOBC} = 2\sqrt{3}$.

图$6-36$

22.【2024.08】答案：B

【真题拆解】通过图形分析可得,三角形 ABC 一三个扇形就能求出阴影面积,所以只要利用等边三角形面积公式 $S = \frac{\sqrt{3}}{4}a^2$ 和扇形面积公式 $S = \frac{\text{圆心角度数}}{360°}\pi r^2$ 求出三角形面积及三个扇形的面积,就可求出阴影面积.

【解析】

如图 6-37 可得,阴影面积等于三角形面积减去以 A,B,C 为圆心,圆心角为 $60°$ 的三个扇形面积,及 $S_{阴影面积} = \frac{\sqrt{3}}{4} \times 3^2 - \frac{\pi}{6}(2^2 + 1 + 1)$

$= \frac{9\sqrt{3}}{4} - \pi.$

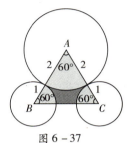

图 6-37

23.【2022.04】答案：E

【真题拆解】分析题目特征点:①$\triangle ABC$ 是等腰直角三角形,三边长度之比为 $1:1:\sqrt{2}$;②扇形圆心角是 $\frac{\pi}{4}$, $S_{\triangle ABC} = S_{扇形ADF}$.

【解析】思路一：【破题标志词】抽象问题具体化 $\Rightarrow$ 特值法. 设 $AB = BC = 1$,则 $AC = \sqrt{2}$, $S_{\triangle ABC} = S_{扇形ADF}$,即 $\frac{1}{2} \times 1 \times 1 = \frac{1}{8}\pi AD^2$, $AD = \sqrt{\frac{4}{\pi}}$, $\frac{AD}{AC} = \frac{\sqrt{\frac{4}{\pi}}}{\sqrt{2}} = \sqrt{\frac{2}{\pi}}$.

思路二：$\triangle ABC$ 是等腰直角三角形,$AB = BC$, $AC = \sqrt{2}AB$,由于曲边三角形 CDE 与 BEF 的面积相等,所以 $S_{\triangle ABC} = S_{扇形ADF}$, $\frac{1}{2}AB^2 = \frac{\frac{\pi}{4}}{2\pi}\pi AD^2 = \frac{1}{8}\pi AD^2$, $\frac{AD}{AB} = \frac{2}{\sqrt{\pi}}$, $AD = \frac{2}{\sqrt{\pi}}AB$,所以 $\frac{AD}{AC}$

$= \frac{\frac{2}{\sqrt{\pi}}AB}{\sqrt{2}AB} = \sqrt{\frac{2}{\pi}}.$

24.【2021.09】答案：A

【真题拆解】分析题目特征点:①正六边形由六个正三角形构成,边长为 a 的等边三角形高为 $\frac{\sqrt{3}}{2}a$,面积 $\frac{\sqrt{3}}{4}a^2$;②阴影部分由 6 个小弓形构成;③每个弓形面积等于圆心角为 $60°$ 的扇形面积减去正三角形面积.

【解析】每个正三角形面积为 $S_\triangle = \frac{\sqrt{3}}{4} \times 1^2 = \frac{\sqrt{3}}{4}$. 阴影部分由 6 个小弓形构成, $S_{弓形} = S_{扇形} - S_\triangle$,扇形对应的圆心角为 $60°$,则 $S_{扇形} = \frac{60°}{360°}\pi \times 1^2 = \frac{\pi}{6}$. 故阴影面积为 $S_{阴影} = 6S_{弓形} = 6\left(\frac{\pi}{6} - \frac{\sqrt{3}}{4}\right) = \pi - \frac{3\sqrt{3}}{2}.$

25.【2017.09】答案：A

【真题拆解】①$\angle AOB = \dfrac{\pi}{4}$，$AC \perp OB$，可推出 $\triangle AOC$ 是等腰直角三角形；②$S_{阴影} = S_{扇形AOB} - S_{\triangle AOC}$，扇

形面积 $= \dfrac{圆心角}{周角}\pi r^2$.

【解析】据题意可知：$S_{阴影} = S_{扇形AOB} - S_{\triangle AOC}$，故 $S_{阴影} = \dfrac{\pi r^2}{8} - \dfrac{1}{2}AC \cdot OC = \dfrac{\pi}{8} - \dfrac{1}{2} \times \dfrac{\sqrt{2}}{2} \times \dfrac{\sqrt{2}}{2} =$

$\dfrac{\pi}{8} - \dfrac{1}{4}$.

7.1　长方体、正方体

1.【2020.21】答案：D

【真题拆解】若长方体的长宽高分别为 a,b,c，则长方体的体对角线为 $\sqrt{a^2+b^2+c^2}$，三个不同面的面对角线为 $\sqrt{a^2+b^2}$，$\sqrt{b^2+c^2}$ 和 $\sqrt{c^2+c^2}$，三个不同面的面积为 ab,ac,bc，题干要求确定长方体对角线长度，即要确定 $\sqrt{a^2+b^2+c^2}$ 的值.

【解析】设长方体长宽高分别为 $a,b,c(a>0,b>0,c>0)$.

条件（1）已知 ab,ac,bc，可唯一解出 a,b,c 的具体值，故可求得 $\sqrt{a^2+b^2+c^2}$ 的值. 以 $\begin{cases} ab=1 \\ bc=2 \\ ac=3 \end{cases}$ 为例，三式相乘得 $(abc)^2=6,abc=\sqrt{6}$，分别与三式相除可得 $a=\dfrac{\sqrt{6}}{2},b=\dfrac{\sqrt{6}}{3},c=\sqrt{6}$，故可进而求得 $\sqrt{c^2+b^2+c^2}$ 的值. 条件（1）单独充分.

条件（2）长方体一个顶点的三个面的面对角线分别为 $\sqrt{a^2+b^2}$，$\sqrt{b^2+c^2}$ 和 $\sqrt{a^2+c^2}$，分别平方后得，a^2+b^2,b^2+c^2,a^2+c^2，三式相加得 $2(a^2+b^2+c^2)$ 已知，故可求得体对角线 $\sqrt{a^2+b^2+c^2}$ 的值. 条件（2）单独充分.

2.【2017.13】答案：C

【真题拆解】结论要求个数最少则需小正方体体积（棱长）最大. 当限定棱长为正整数时，若问正方体个数最少，则选取最大公约数；若问正方体个数最多，则选取最小公约数 1.

【解析】由于要切割的是正方体，棱长相等，且切割后无剩余，则它的棱长同时为长、宽、高的约数（见图 7-13）. 要求正方体最少，则要约数最大，12,9,6 的最大公约数为 3，故正方体最少个数为 $\dfrac{12}{3}\times\dfrac{9}{3}\times\dfrac{6}{3}=24$.

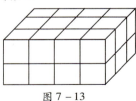

图 7-13

3.【2016.09】答案：E

【真题拆解】分析题目特征有：①装配的箱子无盖，每个箱子是 5 个面；②装配竖式无盖箱子需要 4 个长方形 +1 个正方形木板，横式无盖箱子需要 3 个长方形 +2 个正方形木板；③给出了长方形木板和正方形木板的总数，建立等量关系求解.

【解析】设可装配成竖式无盖箱子 x 个,横式无盖箱子 y 个,则有 $\begin{cases} 4x+3y=340 \\ x+2y=160 \end{cases}$,解得 $\begin{cases} x=40 \\ y=60 \end{cases}$.

7.2　圆柱体

4.【2024.13】答案:E

【真题拆解】根据容器放入铁球前后液体体积不变建立等量关系.

【解析】设液面原来的高度为 h,放入铁球后液面高度为 r,则铁球只有一半在液体中.现高度体积 = 原高度体积 + 半球体积,$4\pi r^2 h = 4\pi r^2 \cdot r - \dfrac{1}{2} \cdot \dfrac{4}{3}\pi r^3 = \dfrac{10}{3}\pi r^3$,解得 $h = \dfrac{\frac{10}{3}\pi r^3}{4\pi r^2} = \dfrac{5}{6}r$.

7.3　球体

5.【2025.06】答案:B

【真题拆解】题目给出大半球与小半球的半径关系,已知小半球的体积可以求出小半球的半径,继而求出大半球的体积,剩下部分的体积等于大半球体积减去小半球体积.

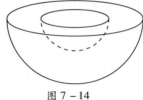

【解析】设小半球的半径为 r,大半球的半径为 $2r$,则小半球的体积 $V_1 = \dfrac{1}{2} \times \dfrac{4}{3}\pi r^3 = \dfrac{2}{3}\pi r^3 = 20$,大半球的体积为 $V_2 = \dfrac{1}{2} \times \dfrac{4}{3}\pi (2r)^3 = \dfrac{16}{3}\pi r^3 = 160$,剩下部分的体积为 $160 - 20 = 140$.

图 7 – 14

7.4　内切与外接

6.【2021.07】答案:D

【真题拆解】正方体外接球直径 = 正方体体对角线长.

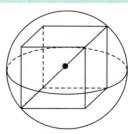

【解析】如图 7 – 15 正方体外接球直径 = 正方体体对角线长,正方体体积为 $8 = 2^3$,故正方体棱长为 2,体对角线为 $\sqrt{12} = 2R$,球半径为 $\dfrac{\sqrt{12}}{2}$,球表面积为 $4\pi r^2 = 12\pi$.

图 7 – 15

7.【2019.09】答案：E

【真题拆解】据图分析：正方体外接半球，需将半球补齐为整球，以大圆为对称面，作上半球的对称图形。长方体外接球直径 = 长方体体对角线长。

【解析】设正方体棱长为 a，以大圆为对称面，作上半球和正方体的对称图形，此时可得到球体内接一个棱长分别为 $a,a,2a$ 的长方体，球体的直径就是长方体的体对角线，故有 $\sqrt{a^2+a^2+(2a)^2}=6 \Rightarrow a^2=6$，即正方体的表面积最大为 $6a^2=36$。

7.5 切割／打孔／组合图形

8.【2023.10】答案：B

【真题拆解】分析题目特征：①正方体棱长为 6；②正三棱锥的底面是等边三角形，边长为 $4\sqrt{2}$，

【重要三角形】边长为 a 的等边三角形面积 $S=\dfrac{\sqrt{3}}{4}a^2$。

【解析】由如图 7-16 正三棱锥的底面边长 $AB=4\sqrt{2}$ 可得，$S_{\triangle ABC}=\dfrac{\sqrt{3}}{4}\times(4\sqrt{2})^2=8\sqrt{3}$。

正三棱锥侧面的棱长 $DA=DB=DC=4$，则 6 个五边形的面积 $=6\times\left(6\times6-\dfrac{1}{2}\times4\times4\right)=168$，剩余几何体的表面积 $=6S_{五边形}+2S_{\triangle ABC}=168+16\sqrt{3}$。

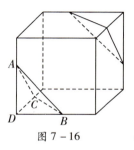

图 7-16

9.【2022.06】答案：A

【真题拆解】解题思路：①将立体问题平面化；②寻找直角三角形或规则图形；③使用勾股定理等公式求解；④$C、D$ 是所在棱的中点，$ABCD$ 是等腰梯形，三角形的中位线平行于三角形的第三边，并且等于第三边的一半。

【解析】如图 7-17 所示将立体几何问题平面化，四边形 $ABCD$ 两对边 AB 与 CD 平行，$C、D$ 是各自所在棱的中点，故根据勾股定理得 $AD=BC=\sqrt{1^2+2^2}=\sqrt{5}$，$ABCD$ 为等腰梯形。

过点 D 作 $DH\perp AB$ 交 AB 于点 H，$AD=\sqrt{5}$，$AB=\sqrt{2^2+2^2}=2\sqrt{2}$，$CD=\sqrt{1^2+1^2}=\sqrt{2}$，则 $AH=\dfrac{1}{2}(2\sqrt{2}-\sqrt{2})=\dfrac{\sqrt{2}}{2}$，$DH=\sqrt{AD^2-AH^2}=\dfrac{3\sqrt{2}}{2}$，$S_{梯形ABCD}=\dfrac{1}{2}\times3\sqrt{2}\times\dfrac{3\sqrt{2}}{2}=\dfrac{9}{2}$。

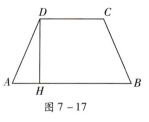

图 7-17

10.【2019.12】答案：D

【真题拆解】由图可知截面为正六边形，面积为 6 个边长为 $\sqrt{2}$ 的正三角形面积和，[重要三角形] 边长为 a 的等边三角形面积 $S=\dfrac{\sqrt{3}}{4}a^2$。

【解析】由题可知该六边形为正六边形,边长均为正方体面对角线的一半,即 $\sqrt{2}$,面积为6个边长为 $\sqrt{2}$ 的正三角形面积和,因此该六边形面积为 $S = 6 \times \dfrac{\sqrt{3}}{4}(\sqrt{2})^2 = 3\sqrt{3}$.

11.【2018.14】答案:D

【真题拆解】截掉部分的体积＝弓形面积×圆柱高,将题目转化为求弓形面积.

【解析】本题考察切割后的不规则柱体体积的计算(如图7-18).

截掉部分(较小部分)的体积＝弓形面积×圆柱高＝ $(S_{扇O_1AB} - S_{\triangle O_1AB})h$,

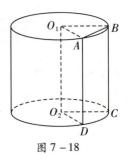

$S_{扇O_1AB} = \dfrac{\dfrac{\pi}{3}}{2\pi}\pi r^2 = \dfrac{1}{6}\pi \times 2^2 = \dfrac{2\pi}{3}$,由于弦 AB 所对的圆心角是 $\dfrac{\pi}{3}$,所以 $\triangle O_1AB$ 是以半径 $r = 2$ 为边长的等边三角形,面积 $S_{\triangle O_1AB} = \dfrac{\sqrt{3}}{4} \times 2^2 = \sqrt{3}$. 因此截掉部分的体积＝ $\left(\dfrac{2\pi}{3} - \sqrt{3}\right) \times 3 = 2\pi - 3\sqrt{3}$.

图7-18

12.【2017.21】答案:B

【真题拆解】结论要确定铁球的体积需确定铁球的半径,将立体问题平面化进行求解.

【解析】题干要求确定铁球的体积 $V = \dfrac{4}{3}\pi R^3$,即铁球半径 R. 设铁球露出水面高度为 h',水深为 h,球与水面交线圆的周长为 C,半径为 r(如图7-19). 故有 $R^2 = r^2 + (h-R)^2$,$R = \dfrac{h^2 + r^2}{2h}$,$R$ 可由 h 和 r 唯一确定.

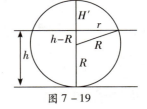

图7-19

条件(1):仅知道 $h' = 2R - h$,无法确定 R,不充分.

条件(2):已知 h 和 $C = 2\pi r$,即已知 h 和 r,可确定 R,充分.

13.【2016.15】答案:E

【真题拆解】给球体打圆柱形孔即为圆柱外接球,圆柱轴截面的对角线长同时也为球的直径.

【解析】如图7-20所示,洞的内壁面积＝圆柱的侧表面积＝底面周长×高.

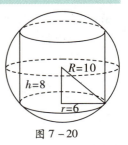

设圆柱高为 $2h$,由题意知:$R^2 = r^2 + h^2$,$100 = 36 + h^2$,$h = 8$,故圆柱高 $2h = 16$.则圆柱内壁面积 $S = 2\pi r \cdot 2h = 2\pi \times 6 \times 16 = 192\pi$.

图7-20

8.1 点与直线

1.【2024.05】答案：B

【真题拆解】分析题目特征：四边形 $OABC$ 为平行四边形，两对角线平分，中点重合，根据两个中点横纵坐标相等列等式，可求出 a, b 的值.

【解析】如图 $8-4$ 所示，OB、AC 为对角线，OB 中点与 AC 中点重合为四

边形中心，两点中点坐标 $= \left(\dfrac{x_1 + x_2}{2}, \dfrac{y_1 + y_2}{2} \right)$，根据两点中点坐标公式

可得 $\begin{cases} \dfrac{0+2}{2} = \dfrac{1+a}{2} \\ \dfrac{0+b}{2} = \dfrac{2+1}{2} \end{cases}$，解得 $\begin{cases} a=1 \\ b=3 \end{cases}$，$a+b = 1+3 = 4$.

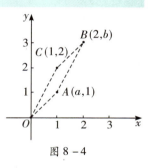

图 $8-4$

2.【2023.07】答案：A

【真题拆解】分析题目特征：给出了两个定点，一个在 x 轴的动点，对动点 P 进行分析，当点 P, A, B 不在同一条直线时，PA, PB, AB 构成三角形，则有两边之差小于第三边，当点 P, A, B 在同一条直线时，$|PB| - |PA|$ 取得最大值 $|AB|$.

【解析】根据三角形两边之差小于第三边可知，当 P 点在 BA 的延长线上时 $|PB| - |PA|$ 最大.

　　因为 PAB 三点共线，所以直线 PA 与直线 AB 的斜率是相等的，即 $\dfrac{2-0}{-1-m} = \dfrac{2-4}{-1-3}$，解得 $m = -5$.

3.【2019.24】答案：A

【真题拆解】分析题目特征：①对于含有参数的直线方程，先分离变量，看是否过定点；②对结论进行等价转换，$\lg(x^2+y^2) \leqslant 2 = \lg 10^2$，所以结论求 k 满足条件时 $x^2 + y^2 \leqslant 10^2$；③三条直线围成区域 D，$x^2 + y^2 \leqslant 10^2$ 表示圆上及圆内的区域，画图，数形结合求解.

【解析】由 $\lg(x^2 + y^2) \leqslant 2$ 可得 $x^2 + y^2 \leqslant 10^2$，即题干要求点 (x, y) 在以原点为圆心，半径为 10 的圆内或圆周上. 将 $kx - y + 8 - 6k = 0$ 分离变量，得 $y - 8 = k(x - 6)$，故直线为过定点 $A(6, 8)$，斜率为 k 的直线，点 A 是圆上一点. 作图 $8-5$ 可知直线 $x + 8y - 56 = 0$ 与圆 $x^2 + y^2 = 100$ 的交点为 $B(8,$

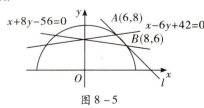

图 $8-5$

6），直线 AB 的斜率为 -1 ，故当 $k\in(-\infty,-1]$ 时，三角区域在圆内，小范围推大范围，即题干结论成立，条件（1）充分.

8.2　求直线与坐标轴组成图形的面积

4.【2020.07】答案：B

【真题拆解】分析题目特征：①已知代数式符合 $|k_1 x+b_1|+|k_2 y+b_2|=a(a>0)$ 的特征，在平面直角坐标系中表示中心为 $\left(-\dfrac{b_1}{k_1},-\dfrac{b_2}{k_2}\right)$ 的菱形，面积为 $S=\dfrac{2a^2}{|k_1 k_2|}$ ，其中 b_1 、b_2 只影响图形中心的位置，不影响菱形面积. 特别地，当 $k_1=k_2$ 时，方程表示正方形. ②所求结论 x^2+y^2 表示点 (x,y) 到原点的距离的平方.

【解析】如图所示，$|x-2|+|y-2|\leqslant 2$ 表示坐标平面内以 $(2,2)$ 为中心的正方形，与两坐标轴恰交于 $(2,0)$ 点和 $(0,2)$ 点，x^2+y^2 表示坐标平面上一点 (x,y) 到原点的距离的平方，即有 $x^2+y^2=r^2$ ，本题即要求 r^2 的取值范围.

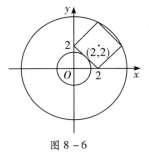

图 8 -6

由图 $8-6$ 可知，当圆 $x^2+y^2=R^2$ 与直线 $x+y-2=0$ 相切时，圆最小，$x^2+y^2=r^2$ 有最小值，$d=r=\dfrac{|-2|}{\sqrt{1^2+1^2}}=\sqrt{2}$ ，$x^2+y^2=r^2=2$. 当圆 $x^2+y^2=r^2$ 与直线 $x+y-6=0$ 相交于 $(2,4)$ 点和 $(4,2)$ 点时（交点由对称性易求得），圆最大，$x^2+y^2=r^2$ 有最大值，任意代入一点可得 $2^2+4^2=20=r^2$. 故 x^2+y^2 的取值范围是 $[2,20]$.

8.3　圆

5.【2016.10】答案：E

【真题拆解】圆的方程无常数项，故圆过原点，圆上到原点距离最远的点即为过圆心和原点的直线与圆相交的另外一点.

【解析】将圆方程化为标准式得 $(x-3)^2+(y+2)^2=13$ ，得圆心 $(3,-2)$ ，半径为 $\sqrt{13}$ ，由于一般式中无常数项，故圆过 $(0,0)$ 点. 可知圆心到原点的连线与圆相交于 2 点，分别是距离最远和最近的点，且圆心 $(3,-2)$ 为最远点 (x_0,y_0) 和原点 $(0,0)$ 的中点，故有 $\dfrac{x_0+0}{2}=3,x_0=6;\dfrac{y_0+0}{2}=-2,y_0=-4.$

8.4　直线与圆

📍 8.4.1　直线与圆的等式

6.【2025.08】答案：E

【真题拆解】给出了圆的一般方程化为标准方程求圆心,求切线和半径构成的直角三角形面积,勾股定理求边长.

【解析】通过配方,化圆的一般方程为标准方程得$(x-8)^2+(y-6)^2=25$,圆心坐标为$A(8,6)$,半径为$r=5$的圆. 如图 8−7,$OA=\sqrt{(8-0)^2+(6-0)^2}=10$,$AB=r=5$,$OB=\sqrt{OA^2-AB^2}=5\sqrt{3}$,三角形$AOB$的面积为$\frac{1}{2}\cdot OB\cdot AB=\frac{1}{2}\times5\sqrt{3}\times5=\frac{25}{2}\sqrt{3}$.

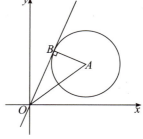

图 8−7

7.【2021.20】答案:A

【真题拆解】分析题目特征:①圆C方程符合【破题标志词】曲线方程无常数$\Leftrightarrow$曲线过原点;②两条件直线与圆相切,圆心到直线的距离等于半径;③要确定圆的方程,需要确定圆心和半径.

【解析】配方得圆$C:\left(x-\frac{a}{2}\right)^2+\left(y-\frac{a}{2}\right)^2=\frac{a^2}{2}$,为圆心在$\left(\frac{a}{2},\frac{a}{2}\right)$,半径$r=\frac{|a|}{\sqrt{2}}$的圆,确定$a$值即可确定圆方程.

条件(1)直线$x+y-1=0$与圆C相切,即圆心到直线距离$d=\frac{\left|\frac{a}{2}+\frac{a}{2}-1\right|}{\sqrt{1^2+1^2}}=r=\frac{|a|}{\sqrt{2}}$,$|a-1|=|a|$,两边平方解得$a=\frac{1}{2}$,条件(1)充分.

条件(2)直线$x-y-1=0$与圆C相切,即圆心到直线距离$d=\frac{\left|\frac{a}{2}-\frac{a}{2}-1\right|}{\sqrt{1^2+(-1)^2}}=r=\frac{|a|}{\sqrt{2}}$,$|a|=1$,$a=\pm1$,无法唯一确定$a$值,条件(2)不充分.

8.【2021.10】答案:C

【真题拆解】分析题目特征:①四边形$ABCD$是以各定点次序依次命名的,因此AC为对角线而非一条边;②AC是直线与圆的两个交点是定值,所以四边形$ABCD$的大小由BD决定. 题目要求的就是四边形的面积,直线与圆有交点,所以特征点为圆与直线 + 四边形面积.

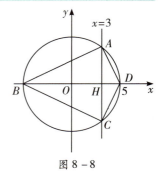

图 8−8

【解析】根据题意作图 8−8,其中A,C为定点.

若要四边形$ABCD$的面积最大,则要求△ABC和△ADC面积最大,由于AC确定,B,D可在圆周上移动,只需要△ABC的高BH和△ADC的高DH最大即可,即B,D均在x轴上,此时两三角形面积最大,对应四边形$ABCD$的面积最大.

从另一角度看,四边形$ABCD$面积为△ABD和△CBD的面积之和. 圆方程$x^2+y^2=25$中代入$x=3$得$y=4$,即$AH=CH=4$,$S_{\triangle ABD}=S_{\triangle CBD}=\frac{1}{2}\times10\times4=20$,四边形$ABCD$面积为40.

9.【2020.17】答案：C

【真题拆解】题目等式可凑配成圆的标准方程,圆上的点到直线距离的最小值大于1,此时直线与圆相离,圆上的点到直线距离的最小值等于圆心到直线距离减去半径,圆上的点到直线距离的最大值等于圆心到直线距离加上半径.

【解析】圆的标准方程为 $(x-1)^2+(y-1)^2=(\sqrt{2})^2$,圆心为 $(1,1)$,半径 $r=\sqrt{2}$. 如图 $8-9$ 所示,圆上点到直线 $ax+by+\sqrt{2}=0$ 的距离最小值大于1即要求直线与以点 $(1,1)$ 为圆心,半径为 $\sqrt{2}+1$ 的圆无交点,即圆心 $(1,1)$ 到直线距离大于 $\sqrt{2}+1$. 根据点到直线距离公式可得

$$\frac{|a+b+\sqrt{2}|}{\sqrt{a^2+b^2}}>\sqrt{2}+1$$

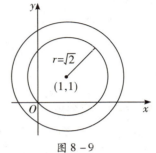

图 $8-9$

条件(1)取特值 $a=b=-\dfrac{\sqrt{2}}{2}$;条件(2)取特值 $a=100,b=100$ 均

无法满足不等式 $\dfrac{|a+b+\sqrt{2}|}{\sqrt{a^2+b^2}}>\sqrt{2}+1$,故两条件单独均不充分,考虑联合.

在不等式中代入 $a^2+b^2=1$ 得 $|a+b+\sqrt{2}|>\sqrt{2}+1$. 由于 $a>0,b>0$,故可根据定义去掉绝对值得 $a+b+\sqrt{2}>\sqrt{2}+1$,$a+b>1$. 即题干结论成立要求 $a+b>1$. 再次由 $a>0,b>0$,$a^2+b^2=1$ 可得 $(a+b)^2=a^2+b^2+2ab=1+2ab>1$,故 $a+b>1$,两条件联合充分,选C.

10.【2019.19】答案：A

【真题拆解】直线与圆有两个交点,说明圆心到直线的距离小于半径,可以利用点到直线的距离公式来求解.

【解析】配方将圆方程 $x^2+y^2-4x+3=0$ 化为标准式可得 $(x-2)^2+y^2=1$,直线与圆有两个交点即要求圆心到直线的距离小于圆半径,即 $d=\dfrac{|2k|}{\sqrt{k^2+1}}<1$,解得 $-\dfrac{\sqrt{3}}{3}<k<\dfrac{\sqrt{3}}{3}$. 故条件(1)充分,条件(2)不充分.

11.【2018.24】答案：A

【真题拆解】直线与圆不相交包括相切和相离两种情况.**【破题标志词】**圆与直线相切 $\Leftrightarrow$ 圆心到直线距离 $d=r$;相离 $\Leftrightarrow d>r$.

【解析】直线与圆不相交包括相切和相离两种情况. 因此圆心到直线距离需大于或等于半径,即要求 $d\geqslant r$. $x^2+y^2=2y\Rightarrow x^2+(y-1)^2=1$,是一个半径为1,圆心为 $(0,1)$ 的圆. 直线到圆心的距离 $d=\dfrac{|a-b|}{\sqrt{1+a^2}}\geqslant 1$,即 $|a-b|\geqslant\sqrt{1+a^2}$,条件(1)充分,条件(2)不充分.

12.【2018.10】答案：E

【真题拆解】分析题目特征:①给出了圆的切线,即圆心到切线的距离等于半径;②圆的切线同时过点 $(0,3)$ 和 $(1,2)$,可求得切线方程.

【解析】由题干可知,圆 C 是圆心为 $(0,a)$ 点,半径为 $\sqrt{b}$ 的圆.

圆的切线同时过点 $M(0,3)$ 和点 $N(1,2)$,如图 8-10 所示,则该切线斜率为 $\frac{y_2-y_1}{x_2-x_1}=\frac{2-3}{1-0}=-1$,又由圆心到切点的连线与该切线垂直,故连线斜率为 1,根据过两点斜率公式有 $\frac{y_2-y_1}{x_2-x_1}=\frac{2-a}{1-0}=1$,解得 $a=1$. 半径 $\sqrt{b}$ 等于圆心点 O 和切点间的距离,即有 $\sqrt{b}=\sqrt{(1-0)^2+(2-1)^2}=\sqrt{2}$,解得 $b=2$.

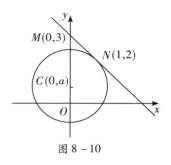

图 8-10

13.【2017.17】**答案:A**

【真题拆解】遇到圆的方程先化为标准方程,圆与 x 轴相切,即圆心的纵坐标长即为圆的半径.

【解析】思路一:由圆的方程 $x^2+y^2-ax-by+c=0$ 可知,圆心为 $\left(\dfrac{a}{2},\dfrac{b}{2}\right)$,半径 $r=\sqrt{\dfrac{a^2}{4}+\dfrac{b^2}{4}-c}$,

x 轴与圆心距离 $d=\left|\dfrac{b}{2}\right|=r=\sqrt{\dfrac{a^2}{4}+\dfrac{b^2}{4}-c}$,故 $c=\dfrac{a^2}{4}$,条件(1)充分.

思路二:$x^2+y^2-ax-by+c=0$ 与 x 轴相切,即圆与 $y=0$ 只有一个交点,联立可得 $x^2-ax+c=0$,此二次方程有两相等实根,在图像上表示为同一点,故 $\Delta=a^2-4c=0$.

故条件(1)已知 a 的值充分,条件(2)已知 b 的值不充分.

📍 8.4.2 直线与圆的不等式

14.【2024.23】答案:D

【真题拆解】题目所求结论和条件都给出的是关于 x 和 y 两个变量的不等式关系,【破题标志词】两变量的不等关系$\Rightarrow$数形结合.

【解析】条件(1):表示圆心为 $(6,0)$ 半径为 $3\sqrt{2}$ 的圆周(图 8-11),

则圆心到直线的距离 $d=\dfrac{|6-0|}{\sqrt{2}}=3\sqrt{2}=r$,圆与直线相切,充分.

条件(2):表示中心 $(4,-1)$,对角线长 10 的立放正方形圆周上的点顶点 $(4,4)(4,-6)(-1,-1)(9,-1)$,由图 8-11 可知条件(2)亦充分

【结论】$|x-b_1|+|y-b_2|=a(a>0)$ 代表首尾顺次相接的四条线段围成一个立放的正方形. 对角线长度为 $2a$,中心坐标为 (b_1,b_2).

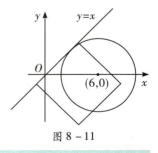

图 8-11

15.【2023.20】答案:E

【真题拆解】类型判断:两条件单独只给出了 a,b 其中之一的范围,联合型. 分析题目特征:①集合 M 给出了圆的不等式,表示圆上及圆内的区域,但圆心坐标未知;②集合 N 给出了 x,y 的取值范围,即第一象限.

【解析】如图 8-12,(a,b) 满足 $a<-2,b>2$,但此时 $M\cap N=\varnothing$.

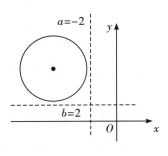

图 8 - 12

16.【2021.21】答案：D

【真题拆解】题目所求结论和条件都给出的是关于 x 和 y 两个变量的不等式关系，【破题标志词】**两变量的不等关系⟹数形结合.**

【解析】$x \leqslant y$ 表示坐标平面上直线 $y = x$ 及其左上方部分平面，条件可将坐标平面上的点限制在此范围内，即充分.

条件(1) $x^2 \leqslant y - 1, y \geqslant x^2 + 1$，表示坐标平面抛物线 $y = x^2 + 1$ 及之上部分. 由图形 8 - 13 可知条件(1)充分.

条件(2) $x^2 + (y - 2)^2 \leqslant 2$ 表示坐标平面上圆心为 $(0,2)$ 半径为 $\sqrt{2}$ 的圆及其内部区域. 由圆心 $(0,2)$ 到直线 $x - y = 0$ 距离 $d = \dfrac{|0 - 2 + 0|}{\sqrt{1^2 + 1^2}} = \sqrt{2} = r$ 得圆与直线相切，圆及其内部区域在直线 $y = x$

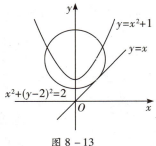

图 8 - 13

及其左上方部分平面，条件(2)亦充分.

17.【2018.16】答案：A

【真题拆解】分析题目特征：①结论和条件都是关于 x 和 y 两个变量的不等式关系，【破题标志词】**两变量的不等关系⟹数形结合.** ②结论带有绝对值，遇到绝对值先去绝对值，已有结论：不等式 $|ax + by| \leqslant c$ 表示两条平行线及以内带状区域；$|ax + by| \geqslant c$ 表示两条平行线及以外区域.

【解析】对于条件(2)，取 $x = 0, y = 10$，满足 $xy \leqslant 1$，但 $|x + y| = 10$，故不充分.

对于条件(1)，思路一：数形结合法. 如图 8 - 14 所示，$x^2 + y^2 \leqslant 2$ 表示点 (x,y) 在以原点为圆心，$\sqrt{2}$ 为半径的圆内和圆上. 题干结论 $|x + y| \leqslant 2$ 即 $-2 \leqslant x + y \leqslant 2$，表示点 $x、y$ 在直线 $x + y = 2$ 和 $x + y = -2$ 所围成的长条形区域内(包括直线上). 根据点到直线距离公式，圆心到两直线的距离均为 $d = \dfrac{|\pm 2|}{\sqrt{1^2 + 1^2}} = \sqrt{2} = r$，因此两条直线为圆的上下两条切线，故圆上和圆内的点都在两条切线围成的长条形区域内，即条件(1)充分.

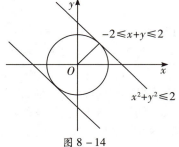

图 8 - 14

思路二：代数方法. 由 $0 \leqslant (x - y)^2 = x^2 + y^2 - 2xy$，得 $2xy \leqslant x^2 + y^2$，因此 $(x + y)^2 = x^2 + y^2 + 2xy \leqslant 2(x^2 + y^2) \leqslant 4$，即 $(x + y)^2 \leqslant 4$，$|x + y| \leqslant 2$，条件(1)充分.

8.5 直线圆与抛物线

18.【2025.25】答案:C

【真题拆解】题干条件给出了过两定点的曲线方程,条件给了圆的方程和交点个数,数形结合画图求解.

【解析】曲线 L 恒过定点 $(1,0)$,$(7,0)$,曲线对称轴为 $x=4$,顶点坐标为 $(4,-9a)$.

条件(1):点 $(1,0)$,$(7,0)$ 在圆 $(x-4)^2+(y+1)^2=10$ 上,圆心为 $(4,-1)$,半径 $r=\sqrt{10}$,当圆心到曲线的顶点距离等于半径,$d=\sqrt{(4-4)^2+(-1+9a)^2}=\sqrt{10}$,$a=\dfrac{1\pm\sqrt{10}}{9}$ 有两个值,故不能确定 a 的值.

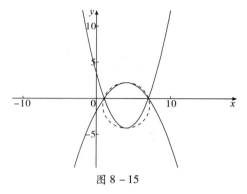

图 8-15

条件(2):点 $(1,0)$,$(7,0)$ 在圆 $(x-4)^2+(y-4)^2=25$ 上,圆心为 $(4,4)$,半径 $r=5$,当圆心到曲线的顶点距离大于半径,$d=\sqrt{(4-4)^2+(4+9a)^2}>5$,解得 $a>\dfrac{1}{9}$ 或 $a<-1$ 时,曲线 L 与圆有四个交点,联立得 $a=\dfrac{1+\sqrt{10}}{9}$,两条件联立充分.

19.【2017.19】答案:B

【真题拆解】要保证直线与抛物线有两个交点,联立方程,判别式 $\Delta>0$.

【解析】联立直线与抛物线方程,得 $x^2=ax+b$,即 $x^2-ax-b=0$,题干要求它们有两个交点,即 $\Delta=a^2+4b>0$,$a^2>-4b$.

条件(1):当 $b<0$ 时,$a^2\geq0$,$-4b>0$,不能充分推出 $a^2>-4b$,不充分.

条件(2):$b>0$,则 $-4b<0$,而 $a^2\geq0$,故一定有 $a^2>-4b$,充分.

条件(2):点 $(1,0)$,$(7,0)$ 在圆 $(x-4)^2+(y-4)^2=25$ 上,圆心为 $(4,4)$,半径 $r=5$,当圆心到曲线的顶点距离大于半径,$d=\sqrt{(4-4)^2+(4+9a)^2}>5$,解得 $a>\dfrac{1}{9}$ 或 $a<-1$ 时,曲线 L 与圆有四个交点.联立得 $a=\dfrac{1+\sqrt{10}}{9}$,两条件联立充分.

8.6 一般对称

20.【2019.04】答案:E

【真题拆解】圆关于一般直线对称,实际是求圆心关于直线对称的点,因为两个圆关于直线对称说明两个圆是全等的,即半径相等,所以只需再求出圆心即可.在求点关于直线的对称点时常用办法为设出对称点,之后根据两点的中点在对称轴上和两点所在直线的斜率与对称轴垂直列出两个方程进而解出圆的圆心坐标.

【解析】设圆心$(5,0)$关于$y=2x$的对称点为(x_0,y_0)，则根据两点连线被对称轴垂直且平分可知

$$\begin{cases} \dfrac{y_0+0}{2}=2\times\dfrac{x_0+5}{2} \\ \dfrac{y_0-0}{x_0-5}=-\dfrac{1}{2} \end{cases}$$
，解得$\begin{cases} x_0=-3 \\ y_0=4 \end{cases}$，故圆$C$的方程为$(x+3)^2+(y-4)^2=2$.

8.7　线性规划求最值

21.【2024.15】答案：E

【真题拆解】分析题目特征：①x,y为非负实数；②求$x+2y$的最值，最值一般在边界点取得.【破题标志词】求$mx+ny$最值$\Rightarrow$截距型线性规划.

【解析】$x+2y$中y系数大，则要让$x+2y$取最大值，y取值要尽量大．x,y非负，则$xy=8$，$y=2x$时$x+2y$有最大值．即$\begin{cases} xy=8 \\ y=2x \end{cases}$，解得$x=2,y=4$时，$x+2y$最大值为10.

22.【2023.19】答案：A

【真题拆解】可以将$\sqrt{(x-0)^2+(y-0)^2}$看作可行域内点(x,y)到原点的距离，两个条件都给出了点(x,y)的范围，只要其中的x和y不是可取无穷大和无穷小的，那么结论就是充分的.

【解析】$\sqrt{(x-0)^2+(y-0)^2}$可以看作可行域内点(x,y)到原点的距离，【破题标志词】求$(x-m)^2+(y-n)^2$最值$\Rightarrow$距离型线性规划.

条件(1)连接原点和圆心的直线与圆分为交于点A、B，如图$8-16-a$则线段OB和OA的长度分别为最小值和最大值，充分.

条件(2)由图像$8-16-b$可知，一次函数的图像直线可以无限延伸，故没有最大值，不充分.

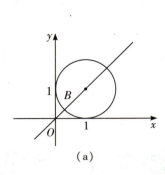
(a)

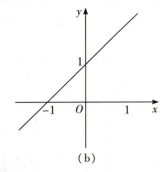
(b)

图$8-16$

23.【2018.22】答案：C

【真题拆解】分析题目特征：①P是x轴上一点；②条件给出了m的取值范围；③求$x-y$的最值，最值一般在边界点取得.【破题标志词】求$mx+ny$最值$\Rightarrow$截距型线性规划.

【解析】如图$8-17$所示，当三角形所有区域在$y=x+2$即$x-y=-2$这条直线下方时，满足$x-y$最小值为-2；当三角形所有区域在$x-y=1$这条直线上方时，满足$x-y$最大值为1．所以随着m在x轴移动，只要在$[-2,1]$内，即可同时满足题干最大值和最小值条件，即$-2\leqslant m\leqslant 1$，故条件

（1）条件（2）联合充分.

【技巧】一般在图形边界点分析最值,故本题可以直接在三角形的三个顶点来研究最值. 把 A,B,P 的坐标代入 $x-y$ 得值分别为 $-2,1,m$, 题干要求 $x-y$ 的取值在 -2 和 1 之间,故要求 m 在 -2 和 1 之间,即 $-2 \leqslant m \leqslant 1$.

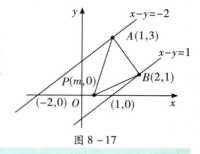

图 8 – 17

24.【2016.11】**答案**:D

【真题拆解】分析题目特征:①给出了一个限定区域 $\triangle AOB$;②求这个区域内 $2x+3y$ 的最大值.

【破题标志词】求 $mx+ny$ 最值 $\Rightarrow$ 截距型线性规划.

【解析】令 $2x+3y=b$, 则 $y=-\dfrac{2}{3}x+\dfrac{b}{3}$, 是一条斜率为 $-\dfrac{2}{3}$, 在 y 轴截距为 $\dfrac{b}{3}$ 的直线. 求 b 的最大值即求直线在 y 轴截距的最大值. 借助图像分析可知,直线 $y=-\dfrac{2}{3}x+\dfrac{b}{3}$ 过点 $B(0,3)$ 时截距最大. 代入 $x=0,y=3$ 可得 $2x+3y=9$.

【技巧】$2x+3y$ 的最值一定在 $(4,0),(0,3),(0,0)$ 三点中取到,分别代入,取最大值即可得结果.

第9章　排列组合

9.1　排列组合基础知识

1.【2022.10】答案：D

【真题拆解】分析题目特征点：一个数的质因数，符合【破题标志词】［一个数］＝［某些数的乘积］⟹将此数因数分解．

【解析】$105 = 3 \times 5 \times 7$，即 105 有 3、5、7 三个质因数．因此这个自然数可能是一位数、两位数或三位数，分情况讨论如下：

情况①：自然数为一位数，方案数为 $C_3^1 = 3$．

情况②：自然数为两位数，方案数为 $C_3^2 A_2^2 = 6$．

情况③：自然数为三位数，方案数为 $C_3^3 A_3^3 = 6$．

根据加法原理，这样的自然数有 $3 + 6 + 6 = 15$ 个．

9.2　不同元素选取分配问题

9.2.1　从不同备选池中选取元素

2.【2019.14】答案：D

【真题拆解】题型定位：不同元素从不同学科（备选池）选取，仅从部分学科（备选池）选出元素．

【解析】思路一：第一步，从五个学科中选出两个学科，有 C_5^2 种选法，第二步，从选出的两个学科推举的候选人中各选出一名，有 $C_2^1 \times C_2^1$ 种选法．故根据乘法原理不同的选派方式共有 $C_5^2 \times C_2^1 \times C_2^1 = 40$（种）．

思路二：逆向思维．五个学科各有两名候选人，共 10 人，从中任选两人的方案数有 C_{10}^2 种．题目要求选派来自不同学科的 2 人参加支教工作，则不符合要求的选择方式为选中两人恰为同一学科，共有 $5 \times C_2^2$ 种．总方案数减去不满足要求的方案数即为所有方案数，即 $C_{10}^2 - 5 \times C_2^2 = 45 - 5 = 40$（种）．

3.【2018.11】答案：D

【真题拆解】分析题目特征点：①男运动员和女运动员是两个不同的备选池；①混双比赛即一男一女比赛，选出两组即选出两男两女．题型定位：不同元素从不同备选池中选取，每个备选池均选出元素．

【解析】本题需要按要求选出元素,再进行搭配,即要在4个男运动员中选取2名,在3个女运动员中选取2名,最后配对组成2队参加比赛.从4名男运动员中选取2名共有 $C_4^2 = 6$(种)选法;从3名女运动员中选取2名共有 $C_3^2 = 3$(种)选法;选出以后有2种组队方法:男1配女1,同时意味着男2配女2;男1配女2,同时意味着男2配女1.故一共有 $6 \times 3 \times 2 = 36$(种)选派方式.

4.【2016.05】答案:B

【真题拆解】分析题目特征点:①三个不同专业是三个不同的备选池;①给出了每个专业不同元素的数量是2,3,4;②2位委员来自两个不同专业,先选备选池,再从备选池选出元素. 题型定位:不同元素从不同专业(备选池)选取,仅从部分专业(备选池)选出元素.

【解析】思路一:分别从三个专业中两两各选一人参加,则不同选派方式有 $C_2^1 C_3^1 + C_2^1 C_4^1 + C_3^1 C_4^1$
$= 2 \times 3 + 2 \times 4 + 3 \times 4 = 26$(种).

思路二:逆向思维,总方法数减去不符合要求的方法数即为所求.总选法为 $C_9^2 = 36$(种),两人来自同一专业的选法为 $C_2^2 + C_3^2 + C_4^2 = 1 + 3 + 6 = 10$(种),故所选两人来自不同专业的选法为 $36 - 10 = 26$(种).

9.2.2 不同元素分组,每组不能为空——分堆分配

5.【2020.15】答案:D

【真题拆解】分析题目特征点:①男职员和女职员是两个不同的备选池;②6名职员分为3组分堆问题,每维2人;②2名女职员不同组自动分为 $1 + 1$ 两堆. 题型定位:两个备选池,各自分成相同数量的堆后再一一配对.

【解析】第一步:将4名男职员分为2人+1人+1人三组,方法数为 $\dfrac{C_4^1 \times C_3^1 \times C_2^2}{2!}$.

第二步:将2名女职员依次分配进两个只有一名男职员的组中,方法数为 A_2^2.

根据乘法原理,不同的分组方式共有 $\dfrac{C_4^1 \times C_3^1 \times C_2^2}{2!} \times A_2^2 = 12$ 种.

6.【2018.08】答案:B

【真题拆解】分析题目特征点:①6张卡片每2张一组可分为3堆;②指定的两张卡一堆只需分剩余的4张卡片;③再将3堆卡片按要求分给3个袋. 题型定位:不同元素分堆分配问题.

【解析】第一步:将6张卡片根据题目要求分为3组,由于指定2张卡片要在同一组,则只需将剩下的4张卡片以每2张为一组分为2组.由于分出的2组所含元素个数相同,故分组后除以2!,即分组方法有 $\dfrac{C_4^2 \times C_2^2}{2!} = 3$(种).第二步:将三组全排列,分别装入甲、乙、丙3个袋中,方法数有 A_3^3 种.则总方法有 $3 \times A_3^3 = 18$(种).

7.【2017.15】答案:B

【真题拆解】题型定位:不同元素仅分堆问题. 6人(不同元素)分成 $2 + 2 + 2$ 三堆,三堆数量相同

需消序. 解题原则:[元素]默认不同,[组]默认相同.

【解析】本题涉及分组消序,即分组时 3 组含有元素个数相同均为两人,需要分组后除以 3!,即共

有 $\dfrac{C_6^2 \times C_4^2 \times C_2^2}{A_3^3} = 15$(种)分组方式.

9.3　相同元素选取分配问题——隔板法

8.【2024.07】答案:C

【真题拆解】分题目特征点:①m,n,k 都是正整数;②给出 m,n,k 和的值;③相同元素(m 个相同的[元素1])分配给不同的对象(a,b,c,d 四个对象),每个对象至少分得 1 个元素,符合【破题标志词】相同元素分不同组,每组不能为空⟹隔板法.

【解析】正整数解,即求得的未知量的值为 1,2,3…

题目转化为:有 m 个相同的[元素1],分给 a,b,c,d 四个对象,每个对象至少分得 1 个元素,共有多少种分法,标准隔板法.

在 10 个[元素1]的 9 个空隙中选 2 个插入隔板:$C_9^2 = 36$ 组正整数解.

9.4　排列问题

9.4.1　捆绑法与插空法

9.【2023.08】答案:C

【真题拆解】对题目进行分析,不同家庭之间不能相邻,同一家庭的成员必须相邻,对于相邻问题采用捆绑法,对于不相邻问题采用插空法.

【解析】第一步:捆绑. 将两个家庭分别捆绑在一起,作为两个"大元素".

第二步:插空. 2 个[空座位]中间及两端共有 3 个空隙,从中选中 2 个空隙,插入家庭"大元素"方案数为 C_3^2.

第三步:松绑,分类排序. 2 个"大元素"各自内部排列是 $A_3^3 \times A_2^2$;2 个空座位为相同元素,无需排序;两个家庭之间有序是 A_2^2.

根据乘法原理,总方法数为 $C_3^2 \times A_2^2 \times A_3^3 \times A_2^2 = 72$.

9.4.2　消序问题

10.【2025.15】答案:C

【真题拆解】集装箱只能先运走最上面的,则两组集装箱运走的顺序分别固定. 符合【破题标志词】局部元素定序⟹局部有几个元素定序,就除以几的全排列.

【解析】集装箱只能先运走两组中最上面的,根据【破题标志词】局部元素定序⟹局部有几个元素定序,就除以几的全排列. 两组中分别有 3 个元素和 2 个元素,均定序,总方法数为 $\dfrac{A_5^5}{A_2^3 \cdot A_2^2} = 10$ 数为种.

11.【2023.15】答案:D

【真题拆解】快递只能先取后送,则 3 个快递取和送的顺序固定.符合【破题标志词】局部元素定序⇒局部有几个元素定序,就除以几的全排列.

【解析】快递只能先取后送,3 个快递的取和送,相当于一共 6 个元素,其中三组中的 2 个元素均定序,总方法数为 $\dfrac{A_6^6}{A_2^2 \cdot A_2^2 \cdot A_2^2} = 90$ 种.

9.5 错位重排

12.【2018.13】答案:C

【真题拆解】分析题目特征:①每组有 1 名外聘成员,即 3 名外聘成员分到 3 个部门全排列;②2 人一组检查一个部门,即每个部门由一名主任和 1 名外聘成员检查;③本部门主任不能检查本部门. 题型定位:不对应问题⇒错位重排.

【解析】题目要求三个部门主任不能检查本部门,即错位重排问题.安排方式分三步完成,第一步:将 3 个主任错位排列,有 2 种可能.第二步:将 3 个外聘人员进行全排列,方法有 $A_3^3 = 3! = 3 \times 2 \times 1 = 6$(种).第三步:根据乘法原理算出总的安排方式数为 $2 \times A_3^3 = 2 \times 6 = 12$(种).

9.6 分情况讨论

13.【2022.15】答案:E

【真题拆解】涂色问题,先对每块区域标号,大多数情况都是相邻区域不能同色,然后根据分步计数原理依次涂色.

【解析】将图 9-3 中各封闭区域标号,由①至⑤依次涂色,共分为以下五步:

第一步:区域①可以从四个颜色中任选,有 C_4^1 种方法.

第二步:区域②与①相邻,颜色不能相同,有 3 种颜色可选,有 C_3^1 种方法.

第三步:区域③与①、②均相邻,颜色不能相同,故只有 2 种颜色可选,有 C_2^1 种方法.

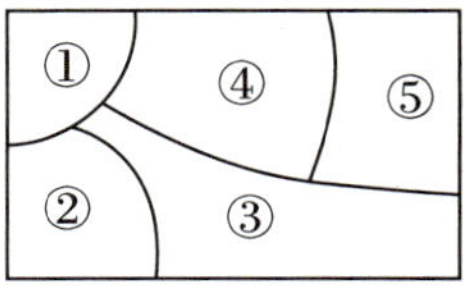

第四步:区域④与①、③块均相邻,颜色不能相同,有 2 种颜色可选,有 C_2^1 种方法.

第五步:区域⑤与③、④均相邻,颜色不能相同,有 2 种颜色可选,有 C_2^1 种方法.

根据乘法原理,不同涂色方案共有 $C_4^1 \times C_3^1 \times C_2^1 \times C_2^1 \times C_2^1 = 96$ 种.

图 9-3

14.【2021.08】答案:D

【真题拆解】分析题目特征:4 人中恰有 1 女,即选出 1 个女生和 3 个男生,【破题标志词】恰⇒等同于[有且仅有],描述全局.需分情况讨论女生来自甲组还是乙组.

【解析】分情况讨论:女生恰来自甲组的方法数为 $C_3^1 \times C_3^1 \times C_4^2 = 3 \times 3 \times 6 = 54$,女生恰来自乙组的方法数为 $C_3^2 \times C_4^1 \times C_2^1 = 3 \times 4 \times 2 = 24$.故总选取方法为 $54 + 24 = 78$.

9.7　　总体剔除法

15.【2023.05】答案：D

【真题拆解】分析题目特征求至少问题，【破题标志词】[至少]问题⟹总体剔除.

【解析】一共需要从6男4女中选出2男1女，一共有 $C_6^2 \times C_4^1 = 60$ 种选法.

　　每部门至少有1名员工入选的对立面为选出的人员都来自同一个部门，2男1女都来自同一部门的情况共有 $C_2^2 \times C_3^1 + C_4^2 \times C_4^1 = 9$ 种. 所以工作小组的构成方式有 $60 - 9 = 51$ 种.

16.【2022.12】答案：C

【真题拆解】乙队"没有"领先过，【破题标志词】"非"的问题⟹总体剔除法. 乙队没有领先过的对立面是乙队领先过.

【解析】乙队没有领先过，即在比赛过程中，乙队进球数不能多于甲队.

　　思路一：总体剔除法. 比赛共进6个球，不同进球顺序总方案数为 $C_6^4 = 15$. 乙队领先分两种可能情况. 情况①：乙队进第一球，之后甲队进4球乙队进1球，方法数为 $C_1^1 C_5^1 = 5$. 情况②：甲队进第一球，之后乙队连进两球，最后甲队进三球，方法数为1.

　　则不同的进球顺序有 $15 - 5 - 1 = 9$ 种.

　　思路二：由于要求乙队没有领先过，故第一个球必定为甲队进球，甲队先进第一球的不同进球顺序方法数为 C_5^3. 之后的比赛中，只有一种可能乙领先甲，即乙队连进第二球与第三球，之后甲队连进三球，比分为 $4:2$. 故满足要求的方法数为 $C_5^3 - 1 = 9$（种）.

17.【2016.14】答案：D

【真题拆解】分析题目特征：①一共是4门课程，6个班；②题目实际求的是从6个班选2个班且这两个班来自"不同"的课程，【破题标志词】"非"的问题⟹总体剔除法. 选出的两个班是"不同"课程的对立面是这两个班的课程相同.

【解析】设四门课分别为A，B，C，D. A，B课程各开设一个班，分别设为 A_1，B_1；C，D课程各开设两个班，分别设为 C_1，C_2，D_1，D_2. 故从6个班级中任选2个班级有 $C_6^2 = 15$ 种可能，C_1 班，C_2 班与 D_1 班，D_2 班分别为同一门课程，选修的2个班选中同一门课程的选法有 $C_2^2 + C_2^2 = 2$（种），故不同选课方式有 $15 - 2 = 13$（种）.

10.1 古典概型

 10.1.1 基础题型

1.【2025.20】答案:D

【真题拆解】分析题目特征点:6张卡片随机抽取2张,基本事件数量有限,每种情况出现的可能性是随机的,符合古典概型. 两张卡片数字之和为奇数,由奇偶四则运算可判断两张卡片上数字情况为一奇一偶.

【解析】类型判断:两条件互斥,单一型.

从6张卡片随机抽取2张,总方法数为 $C_6^2 = 15$.

条件(1):1,2,3,4,5,6,7中有2,4两个偶数,1,3,5,7四个奇数,两个备选池中分别选取一个元素,满足要求的方法数为 $C_2^1 C_4^1 = 8$. 相除得概率,$P = \dfrac{8}{15} > \dfrac{1}{2}$,充分.

条件(2):1,2,3,4,5,8中有2,4,8三个偶数,1,3,5三个奇数,两个备选池中分别选取一个元素,满足要求的方法数为 $C_3^1 C_3^1 = 9$. 相除得概率,$P = \dfrac{9}{15} > \dfrac{1}{2}$,充分.

2.【2025.13】答案:D

【真题拆解】9个球中随机取出2球,基本事件数量有限,每种情况出现的可能性是随机的,符合古典概型. 对于古典概型的题目都是分三步来做,第一步计算总方法数,第二步计算满足要求的方法数,第三步相除得概率.

【解析】第一步:计算总方法数. 9个球中选取2个,共有 $C_9^2 = 36$ 种情况.

第二步:计算满足要求的方法数. 2个白球,3个红球,4个黑球中分别取两个,均符合要求,共有 $C_2^2 + C_3^2 + C_4^2 = 10$ 种情况.

第三步:相除得概率. $P = \dfrac{10}{36} = \dfrac{5}{18}$.

3.【2024.14】答案:A

【真题拆解】甲乙两人每人从4种颜色随机选2种,基本事件数量有限,每种情况出现的可能性是相等的,符合古典概型. 对于古典概型的题目都是分三步来做,第一步计算总方法数,第二步计算满足要求的方法数,第三步相除得概率.

【解析】第一步:计算总方法数. 4种不同的颜色,甲乙两人各随机选2种共有 $C_4^2 C_4^2 = 36$ 种情况.

第二步:计算满足要求的方法数.两人颜色完全相同共有 $C_4^2 = 6$ 种情况.

第三步:相除得概率. $P = \dfrac{6}{36} = \dfrac{1}{6}$.

4.【2024.16】答案:C

【真题拆解】分析题目特征点:①三种颜色的球若干个,基本事件数量有限;②随机抽取1球,每种情况出现的可能性是相同的,符合古典概型.球数量未知,可举特值证伪,但不能证真.

【解析】类型判断:两条件单独信息不完全,联合型.

条件(1):举特值,红球1个,白球2个,黑球1000个,取出白球概率远小于 $\dfrac{1}{4}$,不充分.条件(2):可举出特值,红球2个,白球1个,黑球1个,取出白球概率等于 $\dfrac{1}{4}$,不充分.

两条件联合,设红球 a 个,白球 b 个,黑球 c 个,结论要求 $P_{白球} = \dfrac{b}{a+b+c} > \dfrac{1}{4}$,整理得 $3b > a+c$.条件(1)给出 $a<b$ 且 $a<c$;条件(2)给出 $c < \dfrac{1}{2}(a+b+c)$,整理得 $2c < a+b+c$,即 $b > c - a$,又条件(1) $b>a \Rightarrow 2b > 2a$,两不等式相加可得 $b+2b > c-a+2a$,即 $3b > a+c$,联合充分.

5.【2022.13】答案:E

【真题拆解】分析题目特征:①6人随机站成一排可能的结果有限,可用排列数算出来,且每一种结果出现的概率都是等可能的,一次试验包括有限等可能基本结果,符合古典概型;②女生不相邻,【破题标志词】不相邻问题⇒插空法.

【解析】第一步:计算总方法数.6个人排成一排的总方法数为 A_6^6.

第二步:计算满足要求的方法数.由于要求女生不相邻,故采用插空法.

先插空:女生不能站两端,4名男生中间有3个空,2名女生任选2个空有序地站入,方法数为 $C_3^2 \times A_2^2$.再排序:4名男生排序,方法数为 A_4^4.故满足要求的方法数为 $A_4^4 C_3^2 A_2^2$.

第三步:计算概率. $P = \dfrac{A_4^4 C_3^2 A_2^2}{A_6^6} = \dfrac{1}{5}$.

6.【2020.19】答案:C

【真题拆解】"恰"问题,代表对全局的描述,有且仅有一部甲的概率,那么是要从20部手机中抽出一部甲,一部其他手机属于古典概型的题目.

【解析】设有甲手机 x 部,则有其余手机 $20-x$ 部,根据题意得,任选2部中恰有1部甲手机的概率 $P = \dfrac{C_x^1 C_{20-x}^1}{C_{20}^2} = \dfrac{x(20-x)}{190} > \dfrac{1}{2}$,整理得 $x^2 - 20x + 95 < 0$,$(x-10)^2 < 5$,$10-\sqrt{5} < x < 10+\sqrt{5}$,取整数可得 $8 \leqslant x \leqslant 12$.故条件(1)条件(2)单独均不充分,联立充分.

7.【2020.14】答案:E

【真题拆解】机器人每一步的路线数是有限的,并且走哪一步的可能性都是相同的,所以本题的特征点为古典概型.

【解析】本题符合古典概型.

第一步:计算总方法数.机器人每次均有三种可能,随机走三步,共有 $3 \times 3 \times 3 = 27$ 种可能情况.

第二步:求满足要求的方法数. A、B、D 三个节点均与 C 相连,故在任意节点处均不能选通往 C 的路线,满足要求的方法数为 $2 \times 2 \times 2 = 8$.

第三部:计算概率. $P = \dfrac{2 \times 2 \times 2}{3 \times 3 \times 3} = \dfrac{8}{27}$.

 10.1.2 穷举法

8.【2024.02】答案:C

【真题拆解】3 张不同的卡片上有 3 个不同的数字,题目没有给出具体的数字,可假设为 1、2、3. 不同数字的排序方式会造成不同的结果,可穷举求解.

【解析】假设 3 个不同的数字为 1、2、3,三个数字排成一排有 $A_3^3 = 6$ 种排序方式,具体见表 $10-1$:

表 $10-1$

左	中	右	取出的数字
1	2	3	2
1	3	2	3
2	3	1	3
2	1	3	3
3	1	2	2
3	2	1	1

结论求取出的卡片上数字最大,即取出是数字 3 的排序方式有 132、231、213 三种,取出的卡片上的数字最大的概率 $P = \dfrac{3}{6} = \dfrac{1}{2}$.

9.【2023.14】答案:E

【真题拆解】本题重要的是找出直角三角形,而找出直角三角形的关键是找到直角顶点,因为给出的图形为矩形,可以直接得出有四个直角顶点,除此之外还需要判断点 E、F 是否可以做为直角顶点.

【解析】第一步:计算总方法数.6 个点中任取 3 个,方法数为 $C_6^3 = 20$ 种.

第二步:计算满足要求的方法数.

分情况讨论.情况①:顶点 A(B、C、D)为直角顶点,组成直角三角形的可能为 $4 \times C_2^1 \times C_1^1 = 8$ 种;

情况②:由于 $AD = 2AB$,且 E、F 分别是 AD,BC 的中点,所以 $AE = ED = AB$,$\angle AEB = \angle DEC = 45°$,则 $\angle BEC = 90°$;

顶点 E(F)为直角顶点,组成直角三角形 AEF、DEF 或 AFD,共有 $2 \times 3 = 6$ 种

第三步:相除得概率. $P = \dfrac{8+6}{20} = \dfrac{7}{10}$.

10.【2023.25】答案:B

【真题拆解】分析题目:要求甲取出的牌不小于乙取出牌的概率,需要四张牌的大小关系,根据穷举法计算在所有可能的大小关系下的概率.

【解析】条件(1):令 $a=3, b=1, x=2, y=4$,则甲取出的牌不小于乙取出牌的概率为 $\dfrac{1}{4}$.

条件(2):设 $a \geq b, x \geq y$.

当 $a \geq b \geq x \geq y$ 时,取出的牌不小于乙取出牌的概率为 1;

当 $a \geq x \geq b \geq y$ 时,取出的牌不小于乙取出牌的概率为 $\dfrac{3}{4}$;

当 $a \geq x \geq y \geq b$ 时,取出的牌不小于乙取出牌的概率为 $\dfrac{1}{2}$;

当 $x \geq a \geq b \geq y$ 时,取出的牌不小于乙取出牌的概率为 $\dfrac{1}{2}$.

所以甲取出的牌不小于乙取出牌的概率不小于 $\dfrac{1}{2}$,条件(2)充分.

11.【2020.04】答案:B

【真题拆解】分析题目特征:①题目中含有"恰",符合【"恰"问题】对全局的描述,表示"有且仅有",即[有 1 个数是质数]and[其余 2 个数不是质数];②要求 1 至 10 内的质数,符合【破题标志词】确定范围的质数⇒穷举法.

【解析】本题符合古典概型.

第一步:计算总方法数. $C_{10}^{3} = \dfrac{10 \times 9 \times 8}{3 \times 2 \times 1} = 120$.

第二步:计算满足要求的方法数. 10 以内质数有 $2,3,5,7$ 共 4 个,非质数有 6 个,恰有 1 个质数同时意味着恰有 2 个非质数,故满足要求方法数为 $C_{4}^{1} \times C_{6}^{2} = 60$.

第三步:计算概率. $P = \dfrac{60}{120} = \dfrac{1}{2}$.

12.【2018.12】答案:A

【真题拆解】分析题目:随机抽取 2 张标号之和最大为 19,那么能被 5 整除的标号之和为 $5,10,15$,可根据穷举法找出符合条件的情况.

【解析】第一步:计算总方法数. 从 1 到 10 随便抽取 2 张卡片,一共有 $C_{10}^{2} = 45$ 个抽出卡片的组合.

第二步:计算满足要求的方法数. 由穷举法可知:

两张卡片标号和等于 5 的取法有 $\{1,4\}$ 和 $\{2,3\}$ 两种;

两张卡片标号和等于 10 的取法有 $\{1,9\}$、$\{2,8\}$、$\{3,7\}$、$\{4,6\}$ 共 4 种. (因为标号为 5 只有一张,所以不可能发生抽到 $\{5,5\}$ 这种情况);

两张卡片标号和等于 15 的取法有 $\{5,10\}$、$\{6,9\}$、$\{7,8\}$ 共 3 种.

所以抽到 2 张卡片标号加起来能被 5 整除的可能性一共有 $2+4+3=9$(种).

第三步:计算概率. $P = \dfrac{2+4+3}{C_{10}^2} = \dfrac{9}{45} = \dfrac{1}{5}$.

13.【2017.12】答案:E

【解析】第一步:计算总方法数. $a = \{1, 2, 3\}$,$b = \{1, 2, 3, 4\}$,故共有 $3 \times 4 = 12$(种)可能情况.

第二步:计算满足要求的方法数.

当 $a > b$ 时,满足要求的 a、b 有(2,1)、(3,1)、(3,2),共 3 种;

当 $a + 1 < b$ 时,满足要求的 a、b 有(1,3)、(1,4)、(2,4),共 3 种.

第三步:计算概率. $P = \dfrac{3+3}{12} = \dfrac{1}{2}$.

14.【2016.07】答案:D

【真题拆解】分析题目可以看出需要求出 1 到 100 的整数中能被 5 或 7 整除的数的个数,根据【破题标志词】一个数能被某数整除 $\Rightarrow$ 能被几整除就写作几 k.

【解析】1 到 100 的整数能被 5 整除的数共有 20 个($5k, k = 1, 2, \cdots, 20$);能被 7 整除的数共有 14 个($7k, k = 1, 2, \cdots, 14$);但是既能被 5 整除又能被 7 整除的数共有 2 个($35k, k = 1, 2$),在计算能被 5 整除的数和能被 7 整除的数时重复计算了一次,因此需要减去重复的数字.应用古典概型公式得所求概率 $P = \dfrac{20+14-2}{100} = \dfrac{32}{100} = 0.32$.

15.【2015.04】答案:C

【真题拆解】分析题目特征点:6 张卡片,有限个基本事件,随机取 3 张每张卡片取出的可能性相等,符合古典概型.

【解析】第一步:计算总方法数. 6 张中随机抽取 3 张方案数为 $C_6^3 = 20$.

第二步:计算满足要求的方法数. 由穷举法可知,3 张和为 10 共有(1,3,6)、(1,4,5)、(2,3,5)这 3 种.

第三步:计算概率. $P = \dfrac{3}{20} = 0.15$.

10.2 概率乘法公式与加法公式

📍 10.2.1 基本应用

16.【2019.18】答案:D

【真题拆解】分析结论特征:此人要获奖,说明抽取的 2 张奖券中至少有一张获奖,【破题标志词】至少问题 $\Rightarrow$ 正难则反,总体剔除.分析条件特征:两条件都给了一个定值,概率为正,"不少于"求最值,【破题标志词】[限制为正] + [求最值] $\Rightarrow$ 均值定理.

【解析】某人从两袋中各随机抽取 1 张奖券获奖,其对立事件为某人从两袋中各随机抽取 1 张奖券均未获奖,则题目所求为 $1 - (1-p)(1-q) \geq \dfrac{3}{4}$.

条件(1)：代入 $p+q=1$，得 $1-(1-p)(1-q) = p+q-pq = 1-pq$，根据均值定理知，$1 = p+q \geqslant 2\sqrt{pq}$，$pq \leqslant \dfrac{1}{4}$，故 $1-pq \geqslant \dfrac{3}{4}$，充分.

条件(2)：由均值定理知 $pq = \dfrac{1}{4} \leqslant \left(\dfrac{p+q}{2}\right)^2$，则 $p+q \geqslant 1$，故 $1-(1-p)(1-q) = p+q-pq \geqslant 1-\dfrac{1}{4} = \dfrac{3}{4}$，亦充分.

17.【2018.09】答案：C

【真题拆解】分析题目特征：①乙在第一盘获胜为已经发生的事，即必然事件，概率为 1；②甲赢得比赛说明甲先胜 2 盘.

【解析】每一盘比赛均为独立事件，前后相互之间无影响. 乙已经先赢了一盘，所以，甲必须连续赢得两盘才能获胜. 甲连续赢两盘的概率 $P = 0.6 \times 0.6 = 0.36$.

 10.2.2　需分情况讨论的问题

18.【2017.08】答案：B

【真题拆解】15 道题分为三种，能确定正确选项的，能排除 2 个错误选项的，能排除 1 个错误选项，每道题选对的概率相互独立，甲得满分的概率需求出每种类型能得分的概率.

【解析】甲会的 6 道题得分概率为 1；能排除 2 个错误选项的 5 道题每道得分概率为 $\dfrac{1}{4-2} = \dfrac{1}{2}$；排除 1 个错误选项的 4 道题每道得分概率为 $\dfrac{1}{4-1} = \dfrac{1}{3}$，故甲得满分概率为 $P = 1^6 \times \left(\dfrac{1}{2}\right)^5 \times \left(\dfrac{1}{3}\right)^4 = \dfrac{1}{2^5} \times \dfrac{1}{3^4}$.

10.3　抽签模型

 10.3.1　抽签技巧

19.【2021.11】答案：D

【真题拆解】分析题目特征：①有多张有奖券；②取出后不放回；③对所求结论进行等价转化，最后一个抽出的是二等奖球，即可保证一等奖的球先于二等奖抽完. 符合【抽签技巧1】第 1 次抽中概率 = 第 2 次抽中的概率 = 第 k 次抽中的概率 = $\dfrac{\text{有奖票数}}{\text{总奖票数}}$.

【解析】题目仅涉及一等奖和二等奖的球，因此其余球不影响概率. 只需要保证在抽取有奖球的 10 个球时，最后一个抽出的是二等奖球，即可保证一等奖的球先于二等奖抽完. $P_{\text{最后一次抽取二等奖}} = P_{\text{第一次抽取二等奖}} = \dfrac{7}{10}$.

10.3.2 分组问题抽签法

20.【2025.11】答案:D

【真题拆解】分析题目特征:①多个元素分组;②两个次品要求在同一组. 符合分组问题抽签法,且用古典概型计算量很大.

【解析】假设共有100张签,1–10号签为第一个箱子,11–20号签为第二个箱子……,2个次品分别依次进行不放回抽签. 第一个次品从100张签中随机抽取,均满足要求,概率为 $\dfrac{100}{100}$. 第二个次品从剩余99张签中抽取,只有与第一个次品同箱的9张签满足要求,概率为 $\dfrac{9}{99}$. 根据乘法公式,$P = \dfrac{100}{100} \times \dfrac{9}{99} = \dfrac{1}{11}$.

10.4 伯努利概型

21.【2017.23】答案:C

【真题拆解】分析题目特征:此人参加考试做题,A类考试3道题相当于3次试验机会,每次试验结果为会做与不会做两种,为3重伯努利试验;B类考试2道题相当于2次试验机会,每次试验结果为会做与不会做两种,为2重伯努利试验.

【解析】条件(1)3重伯努利试验中 $P_{合格1} = P_{3会} + P_{2会1不会} = (0.6)^3 + C_3^2 (0.6)^2 (0.4) = 0.648$. 条件(2)2重伯努利试验中 $P_{合格2} = P_{2会} = (0.8)^2 = 0.64 < 0.648$,参加A类合格的概率大,故联合充分.

10.5 对立事件法

22.【2022.05】答案:A

【真题拆解】这道题仅有6个圆,任取两个圆看其相不相切,情况不多所以可以利用穷举的方法,但是两个圆不相切的情况不直观不好数,所以就可以采用对立事件法,两个圆不相切的对立事件就是两个圆相切,而相切的两圆相对好数,即可用1减去两圆相切的概率.

【解析】本题符合古典概型,从6个圆中随机取2个,总方法数是为 $C_6^2 = 15$. 穷举两圆不相切的方法数,由于其规律性较弱,可采用【破题标志词】正难则反,对立事件法. 选取两个圆不相切的对立事件是选取的两个圆相切,可能是纵向的2个圆相切,有3种可能;也可能是横向的2个圆相切,有4种可能;综上两圆相切有7种可能. 故所求概率为 $1 - \dfrac{7}{15} = \dfrac{8}{15}$.

23.【2021.06】答案:D

【真题拆解】要解对本题首先要了解什么时候电流才能在 P、Q 之间通过,通过图中可以发现三个元件是并联的,即三个元件至少有一个可通过电流,那么电流就可以在 P、Q 之间通过. 三个元件至少一个可通电流又分为仅一个元件可通电流,两个元件可通电流,三个元件都可以通过电流,情况多且计算复杂. 再看其对立事件"三个元件都不能通过电流",仅一种情况,本着正难则反原

则,本题使用对立事件法.

【解析】【破题标志词】至少问题⇒对之事件法. 电流不能通过 T_1, T_2, T_3 的概率分别为 $0.1, 0.1$ 和 0.01. 根据对立事件法,能通过的概率为 $1 - P_{全不通过} = 1 - 0.1 \times 0.1 \times 0.01 = 0.9999$.

24.【2021.14】答案:E

【真题拆解】随机选出 3 个球,那么这三个球会出现三种情况:①只有 1 种颜色;②有 2 种颜色;③有 3 种颜色. 至多两种包括①和②,需要计算两种情况,而其对立事件就③一种情况,所以优先使用对立事件法来求解本题.

【解析】从六个球中任意取出三个球,三个球三种颜色,即三种颜色的球各取一个. $P_{三个球三种颜色} = \dfrac{C_1^1 C_2^1 C_3^1}{C_6^3} = \dfrac{6}{20} = 0.3$,因此 $P_{三个球颜色至多两种} = 1 - P_{三个球三种颜色} = 1 - 0.3 = 0.7$.

25.【2019.06】答案:D

【真题拆解】要比较甲乙的卡片数字大小,大小关系需要一一列举出来进行比较,所以满足情况的方案需要穷举. 两个数字之和大于甲的卡片数字情况较多,一一列举太过繁琐,不仅费时间还容易出错,观其对立事件"乙的卡片数字之和小于等于甲的卡片数字"情况相对较少,因此本题采用对立事件法.

【解析】乙的总的取法为 $C_6^1 \times C_5^2 = 60$,穷举出所有乙卡片数字之和小于等于甲卡片数字的取法,如表 10 - 2 所示:

表 10 - 2

甲抽取卡片数字	乙满足要求的卡片数字
3	{1,2}
4	{1,2},{1,3}
5	{1,2},{1,3},{1,4},{2,3}
6	{1,2},{1,3},{1,4},{1,5},{2,3},{2,4}

故满足乙卡片数字之和小于等于甲卡片数字的取法共有 13 种,则乙卡片数字之和大于甲的取法有 $60 - 13 = 47$(种),则所求概率为 $P = \dfrac{47}{60}$.

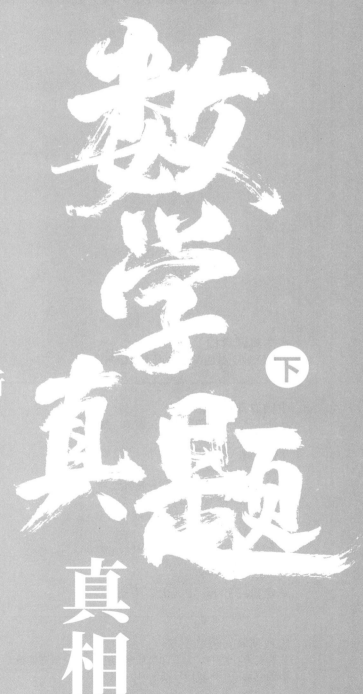

MBA大师

历年经典真题及解析

董璞 —————— 编著

下

真相

中国农业出版社
CHINA AGRICULTURE PRESS
·北京·

图书在版编目（CIP）数据

数学真题真相 / 董璞编著. -- 北京 ： 中国农业
出版社，2025. 5. -- ISBN 978-7-109-33281-2

Ⅰ. O13-44

中国国家版本馆CIP数据核字第2025J0Z341号

数学真题真相
SHUXUE ZHENTI ZHENXIANG

中国农业出版社出版

地址：北京市朝阳区麦子店街 18 号楼

邮编：100125

责任编辑：章颖

责任校对：吴丽婷

印刷：天津市蓟县宏图印务有限公司

版次：2025 年 5 月第 1 版

印次：2025 年 5 月天津第 1 次印刷

发行：新华书店北京发行所

开本：787mm×1092mm　1/16

总印张：25

总字数：620 千字

总定价：79.80 元（上、下册）

下篇　答案与解析

上篇

历年经典真题

1.1 实数

1.1.1 实数大小判断

比较实数大小的基本法则是:正数都大于零,零大于一切负数;两个负数相比较,绝对值大的反而小.

平方法:对任意非负实数 a,b 有: $a^2 > b^2 \Leftrightarrow a > b$.

用平方法比较实数大小时,需要特别注意前提条件, $a \geq 0$, $b \geq 0$. 因此在解此类题目时要注意正负性的讨论.

数形结合:在同一数轴上,右边的点表示的数总比左边的点表示的数大, $|a|$ 表示数轴上点 a 距 0 点的距离(绝对值的几何意义). 对于带有绝对值的题目,可优先考虑使用此方法,注意正负性的讨论.

带平方和绝对值的表达式,如无额外限制条件,一般无法得出不带平方和绝对值的表达式大小.

对于任意两个正实数 a,b ,当 $a > b$ 时, $\dfrac{1}{a} < \dfrac{1}{b}$.

1.【2015.17】(条件充分性判断)已知 a,b 为实数. 则 $a \geq 2$ 或 $b \geq 2$.

(1) $a + b \geq 4$.

(2) $ab \geq 4$.

解析 ▶ P091

2.【2012.01.21】(条件充分性判断)已知 a,b 是实数. 则 $a > b$.

(1) $a^2 > b^2$.

(2) $a^2 > b$.

解析 ▶ P091

3.【2008.01.29】(条件充分性判断) $a > b$.

(1) a, b 为实数,且 $a^2 > b^2$.

(2) a, b 为实数,且 $\left(\dfrac{1}{2}\right)^a < \left(\dfrac{1}{2}\right)^b$.

解析 ▶ P091

4.【2008.01.27】(条件充分性判断) $ab^2 < cb^2$.

(1) 实数 a, b, c 满足 $a + b + c = 0$.

(2) 实数 a, b, c 满足 $a < b < c$.

解析 ▶ P092

5.【2007.10.28】(条件充分性判断) $a < -1 < 1 < -a$.

(1) a 为实数, $a + 1 < 0$.

(2) a 为实数, $|a| < 1$.

解析 ▶ P092

6.【2007.10.27】(条件充分性判断) $x > y$.

(1) 若 x 和 y 都是正整数,且 $x^2 < y$.

(2) 若 x 和 y 都是正整数,且 $\sqrt{x} < y$.

解析 ▶ P092

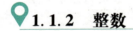 1.1.2 整数

7.【2008.10.04】一个大于1的自然数的算术平方根为 a,则与该自然数左右相邻的两个自然数的算术平方根分别为(   ).

A. $\sqrt{a} - 1, \sqrt{a} + 1$ B. $a - 1, a + 1$ C. $\sqrt{a - 1}, \sqrt{a + 1}$

D. $\sqrt{a^2 - 1}, \sqrt{a^2 + 1}$ E. $a^2 - 1, a^2 + 1$

解析 ▶ P093

> 一个正数 a 的平方根有两个,分别为 $\sqrt{a}$ 和 $-\sqrt{a}$,它们互为相反数.其中正的平方根即 $\sqrt{a}$ 称为 a 的算术平方根.

1.1.3 有理数与无理数

8.【2009.10.06】若 x, y 是有理数,且满足 $(1 + 2\sqrt{3})x + (1 - \sqrt{3})y - 2 + 5\sqrt{3} = 0$,则 x, y 的值分别为(   ).

A. 1,3   B. $-1, 2$ C. $-1, 3$ D. 1,2   E. 以上结论都不正确

解析 ▶ P093

1.2 整除

1.2.1 整数判断

9.【2008.10.23】(条件充分性判断) $\frac{n}{14}$ 是一个整数.

(1) n 是一个整数, 且 $\frac{3n}{14}$ 也是一个整数.

(2) n 是一个整数, 且 $\frac{n}{7}$ 也是一个整数.

解析 ▶ P093

10.【2007.10.16】(条件充分性判断) m 是一个整数.

(1) 若 $m = \frac{p}{q}$, 其中 p 与 q 为非零整数, 且 m^2 是一个整数.

(2) 若 $m = \frac{p}{q}$, 其中 p 与 q 为非零整数, 且 $\frac{2m+4}{3}$ 是一个整数.

解析 ▶ P093

本题中反复出现 $m = \frac{p}{q}$ (p 与 q 为非零整数), 根据有理数定义, m 为有理数. 所有的有理数均可以写成分数形式, 这是它与无理数的本质区别. 考官在表达一个数为有理数时, 经常使用此种表达方式.

1.2.2 整数的乘方运算

【破题标志词】由于 $0^a = 0 (a > 0)$, $1^a = 1$ (a 为实数), 0^0 无意义, 当题目中出现较大幂次的数值计算时, 往往考虑其底数是否为 0 或 1.

11.【2009.10.07】设 a 与 b 之和的倒数的 2007 次方等于 1, a 的相反数与 b 之和的倒数的 2009 次方也等于 1. 则 $a^{2007} + b^{2009} = (\qquad)$.

　　A. -1 　　　　B. 2 　　　　C. 1 　　　　D. 0 　　　　E. 2^{2007}

解析 ▶ P094

12.【2008.10.02】设 a, b, c 均为整数, 且 $|a-b|^{20} + |c-a|^{41} = 1$, 则 $|a-b| + |a-c| + |b-c| = (\qquad)$.

　　A. 2 　　　　B. 3 　　　　C. 4 　　　　D. -3 　　　　E. -2

解析 ▶ P094

1.3　　奇数与偶数

13.【2014.10.22】(条件充分性判断)$m^2 - n^2$是4的倍数.
   (1)m,n都是偶数.
   (2)m,n都是奇数.

解析 ▶ P094

14.【2013.10.16】(条件充分性判断)$m^2 n^2 - 1$能被2整除.
   (1)m是奇数.
   (2)n是奇数.

解析 ▶ P095

15.【2012.01.20】(条件充分性判断)已知m,n是正整数.则m是偶数.
   (1)$3m + 2n$是偶数.
   (2)$3m^2 + 2n^2$是偶数.

解析 ▶ P095

16.【2010.01.17】(条件充分性判断)有偶数位来宾.
   (1)聚会时所有来宾都被安排坐在一张圆桌周围,且每位来宾与其邻座性别不同.
   (2)聚会时男宾人数是女宾人数的两倍.

解析 ▶ P095

1.4　　质数与合数

17.【2015.03】设m,n是小于20的质数,满足条件$|m - n| = 2$的$\{m,n\}$共有(　　　).
   A.2 组　　　　　B.3 组　　　　　C.4 组　　　　　D.5 组　　　　　E.6 组

解析 ▶ P095

18.【2014.10.01】两个相邻的正整数都是合数,则这两个数的乘积的最小值是(　　　).
   A.420　　　　　B.240　　　　　C.210　　　　　D.90　　　　　E.72

解析 ▶ P096

19.【2014.01.10】若几个质数(素数)的乘积为770,则它们的和为(　　　).
   A.85　　　　　B.84　　　　　C.28　　　　　D.26　　　　　E.25

解析 ▶ P096

20.【2013.01.17】(条件充分性判断)$p = mq + 1$ 为质数.

    (1)m 为正整数,q 为质数.

    (2)m、q 均为质数.

解析 ▶ P096

21.【2010.01.03】三名小孩中有一名学龄前儿童(年龄不足 6 岁),他们的年龄都是质数(素数),且依次相差 6 岁,他们的年龄之和为(　　).

    A. 21   B. 27   C. 33   D. 39   E. 51

解析 ▶ P096

22.【2009.10.16】(条件充分性判断)$a + b + c + d + e$ 的最大值是 133.

    (1)a, b, c, d, e 是大于 1 的自然数,且 $abcde = 2700$.

    (2)a, b, c, d, e 是大于 1 的自然数,且 $abcde = 2000$.

解析 ▶ P096

1.5　分数运算

> 对于多个有规律的分数求和,并不需要直接依次相加求解,而应首先考虑使用裂项相消,即将每一项分解后重新组合,消去大多数项.裂项实际上是通分的反向操作.分解第 n 项的裂项基本公式为:$\dfrac{1}{n(n+k)} = \dfrac{1}{k}\left(\dfrac{1}{n} - \dfrac{1}{n+k}\right)$.

23. 2013.01.05】已知 $f(x) = \dfrac{1}{(x+1)(x+2)} + \dfrac{1}{(x+2)(x+3)} + \cdots + \dfrac{1}{(x+9)(x+10)}$,则 $f(8)$

    = (　　).

    A. $\dfrac{1}{9}$ B. $\dfrac{1}{10}$ C. $\dfrac{1}{16}$ D. $\dfrac{1}{17}$ E. $\dfrac{1}{18}$

解析 ▶ P097

1.6　绝对值的定义与性质

📍 1.6.1 　$|a| \geqslant a$

> 绝对值的重要性质:$|a| \geqslant a$,即一个数的绝对值大于等于其本身.

24.【2010.01.16】(条件充分性判断)$a|a-b| \geq |a|(a-b)$.

    (1)实数 $a>0$.

    (2)实数 a,b 满足 $a>b$.

解析 ▶ P097

25.【2005.01.05】(条件充分性判断)实数 a,b 满足 $|a|(a+b) > a|a+b|$.

    (1)$a<0$.

    (2)$b>-a$.

解析 ▶ P097

1.6.2 $\sqrt{a^2} = |a|$

26.【2008.10.20】(条件充分性判断)$|1-x| - \sqrt{x^2 - 8x + 16} = 2x - 5$.

    (1)$2<x$.

    (2)$x<3$.

解析 ▶ P097

 1.6.3   绝对值的自比性

> 【绝对值的自比性】对于非零实数 x 有：$\dfrac{|x|}{x} = \dfrac{x}{|x|} = \begin{cases} 1, x>0 \\ -1, x<0 \end{cases}$.

27.【2008.01.30】(条件充分性判断)$\dfrac{b+c}{|a|} + \dfrac{c+a}{|b|} + \dfrac{a+b}{|c|} = 1$.

    (1)实数 a,b,c 满足 $a+b+c=0$.

    (2)实数 a,b,c 满足 $abc>0$.

解析 ▶ P098

1.6.4   绝对值的非负性

> 某些题目中给出的算式包含多个未知字母且运算关系较复杂,但要求出关于未知字母另一算式的具体值,此时考虑从算式的非负性入手.即题目中直接或间接给出【破题标志词】几个非负性式子之和等于(或小于等于)零,则这些具有非负性的式子值分别为零.从而得到关于未知字母的方程组.
>
> 典型的具有非负性的式子有：$|a| \geq 0$, $\sqrt{a} \geq 0$, $a^2 \geq 0$.

28.【2011.01.02】若实数 a,b,c 满足 $|a-3|+\sqrt{3b+5}+(5c-4)^2=0$,则 $abc=($).

    A. -4 B. $-\dfrac{5}{3}$ C. $-\dfrac{4}{3}$ D. $\dfrac{4}{5}$ E. 3

解析 ▶ P098

29.【2009.10.18】(条件充分性判断) $2^{x+y}+2^{a+b}=17$.

    (1) a,b,x,y 满足 $y+|\sqrt{x}-\sqrt{3}|=1-a^2+\sqrt{3}b$.

    (2) a,b,x,y 满足 $|x-3|+\sqrt{3}b=y-1-b^2$.

解析 ▶ P098

30.【2009.01.15】已知实数 a,b,x,y 满足 $y+|\sqrt{x}-\sqrt{2}|=1-a^2$ 和 $|x-2|=y-1-b^2$,则 $3^{x+y}+3^{a+b}=($).

    A. 25 B. 26 C. 27 D. 28 E. 29

解析 ▶ P099

31.【2008.10.10】 $|3x+2|+2x^2-12xy+18y^2=0$,则 $2y-3x=($).

    A. $-\dfrac{14}{9}$ B. $-\dfrac{2}{9}$ C. 0 D. $\dfrac{2}{9}$ E. $\dfrac{14}{9}$

解析 ▶ P099

1.7   去掉绝对值

📍 1.7.1   根据定义直接去绝对值

32.【2011.10.24】(条件充分性判断)已知 $g(x)=\begin{cases}1,x>0\\-1,x<0\end{cases}$, $f(x)=|x-1|-g(x)|x+1|+|x-2|+|x+2|$. 则 $f(x)$ 是与 x 无关的常数.

    (1) $-1<x<0$.

    (2) $1<x<2$.

解析 ▶ P100

33.【2011.01.12】设 a,b,c 是小于 12 的三个不同的质数(素数),且 $|a-b|+|b-c|+|c-a|=8$,则 $a+b+c=($).

    A. 10 B. 12 C. 14 D. 15 E. 19

解析 ▶ P100

34.【2006.10.07】（条件充分性判断）$|b-a|+|c-b|-|c|=a$.

(1)实数 a,b,c 在数轴上的位置为

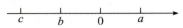

(2)实数 a,b,c 在数轴上的位置为

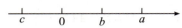

解析 ▶ P100

 1.7.2　给定算式去掉绝对值后的形式,求未知量取值范围

此类题目特征点为:给出带未知量的算式去掉绝对值后的形式,要求未知量的取值范围.
破题入手方向为:根据定义去掉绝对值的逆推,即:若 $|a|=a$,则 $a\geqslant0$. 若 $|a|=-a$,则 $a\leqslant0$.
注意由于零的相反数仍是零,因此上式中两个等号均可以取到.

35.【2008.10.16】（条件充分性判断）$-1<x\leqslant\dfrac{1}{3}$.

(1) $\left|\dfrac{2x-1}{x^2+1}\right|=\dfrac{1-2x}{1+x^2}$.

(2) $\left|\dfrac{2x-1}{3}\right|=\dfrac{2x-1}{3}$.

解析 ▶ P100

36.【2003.10.03】已知 $\left|\dfrac{5x-3}{2x+5}\right|=\dfrac{3-5x}{2x+5}$,则实数 x 的取值范围是(　　　).

A. $x<-\dfrac{5}{2}$ 或 $x\geqslant\dfrac{3}{5}$ 　　　　B. $-\dfrac{5}{2}\leqslant x\leqslant\dfrac{3}{5}$ 　　　　C. $-\dfrac{5}{2}<x\leqslant\dfrac{3}{5}$

D. $-\dfrac{3}{5}\leqslant x<\dfrac{5}{2}$ 　　　　E.以上结论均不正确

解析 ▶ P101

1.8　绝对值的几何意义

 1.8.1　两个绝对值之和

【破题标志词】形如 $|x-a|+|x-b|$ 的两绝对值之和,在数轴上可表示为:

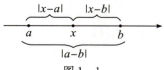

图 1-1

x 在 $[a,b]$ 之内的任意位置时,绝对值之和为定值,恒等于 a,b 的距离即 $|a-b|$,同时这也是两绝对值之和能取到的最小值;在 $[a,b]$ 之外时,随着 x 远离 a,b 点, $|x-a|+|x-b|$ 的取值也随之增加,且没有上限,即 $|x-a|+|x-b|$ 没有最大值.

【扩展词汇】形如 $|x-a|-|x-b|$ 的两个绝对值之差,在数轴上可表示为:

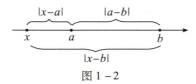

图 1-2

x 在 a,b 的中点时绝对值之差为零.

x 在 $[a,b]$ 之外时,由于部分距离相互抵消,绝对值之差分别为 a,b 的距离,即 $|a-b|$,和其距离的相反数,即 $-|a-b|$.它们同时也是两绝对值之差的最大值和最小值.

37.【2008.01.18】(条件充分性判断) $f(x)$ 有最小值2.

(1) $f(x) = \left|x - \dfrac{5}{12}\right| + \left|x - \dfrac{1}{12}\right|$.

(2) $f(x) = |x-2| + |4-x|$.

解析 ▶ P101

38.【2007.10.30】(条件充分性判断)方程 $|x+1|+|x|=2$ 无根.

(1) $x \in (-\infty, -1)$.

(2) $x \in (-1, 0)$.

解析 ▶ P101

39.【2007.10.09】设 $y = |x-2| + |x+2|$,则下列结论正确的是( ).

A. y 没有最小值

B. 只有一个 x 使 y 取到最小值

C. 有无穷多个 x 使 y 取到最大值

D. 有无穷多个 x 使 y 取到最小值

E. 以上结论均不正确

解析 ▶ P102

40.【2003.01.10】(条件充分性判断)不等式 $|x-2| + |4-x| < s$ 无解.

(1) $s \leqslant 2$.

(2) $s > 2$.

解析 ▶ P102

在含有未知数的不等式中,能使不等式成立的未知数值的全体所构成的集合,叫做不等式的解集. 本题中要使不等式无解,即无论 x 如何取值,都不能使 $|x-2| + |4-x|$ 的值小于 s,此时只需要令 s 小于等于 $|x-2| + |4-x|$ 的最小值即可. 因此观察两条件即可排除条件(2).

41.【2002.10.06】已知$t^2 - 3t - 18 \leqslant 0$,则$|t+4| + |t-6| = ($ $)$.

    A. $2t - 2$ B. 10 C. 3 D. $2t + 2$

解析 ▶ P102

📍 1.8.2　多个绝对值之和

> **【破题标志词】**多个绝对值的和$|x-a| + |x-b| + |x-c| + \cdots$
>
>   根据x的取值范围,两两成对应用两个绝对值之和的几何意义,之后根据题目要求讨论.即若x在$[a,b]$内,则$|x-a| + |x-b|$为定值,此时只需要讨论x与c点距离关系即可,以此类推.

42.【2013.10.25】(条件充分性判断)方程$|x+1| + |x+3| + |x-5| = 9$存在唯一解.

    (1)$|x-2| \leqslant 3$.

    (2)$|x-2| \geqslant 2$.

解析 ▶ P102

43.【2009.10.08】设$y = |x-a| + |x-20| + |x-a-20|$,其中$0 < a < 20$,则对于满足$a \leqslant x \leqslant 20$的$x$值,$y$的最小值是($\quad$).

    A. 10 B. 15 C. 20 D. 25 E. 30

解析 ▶ P103

2.1　比与比例

2.1.1　整数比

1.【2014.01.04】某公司投资一个项目,已知上半年完成了预算的 $\frac{1}{3}$,下半年完成了剩余部分的 $\frac{2}{3}$,此时还有 8 千万元投资未完成,则该项目的预算为（　　）.

A. 3 亿元　　　　B. 3.6 亿元　　　　C. 3.9 亿元　　　　D. 4.5 亿元　　　　E. 5.1 亿元

解析 ▶ P104

2.【2013.10.04】某物流公司将一批货物的 60% 送到了甲商场,100 件送到了乙商场,其余的都送到了丙商场. 若送到甲、丙两商场的货物数量之比为 7：3,则该批货物共有（　　）件.

A. 700　　　　B. 800　　　　C. 900　　　　D. 1000　　　　E. 1100

解析 ▶ P104

3.【2013.01.06】甲、乙两商店同时购进了一批某品牌的电视,当甲店售出 15 台时乙店售出了 10 台,此时两店的库存比为 8：7,库存差为 5,甲、乙两店的总进货量为（　　）台.

A. 75　　　　B. 80　　　　C. 85　　　　D. 100　　　　E. 125

解析 ▶ P104

4.【2010.01.01】电影开演时观众中女士与男士人数之比为 5：4,开演后无观众入场,放映一小时后,女士的 20%、男士的 15% 离场,则此时在场的女士与男士人数之比为（　　）.

A. 4：5　　　　B. 1：1　　　　C. 5：4　　　　D. 20：17　　　　E. 85：64

解析 ▶ P104

5.【2008.01.23】(条件充分性判断)一件含有 25 张一类贺卡和 30 张二类贺卡的邮包的总重量(不计包装重量)为 700 克.
(1)一类贺卡重量是二类贺卡重量的 3 倍.
(2)一张一类贺卡与两张二类贺卡的总质量是 $\frac{100}{3}$ 克.

解析 ▶ P105

6.【2008.01.16】(条件充分性判断)本学期某大学的 a 个学生或者付 x 元的全额学费或者付半额学费,付全额学费的学生所付的学费占 a 个学生所付学费总额的比率是 $\frac{1}{3}$.
(1)在这 a 个学生中 20% 的人付全额学费.
(2)这 a 个学生本学期共付 9120 元学费.

解析 ▶ P105

7.【2006.10.02】甲、乙两仓库储存的粮食重量之比为 4∶3,现从甲库中调出 10 万吨粮食,则甲、乙两仓库存粮吨数之比为 7∶6.甲仓库原有粮食的万吨数为(　　).
A.70　　　　　B.78　　　　　C.80　　　　　D.85　　　　　E. 以上结论均不正确

解析 ▶ P105

8.【2005.01.01】甲、乙两个储煤仓库的库存煤量之比为 10∶7,要使这两个仓库的库存煤量相等,甲仓库需向乙仓库搬入的煤量占甲仓库库存煤量的(　　).
A.10%　　　　B.15%　　　　C.20%　　　　D.25%　　　　E.30%

解析 ▶ P105

9.【1999.10.02】甲、乙、丙三名工人加工一批零件,甲工人完成了总件数的 34%,乙、丙两工人完成的件数之比为 6∶5,已知丙工人完成了 45 件,则甲工人完成了(　　).
A.48 件　　　　B.51 件　　　　C.60 件　　　　D.63 件　　　　E.132 件

解析 ▶ P105

10.【1997.01.03】某投资者以 2 万元购买甲、乙两种股票,甲股票的价格为 8 元/股,乙股票的价格为 4 元/股,它们的投资额之比是 4∶1. 在甲、乙股票价格分别为 10 元/股和 3 元/股时,该投资者全部抛出这两种股票,他共获利(　　).
A.3000 元　　　B.3889 元　　　C.4000 元　　　D.5000 元　　　E.2300 元

解析 ▶ P106

2.1.2 分数形式的比

若目中直接或间接给出分数形式的比,我们一般需要先进行预处理,将比的每一项同乘其分母的最小公倍数,将其化为整数形式的比,然后再通过【见比设 k】的方法进行计算.

【举例】$a:b:c = \dfrac{1}{2} : \dfrac{1}{3} : \dfrac{1}{5}$,先将比中每一项同乘分母 2、3、5 的最小公倍数 30,得到 $a:b:c = \left(\dfrac{1}{2}\times 30\right) : \left(\dfrac{1}{3}\times 30\right) : \left(\dfrac{1}{5}\times 30\right) = 15:10:6.$ 此时可设 $a=15k,b=10k,c=6k.$

11.【2013.10.03】如果 a,b,c 的算术平均值等于 13,且 $a:b:c = \dfrac{1}{2} : \dfrac{1}{3} : \dfrac{1}{4}$,那么 $c = ($).

　　A. 7　　　　　B. 8　　　　　C. 9　　　　　D. 12　　　　　E. 18

解析 ▶ P106

12.【2012.10.01】将 3700 元奖金按 $\dfrac{1}{2} : \dfrac{1}{3} : \dfrac{2}{5}$ 的比例分给甲、乙、丙三人,则乙应得奖金
( )元.

　　A. 1000　　　B. 1050　　　C. 1200　　　D. 1500　　　E. 1700

解析 ▶ P106

2.1.3 两个含共有项的比

13.【2009.01.02】某国参加北京奥运会的男、女运动员比例原为 19:12. 由于先增加若干名女运动员,使男、女运动员比例变为 20:13. 后又增加了若干名男运动员,于是男、女运动员比例最终变为 30:19. 如果后增加的男运动员比先增加的女运动员多 3 人,则最后运动员的总人数为( ).

　　A. 686　　　　B. 637　　　　C. 700　　　　D. 661　　　　E. 600

解析 ▶ P106

14.【2007.10.04】某产品有一等品、二等品和不合格品三种,若在一批产品中一等品件数和二等品件数的比是 5:3,二等品件数和不合格品件数的比是 4:1,则该产品的不合格品率约为
( ).

　　A. 7.2%　　　B. 8%　　　　C. 8.6%　　　D. 9.2%　　　E. 10%

解析 ▶ P107

2.2 利润与利润率

15.【2010.01.18】(条件充分性判断)售出一件甲商品比售出一件乙商品利润要高.
   (1)售出 5 件甲商品,4 件乙商品共获利 50 元.
   (2)售出 4 件甲商品,5 件乙商品共获利 47 元.

解析 ▶ P107

16.【2010.01.02】某商品的成本为 240 元,若按该商品标价的 8 折出售,利润率是 15%,则该商品的标价为(   ).
   A.276 元　　　B.331 元　　　C.345 元　　　D.360 元　　　E.400 元

解析 ▶ P107

17.【2009.10.03】甲、乙两商店某种商品的进货价格都是 200 元,甲店以高于进货价格 20% 的价格出售,乙店以高于进货价格 15% 的价格出售,结果乙店的售出件数是甲店的 2 倍.扣除营业税后乙店的利润比甲店多 5400 元.若设营业税率是营业额的 5%,那么甲、乙两店售出该商品各为(   )件.
   A.450,900　　B.500,1000　　C.550,1100　　D.600,1200　　E.650,1300

解析 ▶ P107

18.【2009.01.01】一家商店为回收资金把甲、乙两件商品以 480 元一件卖出.已知甲商品赚了 20%,乙商品亏了 20%,则商店盈亏结果为(   ).
   A.不亏不赚　B.亏了 50 元　C.赚了 50 元　　D.赚了 40 元　E.亏了 40 元

解析 ▶ P108

2.3 增长率问题

📍 2.3.1 基础题型

19.【2014.10.04】高速公路假期免费政策带动了京郊旅游的增长.据悉,2014 年春节 7 天假期,北京市乡村民俗旅游接待游客约 697000 人次,比去年同期增长 14%,则去年大约接待游客人次为(   ).
   A.$6.97 \times 10^5 \times 0.14$　　　　B.$6.97 \times 10^5 - 6.97 \times 10^5 \times 0.14$　　　C.$\dfrac{6.97 \times 10^5}{0.14}$
   D.$\dfrac{6.97 \times 10^7}{0.14}$　　　　E.$\dfrac{6.97 \times 10^7}{114}$

解析 ▶ P108

20. 【2013.01.01】某工厂生产一批零件,计划 10 天完成任务,实际提前 2 天完成,则每天的产量比计划平均提高了(　　).

    A. 15%　　　　　B. 20%　　　　　C. 25%　　　　　D. 30%　　　　　E. 35%

    解析 ▶ P108

21. 【2012.10.16】(条件充分性判断)某人用 10 万元购买了甲、乙两种股票. 若甲种股票上涨 $a\%$、乙种股票下降 $b\%$ 时,此人购买的甲、乙两种股票总值不变,则此人购买甲种股票用了 6 万元.

    (1) $a = 2, b = 3$.

    (2) $3a - 2b = 0 (a \neq 0)$.

    解析 ▶ P109

22. 【2007.10.02】王女士以一笔资金分别投入股市和基金,但因故需抽回一部分资金,若从股市中抽回 10%,从基金中抽回 5%,则其总投资额减少 8%;若从股市和基金的投资额中各抽回 15% 和 10%,则其总投资额减少 130 万元. 其总投资额为(　　).

    A. 1000 万元　　B. 1500 万元　　　C. 2000 万元　　　D. 2500 万元　　　E. 3000 万元

    解析 ▶ P109

📍 2.3.2　多个对象比较

23. 【2013.10.01】某公司今年第一季度和第二季度的产值分别比去年同期增长了 11% 和 9%,且这两个季度产值的同比绝对增加量相等. 该公司今年上半年的产值同比增长了(　　).

    A. 9.5%　　　　　B. 9.9%　　　　　C. 10%　　　　　D. 10.5%　　　　　E. 10.9%

    解析 ▶ P109

24. 【2011.01.05】2007 年,某市的全年研究与试验发展(R&D)经费支出 300 亿元,比 2006 年增长 20%,该市的 GDP 为 10000 亿元,比 2006 年增长 10%,2006 年,该市的 R&D 经费支出占当年 GDP 的(　　).

    A 1.75%　　　　B. 2%　　　　　C. 2.5%　　　　　D. 2.75%　　　　　E. 3%

    解析 ▶ P109

25. 【2010.01.20】(条件充分性判断)甲企业今年人均成本是去年的 60%.

    (1) 甲企业今年总成本比去年减少 25%,员工人数增加 25%.

    (2) 甲企业今年总成本比去年减少 28%,员工人数增加 20%.

    解析 ▶ P110

26. 【2007.10.26】(条件充分性判断)1 千克鸡肉的价格高于 1 千克牛肉的价格.

    (1) 一家超市出售袋装鸡肉与袋装牛肉,一袋鸡肉的价格比一袋牛肉的价格高 30%.

    (2) 一家超市出售袋装鸡肉与袋装牛肉,一袋鸡肉比一袋牛肉重 25%.

    解析 ▶ P110

📍 2.3.3 多次增减

> 同一个对象以相同或不同增长率多次增减后,表达式为连乘形式.【破题标志词】多次增减⟹连乘. 多次增减主要有两类考察方法.
>
> 第一类:是以不同/相同增长率增减较少次数(如题 1998.01.01),此时只需对于每次增减分别确定基准量计算即可.
>
> 第二类:为以相同增长率增减较多次数(如题 2010.10.03),此时每一次增减过后的数值成等比数列,如 m 连续 k 次增加 $p\%$,所得结果为 $m(1+p\%)\cdots(1+p\%) = m(1+p\%)^k$,因此可直接使用等比数列通项、求和公式进行计算.
>
> 等比数列通项公式:$a_n = a_1 q^{n-1}$ ($q \neq 0$).
>
> 等比数列前 n 项和公式($q \neq 0$):当 $q \neq 1$ 时,$S_n = \dfrac{a_1(1-q^n)}{1-q}$,当 $q = 1$ 时,$S_n = na_1$.
>
> 【结论】先增再减相同百分比 = 先减再增相同百分比 < 原数值.

27.【2012.10.23】(条件充分性判断)某商品经过八月份与九月份连续两次降价,售价由 m 元降到了 n 元. 则该商品的售价平均每次下降了 20%.
   (1) $m - n = 900$.
   (2) $m + n = 4100$.

解析 ▶ P111

28.【2012.01.01】某商品的定价为 200 元,受金融危机的影响,连续两次降价 20% 以后的售价是(   ).
   A. 114 元　　　B. 120 元　　　C. 128 元　　　D. 144 元　　　E. 160 元

解析 ▶ P111

29.【2010.10.03】某地震灾区现居民住房的总面积为 a 平方米,当地政府计划每年以 10% 的住房增长率建设新房,并决定每年拆除固定数量的危旧房. 如果 10 年后该地的住房总面积正好比现有住房面积增加一倍,那么,每年应该拆除危旧房的面积是(   )平方米.
   (注:$1.1^9 \approx 2.4$,$1.1^{10} \approx 2.6$,$1.1^{11} \approx 2.9$,精确到小数点后一位.)
   A. $\dfrac{1}{80}a$　　　B. $\dfrac{1}{40}a$　　　C. $\dfrac{3}{80}a$　　　D. $\dfrac{1}{20}a$　　　E. 以上结论都不正确

解析 ▶ P111

30.【2010.01.21】(条件充分性判断)该股票涨了.
   (1) 某股票连续三天涨 10% 后,又连续三天跌 10%.
   (2) 某股票连续三天跌 10% 后,又连续三天涨 10%.

解析 ▶ P111

31.【1998.10.01】某种商品降价 20% 后,若欲恢复原价,应提价(   ).

A. 20%　　　　B. 25%　　　　C. 22%　　　　　D. 15%　　　　　E. 24%

解析 ▶P112

32.【1998.01.01】一种货币贬值 15%,一年后又增值(   )才能保持原币值.

A. 15%　　　　B. 15.25%　　　C. 16.78%　　　　D. 17.17%　　　　E. 17.65%

解析 ▶P112

2.3.4　平均增长率

33.【2015.13】某新兴产业在 2005 年末至 2009 年末产值的年平均增长率为 q,在 2009 年末至 2013 年末产值的年平均增长率比前四年下降了 40%,2013 年末产值约为 2005 年产值的 14.46($\approx 1.95^4$)倍,则 q 的值约为(   ).

A. 30%　　　　B. 35%　　　　C. 40%　　　　　D. 45%　　　　　E. 50%

解析 ▶P112

2.3.5　全比例问题

34.【2012.10.04】第一季度甲公司的产值比乙公司的产值低 20%. 第二季度甲公司的产值比第一季度增长了 20%,乙公司的产值比第一季度增长了 10%. 第二季度甲、乙两公司的产值之比是(   ).

A. 96∶115　　B. 92∶115　　C. 48∶55　　　D. 24∶25　　　E. 10∶11

解析 ▶P112

35.【2011.10.01】已知某种商品的价格从一月份到三月份的月平均增长速度为 10%,那么该商品三月份的价格是其一月份价格的(   ).

A. 21%　　　　B. 110%　　　C. 120%　　　　D. 121%　　　　E. 133.1%

解析 ▶P112

36.【2009.01.17】(条件充分性判断)A 企业的职工人数今年比前年增加了 30%.

(1)A 企业的职工人数去年比前年减少了 20%.

(2)A 企业的职工人数今年比去年增加了 50%.

解析 ▶P113

37.【2007.10.03】某电镀厂两次改进操作方法,使用锌量比原来节省 15%,则平均每次节约(   ).

A. 42.5%　　　　　　　　B. 7.5%　　　　　　　C. $(1 - \sqrt{0.85}) \times 100\%$

D. $(1 + \sqrt{0.85}) \times 100\%$　　　E. 以上结论均不正确

解析 ▶P113

2.4 浓度问题

2.4.1 溶剂溶质单一改变

【浓度】某物质在总量中所占的比例.

浓度公式: $\dfrac{溶质}{溶质+溶剂}\times 100\% = \dfrac{盐}{盐+水}\times 100\%$

浓度的变化本质上是溶质(盐、酒精)或者溶剂(水)改变而带来的比例的改变.无论是稀释——加溶剂(一般为水),或加浓——减溶剂(蒸发)/加溶质,在这些对溶液的处理过程中,溶质和溶液仅有一个量产生变化,因此我们需要抓住不变的量,建立等量关系.以盐水为例,其中盐为溶质,水为溶剂:加/减水→盐不变;加盐→水不变.

【破题标志词】一般浓度问题⇒以调配前后不变的量建立等量关系.

38.【2011.10.11】某种新鲜水果的含水量为98%,一天后的含水量降为97.5%.某商店以每斤1元的价格购进了1000斤新鲜水果,预计当天能售出60%,两天内售完.要使利润维持在20%,则每斤水果的平均售价应定为(   )元.

A. 1.20　　　　B. 1.25　　　　C. 1.30　　　　D. 1.35　　　　E. 1.40

解析▶P113

39.【2011.10.02】含盐12.5%的盐水40千克蒸发掉部分水分后变成了含盐20%的盐水,蒸发掉的水分重量为(   )千克.

A. 19　　　　B. 18　　　　C. 17　　　　D. 16　　　　E. 15

解析▶P114

40.【2009.01.04】在某实验中,三个试管各盛水若干克.现将浓度为12%的盐水10克倒入A管中,混合后,取10克倒入B管中,混合后再取10克倒入C管中,结果A,B,C三个试管中盐水的浓度分别为6%,2%,0.5%,那么三个试管中原来盛水最多的试管及其盛水量各是(   ).

A. A试管,10克　　　　　　B. B试管,20克　　　　　　C. C试管,30克

D. B试管,40克　　　　　　E. C试管,50克

解析▶P114

2.4.2 溶液倒出后加满水

将某液体倒出 V_1 体积后,加满水搅匀,得到的稀释后的液体浓度公式:

$$初始浓度 \times \frac{总体积\,V - 体积减少量\,V_1}{总体积\,V} = 最终浓度$$

在以上基础上,又倒出 V_2 体积后,加满水搅匀,得到的稀释后的液体浓度公式:初始浓度×

$$\frac{总体积\,V-体积减少量\,V_1}{总体积\,V}\times\frac{总体积\,V-体积减少量\,V_2}{总体积\,V}=最终浓度$$

将溶液更多次倒出后加满水得到稀释后的液体浓度可以此类推.

【破题标志词】倒出后加满水⇒套用固定公式.

注:当初始液体为纯酒精时,浓度为1.

41.【2014.01.06】某容器中装满了浓度为90%的酒精,倒出 1 升后用水将容器注满,搅拌均匀后又倒出 1 升,再用水将容器注满,已知此时的酒精浓度为40%,该容器的体积是(　　).

    A.2.5 升　　　　B.3 升　　　　　　C.3.5 升　　　　　　D.4 升　　　　　　E.4.5 升

解析 ▶ P114

42.【2012.10.12】一满桶纯酒精倒出 10 升后,加满水搅匀,再倒出 4 升后,再加满水. 此时,桶中的纯酒精与水的体积之比是 2:3,则该桶的容积是(　　)升.

    A.15　　　　　B.18　　　　　C.20　　　　　　D.22　　　　　　E.25

解析 ▶ P114

🔖 2.4.3　两种不同浓度溶液混合

43.【2013.10.11】甲、乙、丙三个容器中装有盐水. 现将甲容器中盐水的 $\frac{1}{3}$ 倒入乙容器,摇匀后将乙容器中盐水的 $\frac{1}{4}$ 倒入丙容器,摇匀后再将丙容器中盐水的 $\frac{1}{10}$ 倒回甲容器,此时甲、乙、丙三个容器中盐水的含盐量都是 9 千克. 则甲容器中原来盐水的含盐量是(　　)千克.

    A.13　　　　　B.12.5　　　　C.12　　　　　　D.10　　　　　　E.9.5

解析 ▶ P115

44.【2008.01.08】若用浓度为30%和20%的甲、乙两种食盐溶液配成浓度为24%的食盐溶液 500 克,则甲、乙两种溶液各取(　　).

    A.180 克,320 克　　　　　　B.185 克,315 克　　　　　　C.190 克,310 克

    D.195 克,305 克　　　　　　E.200 克,300 克

解析 ▶ P115

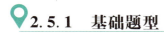

2.5　工程问题

🔖 2.5.1　基础题型

45.【2007.10.05】完成某项任务,甲单独做需要 4 天,乙单独做需要 6 天,丙单独做需要 8 天. 现

甲、乙、丙三人依次一日一轮换地工作,则完成该项任务共需的天数为(　　).

　A. $6\frac{2}{3}$　　　　B. $5\frac{1}{3}$　　　　C. 6　　　　D. $4\frac{2}{3}$　　　　E. 4

解析 ▶ P115

2.5.2　效率改变,分段计算

46.【2011.10.05】打印一份资料,若每分钟打 30 个字,需要若干小时打完. 当打到此材料的 $\frac{2}{5}$ 时,
　打字效率提高了 40%,结果提前半小时打完. 这份材料的字数是(　　)个.
　A. 4650　　　　B. 4800　　　　C. 4950　　　　D. 5100　　　　E. 5250

解析 ▶ P116

47.【2011.01.14】某施工队承担了开凿一条长为 2400 m 隧道的工程,在掘进了 400 m 后,由于改
　进了施工工艺,每天比原计划多掘进 2 m,最后提前 50 天完成了施工任务,则原计划施工工期
　是(　　).
　A. 200 天　　　B. 240 天　　　C. 250 天　　　D. 300 天　　　E. 350 天

解析 ▶ P116

48.【2006.01.02】甲、乙两项工程分别由一、二工程队负责完成. 晴天时,一队完成甲工程需要 12
　天,二队完成乙工程需要 15 天;雨天时一队的效率是晴天的 60%,二队的效率是晴天时的
　80%,结果两队同时开工并同时完成各自的工程,那么在这段工期内,雨天的天数为(　　).
　A. 8　　　　B. 10　　　　C. 12　　　　D. 15　　　　E. 以上答案均不对

解析 ▶ P116

2.5.3　合作工作,效率之和

49.【2013.10.18】(条件充分性判断)产品出厂前,需要在外包装上打印某些标志. 甲、乙两人一
　起每小时可完成 600 件. 则可以确定甲每小时完成多少件.
　(1)乙的打件速度是甲的打件速度的 $\frac{1}{3}$.
　(2)乙工作 5 小时可以完成 1000 件.

解析 ▶ P116

50.【2013.01.04】某工程由甲公司承包需要 60 天完成,由甲、乙两公司共同承包需要 28 天完成,
　由乙、丙两公司共同承包需要 35 天完成,则由丙公司承包完成该工程需要的天数为(　　).
　A. 85　　　　B. 90　　　　C. 95　　　　D. 100　　　　E. 105

解析 ▶ P117

51.【2012.10.17】(条件充分性判断)一项工作,甲、乙、丙三人各自独立完成需要的天数分别为 3,4,6.则丁独立完成该项工作需要 4 天时间.
(1)甲、乙、丙、丁四人共同完成该项工作需要 1 天时间.
(2)甲、乙、丙三人各做 1 天,剩余部分由丁独立完成.

解析 ▶P117

52.【2012.01.10】某单位春季植树 100 颗,前 2 天安排乙组植树,其余任务由甲、乙两组用 3 天完成,已知甲组每天比乙组多植树 4 棵,则甲组每天植树(   ).
A. 11 棵 　　　　B. 12 棵 　　　　C. 13 棵 　　　　D. 15 棵 　　　　E. 17 棵

解析 ▶P118

53.【2011.01.24】(条件充分性判断)现有一批文字材料需要打印,两台新型打印机单独完成此任务分别需要 4 小时与 5 小时,两台旧型打印机单独完成任务分别需要 9 小时与 11 小时.则能在 2.5 小时内完成此任务.
(1)安排两台新型打印机同时打印.
(2)安排一台新型打印机与两台旧型打印机同时打印.

解析 ▶P118

54.【2010.10.07】一件工程要在规定时间内完成.若甲单独做则比规定的时间推迟 4 天,若乙单独做则比规定的时间提前 2 天完成.若甲、乙合作了 3 天,剩下的部分由甲单独做,恰好在规定时间内完成,则规定时间为(   )天.
A. 19 　　　　B. 20 　　　　C. 21 　　　　D. 22 　　　　E. 24

解析 ▶P118

55.【2007.10.25】(条件充分性判断)管径相同的三条不同管道甲、乙、丙可同时向某基地容积为 1000 立方米的油罐供油.丙管道的供油速度比甲管道供油速度大.
(1)甲、乙同时供油 10 天可注满油罐.
(2)乙、丙同时供油 5 天可注满油罐.

解析 ▶P118

📍 2.5.4　工费问题

56.【2015.10】一件工作,甲、乙两人合作需要 2 天,人工费 2900 元;乙、丙两人合作需要 4 天,人工费 2600 元;甲、丙两人合作 2 天完成了全部工作量的 $\frac{5}{6}$,人工费 2400 元.甲单独做该工作需要的时间与人工费分别为(   ).
A. 3 天,3000 元 　　　　B. 3 天,2850 元 　　　　C. 3 天,2700 元
D. 4 天,3000 元 　　　　E. 4 天,2900 元

解析 ▶P119

57.【2014.01.02】某单位进行办公室装修,若甲、乙两个装修公司合作,需10周完成,工时费为100万元;甲公司单独做6周后由乙公司接着做18周完成,工时费为96万元.甲公司每周的工时费为(　　).

A.7.5万元　　　B.7万元　　　　C.6.5万元　　　D.6万元　　　　E.5.5万元

解析▶P119

 2.6 **行程问题**

 2.6.1　基础题型

58.【2015.07】某人驾车从A地赶往B地,前一半路程比计划多用时45分钟,平均速度只有计划的80%.若后一半路程的平均速度为120千米/小时,此人还能按原定时间到达B地.则A、B两地距离为(　　).

A.450千米　　B.480千米　　　C.520千米　　　D.540千米　　　E.600千米

解析▶P120

59.【2013.10.06】老王上午8:00骑自行车离家去办公楼开会.若每分钟骑行150米,则他会迟到5分钟;若每分钟骑行210米,则他会提前5分钟.会议开始的时间是(　　).

A.8:20　　　B.8:30　　　C.8:45　　　D.9:00　　　E.9:10

解析▶P120

60.【2012.10.09】甲、乙、丙三人同时从起点出发进行1000米自行车比赛(假设他们各自的速度保持不变),甲到终点时,乙距终点还有40米,丙距终点还有64米.那么乙到达终点时,丙距终点(　　)米.

A.21　　　　B.25　　　　C.30　　　　D.35　　　　E.39

解析▶P120

61.【2008.10.11】一批救灾物资分别随16列货车从甲站紧急调到600千米外的乙站,每列车的平均速度为125千米/小时.若两列相邻的货车在运行中的间隔不得小于25千米,则这批物资全部到达乙站最少需要的小时数为(　　).

A.7.4　　　　B.7.6　　　　C.7.8　　　　D.8　　　　E.8.2

解析▶P120

 2.6.2　相遇和追及

62.【2014.01.08】甲、乙两人上午8:00分别自A,B出发相向而行,9:00第一次相遇,之后速度均提高了1.5千米/小时,甲到B、乙到A后都立刻沿原路返回,若两人在10:30第二次相遇,则 A,B 两地的距离为( ).

A.5.6 千米   B.7 千米   C.8 千米   D.9 千米   E.9.5 千米

解析 ▶ P121

63.【2011.10.18】(条件充分性判断)甲、乙两人赛跑.甲的速度是 6 米/秒.

(1)乙比甲先跑 12 米,甲起跑后 6 秒追上乙.

(2)乙比甲先跑 2.5 秒,甲起跑后 5 秒钟追上乙.

解析 ▶ P121

2.6.3 环形道路

两人自同一起点沿环形跑道相向/同向行进,直至相遇,有如下等量关系:

相向时:甲路程 + 乙路程 = 环形周长;

同向时:快者路程 − 慢者路程 = 环形周长;

事实上,相向跑圈每相遇一次,两人路程之和为环形跑道周长;同向跑圈每相遇一次,快者比慢者多跑一个环形跑道周长.

64.【2013.10.22】(条件充分性判断)甲、乙两人以不同的速度在环形跑道上跑步,甲比乙快.则乙跑一圈需要 6 分钟.

(1)甲、乙相向而行,每隔 2 分钟相遇一次.

(2)甲、乙同向而行,每隔 6 分钟相遇一次.

解析 ▶ P121

65.【2013.01.02】甲乙两人同时从 A 点出发,沿 400 米跑道同向均匀行走,25 分钟后乙比甲少走了一圈,若乙行走一圈需要 8 分钟,甲的速度是( ).(单位:米/分钟)

A.62   B.65   C.66   D.67   E.69

解析 ▶ P121

66.【2009.10.04】甲、乙两人在环形跑道上跑步,他们同时从起点出发,当方向相反时每隔 48 秒相遇一次,当方向相同时每隔 10 分钟相遇一次.若甲每分钟比乙快 40 米,则甲、乙两人的跑步速度分别是( )米/分.

A.470,430   B.380,340   C.370,330   D.280,240   E.270,230

解析 ▶ P122

2.6.4 顺水/逆水行船

67.【2011.01.01】已知船在静水中的速度为 28 km/h,河水的流速为 2 km/h.则此船在相距 78 km

的两地间往返一次所需时间是(　　).

　　A.5.9 h 　　　　B.5.6 h 　　　　C.5.4 h 　　　　D.4.4 h 　　　　E.4 h

解析 ▶ P122

68.【2009.10.05】一艘小轮船上午8：00起航逆流而上(设船速和水流速度一定),中途船上一块木板落入水中,直到8：50船员才发现这块重要的木板丢失,立即调转船头去追,最终于9：20追上木板.由上述数据可以算出木板落水的时间是(　　).

　　A.8：35 　　　　B.8：30 　　　　C.8：25 　　　　D.8：20 　　　　E.8：15

解析 ▶ P122

69.【2009.01.05】一艘轮船往返航行于甲、乙两码头之间,设船在静水中的速度不变,则当这条河的水流速度增加50％时,往返一次所需的时间比原来将(　　).

　　A.增加 　　　　　　　　　　B.减少半个小时 　　　　　　　　　　C.不变

　　D.减少1个小时 　　　　　E.无法判断

解析 ▶ P122

📍 2.6.5　火车错车/过桥过洞

对于火车行程问题,由于不能忽略车身长度,因此计算中表现出与前面题目不同的形式:

相向错车: $t = \dfrac{\text{车长之和}(l_1 + l_2)}{\text{速度之和}(v_1 + v_2)}$;同向超车: $t = \dfrac{\text{车长之和}(l_1 + l_2)}{\text{速度之差}(v_1 - v_2)}$;

火车过桥/过山洞: $t = \dfrac{l_{\text{山洞/桥梁}} + l_{\text{火车}}}{v}$.

70.【2011.10.04】一列火车匀速行驶时,通过一座长为250米的桥梁需要10秒,通过一座长为450米的桥梁需要15秒,该火车通过长为1050米的桥梁需要(　　)秒.

　　A.22 　　　　B.25 　　　　C.28 　　　　D.30 　　　　E.35

解析 ▶ P123

71.【2010.10.06】在一条与铁路平行的公路上有一行人与一骑车人同向行进,行人速度3.6千米/小时,骑车人速度为10.8千米/小时.如果一列火车从他们的后面同向匀速驶来,它通过行人的时间是22秒,通过骑车人的时间是26秒,则这列火车的车身长为(　　)米.

　　A.186 　　　　B.268 　　　　C.168 　　　　D.286 　　　　E.188

解析 ▶ P123

2.7　分段计费问题

72.【2012.10.15】某商场在一次活动中规定:一次购物不超过100元时没有优惠;超过100元而没有超过200元时,按该次购物全额9折优惠;超过200元时,其中200元按9折优惠,超过200元的部分按8.5折优惠. 若甲、乙两人在该商场购买的物品分别付费94.5元和197元,则两人购买的物品在举办活动前需要的付费总额是(　　)元.

A. 291.5　　　　　　　　B. 314.5　　　　　　　　C. 325

D. 291.5 和 314.5　　　　E. 314.5 或 325

解析 ▶ P123

73.【2011.10.03】为了调节个人收入,减少中低收入者的赋税负担,国家调整了个人工资薪金所得税的征收方案. 已知原方案的起征点为2000元/月,税费分九级征收,前四级税率见表2-1:

表2-1

级数	全月应纳税所得额 q(元)	税率(%)
1	$0 < q \leqslant 500$	5
2	$500 < q \leqslant 2000$	10
3	$2000 < q \leqslant 5000$	15
4	$5000 < q \leqslant 20000$	20

新方案的起征点为3500元/月,税费分七级征收,前三级税率见表2-2:

表2-2

级数	全月应纳税所得额 q(元)	税率(%)
1	$0 < q \leqslant 1500$	3
2	$1500 < q \leqslant 4500$	10
3	$4500 < q \leqslant 9000$	20

若某人在新方案下每月缴纳的个人工资薪金所得税是345元,则此人每月缴纳的个人工资薪金所得税比原方案减少了(　　)元.

A. 825　　　B. 480　　　C. 345　　　D. 280　　　E. 135

解析 ▶ P123

2.8　集合问题

📍 2.8.1　二饼图

74.【2011.01.03】某年级60名学生中,有30人参加合唱团,45人参加运动队,其中参加合唱团而未参加运动队的有8人,则参加运动队而未参加合唱团的有(　　　).

A. 15 人　　　B. 22 人　　　C. 23 人　　　D. 30 人　　　E. 37 人

解析 ▶ P124

75. 【2008.01.19】（条件充分性判断）申请驾照时必须参加理论考试和路考,且两种考试均通过,若在同一批学员中有 70% 的人通过了理论考试,80% 的人通过了路考,则最后领到驾驶执照的人有 60%.
    (1)10% 的人两种考试都没通过.
    (2)20% 人仅通过了路考.

解析 ▶ P124

2.8.2 三饼图

76. 【2010.01.08】某公司的员工中,拥有本科毕业证、计算机等级证、汽车驾驶证的人数分别为 130,110,90. 又知只有一种证的人数为 140,三证齐全的人数为 30,则恰有双证的人数为（   ）.
    A. 45   B. 50   C. 52   D. 65   E. 100

解析 ▶ P124

2.9 不定方程

77. 【2015.22】（条件充分性判断）几个朋友外出游玩,购买了一些瓶装水.则能确定购买的瓶装水数量.
    (1)若每人分三瓶,则剩余 30 瓶.
    (2)若每人分 10 瓶,则只有 1 人不够.

解析 ▶ P125

78. 【2010.10.08】一次考试有 20 道题,做对一题得 8 分,做错一题扣 5 分,不做不计分. 某同学共得 13 分,则该同学没做的题数是（   ）.
    A. 4   B. 6   C. 7   D. 8   E. 9

解析 ▶ P125

79. 【2011.01.13】在年底的献爱心活动中,某单位共有 100 人参加捐款,经统计,捐款总额是 19000 元,个人捐款数额有 100 元、500 元和 2000 元三种.该单位捐款 500 元的人数为（   ）.
    A. 13   B. 18   C. 25   D. 30   E. 38

解析 ▶ P125

2.10 至多至少及最值问题

2.10.1 至多至少

80. 【2013.01.23】（条件充分性判断）某单位年终共发了 100 万元奖金,奖金金额分别是一等奖

1.5 万元,二等奖 1 万元,三等奖 0.5 万元.则该单位至少有 100 人.

(1)得二等奖的人数最多.

(2)得三等奖的人数最多.

解析 ▶ P125

81.【2013.01.03】甲班共有 30 名学生,在一次满分为 100 分的测试中,全班平均成绩为 90 分,则成绩低于 60 分的学生至多有( )个.

A.8 B.7 C.6 D.5 E.4

解析 ▶ P126

82.【2011.01.23】(条件充分性判断)某年级共有 8 个班,在一次年级考试中,共有 21 名学生不及格,每班不及格的学生最多有 3 名.则(一)班至少有 1 名学生不及格.

(1)(二)班不及格人数多于(三)班.

(2)(四)班不及格的学生有 2 名.

解析 ▶ P126

83.【2010.10.04】某学生在军训时进行打靶测试,共射击 10 次,他的第 6、7、8、9 次射击分别击中 9.0 环、8.4 环、8.1 环、9.3 环,他的前 9 次射击的平均环数高于前 5 次的平均环数,若要使 10 次射击的平均环数超过 8.8 环,则他第 10 次射击至少应该射中( )环.(打靶成绩精确到 0.1 环)

A.9.0 B.9.2 C.9.4 D.9.5 E.9.9

解析 ▶ P126

2.10.2 最值问题

84.【2010.01.09】甲商店销售某种商品,该商品的进价为每件 90 元,若每件定价为 100 元,则一天能售出 500 件,在此基础上,定价每增加 1 元,一天便能少售出 10 件,甲商店欲获得最大利润,则该商品的定价应为( ).

A.115 元 B.120 元 C.125 元 D.130 元 E.135 元

解析 ▶ P126

85.【2009.01.03】某工厂定期购买一种原料,已知该厂每天需用该原料 6 吨,每吨价格 1800 元.原料的保管等费用平均每天每吨 3 元,每次购买原料需支付运费 900 元.若该厂要使平均每天支付的总费用最省,则应该每( )天购买一次原料.

A.11 B.10 C.9 D.8 E.7

解析 ▶ P127

86.【2013.10.15】某单位在甲、乙两个仓库中分别存在着 30 吨和 50 吨货物,现要将这批货物转运到 A、B 两地存放,A、B 两地的存放量都是 40 吨.甲、乙两个仓库到 A、B 两地的距离(单位:千米)如表 2−3 所示,甲、乙两个仓库运送到 A、B 两地的货物重量如表 2−4 所示.若每吨货物每公里的运费是 1 元,则下列调运方案中总运费最少的是(　　).

表 2−3

	甲	乙
A	10	15
B	15	10

表 2−4

	甲	乙
A	x	y
B	u	v

A. $x = 30, y = 10, u = 0, v = 40$

B. $x = 0, y = 40, u = 30, v = 10$

C. $x = 10, y = 30, u = 20, v = 20$

D. $x = 20, y = 20, u = 10, v = 30$

E. $x = 15, y = 25, u = 15, v = 25$

解析 ▶ P127

2.11　线性规划

87.【2014.10.23】(条件充分性判断)A、B 两种型号的客车载客量分别为 36 人和 60 人,租金分别为 1600 元/辆和 2400 元/辆.某旅行社租用 A、B 两种车辆安排 900 名旅客出行.则至少要花租金 37600 元.

(1)B 型车租用数量不多于 A 型车租用数量.

(2)租用车总数不多于 20 辆.

解析 ▶ P127

88.【2013.01.10】有一批水果需要装箱,一名熟练工单独装箱需要 10 天,每天报酬为 200 元;一名普通工单独装箱需要 15 天,每天报酬为 120 元.由于场地限制,最多可同时安排 12 人装箱,若要求在一天内完成装箱任务,则支付的最少报酬为(　　).

A. 1800 元　　　B. 1840 元　　　C. 1920 元　　　D. 1960 元　　　E. 2000 元

解析 ▶ P128

89.【2012.01.13】某公司计划运送 180 台电视机和 110 台洗衣机下乡.现在两种货车,甲种货车每辆最多可载 40 台电视机和 10 台洗衣机,乙种货车每辆最多可载 20 台电视机和 20 台洗衣机.已知甲、乙两种货车的租金分别是每辆 400 元和 360 元,则最少的运费是(　　).

A. 2560 元　　　B. 2600 元　　　C. 2640 元　　　D. 2580 元　　　E. 2720 元

解析 ▶ P128

90.【2011.10.07】某地区平均每天产生生活垃圾 700 吨,由甲、乙两个处理厂处理.甲厂每小时可处理垃圾 55 吨,所需费用为 550 元;乙厂每小时可处理垃圾 45 吨,所需费用为 495 元.如果该地区每天的垃圾处理费不能超过 7370 元,那么甲厂每天处理垃圾的时间至少需要( )小时.

A.6   B.7   C.8   D.9   E.10

解析▶P128

91.【2010.01.13】某居民小区决定投资 15 万元修建停车位,据测算,修建一个室内车位的费用为 5000 元,修建一个室外车位的费用为 1000 元,考虑到实际因素,计划室外车位的数量不少于室内车位的 2 倍,也不多于室内车位的 3 倍,这笔投资最多可建车位的数量为( ).

A.78   B.74   C.72   D.70   E.66

解析▶P129

2.12 一般方程——寻找等量关系

92.【2015.02】某公司共有甲、乙两个部门. 如果从甲部门调 10 人到乙部门,那么乙部门人数是甲部门人数的 2 倍;如果把乙部门员工的 $\frac{1}{5}$ 调到甲部门,那么两个部门的人数相等. 该公司的总人数为( ).

A.150   B.180   C.200   D.240   E.250

解析▶P129

93.【2014.01.01】某部门在一次联欢活动中共设了 26 个奖,奖品均价为 280 元,其中一等奖单价 400 元,其他奖品均价为 270 元,一等奖的个数为( ).

A.6   B.5   C.4   D.3   E.2

解析▶P129

94.【2013.10.14】福彩中心发行彩票的目的是为了筹措资金资助福利事业. 现在福彩中心准备发行一种面值为 5 元的福利彩票刮刮卡,方案设计如下:(1)该福利彩票的中奖率为 50%;(2)每张中奖彩票的中奖奖金有 5 元和 50 元两种. 假设购买一张彩票获得 50 元奖金的概率为 p,且福彩中心筹得资金不少于发行彩票面值总和的 32%,则( ).

A.$p \leq 0.005$ B.$p \leq 0.01$ C.$p \leq 0.015$ D.$p \leq 0.02$ E.$p \leq 0.025$

解析▶P129

95.【2010.10.05】某种同样的商品装成一箱,每个商品的重量都超过 1 千克,并且是 1 千克的整数倍,去掉箱子重量后净重 210 千克,拿出若干个商品后,净重 183 千克,则每个商品的重量为( )千克.

A.1   B.2   C.3   D.4   E.5

解析▶P130

96.【2010.01.22】(条件充分性判断)某班有 50 名学生,其中女生 26 名,在某次选拔测试中,有 27 名学生未通过. 则有 9 名男生通过.
(1)在通过的学生中,女生比男生多 5 人.
(2)在男生中,未通过的人数比通过的人数多 6 人.

解析 ▶ P130

97.【2008.10.24】(条件充分性判断)整个队列的人数是 57.
(1)甲、乙两人排队买票,甲后面有 20 人,而乙前面有 30 人.
(2)甲、乙两人排队买票,甲、乙之间有 5 人.

解析 ▶ P130

98.【2008.10.09】某班同学参加智力竞赛,共有 A、B、C 三题,每题或得 0 分或得满分. 竞赛结果无人得 0 分,三题全部答对的有 1 人,答对两题的有 15 人. 答对 A 题的人数和答对 B 题的人数之和为 29 人,答对 A 题的人数和答对 C 题的人数之和为 25 人,答对 B 题的人数和答对 C 题的人数之和为 20 人,那么该班的人数为(   ).
A. 20   B. 25   C. 30   D. 35   E. 40

解析 ▶ P130

99.【2008.01.09】将价值 200 元的甲原料与价值 480 元的乙原料配成一种新原料,若新原料每千克的售价分别比甲、乙原料每千克的售价少 3 元和多 1 元,则新原料的售价是(   ).
A. 15 元   B. 16 元   C. 17 元   D. 18 元   E. 19 元

解析 ▶ P130

100.【2007.10.24】(条件充分性判断)一满杯酒的容积为 $\frac{1}{8}$ 升.

(1)瓶中有 $\frac{3}{4}$ 升酒,再倒入 1 满杯酒可使瓶中的酒增至 $\frac{7}{8}$ 升.

(2)瓶中有 $\frac{3}{4}$ 升酒,再从瓶中倒出 2 满杯酒可使瓶中的酒减至 $\frac{1}{2}$ 升.

解析 ▶ P130

2.13　新题型

101.【2014.10.05】在一次足球预选赛中有 5 个球队进行双循环赛(每两个球队之间赛两场). 规定胜一场得 3 分,平一场得 1 分,负一场得 0 分. 赛完后一个球队的积分不同情况的种数为(   ).
A. 25   B. 24   C. 23   D. 22   E. 21

解析 ▶ P131

102.【2012.10.08】在某次乒乓球单打比赛中,先将 8 名选手等分为 2 组进行小组单循环赛. 若一位选手只打了 1 场比赛后因故退赛,则小组赛的实际比赛场数是(　　)

A. 24　　　　B. 19　　　　C. 12　　　　D. 11　　　　E. 10

解析 ▶P131

103.【2010.10.16】(条件充分性判断)12 支篮球队进行单循环比赛,完成全部比赛共需 11 天.
(1)每天每队只比赛 1 场.
(2)每天每队只比赛 2 场.

解析 ▶P131

104.【2009.10.13】如图 2 – 1 所示,向放在水槽底部的口杯注水(流量一定),注满口杯后继续注水,直到注满水槽,水槽中水平面上升高度 h 与注水时间 t 之间的函数关系大致是(　　).

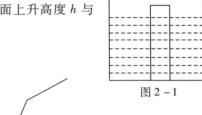

图 2 – 1

A. 　　　B. 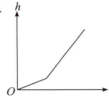　　　C.

D. 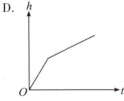　　　E. 以上图形均不正确

解析 ▶P131

105.【2009.10.02】某人在市场上买猪肉,小贩称得肉重为 4 斤. 但此人不放心,拿出一个自备的 100 克重的砝码,将肉和砝码放在一起让小贩用原称复称,结果重量为 4.25 斤. 由此可知顾客应要求小贩补猪肉(　　)两.

A. 3　　　　B. 6　　　　C. 4　　　　D. 7　　　　E. 8

解析 ▶P131

基本单位换算:1 斤 =500 克 =10 两,100 克 =2 两 =0.2 斤.

2.14 数据描述问题

2.14.1 平均值的基本计算

106.【2015.25】(条件充分性判断)已知 x_1,x_2,x_3 都是实数,$\bar{x}$ 为 x_1,x_2,x_3 的平均数.则 $|x_k-\bar{x}|\leqslant 1$,
$k=1,2,3$.
(1) $|x_k|\leqslant 1,k=1,2,3$
(2) $x_1=0$

解析 ▶ P132

107.【2015.05】在某次考试中,甲、乙、丙三个班的平均成绩分别为 80、81 和 81.5,三个班的学生
分数之和为 6952,三个班共有学生(   ).
A.85 名　　　B.86 名　　　　C.87 名　　　　D.88 名　　　　E.90 名

解析 ▶ P132

108.【2012.01.06】甲、乙、丙三个地区的公务员参加一次测评,其人数和考分情况如表 2-5:

表 2-5

人数　分数 地区	6	7	8	9
甲	10	10	10	10
乙	15	15	10	20
丙	10	10	15	15

三个地区按平均分由高到低的排名顺序为(   ).
A.乙、丙、甲　　B.乙、甲、丙　　　C.甲、丙、乙　　　D.丙、甲、乙　　　E.丙、乙、甲

解析 ▶ P132

2.14.2 总体均值与部分均值

109.【2013.10.02】某学校高一年级男生人数占该年级学生人数的 40%.在一次考试中,男、女生
的平均分数分别为 75 和 80,则这次考试高一年级学生的平均分数为(   ).
A.76　　　　B.77　　　　　C.77.5　　　　　D.78　　　　　E.79

解析 ▶ P132

110.【2011.10.19】(条件充分性判断)甲、乙两组射手打靶,两组射手的平均成绩是 150 环.
(1)甲组的人数比乙组人数多 20%.
(2)乙组的平均成绩是 171.6 环,比甲组的平均成绩高 30%.

解析 ▶ P133

111.【2011.01.17】(条件充分性判断)在一次英语考试中,某班的及格率为80%.
(1)男生及格率为70%,女生及格率为90%.
(2)男生的平均分与女生的平均分相等.

解析 ▶P133

112.【2009.10.01】已知某车间的男工人数比女工人数多80%,若在该车间一次技术考核中全体工人的平均成绩为75分,而女工平均成绩比男工平均成绩高20%,则女工的平均成绩为( )分.
A.88　　　　B.86　　　　C.84　　　　D.82　　　　E.80

解析 ▶P133

113.【2008.10.14】某班有学生36人,期末各科平均成绩为85分以上的为优秀生,若该班优秀生的平均成绩为90分,非优秀生的平均成绩为72分,全班平均成绩为80分,则该班优秀生的人数是( ).
A.12　　　　B.14　　　　C.16　　　　D.18　　　　E.20

解析 ▶P133

 ## 2.14.3　方差的计算与大小比较

114.【2014.01.24】(条件充分性判断)已知 $M\{a,b,c,d,e\}$ 是一个整数集合.则能确定集合 M.
(1)a,b,c,d,e 的平均值为10.
(2)a,b,c,d,e 的方差为2.

解析 ▶P133

3.1　整式的运算

1.【2015.21】(条件充分性判断)已知 $M=(a_1+a_2+\cdots+a_{n-1})(a_2+a_3+\cdots+a_n)$，$N=(a_1+a_2+\cdots+a_n)(a_2+a_3+\cdots+a_{n-1})$．则 $M>N$．

(1) $a_1>0$．

(2) $a_1 a_n>0$．

解析 ▶ P135

> 整式的大小比较常主要有两种方法:一、做差法,两式相减结果与零进行比较;二、做商法.两式相除结果与 1 进行比较,做商法常用于幂次形式的两个表达式比较大小,注意分母不能为零.本题应使用做差法.

2.【2013.10.19】(条件充分性判断)已知 $f(x,y)=x^2-y^2-x+y+1$．则 $f(x,y)=1$．

(1) $x=y$．

(2) $x+y=1$．

解析 ▶ P135

3.【2010.01.07】多项式 x^3+ax^2+bx-6 的两个因式是 $x-1$ 和 $x-2$,则其第三个一次因式为(　　)．

A. $x-6$　　　　　B. $x-3$　　　　　C. $x+1$　　　　　D. $x+2$　　　　　E. $x+3$

解析 ▶ P135

3.2　乘法公式

📍 3.2.1　基础运用

4.【2010.10.02】若实数 a,b,c 满足 $a^2+b^2+c^2=9$,则代数式 $(a-b)^2+(b-c)^2+(c-a)^2$ 的最大

值是( ).

A. 21　　　　　　B. 27　　　　　　C. 29　　　　　　D. 32　　　　　　E. 39

解析 ▶ P135

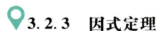 **3.2.2　倒数形态乘法公式**

5.【2014.01.19】(条件充分性判断)设 x 是非零实数.则 $x^3 + \dfrac{1}{x^3} = 18$.

(1) $x + \dfrac{1}{x} = 3$.

(2) $x^2 + \dfrac{1}{x^2} = 7$.

解析 ▶ P136

6.【2010.10.01】若 $x + \dfrac{1}{x} = 3$,则 $\dfrac{x^2}{x^4 + x^2 + 1} = ($ 　).

A. $-\dfrac{1}{8}$　　　B. $\dfrac{1}{6}$　　　C. $\dfrac{1}{4}$　　　D. $-\dfrac{1}{4}$　　　E. $\dfrac{1}{8}$

解析 ▶ P136

3.2.3　因式定理

【因式定理】设 $f(x)$ 是关于 x 的多项式,则 $f(x)$ 含有因式 $(ax-b) \Leftrightarrow f(x)$ 能被 $(ax-b)$ 整除 $\Leftrightarrow f\left(\dfrac{b}{a}\right) = 0$. 特别地,当 $a = 1$ 时,$f(x)$ 含有因式 $(x-b) \Leftrightarrow f(x)$ 能被 $(x-b)$ 整除 $\Leftrightarrow f(b) = 0$.

【破题标志词】题目中出现:A 是因式、A 能整除 $f(x)$ 或 $f(x)$ 能被 A 整除,往往是在考查因式定理的应用. 此时我们令因式 A 为零,则 $f(x)$ 也为零.

当因式为一次式子时,仅有一个 x 值可使 $f(x)$ 为零;当因式为二次式子时,有两个 x 值可使 $f(x)$ 为零,以此类推.

7.【2012.01.12】若 $x^3 + x^2 + ax + b$ 能被 $x^2 - 3x + 2$ 整除,则(　).

A. $a = 4, b = 4$　　　　B. $a = -4, b = -4$　　　　C. $a = 10, b = -8$

D. $a = -10, b = 8$　　　　E. $a = 2, b = 0$

解析 ▶ P136

8.【2010.10.20】(条件充分性判断) $ax^3 - bx^2 + 23x - 6$ 能被 $(x-2)(x-3)$ 整除.

(1) $a = 3, b = -16$.

(2) $a = 3, b = 16$.

解析 ▶ P137

9.【2007.10.13】若多项式 $f(x)=x^3+a^2x^2+x-3a$ 能被 $x-1$ 整除,则实数 $a=($　　$)$.

  A.0   B.1   C.0 或 1   D.2 或 -1 E.2 或 1

解析 ▶ P137

3.3　分式

📍 3.3.1　基础概念和运算

10.【2015.18】(条件充分性判断)已知 p,q 为非零实数. 则能确定 $\dfrac{p}{q(p-1)}$ 的值.

  (1)$p+q=1$.

  (2)$\dfrac{1}{p}+\dfrac{1}{q}=1$.

解析 ▶ P137

📍 3.3.2　给定未知字母间比例关系的相关计算

11.【2015.01】实数 a,b,c 满足 $a:b:c=1:2:5$,且 $a+b+c=24$,则 $a^2+b^2+c^2=($　　$)$.

  A.30   B.90   C.120   D.240   E.270

解析 ▶ P137

12.【2009.01.19】(条件充分性判断)对于使 $\dfrac{ax+7}{bx+11}$ 有意义的一切的 x 值,这个分式为一个定值.

  (1)$7a-11b=0$.

  (2)$11a-7b=0$.

解析 ▶ P138

📍 3.3.3　乘法公式运用

13.【2011.01.15】已知 $x^2+y^2=9$,$xy=4$,则 $\dfrac{x+y}{x^3+y^3+x+y}=($　　$)$.

  A.$\dfrac{1}{2}$ B.$\dfrac{1}{5}$ C.$\dfrac{1}{6}$ D.$\dfrac{1}{13}$ E.$\dfrac{1}{14}$

解析 ▶ P138

3.4 特值法在代数式中的应用

14.【2013.01.22】(条件充分性判断)设 x,y,z 为非零实数. 则 $\dfrac{2x+3y-4z}{-x+y-2z}=1$.

  (1) $3x-2y=0$.

  (2) $2y-z=0$.

解析 ▶ P138

15.【2011.10.22】(条件充分性判断)已知 $x(1-kx)^3=a_1x+a_2x^2+a_3x^3+a_4x^4$ 对所有实数 x 都成立. 则 $a_1+a_2+a_3+a_4=-8$.

  (1) $a_2=-9$.

  (2) $a_3=27$.

解析 ▶ P139

16.【2008.10.01】若 $a:b=\dfrac{1}{3}:\dfrac{1}{4}$,则 $\dfrac{12a+16b}{12a-8b}=$（   ）.

  A. 2   B. 3   C. 4   D. -3 E. -2

解析 ▶ P139

方程与不等式

4.1 方程、函数与不等式基础

1.【2014.10.03】$\dfrac{x}{2} + \dfrac{x}{3} + \dfrac{x}{6} = -1$,则 $x = ($ $)$.

A. -2 B. -1 C. 0 D. 1 E. 2

解析 ▶ P140

2.【2010.10.19】(条件充分性判断)不等式 $3ax - \dfrac{5}{2} \leqslant 2a$ 的解集为 $x \leqslant \dfrac{3}{2}$.

(1)直线 $\dfrac{x}{a} + \dfrac{y}{b} = 1$ 与 x 轴的交点是 $(1,0)$.

(2)方程 $\dfrac{3x-1}{2} - a = \dfrac{1-a}{3}$ 的根为 $x = 1$.

解析 ▶ P140

4.2 一元二次方程

📍 4.2.1 仅给出根的数量,求系数

3.【2014.10.24】(条件充分性判断)关于 x 的方程 $mx^2 + 2x - 1 = 0$ 有两个不相等的实根.

(1)$m > -1$.

(2)$m \neq 0$.

解析 ▶ P140

4.【2014.01.21】(条件充分性判断)方程 $x^2 + 2(a+b)x + c^2 = 0$ 有实根.

(1)a,b,c 是一个三角形的三边长.

(2)实数 a,c,b 成等差数列.

解析 ▶ P141

5.【2013.10.20】(条件充分性判断)设 a 是整数.则 $a=2$.

(1)二次方程 $ax^2+8x+6=0$ 有实根.

(2)二次方程 $x^2+5ax+9=0$ 有实根.

解析 ▶P141

6.【2013.01.19】(条件充分性判断)已知二次函数 $f(x)=ax^2+bx+c$.则方程 $f(x)=0$ 有两个不同实根.

(1)$a+c=0$.

(2)$a+b+c=0$.

解析 ▶P141

7.【2012.01.16】(条件充分性判断)一元二次方程 $x^2+bx+1=0$ 有两个不同实根.

(1)$b<-2$.

(2)$b>2$.

解析 ▶P141

8.【2010.10.21】(条件充分性判断)一元二次方程 $ax^2+bx+c=0$ 无实根.

(1)a,b,c 成等比数列,且 $b\neq0$.

(2)a,b,c 成等差数列.

解析 ▶P141

📍 4.2.2 给出/求方程两根的算式

9.【2015.09】已知 x_1,x_2 是方程 $x^2-ax-1=0$ 的两个实根,则 $x_1^2+x_2^2=$ (　　).

A. a^2+2 　　　　B. a^2+1 　　　　C. a^2-1 　　　　D. a^2-2 　　　　E. $a+2$

解析 ▶P142

10.【2012.10.18】(条件充分性判断)a,b 为实数.则 $a^2+b^2=16$.

(1)a 和 b 是方程 $2x^2-8x-1=0$ 的两个根.

(2)$|a-b+3|$ 与 $|2a+b-6|$ 互为相反数.

解析 ▶P142

11.【2008.01.05】方程 $x^2-(1+\sqrt{3})x+\sqrt{3}=0$ 的两根分别为等腰三角形的腰 a 和底 $b(a<b)$,则该三角形的面积是(　　).

A. $\dfrac{\sqrt{11}}{4}$ 　　B. $\dfrac{\sqrt{11}}{8}$ 　　C. $\dfrac{\sqrt{3}}{4}$ 　　D. $\dfrac{\sqrt{3}}{5}$ 　　E. $\dfrac{\sqrt{3}}{8}$

解析 ▶P142

12.【2007.10.08】若方程 $x^2 + px + q = 0$ 的一个根是另一个根的 2 倍,则 p 和 q 应满足(　　).

 A. $p^2 = 4q$ B. $2p^2 = 9q$ C. $4p = 9q^2$

 D. $2p = 3q^2$ E. 以上结论均不正确

解析 ▶ P142

📍 4.2.3　二次函数求最值

13.【2012.10.02】设实数 x, y 满足 $x + 2y = 3$,则 $x^2 + y^2 + 2y$ 的最小值为(　　).

 A. 4   B. 5   C. 6   D. $\sqrt{5} - 1$ E. $\sqrt{5} + 1$

解析 ▶ P142

14.【2008.10.27】(条件充分性判断) $\alpha^2 + \beta^2$ 的最小值是 $\dfrac{1}{2}$.

 (1) α 与 β 是方程 $x^2 - 2ax + (a^2 + 2a + 1) = 0$ 的两个实根.

 (2) $\alpha\beta = \dfrac{1}{4}$.

解析 ▶ P143

15.【2007.10.06】一元二次函数 $x(1 - x)$ 的最大值为(　　).

 A. 0.05   B. 0.10   C. 0.15   D. 0.20   E. 0.25

解析 ▶ P143

📍 4.2.4　给出根的取值范围相关计算

16.【2009.10.09】若关于 x 的二次方程 $mx^2 - (m-1)x + m - 5 = 0$ 有两个实根 α 和 β,且满足 $-1 < \alpha < 0$ 和 $0 < \beta < 1$,则 m 的取值范围是(　　).

 A. $3 < m < 4$ B. $4 < m < 5$ C. $5 < m < 6$

 D. $m > 6$ 或 $m < 5$ E. $m > 5$ 或 $m < 4$

解析 ▶ P143

17.【2008.01.21】(条件充分性判断)方程 $2ax^2 - 2x - 3a + 5 = 0$ 的一个根大于 1,另一个根小于 1.

 (1) $a > 3$.

 (2) $a < 0$.

解析 ▶ P143

4.2.5 给出抛物线过点、对称轴、与坐标轴交点等求系数

18.【2014.01.22】(条件充分性判断)已知二次函数 $f(x) = ax^2 + bx + c$. 则能确定 a, b, c 的值.

　(1) 曲线 $y = f(x)$ 经过点 $(0, 0)$ 和点 $(1, 1)$.

　(2) 曲线 $y = f(x)$ 与直线 $y = a + b$ 相切.

解析 ▶ P144

19.【2013.01.12】已知抛物线 $y = x^2 + bx + c$ 的对称轴为 $x = 1$, 且过点 $(-1, 1)$, 则(　　).

　A. $b = -2, c = -2$　　　　B. $b = 2, c = 2$　　　　C. $b = -2, c = 2$

　D. $b = -1, c = 1$　　　　E. $b = 1, c = 1$

解析 ▶ P144

4.3　一元二次不等式

 ## 4.3.1　给定二次不等式，求解集

对于题目中出现【破题标志词】给定二次不等式，求解集，考虑入手方向如下：

1. 对于非标准形式的二次不等式，一般首先将不等式变形为标准形式 $ax^2 + bx + c > 0 (<0)$，即所有变量移项至不等号左边，右边仅留零(如题 2002. 10. 10).

2. 容易十字相乘因式分解的将二次式因式分解求解集. 若可因式分解，即其对应的方程有根，则可根据不等号的方向，判断不等式解集范围是在两根之外，还是两根之间，以快速筛选答案. 如 x_1, x_2 是方程 $f(x) = 0$ 的两个根，那么 $f(x) > 0$ 的解集是 $x < x_1$ 或 $x > x_2$；$f(x) < 0$ 的解集是 $x_1 < x < x_2$.

3. 若不能快速因式分解，则往往二次函数对应的抛物线与 x 轴无交点(无法因式分解)，解集为空集或全体实数，此时考虑验证根的判别式 Δ.

如对于 $ax^2 + bx + c > 0$，当 $\Delta < 0$ 且抛物线开口向上($a > 0$)时，图像全部位于 x 轴上方，解集为全体实数. 当 $\Delta < 0$ 且抛物线开口向下($a < 0$)时，则图像全部位于 x 轴下方，解集为空集.

注意：当解集端点含有未知字母时，需要讨论字母的取值范围，确定左右端点(如题 1998. 01. 05).

20.【2007.10.10】$x^2 + x - 6 > 0$ 的解集是(　　).

　A. $(-\infty, -3)$　　　　B. $(-3, 2)$　　　　C. $(2, +\infty)$

　D. $(-\infty, -3) \cup (2, +\infty)$　　E. 以上结论均不正确

解析 ▶ P144

4.3.2 已知二次不等式解集,求系数

【破题标志词】已知二次不等式解集,求不等式系数.

由于不等式的解集的端点实质为对应方程的根,因此此类题目相当于给定二次方程两根,求方程系数. 此时转化为一元二次方程问题,代入两根或使用韦达定理求解即可. 如:一元二次不等式解集为 $x<m,x>n$ 或 $m<x<n$,均可转化为 $x=m,x=n$ 是方程 $ax^2+bx+c=0$ 的两个根,则根据韦达定理有: $m+n=-\dfrac{b}{a}$, $mn=\dfrac{c}{a}$.

注:标准方法解题时我们仅关注解集的区间端点值即可,并不用区分一元二次不等式表达式为大于等于零或小于等于零. 同时也可借助系数所确定的图像形状进行快速判断,如 ax^2+bx+c 中 a 代表抛物线开口方向, c 代表抛物线在 y 轴截距等.

【破题标志词】题目出现一元二次不等式"对任意/所有 x 均成立""解集为全体实数""解集为空集",意味着把不等式转化为方程后,该方程没有实数根,即实际需要我们利用根的判别式 $\Delta<0$ 进行求解.

注:此类题目也可辅助抛物线图像快速判断,如 $ax^2+bx+c>0$ 对任意 x 均成立意味着一定有 $a>0$ 且 $\Delta<0$;相对的, $ax^2+bx+c<0$ 对任意 x 均成立意味着一定有 $a<0$ 且 $\Delta<0$.

21.【2011.10.21】(条件充分性判断)不等式 $ax^2+(a-6)x+2>0$ 对所有实数 x 成立.
  (1) $0<a<3$.
  (2) $1<a<5$.

解析 ▶ P144

4.4 特殊方程/不等式

4.4.1 高次方程/不等式求解

22.【2009.01.23】(条件充分性判断) $(x^2-2x-8)(2-x)(2x-2x^2-6)>0$.
  (1) $x\in(-3,-2)$.
  (2) $x\in[2,3]$.

解析 ▶ P145

23.【2009.01.21】(条件充分性判断) $2a^2-5a-2+\dfrac{3}{a^2+1}=-1$.
  (1) a 是方程 $x^2-3x+1=0$ 的根.
  (2) $|a|=1$.

解析 ▶ P145

24.【2008.01.26】(条件充分性判断) $(2x^2+x+3)(-x^2+2x+3)<0$.

(1) $x \in [-3, -2]$.

(2) $x \in (4, 5)$.

解析 ▶ P145

📍 4.4.2 分式方程/不等式求解

> 对于几个式子相除的分式不等式,基本解题思路是将其等价变形为几个式子相乘的形式的不等式.特别的,要注意限制分母不为零.分式不等式的等价变形公式:
>
> $$\frac{f(x)}{g(x)} \geq 0 \Leftrightarrow \begin{cases} f(x) \cdot g(x) \geq 0 \\ g(x) \neq 0 \end{cases}; \frac{f(x)}{g(x)} \leq 0 \Leftrightarrow \begin{cases} f(x) \cdot g(x) \leq 0 \\ g(x) \neq 0 \end{cases}.$$
>
> $$\frac{f(x)}{g(x)} > 0 \Leftrightarrow f(x) \cdot g(x) > 0; \frac{f(x)}{g(x)} < 0 \Leftrightarrow f(x) \cdot g(x) < 0.$$
>
> 注:对于分式不等式,一般需要等价变形去掉分母,若可以确定分母的正负取值,才可采用两边同乘分母的方式去掉分母.

25.【2014.10.19】(条件充分性判断) x 是实数.则 x 的取值范围是 $(0,1)$.

(1) $x < \dfrac{1}{x}$.

(2) $2x > x^2$.

解析 ▶ P145

26.【2013.10.05】不等式 $\dfrac{x^2-2x+3}{x^2-5x+6} \geq 0$ 的解集是( ).

A. $(2, 3)$ B. $(-\infty, 2]$ C. $[3, +\infty)$

D. $(-\infty, 2] \cup [3, +\infty)$ E. $(-\infty, 2) \cup (3, +\infty)$

解析 ▶ P146

> 一元二次不等式求解.
>
> $$\frac{f(x)}{g(x)} \geq 0 \Leftrightarrow \begin{cases} f(x) \cdot g(x) \geq 0 \\ g(x) \neq 0 \end{cases}; \frac{f(x)}{g(x)} \leq 0 \Leftrightarrow \begin{cases} f(x) \cdot g(x) \leq 0 \\ g(x) \neq 0 \end{cases}.$$
>
> 寻找恒大于0的式子,穿根法,小范围推大范围,恒为正的式子不影响解集.

27.【2012.10.14】若不等式 $\dfrac{(x-a)^2+(x+a)^2}{x} > 4$ 对 $x \in (0, +\infty)$ 恒成立,则常数 a 的取值范围是( ).

A. $(-\infty, -1)$ B. $(1, +\infty)$ C. $(-1, 1)$

D. $(-1, +\infty)$ E. $(-\infty, -1) \cup (1, +\infty)$

解析 ▶ P146

28.【2007.10.18】(条件充分性判断)方程 $\dfrac{a}{x^2-1}+\dfrac{1}{x+1}+\dfrac{1}{x-1}=0$ 有实根.

(1) 实数 $a\neq 2$.

(2) 实数 $a\neq -2$.

解析 ▶ P146

📍4.4.3　无理方程/不等式求解

29.【2008.10.15】若 $y^2-2\left(\sqrt{x}+\dfrac{1}{\sqrt{x}}\right)y+3<0$ 对一切正实数 x 恒成立,则 y 的取值范围是(　　).

　A. $1<y<3$　　　B. $2<y<4$　　　C. $1<y<4$　　　D. $3<y<5$　　　E. $2<y<5$

解析 ▶ P146

30.【2007.10.19】(条件充分性判断) $\sqrt{1-x^2}<x+1$.

(1) $x\in[-1,0]$.

(2) $x\in\left(0,\dfrac{1}{2}\right]$.

解析 ▶ P147

📍4.4.4　带绝对值的方程/不等式求解

対于带有绝对值的方程/不等式,主要出题形式有:

1. 绝对值内为一次的方程/不等式:利用绝对值的几何意义或根据绝对值定义进行零点分段等处理,相关知识详见第 3 章绝对值部分.

2. 绝对值内为二次的方程/不等式:【破题标志词】 $|ax^2+bx+c|$.

入手方向:优先验证 Δ. 若 $\Delta<0$ 并且开口向上($a>0$),说明该二次函数值恒大于零,可以直接去绝对值. 反之若 $\Delta<0$ 并且开口向下($a<0$),说明该二次函数值恒小于零,可以去掉绝对值后变为其相反数.

3.【破题标志词】题目方程/不等式中为形如 $ax^2+b|x|+c$ 算式.

入手方向:利用 $x^2=|x|^2$,进行换元处理如

$$ax^2+b|x|+c=a|x|^2+b|x|+c \xrightarrow{t=|x|} at^2+bt+c\,(t=|x|).$$

31.【2014.01.17】(条件充分性判断)不等式 $|x^2+2x+a|\leqslant 1$ 的解集为空集.

(1) $a<0$.

(2) $a>2$.

解析 ▶ P147

32.【2012.10.25】(条件充分性判断)$x^2 - x - 5 > |2x - 1|$.

(1) $x > 4$.

(2) $x < -1$.

解析 ▶ P147

33.【2009.01.06】方程 $|x - |2x + 1|| = 4$ 的根是(　　).

A. $x = -5$ 或 $x = 1$　　　　B. $x = 5$ 或 $x = -1$　　　　C. $x = 3$ 或 $x = -\dfrac{5}{3}$

D. $x = -3$ 或 $x = \dfrac{5}{3}$　　　　E. 不存在

解析 ▶ P148

4.5　指数函数与对数函数

对于求解包含指数或对数的方程/不等式,标准解题步骤为:

1. 对于底数不同的指数/对数,利用指数/对数运算法则化同底;

2. 将指数/对数换元,转化为一元二次方程求解;

3. 求取原函数的解,注意保证指数/对数有意义(指数的函数值大于零,对数的真数大于零).

34.【2009.01.18】(条件充分性判断)$|\log_a x| > 1$.

(1) $x \in [2, 4]$,$\dfrac{1}{2} < a < 1$.

(2) $x \in [4, 6]$,$1 < a < 2$.

解析 ▶ P148

对于对数函数 $y = \log_a x$,当底数 $a > 1$ 时单调递增;当底数 $0 < a < 1$ 时单调递减.需要熟记常用对数值 $\log_a 1 = 0$,$\log_a a = 1$,$\log_a \dfrac{1}{a} = -1$.

4.6　均值不等式

📍 4.6.1　算术平均值与几何平均值基本计算

35.【2012.01.23】(条件充分性判断)已知三种水果的平均价格为 10 元/千克.则每种水果的价格均不超过 18 元/千克.

(1) 三种水果中价格最低的为 6 元/千克.

(2)购买重量分别是 1 千克、1 千克和 2 千克的三种水果共用了 46 元.

解析 ▶ P148

36.【2007.10.17】(条件充分性判断)三个实数 x_1, x_2, x_3 的算术平均数为 4.

(1) $x_1 + 6, x_2 - 2, x_3 + 5$ 的算术平均数为 4.

(2) x_2 为 x_1 和 x_3 的等差中项,且 $x_2 = 4$.

解析 ▶ P149

📍 4.6.2　均值定理相关计算

37.【2009.10.19】(条件充分性判断) $\dfrac{1}{a} + \dfrac{1}{b} + \dfrac{1}{c} > \sqrt{a} + \sqrt{b} + \sqrt{c}$.

(1) $abc = 1$.

(2) a, b, c 为不全相等的正数.

解析 ▶ P149

38.【2008.01.10】直角边之和为 12 的直角三角形的面积最大值等于(　　　).

A. 16　　　　　B. 18　　　　　C. 20　　　　　D. 22　　　　　E. 以上都不是

解析 ▶ P150

4.7　绝对值三角不等式

【破题标志词】题目中同时出现 $|a|$, $|b|$, $|a+b|$ 或 $|a-b|$ 时,考虑从三角不等式入手. 可同时利用绝对值的几何意义做快速辅助判断.

39.【2013.01.21】(条件充分性判断)已知 a, b 是实数. 则 $|a| \leqslant 1$, $|b| \leqslant 1$.

(1) $|a+b| \leqslant 1$.

(2) $|a-b| \leqslant 1$.

解析 ▶ P150

数 列

5.1 数列基础:三项成等差、等比数列

📍 5.1.1 数列基础

1.【2008.10.22】(条件充分性判断)$a_1 = \dfrac{1}{3}$.

(1)在数列$\{a_n\}$中,$a_3 = 2$.

(2)在数列$\{a_n\}$中,$a_2 = 2a_1$,$a_3 = 3a_2$.

解析 ▶ P151

📍 5.1.2 三项成等差/等比数列

2.【2014.01.18】(条件充分性判断)甲、乙、丙三人的年龄相同.

(1)甲、乙、丙的年龄成等差数列.

(2)甲、乙、丙的年龄成等比数列.

解析 ▶ P151

3.【2011.01.16】(条件充分性判断)实数a,b,c成等差数列.

(1)e^a,e^b,e^c成等比数列.

(2)$\ln a$,$\ln b$,$\ln c$成等差数列.

解析 ▶ P151

4.【2010.01.04】在表 5 - 1 中,每行为等差数列,每列为等比数列,则$x + y + z = ($).

表 5 - 1

2	$\dfrac{5}{2}$	3
x	$\dfrac{5}{4}$	$\dfrac{3}{2}$
a	y	$\dfrac{3}{4}$
b	c	z

A. 2　　　　B. $\dfrac{5}{2}$　　　　C. 3　　　　D. $\dfrac{7}{2}$　　　　E. 4

解析▶P152

5.2　等差数列

📍5.2.1　定义和性质

5.【2015.20】(条件充分性判断)设 $\{a_n\}$ 是等差数列. 则能确定数列 $\{a_n\}$.

(1) $a_1 + a_6 = 0$.

(2) $a_1 a_6 = -1$.

解析▶P152

6.【2012.10.11】在一次数学考试中,某班前 6 名同学的成绩恰好成等差数列. 若前 6 名同学的平均成绩为 95 分,前 4 名同学的成绩之和为 388 分,则第 6 名同学的成绩为(　　)分.

A. 92　　　　B. 91　　　　C. 90　　　　D. 89　　　　E. 88

解析▶P152

7.【2011.01.25】(条件充分性判断)已知 $\{a_n\}$ 为等差数列. 则该数列的公差为零.

(1)对任何正整数 n ,都有 $a_1 + a_2 + \cdots + a_n \leqslant n$.

(2) $a_2 \geqslant a_1$.

解析▶P152

8.【2011.01.07】一所四年制大学每年的毕业生七月份离校,新生九月份入学,该校 2001 年招生 2000 名,之后每年比上一年多招 200 名,则该校 2007 年九月底的在校学生有(　　).

A. 14000 名　　B. 11600 名　　C. 9000 名　　D. 6200 名　　E. 3200 名

解析▶P153

9.【2010.01.19】(条件充分性判断)已知数列 $\{a_n\}$ 为等差数列,公差为 d , $a_1 + a_2 + a_3 + a_4 = 12$. 则 $a_4 = 0$.

(1) $d = -2$.

(2) $a_2 + a_4 = 4$.

解析▶P153

10.【2008.10.21】(条件充分性判断) $a_1 a_8 < a_4 a_5$.

(1) $\{a_n\}$ 为等差数列,且 $a_1 > 0$.

(2) $\{a_n\}$ 为等差数列,且公差 $d \neq 0$.

解析▶P153

11. 【2008.10.12】下列通项公式表示的数列为等差数列的是(　　).

    A. $a_n = \dfrac{n}{n-1}$ B. $a_n = n^2 - 1$ C. $a_n = 5n + (-1)^n$

    D. $a_n = 3n - 1$ E. $a_n = \sqrt{n} - \sqrt[3]{n}$

解析 ▶ P153

📍 5.2.2 　等差数列各项的下标

12. 【2013.01.13】已知 $\{a_n\}$ 为等差数列,若 a_2 与 a_{10} 是方程 $x^2 - 10x - 9 = 0$ 的两个根,则 $a_5 + a_7 =$
(　　).

    A. -10 B. -9 C. 9   D. 10   E. 12

解析 ▶ P154

13. 【2009.10.22】(条件充分性判断)等差数列 $\{a_n\}$ 的前 18 项和 $S_{18} = \dfrac{19}{2}$.

    (1) $a_3 = \dfrac{1}{6}$, $a_6 = \dfrac{1}{3}$.

    (2) $a_3 = \dfrac{1}{4}$, $a_6 = \dfrac{1}{2}$.

解析 ▶ P154

14. 【2009.01.25】(条件充分性判断) $\{a_n\}$ 的前 n 项和 S_n 与 $\{b_n\}$ 的前 n 项和 T_n 满足 $S_{19} : T_{19} =$
$3 : 2$.

    (1) $\{a_n\}$ 和 $\{b_n\}$ 是等差数列.

    (2) $a_{10} : b_{10} = 3 : 2$.

解析 ▶ P154

📍 5.2.3 　等差数列求和

15. 【2012.10.05】在等差数列 $\{a_n\}$ 中, $a_2 = 4$, $a_4 = 8$. 若 $\sum\limits_{k=1}^{n} \dfrac{1}{a_k a_{k+1}} = \dfrac{5}{21}$, 则 $n = ($　　$)$.

    A. 16   B. 17   C. 19   D. 20   E. 21

解析 ▶ P154

📍 5.2.4 　等差数列过零点的项

16. 【2015.23】(条件充分性判断)已知 $\{a_n\}$ 是公差大于零的等差数列, S_n 是 $\{a_n\}$ 的前 n 项和. 则
$S_n \geqslant S_{10}$, $n = 1, 2, \cdots$.

    (1) $a_{10} = 0$.

    (2) $a_{11} a_{10} < 0$.

解析 ▶ P155

5.2.5　等差数列片段和

【片段和定理】如果$a_1,a_2,a_3,\cdots,a_n$为等差数列，那么这个数列连续的n项之和也是等差数列，即$S_n,S_{2n}-S_n,S_{3n}-S_{2n},\cdots$也是等差数列，并且这个新等差数列的公差为$n^2d$.

注意：$S_n,S_{2n}-S_n$和$S_{3n}-S_{2n}$成等差数列，而非S_n,S_{2n},S_{3n}成等差数列.

【破题标志词】题目中出现形如S_3,S_6,S_9或S_5,S_{10},S_{15}等落在等长片段节点的一组前n项和具体值，考虑使用片段和定理.

17.【2014.10.07】等差数列$\{a_n\}$的前n项和为S_n，已知$S_3=3$，$S_6=24$，则此等差数列的公差d等于（　　）.

A. 3　　　　　B. 2　　　　　C. 1　　　　　D. $\dfrac{1}{2}$　　　　　E. $\dfrac{1}{3}$

解析 ▶ P155

5.3　等比数列

5.3.1　定义和性质

18.【2014.10.21】（条件充分性判断）等比数列$\{a_n\}$满足$a_2+a_4=20$. 则$a_3+a_5=40$.

（1）公比$q=2$.

（2）$a_1+a_3=10$.

解析 ▶ P155

19.【2013.10.21】（条件充分性判断）设$\{a_n\}$是等比数列. 则$a_2=2$.

（1）$a_1+a_3=5$.

（2）$a_1a_3=4$.

解析 ▶ P155

5.3.2　等比数列各项的下标

【破题标志词】题干中出现等比数列两项之积的具体值，一般考查等比数列的各项与下标之间的关系，即：下标和相等的两项乘积相等.

如$\{a_n\}$为等比数列，下标和$1+10=2+9=3+8=4+7=\cdots$，则有：$a_1a_{10}=a_2a_9=a_3a_8=a_4a_7=\cdots$

20.【2010.10.13】等比数列 $\{a_n\}$ 中,a_3,a_8 是方程 $3x^2+2x-18=0$ 的两个根,则 $a_4 a_7=($ $)$.

    A. -9 B. -8 C. -6 D.6   E.8

解析 ▶P156

📍5.3.3　等比数列求和

21.【2012.10.07】设 $\{a_n\}$ 是非负等比数列.若 $a_3=1$,$a_5=\dfrac{1}{4}$,$\displaystyle\sum_{n=1}^{8}\dfrac{1}{a_n}=($ $)$.

    A. 255 B. $\dfrac{255}{4}$ C. $\dfrac{255}{8}$ D. $\dfrac{255}{16}$ E. $\dfrac{255}{32}$

解析 ▶P156

22.【2012.01.08】某人在保险柜中存放了 M 元现金,第一天取出它的 $\dfrac{2}{3}$,以后每天取出前一天所取的 $\dfrac{1}{3}$,共取了 7 次,保险柜中剩余的现金为(   ).

    A. $\dfrac{M}{3^7}$ 元   B. $\dfrac{M}{3^6}$ 元   C. $\dfrac{2M}{3^6}$ 元

    D. $\left[1-\left(\dfrac{2}{3}\right)^7\right]M$ 元   E. $\left[1-7\left(\dfrac{2}{3}\right)^7\right]M$ 元

解析 ▶P156

23.【2010.01.23】(条件充分性判断)甲企业一年的总产值为 $\dfrac{a}{p}\left[(1+p)^{12}-1\right]$.

    (1)甲企业一月份的产值为 a,以后每月产值的增长率为 p.

    (2)甲企业一月份的产值为 $\dfrac{a}{2}$,以后每月产值的增长率为 $2p$.

解析 ▶P157

24.【2009.10.10】一个球从 100 米高处自由落下,每次着地后又跳回前一次高度的一半再落下.当它第 10 次着地时,共经过的路程是(   )米.(精确到 1 米且不计任何阻力)

    A. 300 B. 250 C. 200 D. 150 E. 100

解析 ▶P157

25.【2009.01.16】(条件充分性判断)$a_1^2+a_2^2+a_3^2+\cdots+a_n^2=\dfrac{1}{3}(4^n-1)$.

    (1)数列 $\{a_n\}$ 的通项公式为 $a_n=2^n$.

    (2)在数列 $\{a_n\}$ 中,对任意正整数 n,有 $a_1+a_2+a_3+\cdots+a_n=2^n-1$.

解析 ▶P157

数列元素变形求和$a_n = S_n - S_{n-1}$.

26.【2008.01.20】(条件充分性判断)$S_2 + S_5 = 2S_8$.

(1)等比数列前 n 项和为S_n且公比 $q = -\dfrac{\sqrt[3]{4}}{2}$.

(2)等比数列前 n 项和为S_n且公比 $q = \dfrac{1}{\sqrt[3]{2}}$.

解析 ▶P158

　　等比数列片段和定理:如果$a_1, a_2, a_3, \cdots, a_n$为等比数列,那么这个数列连续的 n 项之和若非零,则$S_n, S_{2n} - S_n, S_{3n} - S_{2n}, \cdots$也是等比数列,并且公比为$q^n$.

📍5.3.4　结合等差数列

27.【2012.01.18】(条件充分性判断)数列$\{a_n\}, \{b_n\}$分别为等比数列与等差数列,$a_1 = b_1 = 1$.则 $b_2 \geqslant a_2$.

(1)$a_2 > 0$.

(2)$a_{10} = b_{10}$.

解析 ▶P158

5.4　常数列特值法

　　【常数列特值法】是特值法在数列题目中的应用,可以快速秒杀非常多的数列题目.

　　适用常数列特值法的题目【破题标志词】为:题干条件没有给出数列某项的具体值,而是给出多项的和或差等于一个具体数字.

　　不适用常数列特值法的题目特征为:①题干限制了数列公差不为零;②数列的具体某项等于一个数字(确定了某一项);③数列有 2 个以上限制条件.

28.【2014.01.07】已知$\{a_n\}$为等差数列,且$a_2 - a_5 + a_8 = 9$,则$a_1 + a_2 + \cdots + a_9 = ($ 　　　$)$.

　　A.27　　　　　B.45　　　　　C.54　　　　　D.81　　　　　E.162

解析 ▶P158

29.【2011.10.09】若等差数列$\{a_n\}$满足$5a_7 - a_3 - 12 = 0$,则$\sum\limits_{k=1}^{15} a_k = ($ 　　　$)$.

　　A.15　　　　　B.24　　　　　C.30　　　　　D.45　　　　　E.60

解析 ▶P159

30.【2011.10.06】若等比数列 $\{a_n\}$ 满足 $a_2a_4 + 2a_3a_5 + a_2a_8 = 25$，且 $a_1 > 0$，则 $a_3 + a_5 = ($)．

    A. 8   B. 5   C. 2   D. -2 E. -5

解析 ▶ P159

31.【2007.10.11】已知等差数列 $\{a_n\}$ 中 $a_2 + a_3 + a_{10} + a_{11} = 64$，则 $S_{12} = ($)．

    A. 64   B. 81   C. 128   D. 192   E. 188

解析 ▶ P159

5.5   一般数列

5.5.1   等差与等比元素混合

32.【2007.10.21】（条件充分性判断）$S_6 = 126$．

    （1）数列 $\{a_n\}$ 的通项公式是 $a_n = 10(3n+4)$．

    （2）数列 $\{a_n\}$ 的通项公式是 $a_n = 2^n$．

解析 ▶ P159

33.【2007.10.01】$\dfrac{\dfrac{1}{2} + \left(\dfrac{1}{2}\right)^2 + \left(\dfrac{1}{2}\right)^3 + \cdots + \left(\dfrac{1}{2}\right)^8}{0.1 + 0.2 + 0.3 + 0.4 + \cdots + 0.9} = ($)．

    A. $\dfrac{85}{768}$ B. $\dfrac{85}{512}$ C. $\dfrac{85}{384}$ D. $\dfrac{255}{256}$ E. 以上结论均不正确

解析 ▶ P160

5.5.2   已知 S_n 求 a_n

> 对于非等差、非等比的一般数列，题目中给出前 n 项和是 S_n 的表达式，要求通项 a_n 的表达式，则利用数列的通用算式：$a_n = \begin{cases} a_1 = S_1, & n = 1 \\ S_n - S_{n-1}, & n \geq 2 \end{cases}$．

34.【2009.01.11】若数列 $\{a_n\}$ 中，$a_n \neq 0 \, (n \geq 1)$，$a_1 = \dfrac{1}{2}$，前 n 项和 S_n 满足 $a_n = \dfrac{2S_n^2}{2S_n - 1} \, (n \geq 2)$，则 $\left\{\dfrac{1}{S_n}\right\}$ 是（   ）．

    A. 首项为 2、公比为 $\dfrac{1}{2}$ 的等比数列   B. 首项为 2、公比为 2 的等比数列

    C. 既非等差数列也非等比数列   D. 首项为 2、公差为 $\dfrac{1}{2}$ 的等差数列

E. 首项为 2、公差为 2 的等差数列

解析 ▶ P160

35.【2008.01.11】如果数列 $\{a_n\}$ 的前 n 项和 $S_n = \dfrac{3}{2}a_n - 3$，那么这个数列的通项公式是（　　）.

A. $a_n = 2(n^2 + n + 1)$ B. $a_n = 3 \times 2^n$ C. $a_n = 3n + 1$

D. $a_n = 2 \times 3^n$ E. 以上都不正确

解析 ▶ P160

📍 5.5.3 a_n 与 a_{n+1} 或 a_{n-1} 的递推关系式

36.【2014.10.10】已知数列 $\{a_n\}$ 满足 $a_{n+1} = \dfrac{a_n + 2}{a_n + 1}$，$n = 1, 2, 3, \cdots$，且 $a_2 > a_1$，那么 a_1 的取值范围是（　　）.

A. $a_1 < \sqrt{2}$ B. $-1 < a_1 < \sqrt{2}$ C. $a_1 > \sqrt{2}$

D. $-\sqrt{2} < a_1 < \sqrt{2}$ 且 $a_1 \neq -1$ E. $-1 < a_1 < \sqrt{2}$ 或 $a_1 < -\sqrt{2}$

解析 ▶ P161

37.【2013.10.08】设数列 $\{a_n\}$ 满足 $a_1 = 1$，$a_{n+1} = a_n + \dfrac{n}{3}\,(n \geq 1)$，则 $a_{100} = （　　）$.

A. 1650   B. 1651   C. $\dfrac{5050}{3}$ D. 3300   E. 3301

解析 ▶ P161

38.【2013.01.25】（条件充分性判断）设 $a_1 = 1$，$a_2 = k$，$\cdots$，$a_{n+1} = |a_n - a_{n-1}|\,(n \geq 2)$. 则 $a_{100} + a_{101} + a_{102} = 2$.

（1）$k = 2$.

（2）k 是小于 20 的正整数.

解析 ▶ P161

39.【2011.10.23】（条件充分性判断）已知数列 $\{a_n\}$ 满足 $a_{n+1} = \dfrac{a_n + 2}{a_n + 1}$ （$n = 1, 2, \cdots$）. 则 $a_2 = a_3 = a_4$.

（1）$a_1 = \sqrt{2}$.

（2）$a_1 = -\sqrt{2}$.

解析 ▶ P162

40.【2010.10.17】（条件充分性判断）$x_n = 1 - \dfrac{1}{2^n}\,(n = 1, 2, \cdots)$.

$(1) x_1 = \dfrac{1}{2}, x_{n+1} = \dfrac{1}{2}(1 - x_n)(n = 1, 2, \cdots).$

$(2) x_1 = \dfrac{1}{2}, x_{n+1} = \dfrac{1}{2}(1 + x_n)(n = 1, 2, \cdots).$

解析 ▶ P162

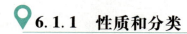

6.1.1   性质和分类

1. 【2014.10.20】(条件充分性判断) 三条长度分别为 a,b,c 的线段能构成一个三角形.

  (1) $a + b > c$.

  (2) $b - c < a$.

解析 ▶ P163

2. 【2009.10.23】(条件充分性判断) $\triangle ABC$ 是等边三角形.

  (1) $\triangle ABC$ 的三边满足 $a^2 + b^2 + c^2 = ab + bc + ac$.

  (2) $\triangle ABC$ 的三边满足 $a^3 - a^2 b + ab^2 + ac^2 - b^2 - bc^2 = 0$.

解析 ▶ P163

3. 【2008.10.29】(条件充分性判断) 方程 $3x^2 + [2b - 4(a + c)]x + (4ac - b^2) = 0$ 有相等的实根.

  (1) a,b,c 是等边三角形的三条边.

  (2) a,b,c 是等腰三角形的三条边.

解析 ▶ P163

4. 【2008.01.02】若 $\triangle ABC$ 的三边 a,b,c 满足 $a^2 + b^2 + c^2 = ab + ac + bc$,则 $\triangle ABC$ 为(   ).

  A. 等腰三角形   B. 直角三角形   C. 等边三角形

  D. 等腰直角三角形   E. 均不正确

解析 ▶ P164

6.1.2   三角形面积

5. 【2014.01.03】如图 $6-1$,已知 $AE = 3AB$,$BF = 2BC$. 若 $\triangle ABC$ 的面积是 2,则 $\triangle AEF$ 的面积为(   ).

  A. 14   B. 12   C. 10

  D. 8   E. 6

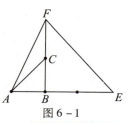

图 $6-1$

解析 ▶ P164

6.【2010.01.14】如图 $6-2$,长方形 $ABCD$ 的两条边长分别为 8 m 和 6 m,
四边形 $OEFG$ 的面积是 4 m²,则阴影部分的面积为(　　).

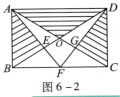

图 $6-2$

A. 32 m²　　　　　B. 28 m²

C. 24 m²　　　　　D. 20 m²

E. 16 m²

解析 ▶ P164

7.【2010.01.05】如图 $6-3$,在直角三角线 ABC 区域内部有座山,
现计划从 BC 边上的某点 D 开凿一条隧道到点 A,要求隧道的
长度最短,已知 AB 长为 5 km,AC 长为 12 km,则所开凿的隧道
AD 的长度约为(　　).

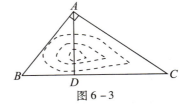

图 $6-3$

A. 4.12 km　　　　B. 4.22 km　　　　C. 4.42 km

D. 4.62 km　　　　E. 4.92 km

解析 ▶ P164

8.【2008.10.18】(条件充分性判断) $PQ \times RS = 12$.

(1) 如图 $6-4$,$QR \times PR = 12$.

(2) 如图 $6-4$,$PQ = 5$.

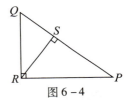

图 $6-4$

解析 ▶ P165

9.【2008.10.05】图 $6-5$ 中,若 $\triangle ABC$ 的面积为 1,$\triangle AEC$、$\triangle DEC$、$\triangle BED$
的面积相等,则 $\triangle AED$ 的面积 $=$(　　).

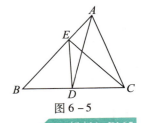

图 $6-5$

A. $\dfrac{1}{3}$　　　　B. $\dfrac{1}{6}$　　　　C. $\dfrac{1}{5}$

D. $\dfrac{1}{4}$　　　　E. $\dfrac{2}{5}$

解析 ▶ P165

10.【2007.10.20】(条件充分性判断)三角形 ABC 的面积保持不变.

(1) 底边 AB 增加了 2 厘米,AB 上的高 h 减少了 2 厘米.

(2) 底边 AB 扩大了 1 倍,AB 上的高 h 减少了 50%.

解析 ▶ P165

📍 6.1.3　等腰三角形

11.【2013.10.07】如图 $6-6$,$AB = AC = 5$,$BC = 6$,E 是 BC 的中点,$EF \perp AC$.
则 $EF = $(　　).

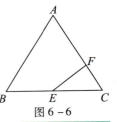

图 $6-6$

A. 1.2　　　　B. 2　　　　C. 2.2

D. 2.4　　　　E. 2.5

解析 ▶ P165

📍6.1.4　重要三角形

12.【2013.01.18】(条件充分性判断) $\triangle ABC$ 的边长为 a, b, c. 则 $\triangle ABC$ 为直角三角形.

(1) $(c^2 - a^2 - b^2)(a^2 - b^2) = 0$.

(2) $\triangle ABC$ 的面积为 $\frac{1}{2}ab$.

解析 ▶ P166

13.【2012.10.24】(条件充分性判断) 如图 $6-7$, 长方形 $ABCD$ 的长与宽分别为 $2a$ 和 a, 将其以顶点 A 为中心顺时针旋转 $60°$. 则四边形 $AECD$ 的面积为 $24 - 2\sqrt{3}$.

(1) $a = 2\sqrt{3}$.

(2) $\triangle AB'B$ 的面积为 $3\sqrt{3}$.

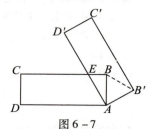

图 $6-7$

解析 ▶ P166

14.【2011.01.20】(条件充分性判断) 已知三角形 ABC 的三条边长分别为 a, b, c. 则三角形 ABC 是等腰直角三角形.

(1) $(a - b)(c^2 - a^2 - b^2) = 0$.

(2) $c = \sqrt{2}b$.

解析 ▶ P166

📍6.1.5　相似三角形

15.【2014.01.20】(条件充分性判断) 如图 $6-8$, O 是半圆的圆心, C 是半圆上的一点, $OD \perp AC$. 则能确定 OD 的长.

(1) 已知 BC 的长.

(2) 已知 AO 的长.

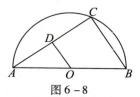

图 $6-8$

解析 ▶ P166

16.【2013.01.07】如图 $6-9$, 在直角三角形 ABC 中, $AC = 4, BC = 3, DE /\!/ BC$, 已知梯形 $BCED$ 的面积为 3, 则 DE 长为 (　　　).

A. $\sqrt{3}$

B. $\sqrt{3} + 1$

C. $4\sqrt{3} - 4$

D. $\frac{3\sqrt{2}}{2}$

E. $\sqrt{2} + 1$

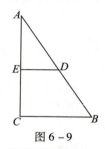

图 $6-9$

解析 ▶ P167

17. 【2012.01.15】如图 6 – 10，$\triangle ABC$ 是直角三角形，S_1，S_2，S_3 为正方形，已知 a，b，c 分别是 S_1，S_2，S_3 的边长，则（   ）.

    A. $a = b + c$ B. $a^2 = b^2 + c^2$

    C. $a^2 = 2b^2 + 2c^2$ D. $a^3 = b^3 + c^3$

    E. $a^3 = 2b^3 + 2c^3$

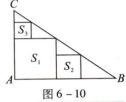

图 6 – 10

解析 ▶ P167

18. 【2010.01.25】（条件充分性判断）如图 6 – 11，在三角形 ABC 中，已知 $EF /\!/ BC$. 则三角形 AEF 的面积等于梯形 $EBCF$ 的面积.

    （1）$|AG| = 2|GD|$.

    （2）$|BC| = \sqrt{2}|EF|$.

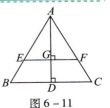

图 6 – 11

解析 ▶ P167

19. 【2009.01.12】直角三角形 ABC 的斜边 $AB = 13$，直角边 $AC = 5$，把 AC 对折到 AB 上去与斜边相重合，点 C 与点 E 重合，折痕为 AD（如图 6 – 12），则图 6 – 12 中阴影部分的面积为（   ）.

    A. 20 B. $\dfrac{40}{3}$ C. $\dfrac{38}{3}$

    D. 14 E. 12

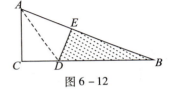

图 6 – 12

解析 ▶ P167

6.2　四边形

📍 6.2.1　矩形

20. 【2014.10.25】（条件充分性判断）在矩形 $ABCD$ 的边 CD 上随机取一点 P，使得 AB 是 $\triangle APB$ 的最大边的概率大于 $\dfrac{1}{2}$.

    （1）$\dfrac{AD}{AB} < \dfrac{\sqrt{7}}{4}$.

    （2）$\dfrac{AD}{AB} > \dfrac{1}{2}$.

解析 ▶ P168

21. 【2012.01.24】（条件充分性判断）某用户要建一个长方形的羊栏. 则羊栏的面积大于 $500\ \mathrm{m^2}$.

    （1）羊栏的周长为 $120\ \mathrm{m}$.

    （2）羊栏对角线的长不超过 $50\ \mathrm{m}$.

解析 ▶ P168

22.【2011.10.14】如图 6－13，一块面积为 400 平方米的正方形土地被分割成甲、乙、丙、丁四个小长方形区域作为不同的功能区域，它们的面积分别为 128，192，48 和 32 平方米. 乙的左下角划出一块正方形区域（阴影）作为公共区域，这块小正方形的面积为（　　）平方米.

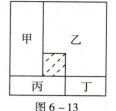

图 6－13

A. 16　　　　　　　　B. 17　　　　　　　　C. 18

D. 19　　　　　　　　E. 20

解析 ▶ P169

23.【2008.01.03】P 是以 a 为边长的正方形，P_1 是以 P 的四边中点为顶点的正方形，P_2 是以 P_1 的四边中点为顶点的正方形，P_i 是以 P_{i-1} 的四边中点为顶点的正方形，则 P_6 的面积是（　　）.

A. $\dfrac{a^2}{16}$　　　B. $\dfrac{a^2}{32}$　　　C. $\dfrac{a^2}{40}$　　　D. $\dfrac{a^2}{48}$　　　E. $\dfrac{a^2}{64}$

解析 ▶ P169

 ## 6.2.2　平行四边形/菱形

24.【2014.10.06】如图 6－14 所示，在平行四边形 $ABCD$ 中，$\angle ABC$ 的平分线交 AD 于 E，$\angle BED = 150°$，则 $\angle A$ 的大小为（　　）.

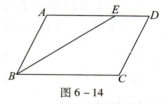

图 6－14

A. 100°　　　　　　　B. 110°　　　　　　　C. 120°

D. 130°　　　　　　　E. 150°

解析 ▶ P169

25.【2012.10.03】若菱形两条对角线的长分别为 6 和 8，则这个菱形的周长和面积分别为（　　）.

A. 14；24　　　B. 14；48　　　C. 20；12　　　D. 20；24　　　E. 20；48

解析 ▶ P169

 ## 6.2.3　梯形

26.【2015.08】如图 6－15，梯形 $ABCD$ 的上底与下底分别为 5，7，E 为 AC 与 BD 的交点，MN 过点 E 且平行于 AD，则 $MN =$（　　）.

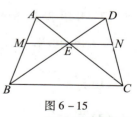

图 6－15

A. $\dfrac{26}{5}$　　　B. $\dfrac{11}{2}$　　　C. $\dfrac{35}{6}$　　　D. $\dfrac{36}{7}$　　　E. $\dfrac{40}{7}$

解析 ▶ P170

27.【2011.01.18】（条件充分性判断）如图 6－16，等腰梯形的上底与腰均为 x，下底为 $x+10$. 则 $x = 13$.

（1）该梯形的上底与下底之比为 13：23.

（2）该梯形的面积为 216.

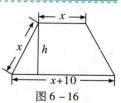

图 6－16

解析 ▶ P170

6.3 圆与扇形

6.3.1 基础题型

28.【2015.04】如图 6-17,BC 是半圆的直径,且 $BC=4$,$\angle ABC=30°$,则图 6-17 中阴影部分的面积为(   ).

A. $\dfrac{4\pi}{3}-\sqrt{3}$ B. $\dfrac{4\pi}{3}-2\sqrt{3}$ C. $\dfrac{2\pi}{3}+\sqrt{3}$ D. $\dfrac{2\pi}{3}+2\sqrt{3}$ E. $2\pi-2\sqrt{3}$

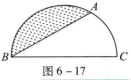
图 6-17

解析 ▶ P170

29.【2014.10.15】一个长为 8,宽为 6 的长方形木板在桌面上做无滑动的滚动(顺时针方向),如图 6-18 所示,第二次滚动中被一个小木块垫住而停止,使木板边沿 AB 与桌面成 30°角,则木板滚动中,点 A 经过的路径长为(   ).

A. 4π B. 5π C. 6π D. 7π E. 8π

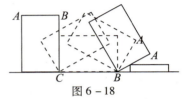
图 6-18

解析 ▶ P170

30.【2012.10.10】如图 6-19,AB 是半圆 O 的直径,AC 是弦. 若 $|AB|=6$,$\angle ACO=\dfrac{\pi}{6}$,则弧 BC 的长度为(   ).

A. $\dfrac{\pi}{3}$ B. π C. 2π D. 1   E. 2

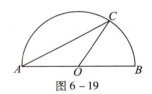
图 6-19

解析 ▶ P171

6.3.2 内切与外接

31.【2007.10.15】如图 6-20 所示,正方形 $ABCD$ 四条边与圆 O 相切,而正方形 $EFGH$ 是圆 O 的内接正方形. 已知正方形 $ABCD$ 面积为 1,则正方形 $EFGH$ 面积是(   ).

A. $\dfrac{2}{3}$ B. $\dfrac{1}{2}$ C. $\dfrac{\sqrt{2}}{2}$ D. $\dfrac{\sqrt{2}}{3}$ E. $\dfrac{1}{4}$

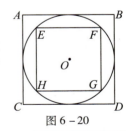
图 6-20

解析 ▶ P171

6.4 不规则图形/阴影图形面积

32.【2014.10.13】如图 6-21 所示,大小两个半圆的直径在同一直线上,弦 AB 与小半圆相切,且与直径平行,弦 AB 长为 12. 则图 6-21 中阴影部分面积为(   ).

A. 24π B. 21π C. 18π D. 15π E. 12π

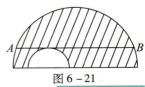
图 6-21

解析 ▶ P171

33. 【2014.01.05】如图 6 – 22，圆 A 与圆 B 的半径均为1，则阴影部分的面积为(　　)．

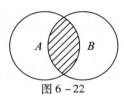

A. $\dfrac{2\pi}{3}$　　　　B. $\dfrac{\sqrt{3}}{2}$　　　　C. $\dfrac{\pi}{3} - \dfrac{\sqrt{3}}{4}$

D. $\dfrac{2\pi}{3} - \dfrac{\sqrt{3}}{4}$　　　　E. $\dfrac{2\pi}{3} - \dfrac{\sqrt{3}}{2}$

图 6 – 22

解析 ▶ P172

34. 【2013.10.10】如图 6 – 23，在正方形 $ABCD$ 中，弧 AOC 是四分之一圆周，$EF \parallel AD$．若 $DF = a$，$CF = b$，则阴影部分的面积为(　　)．

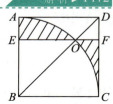

A. $\dfrac{1}{2}ab$　　　　B. ab　　　　C. $2ab$

D. $b^2 - a^2$　　　　E. $(b - a)^2$

图 6 – 23

解析 ▶ P172

35. 【2012.01.14】如图 6 – 24，三个边长为1的正方形所组成区域(实线所围)的面积为(　　)．

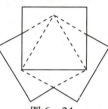

A. $3 - \sqrt{2}$　　　　B. $3 - \dfrac{3\sqrt{2}}{4}$　　　　C. $3 - \sqrt{3}$

D. $3 - \dfrac{\sqrt{3}}{2}$　　　　E. $3 - \dfrac{3\sqrt{3}}{4}$

图 6 – 24

解析 ▶ P172

36. 【2011.10.13】如图 6 – 25 所示，若相邻点的水平距离与竖直距离都是1，则多边形 $ABCDE$ 的面积为(　　)．

A. 7　　　　　　　　B. 8

C. 9　　　　　　　　D. 10

E. 11

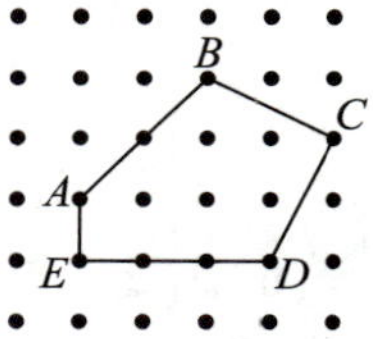

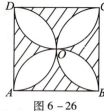

图 6 – 25

解析 ▶ P172

37. 【2011.01.09】如图 6 – 26，四边形 $ABCD$ 是边长为1的正方形，弧 AOB，BOC，COD，DOA 均为半圆，则阴影部分的面积为(　　)．

A. $\dfrac{1}{2}$　　　　B. $\dfrac{\pi}{2}$　　　　C. $1 - \dfrac{\pi}{4}$

D. $\dfrac{\pi}{2} - 1$　　　　E. $2 - \dfrac{\pi}{2}$

图 6 – 26

解析 ▶ P173

38. 【2010.10.11】在图 6 – 27 中，阴影甲的面积比阴影乙的面积多 $28~\text{cm}^2$，$AB = 40~\text{cm}$，CB 垂直于 AB，则 BC 的长为(　　)．

A. 30 cm　　　　B. 32 cm　　　　C. 34 cm

D. 36 cm　　　　E. 40 cm

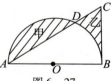

图 6 – 27

解析 ▶ P173

39.【2010.10.09】如图 6 - 28 所示,小正方形的 $\frac{3}{4}$ 被阴影所覆盖,大正方形的 $\frac{6}{7}$ 被阴影所覆盖,则小、大正方形阴影部分的面积之比为(   ).

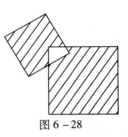

图 6 - 28

A. $\frac{7}{8}$ B. $\frac{6}{7}$ C. $\frac{3}{4}$

D. $\frac{4}{7}$ E. $\frac{1}{2}$

解析 ▶P173

40.【2008.01.07】如图 6 - 29 所示长方形 $ABCD$ 中的 $AB = 10$ cm, $BC = 5$ cm,以 AB 和 AD 分别为半径作 $\frac{1}{4}$ 圆,则图 6 - 29 中阴影部分的面积为(   ).

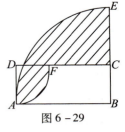

图 6 - 29

A. $25 - \frac{25}{2}\pi$ cm² 　　　　B. $25 + \frac{125}{2}\pi$ cm² 　　　　C. $50 + \frac{25}{4}\pi$ cm²

D. $\frac{125}{4}\pi - 50$ cm² 　　　　E. 以上都不是

解析 ▶P174

7.1　长方体、正方体

1.【2014.01.12】如图 7-1,正方体 $ABCD-A'B'C'D'$ 的棱长为 2,F 是 $C'D'$ 的中点,则 AF 的长为(　　).

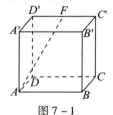

图 7-1

A. 3

B. 5

C. $\sqrt{5}$

D. $2\sqrt{2}$

E. $2\sqrt{3}$

解析 ▶ P175

7.2　圆柱体

2.【2015.06】有一根圆柱形铁管,管壁厚度为 0.1 m,内径为 1.8 m,长度为 2 m,若将该铁管熔化后浇铸成长方体,则该长方体的体积为(单位:m^3,$\pi\approx3.14$)(　　).

A. 0.38　　　　B. 0.59　　　　C. 1.19　　　　D. 5.09　　　　E. 6.28

解析 ▶ P175

3.【1999.01.05】一个两头密封的圆柱形水桶,水平横放时桶内有水部分占水桶一头圆周长的 $\dfrac{1}{4}$,则水桶直立时水的高度与桶的高度之比值是(　　).

A. $\dfrac{1}{4}$　　　　B. $\dfrac{1}{4}-\dfrac{1}{\pi}$　　　　C. $\dfrac{1}{4}-\dfrac{1}{2\pi}$　　　　D. $\dfrac{1}{8}$　　　　E. $\dfrac{\pi}{4}$

解析 ▶ P175

7.3　球体

4.【2015.24】(条件充分性判断)底面半径为 r,高为 h 的圆柱体表面积记为 S_1,半径为 R 的球体表面积记为 S_2. 则 $S_1\leqslant S_2$.

(1)$R\geqslant\dfrac{r+h}{2}$.

$(2) R \leqslant \dfrac{2h + r}{3}.$

解析 ▶P176

5.【2013.01.11】将体积为 4π cm³ 和 32π cm³ 的两个实心金属球熔化后铸成一个实心大球,求大球的表面积为( ).

A. 32π cm²　　　B. 36π cm²　　　C. 38π cm²　　　D. 40π cm²　　　E. 42π cm²

解析 ▶P176

7.4　内切与外接

6.【2011.01.04】现有一个半径为 R 的球体,拟用刨床将其加工成正方体,则能加工成的最大正方体的体积是( ).

A. $\dfrac{8}{3}R^3$　　　B. $\dfrac{8\sqrt{3}}{9}R^3$　　　C. $\dfrac{4}{3}R^3$　　　D. $\dfrac{1}{3}R^3$　　　E. $\dfrac{\sqrt{3}}{9}R^3$

解析 ▶P176

8.1　平面直角坐标系

【平面直角坐标系】在同一个平面上互相垂直且有公共原点的两条数轴构成平面直角坐标系,记为 xOy. 水平的数轴称为 x 轴或横轴,垂直的数轴叫作 y 轴或纵轴,它们的公共点 O 称为直角坐标系的原点(如图 $8-1$).

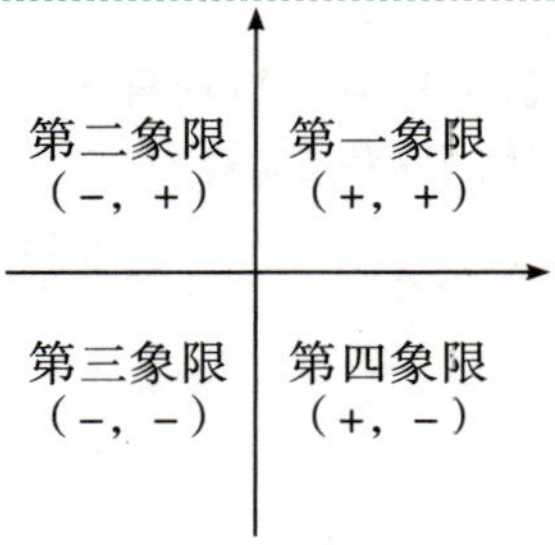

坐标平面内的点与有序实数对一一对应;

坐标轴上的点不属于任何象限;

y 轴上的点,横坐标都为零;

x 轴上的点,纵坐标都为零;

一点上下平移,横坐标不变,即平行于 y 轴的直线上的点横坐标相同;

一点左右平移,纵坐标不变,即平行于 x 轴的直线上的点纵坐标相同;

一组关于 x 轴对称的点横坐标相同,纵坐标互为相反数;

一组关于 y 轴对称的点纵坐标相同,横坐标互为相反数;

题目给出曲线过点 (x_0, y_0),入手方向:直接将 $x = x_0$,$y = y_0$ 代入式子,得到一个关于曲线系数的等式.

【破题标志词】曲线过点 $\Rightarrow$ 点坐标代入曲线方程,等式成立.

| | 第二象限 $(-,+)$ | 第一象限 $(+,+)$ |
| 第三象限 $(-,-)$ | 第四象限 $(+,-)$ |

图 $8-1$

1.【2014.01.16】(条件充分性判断)已知曲线 $l: y = a + bx - 6x^2 + x^3$. 则 $(a+b-5)(a-b-5) = 0$.

(1)曲线 l 过点 $(1,0)$.

(2)曲线 l 过点 $(-1,0)$.

解析 ▶P177

2.【2010.10.18】(条件充分性判断)直线 $y = ax + b$ 经过第一、第二、第四象限.

(1)$a < 0$.

(2)$b > 0$.

解析 ▶P177

3.【20■8.10.26】(条件充分性判断)曲线 $ax^2 + by^2 = 1$ 通过 4 个定点.

(1) $a + b = 1$.

(2) $a + b = 2$.

解析 ▶ P177

8.2   点与直线

4.【20■1.10.25】(条件充分性判断)如图 8-2,在直角坐标系 xOy 中,矩形 $OABC$ 的顶点 B 的坐标是 $(6,4)$.则直线 l 将矩形 $OABC$ 分成了面积相等的两部分.

(1) $l : x - y - 1 = 0$.

(2) $l : x - 3y + 3 = 0$.

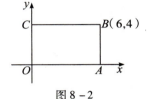

图 8-2

解析 ▶ P178

5.【2009.01.13】设直线 $nx + (n+1)y = 1$(n 为正整数)与两坐标轴围成的三角形面积为 S_n($n = 1, 2, \cdots, 2009$),则 $S_1 + S_2 + \cdots + S_{2009} = ($ $)$.

A. $\dfrac{1}{2} \times \dfrac{2009}{2008}$ B. $\dfrac{1}{2} \times \dfrac{2008}{2009}$ C. $\dfrac{1}{2} \times \dfrac{2009}{2010}$ D. $\dfrac{1}{2} \times \dfrac{2010}{2009}$ E. 以上结论都不正确

解析 ▶ P178

6.【20■8.10.25】(条件充分性判断)$x^2 + mxy + 6y^2 - 10y - 4 = 0$ 的图形是两条直线.

(1) $m = 7$.

(2) $m = -7$.

解析 ▶ P178

7.【2008.01.24】(条件充分性判断)$a = -4$.

(1) 点 $A(1,0)$ 关于直线 $x - y + 1 = 0$ 的对称点是 $A'\left(\dfrac{a}{4}, -\dfrac{a}{2} \right)$.

(2) 直线 $l_1 : (2+a)x + 5y = 1$ 与直线 $l_2 : ax + (2+a)y = 2$ 垂直.

解析 ▶ P179

8.【2008.01.17】(条件充分性判断)两直线 $y = x + 1, y = ax + 7$ 与 x 轴所围成的面积是 $\dfrac{27}{4}$.

(1) $a = -3$.

(2) $a = -2$.

解析 ▶ P179

8.3 求直线与坐标轴组成图形的面积

9. 【2009.10.12】曲线 $|xy| + 1 = |x| + |y|$ 所围成的图形的面积为(   ).

   A. $\dfrac{1}{4}$ B. $\dfrac{1}{2}$ C. 1   D. 2   E. 4

   解析 ▶P179

8.4 圆

10. 【2014.10.09】圆 $x^2 + y^2 + 2x - 3 = 0$ 与圆 $x^2 + y^2 - 6y + 6 = 0$(   ).

    A. 外离   B. 外切   C. 相交   D. 内切   E. 内含

    解析 ▶P180

11. 【2013.01.16】(条件充分性判断)已知平面区域 $D_1 = \{(x, y) \mid x^2 + y^2 \leqslant 9\}$ 和 $D_2 = \{(x, y) \mid (x - x_0)^2 + (y - y_0)^2 \leqslant 9\}$. 则覆盖区域的边界长度为 8π.

    (1) $x_0^2 + y_0^2 = 9$.

    (2) $x_0 + y_0 = 3$.

    解析 ▶P180

12. 【2009.10.24】(条件充分性判断)圆 $(x - 3)^2 + (y - 4)^2 = 25$ 与圆 $(x - 1)^2 + (y - 2)^2 = r^2 (r > 0)$ 相切.

    (1) $r = 5 \pm 2\sqrt{3}$.

    (2) $r = 5 \pm 2\sqrt{2}$.

    解析 ▶P180

13. 【2008.01.28】(条件充分性判断)圆 C_1：$\left(x - \dfrac{3}{2}\right)^2 + (y - 2)^2 = r^2$ 与圆 C_2：$x^2 - 6x + y^2 - 8y = 0$ 有交点.

    (1) $0 < r < \dfrac{5}{2}$.

    (2) $r > \dfrac{15}{2}$.

    解析 ▶P180

14. 【2008.01.22】(条件充分性判断)动点 (x, y) 的轨迹是圆.

    (1) $|x - 1| + |y| = 4$.

    (2) $3(x^2 + y^2) + 6x - 9y + 1 = 0$.

    解析 ▶P181

8.5 直线与圆

8.5.1 直线与圆的等式

15.【2015.16】(条件充分性判断)圆盘 $x^2 + y^2 \leqslant 2(x+y)$ 被直线 l 分成面积相等的两部分.

(1) $l: x + y = 2$.

(2) $l: 2x - y = 1$.

解析 ▶ P181

16.【2014.01.11】已知直线 l 是圆 $x^2 + y^2 = 5$ 在点 $(1,2)$ 处的切线,则 l 在 y 轴上的截距为( ).

A. $\dfrac{2}{5}$ B. $\dfrac{2}{3}$ C. $\dfrac{3}{2}$ D. $\dfrac{5}{2}$ E. 5

解析 ▶ P181

17.【2011.10.15】已知直线 $y = kx$ 与圆 $x^2 + y^2 = 2y$ 有两个交点 A, B,若弦 AB 的长度大于 $\sqrt{2}$,则 k 的取值范围是( ).

A. $(-\infty, -1)$ B. $(-1, 0)$ C. $(0, 1)$

D. $(1, +\infty)$ E. $(-\infty, -1) \cup (1, +\infty)$

解析 ▶ P182

18.【2010.10.10】直线 l 与圆 $x^2 + y^2 = 4$ 相交于 A, B 两点,且 AB 中点的坐标为 $(1,1)$,则直线 l 的方程为( ).

A. $y - x = 1$ B. $y - x = 2$ C. $y + x = 1$ D. $y + x = 2$ E. $2y - 3x = 1$

解析 ▶ P182

19.【2010.01.10】已知直线 $ax - by + 3 = 0 \, (a > 0, b > 0)$ 过圆 $x^2 + 4x + y^2 - 2y + 1 = 0$ 的圆心,则 ab 的最大值为( ).

A. $\dfrac{9}{16}$ B. $\dfrac{11}{16}$ C. $\dfrac{3}{4}$ D. $\dfrac{9}{8}$ E. $\dfrac{9}{4}$

解析 ▶ P182

20.【2009.10.11】曲线 $x^2 - 2x + y^2 = 0$ 上的点到直线 $3x + 4y - 12 = 0$ 的最短距离是( ).

A. $\dfrac{3}{5}$ B. $\dfrac{4}{5}$ C. 1   D. $\dfrac{4}{3}$ E. $\sqrt{2}$

解析 ▶ P182

21.【2008.10.07】过点 $A(2,0)$ 向圆 $x^2 + y^2 = 1$ 作两条切线 AM 和 AN（见图 $8-3$），则两切线和弧 MN 所围成的面积（图 $8-3$ 中阴影部分）为（　　）.

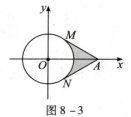

图 $8-3$

A. $1 - \dfrac{\pi}{3}$　　　　　　B. $1 - \dfrac{\pi}{6}$　　　　　　C. $\dfrac{\sqrt{3}}{2} - \dfrac{\pi}{6}$

D. $\sqrt{3} - \dfrac{\pi}{6}$　　　　　E. $\sqrt{3} - \dfrac{\pi}{3}$

解析 ▶ P183

 ## 8.5.2　直线与圆的不等式

22.【2014.01.25】（条件充分性判断）已知 x,y 为实数. 则 $x^2 + y^2 \geqslant 1$.
(1) $4y - 3x \geqslant 5$.
(2) $(x-1)^2 + (y-1)^2 \geqslant 5$.

解析 ▶ P183

23.【2012.01.09】在直角坐标系中,若平面区域 D 中所有点的坐标 (x,y) 均满足：$0 \leqslant x \leqslant 6, 0 \leqslant y \leqslant 6, |y - x| \leqslant 3, x^2 + y^2 \geqslant 9$,则 D 的面积是（　　）.

A. $\dfrac{9}{4}(1 + 4\pi)$　B. $9\left(4 - \dfrac{\pi}{4}\right)$　C. $9\left(3 - \dfrac{\pi}{4}\right)$　D. $\dfrac{9}{4}(2 + \pi)$　E. $\dfrac{9}{4}(1 + \pi)$

解析 ▶ P183

8.6　直线与抛物线

24.【2012.10.21】（条件充分性判断）设 a、b 为实数. 则 $a = 1, b = 4$.
(1) 曲线 $y = ax^2 + bx + 1$ 与 x 轴的两个交点的距离为 $2\sqrt{3}$.
(2) 曲线 $y = ax^2 + bx + 1$ 关于直线 $x + 2 = 0$ 对称.

解析 ▶ P183

25.【2012.01.25】（条件充分性判断）直线 $y = x + b$ 是抛物线 $y = x^2 + a$ 的切线.
(1) $y = x + b$ 与 $y = x^2 + a$ 有且仅有一个交点.
(2) $x^2 - x \geqslant b - a (x \in \mathbb{R})$.

解析 ▶ P184

26.【2011.10.17】（条件充分性判断）抛物线 $y = x^2 + (a+2)x + 2a$ 与 x 轴相切.
(1) $a > 0$.
(2) $a^2 + a - 6 = 0$.

解析 ▶ P184

8.7　直线与反比例函数

27.【2013.10.24】（条件充分性判断）设直线 $y = x + b$ 分别在第一和第三象限与曲线 $y = \dfrac{4}{x}$ 相交于点 A 和点 B. 则能确定 b 的值.

(1) 已知以 AB 为对角线的正方形的面积.

(2) 点 A 的横坐标小于纵坐标.

解析 ▶ P184

8.8　特殊对称

对于某些特殊直线作为对称轴，或原点作为对称中心，有如下速解技巧：

【破题标志词】求关于 y 轴对称的新函数（横坐标对称），将原曲线方程中的 x 用 $-x$ 替换.

【破题标志词】求关于 x 轴对称的新函数（纵坐标对称），将原曲线方程中的 y 用 $-y$ 替换.

【破题标志词】求关于 $y = x$ 对称的新函数，将原曲线方程中的 x 和 y 互换.

【破题标志词】求关于 $y = -x$ 对称的新函数，将原曲线方程中的 x 变 $-y$，y 变 $-x$.

【破题标志词】求关于原点 $(0, 0)$ 对称的新函数，将原曲线方程中的 x 变 $-x$，y 变 $-y$.

28.【2012.10.19】（条件充分性判断）直线 l 与直线 $2x + 3y = 1$ 关于 x 轴对称.

(1) $l: 2x - 3y = 1$.

(2) $l: 3x + 2y = 1$.

解析 ▶ P185

29.【2010.10.22】（条件充分性判断）圆 C_1 是圆 $C_2: x^2 + y^2 + 2x - 6y - 14 = 0$ 关于直线 $y = x$ 的对称圆.

(1) 圆 $C_1: x^2 + y^2 - 2x - 6y - 14 = 0$.

(2) 圆 $C_1: x^2 + y^2 + 2y - 6x - 14 = 0$.

解析 ▶ P185

30.【2008.01.12】以直线 $y + x = 0$ 为对称轴且与直线 $y - 3x = 2$ 对称的直线方程为（　　）.

A. $y = \dfrac{x}{3} + \dfrac{2}{3}$ 　B. $y = -\dfrac{x}{3} + \dfrac{2}{3}$ 　C. $y = -3x - 2$ 　D. $y = -3x + 2$ 　E. 以上都不是

解析 ▶ P185

8.9　线性规划求最值

31.【2015.12】设点 $A(0,2)$ 和 $B(1,0)$,在线段 AB 上取一点 $M(x,y)$ $(0<x<1)$,则以 x,y 为两边长的矩形面积的最大值为(　　).

A. $\dfrac{5}{8}$　　　B. $\dfrac{1}{2}$　　　C. $\dfrac{3}{8}$　　　D. $\dfrac{1}{4}$　　　E. $\dfrac{1}{8}$

解析 ▶ P185

32.【2012.10.13】设 A,B 分别是圆周 $(x-3)^2+(y-\sqrt{3})^2=3$ 上使得 $\dfrac{y}{x}$ 取到最大值和最小值的点,O 是坐标原点,则 $\angle AOB$ 的大小为(　　).

A. $\dfrac{\pi}{2}$　　　B. $\dfrac{\pi}{3}$　　　C. $\dfrac{\pi}{4}$　　　D. $\dfrac{\pi}{6}$　　　E. $\dfrac{5\pi}{12}$

解析 ▶ P186

9.1 排列组合基础知识

9.1.1 排列数与组合数计算

【排列数】从 n 个不同的元素中,任取 m 个元素($m \leq n$),按照一定的顺序排成一列,称为从 n 个不同元素中抽取 m 个元素的一个排列. 所有这些排列的个数称为排列数,记为 P_n^m 或 A_n^m.

排列数计算公式为:$A_n^n = n \cdot (n-1) \cdot (n-2) \cdots 3 \cdot 2 \cdot 1 = n!$(称为全排列),$A_n^m = n(n-1)(n-2) \cdots (n-m+1) = \dfrac{n!}{(n-m)!}$,规定 $A_n^0 = 0! = 1$.

【组合数】从 n 个不同的元素中,任取 m 个元素($m \leq n$),不论顺序组成一组,称为从 n 个元素中取出 m 个元素的一个组合. 所有这些组合的个数称为组合数,记为 C_n^m.

组合数计算公式为:$C_n^m = \dfrac{A_n^m}{m!} = \dfrac{n \cdot (n-1) \cdots (n-m+1)}{m \cdot (m-1) \cdots 1}$,且有性质:,$C_{n+1}^m = C_n^m + C_n^{m-1}$,规定 $C_n^0 = 1$. $C_n^m = C_n^{n-m}$.

1.【2012.01.05】某商店经营 15 种商品,每次在橱窗内陈列 5 种,若每两次陈列的商品不完全相同,则最多可陈列(   ).

A. 3000 次　　　　B. 3003 次　　　　C. 4000 次　　　　D. 4003 次　　　　E. 4300 次

解析 ▶ P187

2.【2010.10.24】(条件充分性判断)$C_{31}^{4n-1} = C_{31}^{n+7}$.

(1)$n^2 - 7n + 12 = 0$.

(2)$n^2 - 10n + 24 = 0$.

解析 ▶ P187

3.【2008.10.19】(条件充分性判断)$C_n^4 > C_n^6$.

(1)$n = 10$.

(2)$n = 9$.

解析▶P187

4.【2008.01.25】(条件充分性判断)公路 AB 上各站之间共有 90 种不同的车票.

(1)公路 AB 上有 10 个车站,每两站之间都有往返车票.

(2)公路 AB 上有 9 个车站,每两站之间都有往返车票.

解析▶P187

 # 9.1.2　加法原理与乘法原理

5.【2013.01.15】确定两人从 A 地出发经过 B,C,沿逆时针方向行走一圈回到 A 地的方案(如图9－1),若从 A 地出发时每人均可选大路或山道,经过 B,C 时,至多有一人可以更改道路,则不同的方案有(　　).

A. 16 种　　　　　　　　B. 24 种

C. 36 种　　　　　　　　D. 48 种

E. 64 种

图9－1

解析▶P188

9.2　不同元素选取分配问题

 ## 9.2.1　从不同备选池中选取元素

6.【2008.10.13】某公司员工义务献血,在体检合格的人中,O 型血的有 10 人,A 型血的有 5 人,B 型血的有 8 人,AB 型血的有 3 人.若从四种血型的人中各选 1 人去献血,则不同的选法种数共有(　　)种.

A. 1200　　　　B. 600　　　　C. 400　　　　D. 300　　　　E. 26

解析▶P188

9.2.2　不同元素分组,每组不能为空——分堆分配

7.【2013.10.12】在某次比赛中有 6 名选手进入决赛.若决赛设有 1 个一等奖,2 个二等奖,3 个三等奖,则可能的结果共有(　　)种.

A. 16　　　　B. 30　　　　C. 45　　　　D. 60　　　　E. 120

解析▶P188

8.【2010.01.11】某大学派出 5 名志愿者到西部 4 所中学支教,若每所中学至少有一名志愿者,则不同的分配方案共有(   ).

    A.240 种   B.144 种   C.120 种   D.60 种   E.24 种

解析 ▶ P188

9.【2001.01.11】将 4 封信投入 3 个不同的邮筒,若 4 封信全部投完,且每个邮筒至少投入一封信,则共有投法(   ).

    A.12 种   B.21 种   C.36 种   D.42 种

解析 ▶ P188

10.【2000.10.08】三位教师分配到 6 个班级任教,若其中一人教一个班,一人教两个班,一人教三个班,则共有分配方法(   ).

    A.720 种   B.360 种   C.120 种   D.60 种

解析 ▶ P189

 ## 9.2.3　不同元素可重复分配——分房法

【破题标志词】对于不同元素可重复分配问题,方法数 $= m^n$,其中 $m =$ 可以重复使用的元素数量,$n =$ 不能重复使用的元素数量.

    此类考点的经典题目为:5 人住 7 间房,每个人只能任选一间房住,则每个人面临选择为 C_7^1 种,五个人共有 $C_7^1 \times C_7^1 \times C_7^1 \times C_7^1 \times C_7^1 = 7^5$(种)分配方案,由于 7 间房每一间都可被人重复选择,为可重复使用的元素;5 个人选择后则不再参与,为不能重复使用的元素.因此此类问题也称为"分房模型".

11.【2007.10.07】有 5 人报名参加 3 项不同的培训,每人都只报一项,则不同的报法有(   ).

    A.243 种   B.125 种   C.81 种   D.60 种   E.以上结论均不正确

解析 ▶ P189

9.3　相同元素选取分配问题——隔板法

12.【2009.10.14】若将 10 只相同的球随机放入编号为 1,2,3,4 的四个盒子中,则每个盒子不空的投放方法有(   )种.

    A.72   B.84   C.96   D.108   E.120

解析 ▶ P189

9.4 排列问题

9.4.1 某元素有位置要求

【破题标志词】全部分配时,某元素必须/不能处于某位置,此时入手方向为:有特殊位置要求的元素优先安排,首先将其放入指定位置,之后不再参与选取与排序;之后将其余没有指定位置元素按要求选取元素后进行排序即可.

13.【2012.01.11】在两队进行的羽毛球对抗赛中,每队派出3男2女共5名运动员进行5局单打比赛. 如果女子比赛安排在第二局和第四局进行,则每队队员的不同出场顺序有（　　）.

　　A.12 种　　　　B.10 种　　　　C.8 钟　　　　D.6 种　　　　E.4 种

解析 ▶ P189

14.【2011.01.19】(条件充分性判断) 现有3名男生和2名女生参加面试. 则面试的排序法有24种.

　　(1) 第一位面试的是女生.

　　(2) 第二位面试的是指定的某位男生.

解析 ▶ P190

15.【1999.01.04】加工某产品需要经过5个工种,其中某一工种不能最后加工,试问可安排（　　）种工序.

　　A.96　　　　B.102　　　　C.112　　　　D.92　　　　E.86

解析 ▶ P190

9.4.2 捆绑法与插空法

16.【2011.01.10】3个3口之家一起观看演出,他们购买了同一排的9张连坐票,则每一家的人都坐在一起的不同坐法有（　　）.

　　A.$(3!)^2$种　　B.$(3!)^3$种　　C.$3(3!)^3$种　　D.$(3!)^4$种　　E.9! 种

解析 ▶ P190

9.4.3 消序问题

17.【2014.10.12】用0,1,2,3,4,5组成没有重复数字的四位数,其中千位数字大于百位数字且百位数字大于十位数字的四位数的个数是（　　）.

　　A.36　　　　B.40　　　　C.48　　　　D.60　　　　E.72

解析 ▶ P190

9.5　错位重排

18.【2014.01.15】某单位决定对 4 个部门的经理进行轮岗,要求每位经理必须轮换到 4 个部门中的其他部门任职,则不同的轮岗方案有(　　).

A. 3 种　　　　B. 6 种　　　　C. 8 种　　　　D. 9 种　　　　E. 10 种

解析▶P191

9.6　排列组合在几何中的应用

19.【2015.15】平面上有 5 条平行直线,与另一组 n 条平行直线垂直,若两组平行线共构成 280 个矩形,则 $n=$(　　).

A. 5　　　　B. 6　　　　C. 7　　　　D. 8　　　　E. 9

解析▶P191

20.【2009.01.10】湖中有四个小岛,它们的位置恰好近似构成正方形的四个顶点. 若要修建三座桥将这四个小岛连接起来,则不同的建桥方案有(　　)种.

A. 12　　　　B. 16　　　　C. 13　　　　D. 20　　　　E. 24

解析▶P191

9.7　分情况讨论

21.【2011.10.12】在 8 名志愿者中,只能做英语翻译的有 4 人,只能做法语翻译的有 3 人,既能做英语翻译又能做法语翻译的有 1 人. 现从这些志愿者中选取 3 人做翻译工作,确保英语和法语都有翻译的不同选法共有(　　)种.

A. 12　　　　B. 18　　　　C. 21　　　　D. 30　　　　E. 51

解析▶P191

9.8　总体剔除法

22.【2013.01.24】(条件充分性判断)三个科室的人数分别为 6、3 和 2,因工作需要,每晚需要安排 3 人值班. 则在两个月内可以使每晚的值班人员不完全相同.

(1)值班人员不能来自同一科室.

(2)值班人员来自三个不同科室.

解析▶P192

10.1　古典概型

10.1.1　基础题型

1.【2014.10.02】李明的讲义夹里放了大小相同的试卷共 12 页,其中语文 5 页、数学 4 页、英语 3 页,他随机地从讲义夹中抽出 1 页,抽出的是数学试卷的概率等于(　　　).

A. $\dfrac{1}{12}$　　　　B. $\dfrac{1}{6}$　　　　C. $\dfrac{1}{5}$　　　　D. $\dfrac{1}{4}$　　　　E. $\dfrac{1}{3}$

解析 ▶ P193

2.【2014.01.23】(条件充分性判断)已知袋中装有红、黑、白三种颜色的球若干个. 则红球最多.

(1)随机取出的一球是白球的概率为 $\dfrac{2}{5}$.

(2)随机取出的两球中至少有一个黑球的概率小于 $\dfrac{1}{5}$.

解析 ▶ P193

3.【2014.01.13】某项活动中,将 3 男 3 女 6 名志愿者随机地分成甲、乙、丙三组,每组 2 人,则每组志愿者都是异性的概率为(　　　).

A. $\dfrac{1}{90}$　　　　B. $\dfrac{1}{15}$　　　　C. $\dfrac{1}{10}$　　　　D. $\dfrac{1}{5}$　　　　E. $\dfrac{2}{5}$

解析 ▶ P193

4.【2012.10.22】(条件充分性判断)在一个不被透明的布袋中装有 2 个白球、m 个黄球和若干个黑球,它们只有颜色不同. 则 $m=3$.

(1)从布袋中随机摸出一个球,摸到白球的概率是 0.2.

(2)从布袋中随机摸出一个球,摸到黄球的概率是 0.3.

解析 ▶ P194

5. 【2011.10.10】10 名网球选手中有 2 名种子选手. 现将他们分成两组,每组 5 人,则 2 名种子选手不在同一组的概率为( ).

A. $\dfrac{5}{18}$ B. $\dfrac{4}{9}$ C. $\dfrac{5}{9}$ D. $\dfrac{1}{2}$ E. $\dfrac{2}{3}$

解析 ▶ P194

6. 【2011.01.06】现从 5 名管理专业、4 名经济专业和 1 名财会专业的学生中随机派出一个 3 人小组,则该小组中 3 个专业各有 1 名学生的概率为( ).

A. $\dfrac{1}{2}$ B. $\dfrac{1}{3}$ C. $\dfrac{1}{4}$ D. $\dfrac{1}{5}$ E. $\dfrac{1}{6}$

解析 ▶ P194

7. 【2010.10.14】某公司有 9 名工程师,张三是其中之一,从中任意抽调 4 人组成攻关小组,包括张三的概率是( ).

A. $\dfrac{2}{9}$ B. $\dfrac{2}{5}$ C. $\dfrac{1}{3}$ D. $\dfrac{4}{9}$ E. $\dfrac{5}{9}$

解析 ▶ P194

8. 【2010.01.06】某商店举行店庆活动,顾客消费达到一定的数量后,可以在 4 种赠品中随机选取 2 件不同的赠品,任意两位顾客所选的赠品中,恰有 1 件赠品相同的概率是( ).

A. $\dfrac{1}{6}$ B. $\dfrac{1}{4}$ C. $\dfrac{1}{3}$ D. $\dfrac{1}{2}$ E. $\dfrac{2}{3}$

解析 ▶ P195

9. 【2009.01.09】在 36 人中,血型情况如下:A 型 12 人,B 型 10 人,AB 型 8 人,O 型 6 人. 若从中随机选出两人,则两人血型相同的概率是( ).

A. $\dfrac{77}{315}$ B. $\dfrac{44}{315}$ C. $\dfrac{33}{315}$ D. $\dfrac{9}{122}$ E. 以上结论都不正确

解析 ▶ P195

10. 【2007.10.22】(条件充分性判断)从含有 2 件次品,$n-2$ ($n>2$) 件正品的 n 件产品中随机抽查 2 件,其中有 1 件次品的概率为 0.6.

(1) $n=5$.

(2) $n=6$.

解析 ▶ P195

11. 【2000.01.09】袋中有 6 只红球,4 只黑球,今从袋中随机取出 4 只球,设取到一只红球得 2 分,取到一只黑球得 1 分,则得分不大于 6 分的概率是( ).

A. $\dfrac{23}{42}$ B. $\dfrac{4}{7}$ C. $\dfrac{25}{42}$ D. $\dfrac{13}{21}$

解析 ▶ P195

📍 10.1.2 穷举法

12.【2013.10.09】如图 10 - 1 是某市 3 月 1 日至 14 日的空气质量指数趋势图,空气质量指数小于 100 表示空气质量优良,空气质量指数大于 200 表示空气重度污染. 某人随机选择 3 月 1 日至 3 月 13 日中的某一天到达该市,并停留 2 天. 此人停留期间空气质量都是优良的概率为(   ).

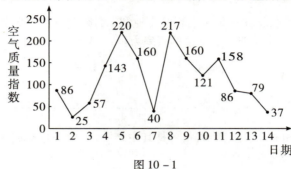

图 10 - 1

A. $\dfrac{2}{7}$ B. $\dfrac{4}{13}$ C. $\dfrac{5}{13}$ D. $\dfrac{6}{13}$ E. $\dfrac{1}{2}$

解析 ▶ P196

13.【2012.10.20】(条件充分性判断)直线 $y = kx + b$ 经过第三象限的概率是 $\dfrac{5}{9}$.

(1) $k \in \{-1, 0, 1\}$, $b \in \{-1, 1, 2\}$.

(2) $k \in \{-2, -1, 2\}$, $b \in \{-1, 0, 2\}$.

解析 ▶ P196

14.【2012.10.06】如图 10 - 2 是一个简单的电路图,S_1, S_2, S_3 表示开关,随机闭合 S_1, S_2, S_3 中的两个,灯泡⊗发光的概率是(   ).

A. $\dfrac{1}{6}$ B. $\dfrac{1}{4}$ C. $\dfrac{1}{3}$ D. $\dfrac{1}{2}$ E. $\dfrac{2}{3}$

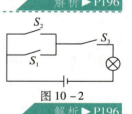

图 10 - 2

解析 ▶ P196

15.【2012.01.04】在一次商品促销活动中,主持人出示一个 9 位数,让顾客猜测商品的价格,商品的价格是该 9 位数中从左到右相邻的 3 个数字组成的 3 位数,若主持人出示的是 513535319,则顾客一次猜中价格的概率是(   ).

A. $\dfrac{1}{7}$ B. $\dfrac{1}{6}$ C. $\dfrac{1}{5}$ D. $\dfrac{2}{7}$ E. $\dfrac{1}{3}$

解析 ▶ P196

16.【2009.10.15】若以连续两次掷骰子得到的点数 a 和 b 作为点 P 的坐标,则点 $P(a, b)$ 落在直线 $x + y = 6$ 和两坐标轴围成的三角形内的概率为(   ).

A. $\dfrac{1}{6}$ B. $\dfrac{7}{36}$ C. $\dfrac{2}{9}$ D. $\dfrac{1}{4}$ E. $\dfrac{5}{18}$

解析 ▶ P197

17. 【2008.10.06】若以连续掷两枚骰子分别得到的点数 a 与 b 作为点 M 的坐标,则点 M 落入圆 $x^2 + y^2 = 18$ 内(不含圆周)的概率是( ).

A. $\dfrac{7}{36}$　　　B. $\dfrac{2}{9}$　　　C. $\dfrac{1}{4}$　　　D. $\dfrac{5}{18}$　　　E. $\dfrac{11}{36}$

解析 ▶P197

10.1.3　取出后放回(分房模型)

　　取出后放回(分房模型)的核心为有可重复使用的元素,方法数 $= m^n$,其中 $m =$ 可以重复使用的元素数量,$n =$ 不能重复使用的元素数量.

18. 【2015.19】(条件充分性判断)信封中装有 10 张奖券,只有一张有奖. 从信封中同时抽取 2 张,中奖概率为 P;从信封中每次抽取 1 张奖券后放回,如此重复抽取 n 次,中奖概率为 Q.则 $P < Q$.
　　(1)$n = 2$.
　　(2)$n = 3$.

解析 ▶P197

19. 【1998.01.12】有 3 个人,每个人都以相同的概率被分配到 4 间房的每一间中,某指定房间中恰有 2 人的概率是( ).

A. $\dfrac{1}{64}$　　　B. $\dfrac{3}{64}$　　　C. $\dfrac{9}{64}$　　　D. $\dfrac{5}{32}$　　　E. $\dfrac{3}{16}$

解析 ▶P197

10.2　概率乘法公式与加法公式

10.2.1　基本应用

20. 【2012.01.19】(条件充分性判断)某产品由两道独立工序加工完成. 则该产品是合格品的概率大于 0.8.
　　(1)每道工序的合格率为 0.81.
　　(2)每道工序的合格率为 0.9.

解析 ▶P198

21. 【2007.10.29】(条件充分性判断)若王先生驾车从家到单位必须经过三个有红绿灯的十字路口. 则他没有遇到红灯的概率为 0.125.
　　(1)他在每一个路口遇到红灯的概率都是 0.5.
　　(2)他在每一个路口遇到红灯的事件相互独立.

解析 ▶P198

22.【1999.01.10】图 10 – 3 中的字母代表元件种类,字母相同但下标不同的为同一类元件,已知 A,B,C,D 各类元件的正常工作概率是 p,q,r,s 且各元件的工作是相互独立的,则此系统正常工作的概率为(   ).

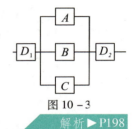

图 10 – 3

A. $s^2 pqr$ B. $s^2(p+q+r)$ C. $s^2(1-pqr)$

D. $1-(1-pqr)(1-s^2)$ E. $s^2[1-(1-p)(1-q)(1-r)]$

解析 ▶ P198

10.2.2 需分情况讨论的问题

23.【2015.14】某次网球比赛的四强对阵为甲对乙,丙对丁,两场比赛的胜者将争夺冠军,选手之间相互获胜的概率如表 10 – 1 所示:

表 10 – 1

	甲	乙	丙	丁
甲获胜概率		0.3	0.3	0.8
乙获胜概率	0.7		0.6	0.3
丙获胜概率	0.7	0.4		0.5
丁获胜概率	0.2	0.7	0.5	

则甲获得冠军的概率为(   ).

A. 0.165   B. 0.245   C. 0.275   D. 0.315   E. 0.330

解析 ▶ P198

24.【2010.01.15】在一次竞猜活动中,设有 5 关,如果连续通过 2 关就算闯关成功,小王通过每关的概率都是 $\frac{1}{2}$,则他闯关成功的概率为(   ).

A. $\frac{1}{8}$ B. $\frac{1}{4}$ C. $\frac{3}{8}$ D. $\frac{4}{8}$ E. $\frac{19}{32}$

解析 ▶ P198

25.【2009.10.25】(条件充分性判断)命中来犯敌机的概率是 99%.

(1)每枚导弹命中率为 0.6.

(2)至多同时向来犯敌机发射 4 枚导弹.

解析 ▶ P199

26.【2008.01.14】若从原点出发的质点 M 向 x 轴的正向移动一个和两个坐标单位的概率分别是 $\frac{2}{3}$ 和 $\frac{1}{3}$,则该质点移动 3 个坐标单位,到达 $x=3$ 的概率是(   ).

A. $\frac{19}{27}$ B. $\frac{20}{27}$ C. $\frac{7}{9}$ D. $\frac{22}{27}$ E. $\frac{23}{27}$

解析 ▶ P199

10.3　抽签模型

27.【2010.01.12】某装置的启动密码是由 0 到 9 中 3 个不同的数字组成,连续 3 次输入错误密码.就会导致该装置永久关闭.一个仅记得密码是 3 个不同的数字组成的人能够启动此装置的概率为(　　).

A. $\dfrac{1}{120}$　　　B. $\dfrac{1}{168}$　　　C. $\dfrac{1}{240}$　　　D. $\dfrac{1}{720}$　　　E. $\dfrac{3}{1000}$

解析 ▶ P199

10.4　伯努利概型

📍 10.4.1　基本伯努利概型问题

28.【2012.01.22】(条件充分性判断)在某次考试中,3 道题中答对 2 道题即为及格.假设某人答对各题的概率相同.则此人及格的概率是 $\dfrac{20}{27}$.

(1) 答对各题的概率均为 $\dfrac{2}{3}$.

(2) 3 道题全部答错的概率为 $\dfrac{1}{27}$.

解析 ▶ P200

29.【2008.10.28】(条件充分性判断)张三以卧姿射击 10 次,命中靶子 7 次的概率是 $\dfrac{15}{128}$.

(1) 张三以卧姿打靶的命中率是 0.2.

(2) 张三以卧姿打靶的命中率是 0.5.

解析 ▶ P200

📍 10.4.2　可确定试验次数的伯努利概型

> 基本伯努利概型问题:明确给出前 n 次试验成功与否的情况,求概率.
>
> 【举例】扔一枚不均匀的硬币,正面向上的概率为 p,问前 5 次恰好 3 正 2 反的概率为多少?此为五重伯努利试验,$P_5(3)=\mathrm{C}_5^3 p^3(1-p)^2$.
>
> 可确定试验次数的伯努利概型问题
>
> 【破题标志词1】明确给出结束条件,问第几次结束的概率.
>
> 【举例】扔一枚不均匀的硬币,正面向上的概率为 p,如果正面次数超过反面次数,则视为成功.求恰好在第 5 次成功的概率,则有 $P=2(1-p)^2 p^3$.
>
> 【破题标志词2】明确给出结束条件,求问多少次内结束的概率.

【举例】扔一枚不均匀的硬币,正面向上的概率为 p,如果正面次数超过反面次数,则视为成功,求在 5 次内成功的概率.见表 10 – 2

表 10 – 2

第 1 次成功	正	概率
第 3 次成功	反正正	$(1-p)p^2$
第 3 次成功	反正反正正	$(1-p)^2p^3$
	反反正正正	$(1-p)^2p^3$

故解决可确定试验次数的伯努利概型问题需要确定一下几个要点:

一共进行了几次试验(几局);

最后一次试验是否成功(最后一局输赢);

前面几次试验成败(几局输赢)顺序有无特殊要求.

30.【2014.01.09】掷一枚均匀的硬币若干次,当正面向上次数大于反面向上的次数时停止,则在 4 次之内停止的概率为(　　).

A. $\dfrac{1}{8}$ 　　 B. $\dfrac{3}{8}$ 　　 C. $\dfrac{5}{8}$ 　　 D. $\dfrac{3}{16}$ 　　 E. $\dfrac{5}{16}$

解析 ▶ P200

31.【2008.01.15】某乒乓球男子单打决赛在甲乙两选手间进行比赛,用 7 局 4 胜制.已知每局比赛甲选手战胜乙选手的概率为 0.7,则甲选手以 4∶1 战胜乙选手的概率为(　　).

A. 0.84×0.7^3 　 B. 0.7×0.7^3 　　 C. 0.3×0.7^3 　　 D. 0.9×0.7^3 　　 E. 以上都不对

解析 ▶ P201

10.5　对立事件法

32.【2013.10.13】将一个白木质的正方体的六个表面都涂上红漆,再将它锯成 64 个小正方体.从中任取 3 个,其中至少有 1 个三面是红漆的小正方体的概率是(　　).

A. 0.665 　　 B. 0.578 　　 C. 0.563 　　 D. 0.482 　　 E. 0.335

解析 ▶ P201

33.【2013.01.20】(条件充分性判断)档案馆在一个库房中安装了 n 个烟火感应报警器,每个报警器遇到烟火成功警报的概率均为 p.该库房遇烟火发出警报的概率达到 0.999.

(1) $n = 3$,$p = 0.9$.

(2) $n = 2$,$p = 0.97$.

解析 ▶ P201

34.【2013.01.14】已知 10 件产品中有 4 件一等品,从中任取 2 件,则至少有 1 件一等品的概率
为( ).

A. $\dfrac{1}{3}$　　　　B. $\dfrac{2}{3}$　　　　C. $\dfrac{2}{15}$　　　　D. $\dfrac{8}{15}$　　　　E. $\dfrac{13}{15}$

解析 ▶ P201

35.【2012.01.07】经统计,某机场的一个安检口每天中午办理安检手续的乘客人数及相应的概率
如下表 10 - 3:

表 10 - 3

乘客人数	0 ~ 5	6 ~ 10	11 ~ 15	16 ~ 20	21 ~ 25	25 以上
概率	0.1	0.2	0.2	0.25	0.2	0.05

该安检口 2 天中至少有 1 天中午办理安检手续的乘客人数超过 15 的概率是( ).

A. 0.2　　　　B. 0.25　　　　C. 0.4　　　　D. 0.5　　　　E. 0.75

解析 ▶ P202

36.【2011.10.16】(条件充分性判断)某种流感在流行,从人群中任意找出 3 人,其中至少有 1 人
患该种流感的概率为 0.271.

(1)该流感的发病率为 0.3.

(2)该流感的发病率为 0.1.

解析 ▶ P202

37.【2011.01.08】将 2 只红球与 1 只白球随机地放入甲、乙、丙三个盒子中,则乙盒中至少有 1 只
红球的概率为( ).

A. $\dfrac{1}{9}$　　　　B. $\dfrac{8}{27}$　　　　C. $\dfrac{4}{9}$　　　　D. $\dfrac{5}{9}$　　　　E. $\dfrac{17}{27}$

解析 ▶ P202

38.【2010.10.15】在 10 道备选试题中,甲能答对 8 道题,乙能答对 6 道题,若某次考试从这 10 道
备选题中随机抽出 3 道作为考题,至少答对 2 题才算合格,则甲乙两人考试都合格的概率
是( ).

A. $\dfrac{28}{45}$　　　　B. $\dfrac{2}{3}$　　　　C. $\dfrac{14}{15}$　　　　D. $\dfrac{26}{45}$　　　　E. $\dfrac{8}{15}$

解析 ▶ P202

答案与解析

1.1　实数

📍 1.1.1　实数大小判断

1.【2015.17】【答案】A

【真题拆解】审题时需弄清题的结构和题型,挖掘题目特征点,或弄清已知条件的等价描述,然后联系所求结论和已知条件的关系建立解题思路. 分析本题条件结构发现两个特征点:①条件(1)给出了两个数之和大于等于一个值,结论求这两个数的取值范围,判断为[至少有一个]问题题型;②条件(2)给出两数之积的取值范围,可用特值证伪但不能证真.

【解析】条件(1):$a+b \geqslant 4$,说明 a,b 至少有一个大于等于2,否则 $a<2$ 且 $b<2$,则 $a+b<4$. 即 $a \geqslant 2$ 或 $b \geqslant 2$ 成立,条件(1)充分.

条件(2):$ab \geqslant 4$,只能说明 a 和 b 同号,并不能保证 a 和 b 同为正,因此取特值 a,b 都小于零,如 $a=b=-2$, $ab=4$ 满足 $ab \geqslant 4$,而题干结论 $a \geqslant 2$ 或 $b \geqslant 2$ 不成立,因此条件(2)不充分.

【说明】在论证条件(1)时使用的方法为反证法,即利用原命题等价于其逆否命题进行证明. 我们可以记忆如下结论:若 n 个数之和大于(大于等于)m,则其中至少有一个大于(大于等于)$\dfrac{m}{n}$;若 n 个数之和小于(小于等于)m,则其中至少有一个小于(小于等于)$\dfrac{m}{n}$.

2.【2012.01.21】【答案】E

【真题拆解】分析题目发现两条件给出 a,b 平方大小关系,可用特值证伪但不能证真.

【解析】条件(1)条件(2)均不能确定 a,b 的正负符号,所以无法确定 a 与 b 的大小关系,当 a 为负值,b 为正值时,如 $a=-2,b=1$,此时同时满足条件(1)和条件(2),但是 $a<b$,因此两条件单独和联合均不充分.

3.【2008.01.29】【答案】B

【真题拆解】分析题目发现两个特征点:①给出 a,b 平方大小关系,判断 a,b 大小关系需要讨论正负;②底数相同,指数不同的两个幂比较大小,通常通过函数单调性判断.

【解析】条件(1):$a^2>b^2$ 仅能推出 $|a|>|b|$,从数轴上看即 a 点距 0 点的距离比 b 点距离 0 点远. 当 a 为负数时,如 $a=-2,b=0,a<b$,不能推出结论.

条件(2)：$\left(\dfrac{1}{2}\right)^{a}<\left(\dfrac{1}{2}\right)^{b}$，底数$\dfrac{1}{2}<1$，指数函数为减函数，即指数越大函数值越小，因此$a>b$，条件$(2)$充分.

【相关概念】对于指数函数$y=a^{x}(a>0$且$a\ne1)$，当底数$a>1$时为单调增函数，当$0<a<1$时为单调减函数. 因此对于底数相同，指数不同的两个幂比较大小，常用指数函数的单调性来进行判断.

4.【2008.01.27】【答案】E

【真题拆解】题目考察实数比大小问题，需要考虑实数正负和是否为零的情况.

【解析】题干结论$ab^{2}<cb^{2}$成立要求$\begin{cases}b\ne0\\a<c\end{cases}$. 当$b=0$，$a$取负数，$c$取正数时，可同时满足条件$(1)$和条件$(2)$，但$ab^{2}=cb^{2}$. 因此条件$(1)$条件$(2)$单独以及联合均不充分.

【拓展】本题易错点在于忽略$b\ne0$的限制而将b直接约去，因此误选B选项. 事实上，对于等式两边同乘/同除某数，一定要注意限制它非零；而对于不等式两边同乘/同除某数，除了限制非零，还要注意正负的影响. 本题中b^{2}已经保证了非负，那么就要注意b是否可以取零.

若将题目改为$ab^{2}\le cb^{2}$，则选B.

5.【2007.10.28】【答案】A

【真题拆解】分析题目发现特征点：带有绝对值，考虑使用数形结合的方法，在同一数轴上，讨论正负性.

【解析】本题可借助数轴（如图$1-3$所示）进行快速判断：

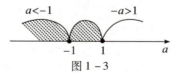

图$1-3$

条件(1)：$a+1<0$，$a<-1$.

条件(2)：$|a|<1$，$-1<a<1$.

【技巧】由于$a<-1$，则a一定为负数. 而条件(2)中a可能为正也可能为负，故可直接排除.

6.【2007.10.27】【答案】E

【解析】取$\begin{cases}x=1\\y=2\end{cases}$，既满足条件$(1)$又满足条件$(2)$，但不能充分推出结论，故单独和联合均不充分.

【总结】由于正整数1的根号、平方、立方等各幂次均为其本身，在此类题目取特值时经常选取1.

【相关知识点】对于实数a，平方与开方运算对数值大小的影响如下：

$$\text{平方：}\begin{cases}a<0,a^{2}-a>0,a^{2}>a\\0<a<1,a^{2}<a\\a>1,a^{2}>a\\a=0,1,a^{2}=a\end{cases}\qquad\text{开方：}\begin{cases}a>1,\sqrt{a}<a\\a=1\text{ 或 }a=0,\sqrt{a}=a\\0<a<1,\sqrt{a}>a\\a<0,\sqrt{a}\text{无意义}\end{cases}$$

1.1.2　整数

7.【2008.10.04】【答案】D

【真题拆解】分析题目,考察算术平方根,大于1的自然数的算术平方根一定为正.

【解析】一个大于1的自然数算术平方根为a,则该自然数为a^2,该自然数左右相邻的两个自然数为a^2-1和a^2+1,因此它们的算术平方根为$\sqrt{a^2-1}$和$\sqrt{a^2+1}$.

1.1.3　有理数与无理数

8.【2009.10.06】【答案】C

【真题拆解】【破题标志词】两实数相等⇒两实数有理部分与无理部分分别相等.

【解析】将$(1+2\sqrt{3})x+(1-\sqrt{3})y-2+5\sqrt{3}=0$中有理项与无理项(带根号的项)分别合并,得$(x+y-2)+(2x-y+5)\sqrt{3}=0$,当左边值为0时,意味着有理部分和无理部分的系数均为0,由此可得关于x,y的二元一次方程组:

$$\begin{cases} x+y-2=0 \\ 2x-y+5=0 \end{cases} \Rightarrow \begin{cases} x=-1 \\ y=3 \end{cases}.$$

【总结】本题中仅有一个方程,却要求确定两个未知量x,y的值,因此需要我们根据左式整体值为零,则有理部分和无理部分系数均为零推导出关于x,y的两个方程.相似出题方式在"具有非负性的式子"考点中也曾出现.(详见1.6.4绝对值的非负性.)

1.2　整除

 1.2.1　整数判断

9.【2008.10.23】【答案】A

【真题拆解】题干要求推出$\dfrac{n}{14}$是一个整数,即n为14的倍数或14为n的约数.

【解析】条件(1):n是一个整数,$\dfrac{3n}{14}$是一个整数,则$3n$一定为14的倍数.而3与14互质(公约数只有1),因此n一定为14的倍数,即$\dfrac{n}{14}$是一个整数,条件(1)充分.

条件(2):n是一个整数,且$\dfrac{n}{7}$是一个整数,则n一定为7的倍数,但不一定为14的倍数.如当$n=7$时,$\dfrac{n}{14}=\dfrac{1}{2}$,不是整数,条件(2)不充分.

10.【2007.10.16】【答案】A

【真题拆解】题目给出特征点$m=\dfrac{p}{q}$,且p与q为非零整数,则m一定是有理数.有理数的定义:若

一个数可以表示为形如 $\dfrac{a}{b}$ 的两个整数之比的形式（其中 a,b 为整数），则称它为一个有理数.

【解析】条件（1）：$m^2 = m \times m$ 是一个整数，则 m 只能为整数或带根号的无理数；同时又有 $m = \dfrac{p}{q}$，且 p、q 为非零整数，根据有理数定义，m 为有理数. 结合以上两点，m 为整数，条件（1）充分.

条件（2）：$m = \dfrac{p}{q}$，其中 p 与 q 为非零整数，根据有理数定义，m 为有理数. $\dfrac{2m+4}{3}$ 是一个整数，即说明 $2m+4$ 是 3 的倍数（或 3 是 $2m+4$ 的因数），此时 m 不一定为整数. 我们可以取 3 的倍数逐一验证，如 $2m+4 = 3 \times 3 = 9$ 时，$\dfrac{2m+4}{3} = 3$ 为整数，而 $m = \dfrac{5}{2}$ 非整数，条件（2）不充分.

📍 1.2.2　整数的乘方运算

11.【2009.10.07】【答案】C

【真题拆解】分析题目发现特征点：奇数次方后值为 1.

【解析】根据题目描述可得关于 a,b 的两个算式：$\left(\dfrac{1}{a+b}\right)^{2007} = 1$；$\left(\dfrac{1}{-a+b}\right)^{2009} = 1$.

由于 1 开奇数次方根结果为 1，1 开偶数次方根结果为 ± 1，本题中均为奇数次，因此有：

$$\begin{cases} \dfrac{1}{a+b} = 1 \\ \dfrac{1}{-a+b} = 1 \end{cases} \Rightarrow \begin{cases} a+b = 1 \\ -a+b = 1 \end{cases} \Rightarrow \begin{cases} a = 0 \\ b = 1 \end{cases}.$$

代入题干算式得 $a^{2007} + b^{2009} = 1$.

12.【2008.10.02】【答案】A

【真题拆解】分析题目发现特征点：整数相加、减、乘、正整数指数幂、取绝对值的结果一定仍为整数.

【解析】本题中 a,b,c 均为整数，则 $|a-b|^{20}$，$|c-a|^{41}$ 为非负整数且和为 1，则一定一个为 0 一个为 1. 又由于 0 和 1 的任何次幂均为它本身，则 $|a-b|$，$|c-a|$ 一个为 0 一个为 1. 此处可设 $|a-b| = 0$，$a = b$，$|c-a| = 1 = |a-c|$，则有 $|a-b| + |a-b| + |b-c| = 0 + 1 + 1 = 2$. 若 $|c-a| = 0$，$|a-b| = 1$，所得结果不变.

【特值法】对于求整式的取值类题目时，常分析题干选取满足题干的特值代入进行求解. 本题中在得出 $|a-b|$，$|c-a|$ 一个为 0 一个为 1 后，可直接取满足题干条件的特值 $a = b = 0$，$c = 1$，解得 $|a-b| + |a-c| + |b-c| = 2$.

1.3　奇数与偶数

13.【2014.10.22】【答案】D

【真题拆解】两条件互斥，不能联合. 根据奇偶数四则运算和平方差公式可破题.

【解析】对于判断表达式是否为 n 的倍数，需要首先将表达式化为乘积形式，观察其中是否含有 n

的所有因数. 另外, 对于题目中出现形如 $m^2 - n^2$ 的平方差的表达式, 首先考虑将其因式分解为乘积形式. 即: 题干要求推出 $m^2 - n^2 = (m+n)(m-n)$ 是 4 的倍数.

　　思路一: 条件(1): m, n 都是偶数, 则根据奇数偶数的四则运算法则, $m+n$ 和 $m-n$ 也都是偶数, $(m+n)(m-n)$ 一定为 4 的倍数.

　　条件(2): m, n 都是奇数, 根据【奇±奇=偶】, $m+n$ 和 $m-n$ 也都是偶数, $(m+n)(m-n)$ 一定为 4 的倍数, 条件(2)充分.

　　思路二: 条件(1): 设 $m=2k, n=2t$, 则有: $m^2 - n^2 = (m+n)(m-n) = 4(k-t)(k+t)$, 为 4 的倍数, 充分.

　　条件(2): 设 $m=2k+1, n=2t+1$, 则有: $m^2 - n^2 = (m+n)(m-n) = 4(k+t+1)(k-t)$, 为 4 的倍数, 充分.

14.【2013.10.16】【答案】C

【真题拆解】对结论进行等价转化, 要求推出 $m^2 n^2 - 1$ 是偶数, 即证明 $m^2 n^2 = (mn)^2$ 为奇数即可.

【解析】条件(1)条件(2)单独成立的情况下, m 或 n 单独是奇数, 均不能确定 $m^2 n^2$ 的奇偶性, 考虑联合. 由整数奇偶性运算法则: 奇数×奇数=奇数, m 和 n 均为奇数时, mn 为奇数, $(mn)^2$ 也为奇数. 故 $m^2 n^2 - 1$ 是偶数, 能被 2 整除, 联合充分.

15.【2012.01.20】【答案】D

【真题拆解】条件给出代数式的奇偶性, 求其中一个为质量的奇偶性, 根据奇数偶数的四则运算破题.

【解析】条件(1): 已知 $3m + 2n$ 是偶数, $2n$ 为 2 的倍数符合偶数定义也为偶数. 根据【偶±偶=偶】, $3n$ 也是偶数. 又根据【偶×奇=偶】, 则 m 也必为偶数, 条件(1)充分.

　　条件(2): 已知 $3m^2 + 2n^2$ 是偶数, $2n^2$ 为 2 的倍数符合偶数定义也为偶数. 根据【偶±偶=偶】, $3n^2$ 是偶数, 又根据【偶×奇=偶】, 故 m^2 是偶数. 根据【偶×偶=偶】, m 是偶数, 条件(2)充分.

16.【2010.01.17】【答案】A

【真题拆解】分析条件特征: 宾客有男宾和女宾, 宾客总人数 = 男宾人数 + 女宾人数. 要保证总人数为偶数, 根据奇数偶数的四则运算法则: 奇±奇=偶; 偶±偶=偶, 即男宾和女宾人数的奇偶性相同.

【解析】条件(1): 圆桌每位邻座性别不同, 说明男、女人数相等, 即同奇同偶, 总人数必为偶数, 充分;

　　条件(2): 男是女的 2 倍, 当女宾人数为奇数时, 男宾人数为偶数, 偶±奇=奇, 总人数为奇数, 不充分.

1.4　质数与合数

17.【2015.03】【答案】C

【真题拆解】本题符合【破题标志词】确定范围的质数 ⇒ 穷举法.

【解析】题目给出特征信息 m,n 是质数,且两质数之差是 2. 穷举法:20 以内的 8 个质数为:2,3,5,7,11,13,17,19. 满足 $|m-n|=2$ 即两个质数之间相差为 2 的有 $\{3,5\}$、$\{5,7\}$、$\{11,13\}$、$\{17,19\}$ 共 4 组.

18.【2014.10.01】【答案】E

【真题拆解】求乘积最小值,需要找最小的相邻合数,可采用穷举法.

【解析】思路一:正整数可分为质数、合数、1 三种,使用穷举法,依次列举合数 4,6,8,9,…,观察得最小的两个相邻且都是合数的正整数为 8 和 9,乘积 72 最小.

　　思路二:观察选项,首先验证数字最小的选项,$72=8\times9$ 符合题干条件.

19.【2014.01.10】【答案】E

【真题拆解】题目给出几个质数乘积,符合【破题标志词】[一个数]=[某些数的乘积]⇒将此数因数分解.

【解析】在质数/合数类题目中,若出现数值较大的整数,往往考虑将其因数分解,即分解为若干个质数相乘的形式.本题中 $770=2\times5\times7\times11$,$7+11+2+5=25$.

20.【2013.01.17】【答案】E

【真题拆解】分析条件特征:条件(2)为条件(1)的特殊情况,可举特值证伪.

【解析】观察可知,条件(2)为条件(1)的特殊情况,如果条件(2)不充分,则可直接选 E. 当 $m=3$,$q=7$ 时,同时满足条件(1)(2),而 $p=mq+1=22$,为合数.因此条件(1)条件(2)单独均不充分,联合也不充分.

　　【小知识】事实上,对于质数至今仍然没有一个简约的通项公式,著名的哥德巴赫猜想、黎曼猜想等都是人们对于质数探知所作的努力.

21.【2010.01.03】【答案】C

【真题拆解】分析题目特征信息:①年龄依次相差 6;②年龄不足 6 岁且是质数,符合【破题标志词】确定范围的质数⇒穷举法.

【解析】6 以内的质数有 2,3,5,即这名学龄前儿童年龄可能的值为 2,3,5,需分别讨论.当它等于 2 时,另外两人的年龄为 8 和 14(合数,舍);同理,当这名学龄前儿童年龄等于 3 时另外两人年龄分别为 9 和 15,也为合数,舍.

　　只有当学龄前儿童年龄为 5 时,另外两人的年龄分别为 11 和 17,均为质数,满足题干要求.故他们的年龄之和为 33.

22.【2009.10.16】【答案】B

【真题拆解】由均值定理可知,当乘积为定值时,和有最小值.当每个数之间越接近时,和越小;当每个数之间差距越大时,和越大.本题中要求和的最大值,因此需要是这五个自然数之间差距尽量大,因此因数分解后将最大的几个因数相乘.

【解析】将条件(1)条件(2)中的 2700 与 2000 因数分解,凑配 a,b,c,d,e 的可能取值.

条件（1）：$abcde = 2700 = 2 \times 2 \times 3 \times 3 \times 3 \times 5 \times 5 = 2 \times 2 \times 3 \times 3 \times 75$. 因此和的最大值为 $2 + 2 + 3 + 3 + 75 = 85$，不充分.

条件（2）：$abcde = 2000 = 2 \times 2 \times 2 \times 2 \times 5 \times 5 \times 5 = 2 \times 2 \times 2 \times 2 \times 125$. 和的最大值为 $2 + 2 + 2 + 2 + 125 = 133$，充分.

【拓展】若题目需要求 $a + b + c + d + e$ 的最小值，则需凑配使这五个自然数数值尽量接近.

条件（1）：$abcde = 2700 = 6 \times 6 \times 3 \times 5 \times 5$，和的最小值为 25；

条件（2）：$abcde = 2000 = 4 \times 4 \times 5 \times 5 \times 5$，和的最小值为 23.

1.5　分数运算

23.【2013.01.05】【答案】E

【真题拆解】【破题标志词】分母为乘积形式的多分数和化简求值⟹裂项相消.

【解析】$f(8)$ 即为当 $x = 8$ 时 $f(x)$ 的值，原式符合裂项相消的形式. 首先将表达式化简：$f(x) = \dfrac{1}{(x+1)(x+2)} + \dfrac{1}{(x+2)(x+3)} + \cdots + \dfrac{1}{(x+9)(x+10)} = \dfrac{1}{(x+1)} - \dfrac{1}{(x+2)} + \dfrac{1}{(x+2)} - \dfrac{1}{(x+3)} + \cdots + \dfrac{1}{(x+9)} - \dfrac{1}{(x+10)}$. 故 $f(8) = \dfrac{1}{9} - \dfrac{1}{18} = \dfrac{1}{18}$.

1.6　绝对值的定义与性质

 1.6.1　$|a| \geqslant a$

24.【2010.01.16】【答案】A

【解析】分析题干要求结论，由于 $|a - b| \geqslant a - b$ 恒成立，因此只要 $a \geqslant |a|$，题干结论即成立. 根据绝对值定义，题干结论成立要求 $a > 0$. 因此条件（1）充分，条件（2）不充分.

25.【2005.01.05】【答案】C

【真题拆解】结论为带绝对值的不等式，根据条件可去掉绝对值.

【解析】由条件（1）仅能得到 $a < 0$，$|a| = -a > a$；

由条件（2）仅能得到 $a + b > 0$，$|a + b| = a + b$，均不能单独推出题干结论.

联合两条件得 $|a|(a + b) = -a(a + b) > a(a + b) = a|a + b|$. 故联合充分.

 1.6.2　$\sqrt{a^2} = |a|$

26.【2008.10.20】【答案】C

【真题拆解】对于条件题一般的解题方向为在条件成立的情况下推结论，但是对于条件形式简单同时结论形式较复杂的题目，往往需要先对题干结论进行化简.

【解析】$|1-x|-\sqrt{x^2-8x+16}=|1-x|-\sqrt{(x-4)^2}=|1-x|-|x-4|$.

代入两条件中 x 的取值范围,根据定义去掉绝对值.条件(1)无法确定 x 与4的大小关系,仅能去掉 $|1-x|$ 的绝对值,单独不充分.条件(2)无法确定 x 与1的大小关系,仅能去掉 $|x-4|$ 的绝对值,单独不充分.故考虑联合.当 $2<x<3$ 时:

$$|1-x|-|x-4|=(x-1)-(4-x)=2x-5,$$

故条件(1)与条件(2)联合充分.

1.6.3　绝对值的自比性

27.【2008.01.30】【答案】C

【真题拆解】题干所给式子 $\dfrac{b+c}{|a|}+\dfrac{c+a}{|b|}+\dfrac{a+b}{|c|}$ 为对称多项式,即任意对调两个字母的位置,如 a 和 c 对调,原式仍保持不变.我们常利用多项式的对称性质化简求值.

【解析】条件(1):$a+b+c=0$ 故 $b+c=-a$,$c+a=-b$,$a+b=-c$,代入题干中式子得:

$$\frac{b+c}{|a|}+\frac{c+a}{|b|}+\frac{a+b}{|c|}=-\frac{a}{|a|}-\frac{b}{|b|}-\frac{c}{|c|}=-\left(\frac{a}{|a|}+\frac{b}{|b|}+\frac{c}{|c|}\right),$$

题干式子中 a,b,c 均分别在分母位置,故它们均不为零,又有 $a+b+c=0$,因此 a,b,c 必有正有负.但仅根据条件(1),a,b,c 可能为两正一负或一正两负.根据绝对值的自比性,当 a,b,c 两正一负时:$-\left(\dfrac{a}{|a|}+\dfrac{b}{|b|}+\dfrac{c}{|c|}\right)=-(1+1-1)=-1$;当 a,b,c 一正两负时:$-\left(\dfrac{a}{|a|}+\dfrac{b}{|b|}+\dfrac{c}{|c|}\right)=-(1-1-1)=1$.取值不能唯一确定,不充分.

条件(2):$abc>0$,则 a,b,c 为一正两负或三正,不充分.

联合条件(1)条件(2),则有 a,b,c 为一正两负,此时 $\dfrac{b+c}{|a|}+\dfrac{c+a}{|b|}+\dfrac{a+b}{|c|}=-\left(\dfrac{a}{|a|}+\dfrac{b}{|b|}+\dfrac{c}{|c|}\right)=-(1-1-1)=1$.充分.

1.6.4　绝对值的非负性

28.【2011.01.02】【答案】A

【真题拆解】几个非负性式子之和等于零,则这些具有非负性的式子值分别为零.

【解析】题干符合【破题标志词】[多个未知量] + [一个等式].带 $\sqrt{\ }$、$|\ |$、$(\ )^2$ 的等式 $\Rightarrow$ 利用非负性求解.

即有:$\begin{cases}a-3=0\\3b+5=0\\5c-4=0\end{cases}\Rightarrow\begin{cases}a=3\\b=-\dfrac{5}{3}\\c=\dfrac{4}{5}\end{cases}\Rightarrow abc=-4.$

29.【2009.10.18】【答案】C

【真题拆解】对于题干中包含多个类似等式,同时单一式子求解没有入手方向时,可以将几个式子放在一起考虑,一般依次相加.

【解析】条件(1)与条件(2)单独均不充分,考虑联合. 两式相加可得 $|x-3| + |\sqrt{x} - \sqrt{3}| + a^2 + b^2 = 0$. 符合【破题标志词】[多个未知量] + [一个等式]. 带 $\sqrt{}$、$||$、$()^2$ 的等式 $\Rightarrow$ 利用非负

性求解. 即有 $\begin{cases} x-3=0 \\ \sqrt{x}-\sqrt{3}=0 \\ a=0 \\ b=0 \end{cases} \Rightarrow \begin{cases} x=3 \\ a=0 \\ b=0 \end{cases}$,代入条件(1)或条件(2)可得 $y=1$. 因此 $2^{x+y} + 2^{a+b} = 2^{3+1} + 2^0$

$= 16 + 1 = 17$,联合充分.

30.【2009.01.15】【答案】D

【真题拆解】解题时对方程的移项整理一般有:对普通方程将所有项全部移至等号左边,等号右边为零;对无理方程将无理部分移至等号一边,有理部分移至另一边;对多变量的将变量分离,如将包含 x 的项移至方程一边,包含 y 的项移至另一边.

【解析】将题干中两式分别移项得

$$y + |\sqrt{x} - \sqrt{2}| = 1 - a^2 \Rightarrow y + |\sqrt{x} - \sqrt{2}| - 1 + a^2 = 0,$$

$$|x-2| = y - 1 - b^2 \Rightarrow |x-2| - y + 1 + b^2 = 0,$$

移项后两式相加得 $|\sqrt{x} - \sqrt{2}| + |x-2| + a^2 + b^2 = 0$. 符合【破题标志词】[多个未知量] +

[一个等式]. 带 $\sqrt{}$、$||$、$()^2$ 的等式 $\Rightarrow$ 利用非负性求解. 即有 $\begin{cases} \sqrt{x} - \sqrt{2} = 0 \\ x - 2 = 0 \\ a = 0 \\ b = 0 \end{cases} \Rightarrow \begin{cases} x=2 \\ a=0 \\ b=0 \end{cases}$,代回题

干等式可得 $y=1$. 故 $3^{x+y} + 3^{a+b} = 3^{2+1} + 3^{0+0} = 28$.

【技巧】采用特值法,令 $x=2, a=b=0, y=1$ 满足题目条件,可得 $3^{2+1} + 3^{0+0} = 28$.

【陷阱】本题要求 $3^{x+y} + 3^{a+b}$ 均为 3 的幂次,由此容易误认为答案一定为 3 的整数倍. 事实上,由于任何数的零次幂均为 1,当 $x+y=0$ 或 $a+b=0$ 时待求式值均非 3 的整数倍.

31.【2008.10.10】【答案】E

【真题拆解】分析题目,可以将题干等式配方化成非负性形式,再运用非负性破题标志词.

【解析】将题干等式配方得 $|3x+2| + 2x^2 - 12xy + 18y^2 = 0 = |3x+2| + 2(x^2 - 6xy + 9y^2) = |3x+2| + 2(x-3y)^2 = 0$,符合【破题标志词】[多个未知量] + [一个等式]. 带 $\sqrt{}$、$||$、

$()^2$ 的等式 $\Rightarrow$ 利用非负性求解. 即有 $\begin{cases} 3x+2=0 \\ x-3y=0 \end{cases} \Rightarrow \begin{cases} x = -\dfrac{2}{3} \\ y = -\dfrac{2}{9} \end{cases} \Rightarrow 2y - 3x = \dfrac{14}{9}$.

【说明】对于非负性破题标志词,题目往往并不会直接给出,而是需要进行一定的凑配、变形进而得出几个非负性式子之和等于/小于等于零的典型形式.

1.7　去掉绝对值

1.7.1　根据定义直接去绝对值

32.【2011.10.24】【答案】D

【真题拆解】两条件分别给定自变量 x 的取值范围,因此分别代入题干分段函数确定 $g(x)$ 形式,并根据定义去掉 $g(x)$ 中的绝对值即可.

【解析】变形后 $f(x)$ 表达式内不含 x,则条件充分,反之则不充分.

条件(1):$-1<x<0$,$g(x)=-1$,$f(x)=|x-1|-g(x)|x+1|+|x-2|+|x+2|=-(x-1)+(x+1)-(x-2)+(x+2)=6$,为与 x 无关的常数,条件(1)充分.

条件(2):$1<x<2$,$g(x)=1$,$f(x)=|x-1|-g(x)|x+1|+|x-2|+|x+2|=(x-1)-(x+1)-(x-2)+(x+2)=2$,为与 x 无关的常数,条件(2)充分.

33.【2011.01.12】【答案】D

【真题拆解】特征点:遇到绝对值,去绝对值.分析原式任意对调两个字母,值不变,则可以任意假设 a,b,c 大小关系.

【解析】题干所给式子 $|a-b|+|b-c|+|c-a|=8$ 具有对称性,即任意对调两个字母的位置,如 a 和 c 对调,原式仍保持不变.此时我们可任意假设其大小顺序,如设 $a>b>c$.

此时可根据绝对值定义去掉绝对值得:$|a-b|+|b-c|+|c-a|=a-b+b-c-c+a=2(a-c)=8$,$a-c=4$.对比 12 以内质数,可得 $a=7$,$b=5$,$c=3$,因此 $a+b+c=15$.

34.【2006.10.07】【答案】A

【真题拆解】题干借由数轴给定 a,b,c 的大小正负情况,根据定义去掉绝对值.

【解析】条件(1):由数轴可知 $c<b<0<a$,故待求式绝对值内 $b-a<0$,$c-b<0$,$c<0$,根据绝对值定义有 $|b-a|+|c-b|-|c|=(a-b)+(b-c)+c=a$,条件(1)充分.

条件(2):由数轴可知 $a<0<b<c$,故待求式绝对值内 $b-a>0$,$c-b>0$,$c>0$,根据绝对值定义有 $|b-a|+|c-b|-|c|=(b-a)+(c-b)-c=-a$,条件(2)不充分.

1.7.2　给定算式去掉绝对值后的形式,求未知量取值范围

35.【2008.10.16】【答案】E

【真题解析】本题两条件均符合题目中给出带未知量的算式去掉绝对值后的形式,要求未知量的取值范围.

【解析】条件(1):$\left|\dfrac{2x-1}{x^2+1}\right|=\dfrac{1-2x}{1+x^2}=-\dfrac{2x-1}{x^2+1}$,即去掉绝对值符号后原式变成了它的相反数,故绝对值内分式 $\dfrac{2x-1}{x^2+1}\leqslant 0$,由于 $x^2+1>0$ 恒成立,故分母 $2x-1\leqslant 0$,$x\leqslant\dfrac{1}{2}$,条件(1)不充分.

条件(2):$\left|\dfrac{2x-1}{3}\right|=\dfrac{2x-1}{3}$,即去掉绝对值符号后原式不变,故绝对值内 $\dfrac{2x-1}{3}\geqslant 0$,$2x-1\geqslant 0$,

$x \geqslant \dfrac{1}{2}$，条件(2)不充分.

条件(1)与条件(2)联合时，$x = \dfrac{1}{2}$，不在 $-1 < x \leqslant \dfrac{1}{3}$ 范围内，联合亦不充分.

【技巧】事实上，条件(1)和条件(2)均包含 $x = \dfrac{1}{2}$，不在 $-1 < x \leqslant \dfrac{1}{3}$ 范围内，故单独、联合均不充分.

36.【2003.10.03】【答案】C

【真题解析】本题符合题目中给出带未知量的算式去掉绝对值后的形式，要求未知量的取值范围.

【解析】根据题意，去掉绝对值符号后原式变成了它的相反数，故绝对值内分式 $\dfrac{5x-3}{2x+5} \leqslant 0$，此时题目变为解分式不等式的解集. 由于 $2x+5$ 在分母位置，故 $2x+5 \neq 0$，两边同乘 $(2x+5)^2$，不等号方向不变，即 $(5x-3) \cdot (2x+5) \leqslant 0 \left(x \neq -\dfrac{5}{2} \right)$，解得 $-\dfrac{5}{2} < x \leqslant \dfrac{3}{5}$.

【注意】在求解集时尤其要注意区间端点能否取到，本题中由于分母不为零，所以 $x \neq -\dfrac{5}{2}$.

1.8 绝对值的几何意义

📍 1.8.1 两个绝对值之和

37.【2008.01.18】【答案】B

【真题拆解】本题条件(1)条件(2)均符合【破题标志词】形如 $|x-a| + |x-b|$ 的两绝对值之和.

【解析】由几何意义可知，$y = |x-a| + |x-b|$ 的最小值为 a,b 的距离即 $|a-b|$.

条件(1)：$f(x)$ 的最小值为 $\dfrac{5}{12} - \dfrac{1}{12} = \dfrac{1}{3}$，不充分. 条件(2)：$f(x) = |x-2| + |4-x| = |x-2| + |x-4|$，最小值为 $4-2=2$，充分.

38.【2007.10.30】【答案】B

【真题拆解】结论方程符合【破题标志词】形如 $|x-a| + |x-b|$ 的两绝对值之和，可运用绝对值得几何意义.

【解析】思路一：绝对值的几何意义. 方程中 $|x+1| + |x|$ 符合【破题标志词】形如 $|x-a| + |x-b|$ 的两绝对值之和. $|x+1| + |x| = |x-(-1)| + |x-0|$，$x \in [-1,0]$ 时，绝对值之和为定值1，也是它的最小值. x 在 $[-1,0]$ 之外时，距离 -1 和 0 越远，绝对值之和越大.

条件(1)：$x \in (-\infty, -1)$，绝对值之和由最小值1连续变大，无上限. 总有一点 x 可令 $|x+1| + |x| = 2$ 成立，即在 $x \in (-\infty, -1)$ 内方程 $|x+1| + |x| = 2$ 有解，条件(1)不充分.

条件(2)：$x \in (-1,0)$，此时 $|x+1| + |x|$ 恒为定值1，方程 $|x+1| + |x| = 2$ 无解，条件(2)充分.

思路二:根据定义去掉绝对值.条件(1):$x<-1$,则$x+1<0$,脱去绝对值符号原方程变为$-(x+1)-x=2$,解得$x=-\dfrac{3}{2}$,方程有解,条件(1)不充分.

条件(2):$-1<x<0$,根据定义去绝对值符号,原方程变为$x+1-x=2$,无解,条件(2)充分.

39.【2007.10.09】【答案】D

【真题拆解】题干方程符合【破题标志词】形如$|x-a|+|x-b|$的两绝对值之和,可运用绝对值得几何意义.

【解析】思路一:根据绝对值的几何意义,$y=|x-2|+|x+2|$表示数轴上点x到-2与2的距离之和.当x在$[-2,2]$内的任意位置时,绝对值之和为定值,恒等于$-2,2$的距离4,同时这也是两绝对值之和能取到的最小值.由于$[-2,2]$内有无穷多个点,因此有无穷多个x使y取到最小值;在$[-2,2]$之外时,随着点x远离$-2,2$,$|x-2|+|x+2|$的取值也随之增加,且没有上限,即$y=|x-2|+|x+2|$没有最大值.

思路二:零点分段法.$y=|x-2|+|x+2|=\begin{cases}-2x,&x<-2\\4,&-2\leqslant x\leqslant2,\\2x,&x>2\end{cases}$当$-2\leqslant x\leqslant2$时,$y$取到最小值$4$.

40.【2003.01.10】【答案】A

【真题拆解】待求式$|x-2|+|4-x|$符合【破题标志词】形如$|x-a|+|x-b|$的两绝对值之和,可运用绝对值得几何意义.

【解析】根据绝对值的几何意义,$|x-2|+|4-x|$的最小值为2,无最大值.无法找到一个x使$|x-2|+|4-x|$取值小于它的最小值2,故当$s\leqslant2$时,$|x-2|+|4-x|<s$无解.因此条件(1)充分,条件(2)不充分.

41.【2002.10.06】【答案】B

【真题拆解】待求式$|t+4|+|t-6|$符合【破题标志词】形如$|x-a|+|x-b|$的两绝对值之和,可运用绝对值得几何意义.

【解析】因式分解$t^2-3t-18=(t-6)(t+3)\leqslant0$知得$t$的取值范围为$-3\leqslant t\leqslant6$.

思路一:根据绝对值的几何意义,$|t+4|+|t-6|$表示数轴上点t到点-4和6的距离之和,由于t的取值范围为$-3\leqslant t\leqslant6$,在-4和6之间,因此距离之和为定值,即-4和6之间的距离10.

思路二:根据定义去绝对值,当$-3\leqslant t\leqslant6$时,$t+4>0$,$t-6\leqslant0$,故$|t+4|+|t-6|=t+4+6-t=10$.

【技巧】特值法,取$t=0$满足$t^2-3t-18\leqslant0$,代入待求式得$|t+4|+|t-6|=|0+4|+|0-6|=10$.选B.

📍 1.8.2 多个绝对值之和

42.【2013.10.25】【答案】A

【真题拆解】结论方程符合【破题标志词】多个绝对值之和 $|x-a|+|x-b|+|x-c|+\cdots$，使用绝对值几何意义根据题目要求讨论.

【解析】本题符合绝对值几何意义【破题标志词】多个绝对值的和，本题意思是，在条件(1)或条件(2)或联合给定的 x 取值范围内，在数轴上满足到 $-1,-3$ 和到 5 这三点的距离之和等于 9 的点 x 只有一个. 因此首先分析 $|x+1|+|x+3|+|x-5|=9$ 所有可能的解，再看条件(1)条件(2)所给定的 x 的取值范围内是否有唯一解. 根据题目画数轴得：

$$-3 \quad -1 \qquad 5 \qquad x$$

图 1-4

三个点 $-3,-1,5$ 将实数轴分为 4 个区域：

当 $x>5$，即 x 在数轴上 5 的右边时，那么该点到 -1 和 -3 的距离之和 $|x+1|+|x+3|>|5+1|+|5+3|=14>9$，所以在此范围内方程无解.

同理，当 $x<-3$，即 x 在数轴上 -3 的左边时，那么该点到 -1 和 5 的距离之和 $|x+1|+|x-5|>|-3+1|+|-3-5|=10>9$，所以在此范围内方程无解. 因此只需考虑方程在 $[-3,5]$ 内的解的情况.

根据绝对值几何意义，当 $-3\leqslant x\leqslant5$ 时，$|x+1|+|x+3|+|x-5|$ 中，$|x+3|+|x-5|$ 的值恒为 8，此时方程转化为 $|x+1|+8=9$，$|x+1|=1$，即到 -1 点距离为 1 的 x 的值即为方程的解. 解得方程有两个解 $x_1=0$ 和 $x_2=-2$. 若条件给出的范围恰好包含 0 或 -2 其中一个点，则充分，反之则不充分.

条件(1)：$|x-2|\leqslant3$，$-3\leqslant x-2\leqslant3$，即 $-1\leqslant x\leqslant5$. 在此范围内只有一个解 $x_2=0$，条件(1) 充分.

条件(2)：$|x-2|\geqslant2$，$x-2\geqslant2$ 或 $x-2\leqslant-2$，即 $x\geqslant4$ 或 $x\leqslant0$，在此范围内有两个解，而非唯一解，条件(2)不充分.

43.【2009.10.08】【答案】C

【真题拆解】特征点：遇到绝对值，去绝对值. 可根据定义去绝对值或根据绝对值几何意义讨论.

【解析】思路一：根据定义脱去绝对值. 由于 $a\leqslant x\leqslant20$，$0<a<20$，故 $x-a\geqslant0$，$x-20\leqslant0$，$x-a-20<0$，根据定义脱去绝对值得 $y=x-a+20-x+a+20-x=40-x$. 当 $x=20$ 时，有 $y_{\min}=40-20=20$.

思路二：绝对值的几何意义. 题干算式符合【破题标志词】多个绝对值的和. 由于 $a\leqslant x\leqslant20$，根据两个绝对值的和的几何意义，此时 $|x-a|+|x-20|$ 为定值 $20-a$. 题目转化为求在 $[a,20]$ 范围内的点 x 到点 $(20+a)$ 距离的最小值. 由数轴可知，当 $x=20$ 时，$|x-a-20|=|x-(a+20)|$ 最小，此时有 $y_{\min}=20-a+a=20$.

$$0 \quad a \qquad 20 \ 20+a$$

图 1-5

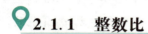

第2章 应用题

2.1 比与比例

📍 2.1.1 整数比

1.【2014.01.04】【答案】B

【真题拆解】根据比例关系求得剩余未投资的比例,根据数量关系列等式.

【解析】上半年完成预算的 $\frac{1}{3}$,还剩 $1 - \frac{1}{3} = \frac{2}{3}$.下半年完成剩余部分的 $\frac{2}{3}$ 即 $\frac{2}{3} \times \frac{2}{3} = \frac{4}{9}$.全年一共剩余总预算的 $1 - \frac{1}{3} - \frac{4}{9} = \frac{2}{9}$,剩余金额为 0.8 亿,故总预算 3.6 亿.

2.【2013.10.04】【答案】A

【真题拆解】弄清已知条件和问题,分析数量关系,大多数情况下问啥设啥.

【解析】设该批货物共有 x 件,则甲商场收到 $60\% x$,丙商场收到 $40\% x - 100$,$\dfrac{\text{甲商场}}{\text{丙商场}} = \dfrac{60\% x}{40\% x - 100} = \dfrac{7}{3}$.解得:$x = 700$.

3.【2013.01.06】【答案】D

【真题拆解】分析题目特征:①给出了两店的库存比;②具体量库存查为 5.【破题标志词】比＋具体量⇒见比设 k 再求 k.

【解析】本题符合【破题标志词】比＋具体量⇒见比设 k 再求 k.根据甲乙库存之比＝8：7 可设甲库存有 $8k$ 台电视,乙库存有 $7k$ 台电视.根据库存差为 5 列等式:$8k - 7k = k = 5$.故此时共有库存 $8k + 7k = 15k = 15 \times 5 = 75$ 台.再加上之前分别售出的 15 台与 10 台,两商店总进货量为 $75 + 15 + 10 = 100$ 台.

4.【2010.01.01】【答案】D

【真题拆解】分析题目特征点:①给出两项间的比,见比设 k;②给定条件和问题全部为百分比或比例,【破题标志词】全比例问题⇒特值法.

【解析】思路一(推荐):本题考察两个元素各自改变之后的比例关系,为全比例问题首选采用特值法.假设开演时女士有50人,男士有40人.放映一小时后,女士剩余 $50 \times (1 - 20\%) = 40$ 人,男士剩余 $40 \times (1 - 15\%) = 34$ 人.此时女士与男士人数之比为 $40 : 34 = 20 : 17$.

思路二:设开场时女士人数为 $5k$,男士为 $4k$,部分离场后,女士人数为 $5k \cdot (1 - 20\%) = 4k$,男士人数为 $4k \cdot (1 - 15\%) = 3.4k$.此时女士与男士人数比为 $4k : 3.4k = 20 : 17$.

5.【2008.01.23】【答案】C

【真题拆解】要知道所有贺卡的总重量,需求出单张贺卡的重量,寻找等量关系列方程求解.

【解析】两条件单独成立时,信息量不够不充分,考虑联合.设一张一类贺卡的重量是 x 克,一张二类贺卡的重量是 y 克,则 $\begin{cases} x = 3y \\ x + 2y = \dfrac{100}{3} \end{cases} \Rightarrow \begin{cases} x = 20 \\ y = \dfrac{20}{3} \end{cases}$,故25张一类贺卡和30张二类贺卡的总重量为

$25 \times 20 + 30 \times \dfrac{20}{3} = 700$(克).

6.【2008.01.16】【答案】A

【真题拆解】对结论进行等价转化,$\dfrac{\text{只付全额学费的总额}}{a\text{个学生的付费总额}} = \dfrac{\text{付全额学费的总额}}{\text{付全额学费的总额} + \text{付半额学费的总额}}$

$= \dfrac{1}{3}$,只要知道付全额学费和付半额学费学生人数的比例关系就可以求得结论所求的比值.

【解析】条件(1):20%的学生付全款 x 元,则剩余80%的学生付半额学费,即 $\dfrac{x}{2}$ 元,故所付学费总额的比为 $\dfrac{20\%\,ax}{20\%\,ax + 80\%\,a\dfrac{x}{2}} = \dfrac{0.2}{0.2 + 0.4} = \dfrac{1}{3}$.条件(1)充分.

条件(2):由于不知道付全额学费和付半额学费学生人数的百分比,信息量不够,不充分.

7.【2006.10.02】【答案】C

【真题拆解】分析题目特征:①甲库中调出粮食重量已知;②给出了甲、乙仓库存粮吨数之比.【破题标志词】比 + 具体量 $\Rightarrow$ 见比设 k 再求 k.

【解析】由于甲、乙两仓库储存的粮食重量之比为 $4 : 3$,则设原来甲、乙两仓库的粮食分别为 $4k$ 和 $3k$.则根据题意有:$\dfrac{4k - 10}{3k} = \dfrac{7}{6} \Rightarrow k = 20$,故甲库原有粮食 $4k = 4 \times 20 = 80$(万吨).

8.【2005.01.01】【答案】B

【真题拆解】分析题目特征点:①给出两项间的比.②给定条件和问题全部为比例,符合【破题标志词】全比例问题 $\Rightarrow$ 特值法.

【解析】设甲、乙两仓库的总存量为170,其中甲仓库有100,乙仓库有70.由于最后数量相等,即最后各自的库存数量为 $\dfrac{170}{2} = 85$(份),故甲向乙搬入 $\dfrac{100 - 85}{100} = 15\%$.

9.【1999.10.02】【答案】B

【真题拆解】分析题目特征:①给出了乙、丙两工人完成的件数之比.②具体量丙工人完成了45件.【破题标志词】比＋具体量⇒见比设 k 再求 k.

【解析】设乙、丙两工人完成的件数分别为 $6k,5k$,根据丙工人完成了45件可列等式:$5k=45$,解得 $k=9$,则乙、丙两工人完成了 $6k+5k=11k=99$ 件.由于甲工人完成了总件数的34%,则乙、丙两工人完成了总件数的66%,故零件总数为 $\dfrac{99}{66\%}=150$ 件,则甲完成了 $150\times34\%=51$(件).

10.【1997.01.03】【答案】A

【真题拆解】分析题目特征:①给出了甲股票、乙股票投资额之比.②总投资额已知.符合【破题标志词】比＋具体量⇒见比设 k 再求 k.

【解析】设甲股票、乙股票投资额分别为 $4k,k$,根据总投资额为 2 万元可列等式:$4k+k=5k=28000$,解得 $k=4000$,则甲股票买了 $\dfrac{4k}{8}=2000$ 股,乙股票买了 $\dfrac{k}{4}=1000$ 股.该投资者抛出两种股票时获得 $10\times2000+3\times1000=2.3$(万元),即获利 $2.3-2=0.3$(万元).

2.1.2　分数形式的比

11.【2013.10.03】【答案】C

【真题拆解】分析题目特征:①已知三项的算术平均值,符合【破题标志词】算术平均值⇒乘以个数求总和;②对于分数形式的比,整理为关于所有要素的整数连比.

【解析】每项同乘分母最小公倍数,将分数形式的比化为整数形式的比有 $a:b:c=\dfrac{1}{2}:\dfrac{1}{3}:\dfrac{1}{4}$ $=6:4:3$.根据【破题标志词】比＋具体量⇒见比设 k 再求 k.则可设 $a=6k,b=4k,c=3k$.根据又知 a,b,c 的算术平均值等于13,即 $\dfrac{a+b+c}{3}=13,a+b+c=39=6k+4k+3k=13k$,解得 $k=3$,因此 $c=3k=3\times3=9$.

12.【2012.10.01】【答案】A

【真题拆解】分析题目特征:①具体量奖金总额已知;②对于分数形式的比,整理为关于所有要素的整数连比.【破题标志词】比＋具体量⇒见比设 k 再求 k.

【解析】每项同乘分母最小公倍数,将分数形式的比化为整数形式的比有 $\dfrac{1}{2}:\dfrac{1}{3}:\dfrac{2}{5}=$ $\left(\dfrac{1}{2}\times30\right):\left(\dfrac{1}{3}\times30\right):\left(\dfrac{2}{5}\times30\right)=15:10:12$.设甲奖金有 $15k$ 元,乙奖金有 $10k$ 元,丙奖金有 $12k$ 元,则总奖金为 $15k+10k+12k=37k=3700$ 元,解得 $k=100$ 元.故乙应得奖金为 $10k=10\times100=1000$(元).

2.1.3　两个含共有项的比

13.【2009.01.02】【答案】B

【真题拆解】分析题目特征:①新增女运动员,但男运动员数量还是不变,又增加了若干名男运动员,此时女运动员再不增加,几个含有共有项的比,取共有项的最小公倍数化为整数连比;③后增加的男运动员与增加的女运动员差为3,具体量.【破题标志词】比＋具体量⇒见比设k再求k.

【解析】男女运动员比例原为19∶12,即有∶女∶男＝12∶19.

增加若干名女运动员后,男女运动员比例变为20∶13,即男∶女加＝20∶13.

利用最小公倍数化为三项连比得,女∶男∶女加＝240∶380∶247.

同理可知,男∶女加∶男加＝380∶247∶390.

则化为四项连比得,女∶男∶女加∶男加＝240∶380∶247∶390.

此时可设女运动员原有$240k$人,增加后女运动员有$247k$人,增加了$7k$人;男运动员原有$380k$人,增加后男运动员有$390k$人,增加了$10k$人.即男运动员比女运动员多增加$3k$人.又已知后增加的男运动员比先增加的女运动员多3人,则$3k=3$,$k=1$.故最后运动员总人数为:$247+390=637$(人).

【技巧】事实上,由于最终运动员男女比例为30∶19,即总人数一定为$30+19=49$的整数倍,故仅A、B选项符合.

14.【2007.10.04】【答案】C

【真题拆解】本题没有给出具体量,只有三个含有共有项的比,【破题标志词】全比例问题⇒特值法.

【解析】已知一等品∶二等品＝5∶3＝20∶12,二等品∶不合格品＝4∶1＝12∶3,故一等品∶二等品∶不合格品＝20∶12∶3.设一等品、二等品、不合格品的件数为20、12、3,则不合格率为$\dfrac{3}{20+12+3}\times100\%\approx8.6\%$.

2.2　利润与利润率

15.【2010.01.18】【答案】C

【真题拆解】所求结论等价转化为一件甲商品的利润－一件乙商品的利润＞0,所以需要求出甲、乙每件商品单独销售的利润.

【解析】两条件单独均不充分,考虑联合.设每售一件甲商品获利x,每售一件乙商品获利y,则有$\begin{cases}5x+4y=50\\4x+5y=47\end{cases}$,两式相减得$x-y=3>0$,故售出一件甲商品比售出一件乙商品利润要高,联合充分.

16.【2010.01.02】【答案】C

【真题拆解】题目特征点:成本、售价、利润率,售价＝成本×(1＋利润率).

【解析】设标价为x,则实际售价为$0.8x$,根据公式售价＝成本×(1＋利润率)有:$0.8x=240\times(1+15\%)$,解得标价$x=345$(元).

17.【2009.10.03】【答案】D

【真题拆解】分析题目特征点:①进价即成本;②甲店利润率为20%,乙店利润率为15%;③总利润＝单件成本×利润率×销售量、营业额＝售价×销售量、扣除营业税后的利润＝总利润－营业税. 税后乙店的利润比甲店多 5400，亦符合【破题标志词】多个对象比较⇒列表法.

【解析】设甲店售出 x 件，则乙店售出 $2x$ 件. 甲店扣除营业税后利润为 $200 \times 0.2x - 200 \times 1.2x \times 5\% = 28x$. 乙店扣除营业税后利润为 $200 \times 0.15 \times 2x - 200 \times 1.15 \times 2x \times 5\% = 37x$. 扣税后乙店的利润比甲店多 5400 元即 $37x - 28x = 9x = 5400$(元)，解得 $x = 600$(件)，$2x = 1200$(件).

18.【2009.01.01】【答案】E

【真题拆解】分析题目特征点：①以 480 元一件卖出即为售价；②甲赚了 20% 即甲的利润率为 20%，乙亏了 20% 即乙的利润率为 -20%；③盈亏即利润＝售价－成本，成本 $= \dfrac{售价}{1 + 利润率}$.

【解析】两件商品售价均为 480(元)，因此只需要知道它们各自的成本即可算出盈亏结果. 由公式成本 $= \dfrac{售价}{1 + 利润率}$ 可知，甲商品成本为 $\dfrac{480}{1 + 20\%}$(元)，乙商品成本为 $\dfrac{480}{1 - 20\%}$(元)(亏损利润率为负)，故商店盈亏结果为 $480 \times 2 - \dfrac{480}{1 + 20\%} - \dfrac{480}{1 - 20\%} = 960 - 400 - 600 = -40$(元)，即亏了 40 元.

2.3　增长率问题

 2.3.1　基础题型

19.【2014.10.04】【答案】E

【真题拆解】分析题目特征点：①同期增长率为 14%；②[比]字后为基准量，去年是基期，今年是现期.

【解析】设去年接待游客人数为 x，则今年人数可表示为 $x(1 + 14\%)$，故有 $x(1 + 14\%) = 6.97 \times 10^5$，解得 $x = \dfrac{6.97 \times 10^5}{1.14} = \dfrac{6.97 \times 10^7}{114}$.

20.【2013.01.01】【答案】C

【真题拆解】【破题标志词】增长率问题⇒[比]字后为基准量. 原来 n 天的工作量现在需要 m 天完成，效率则比原计划提高 $\dfrac{n - m}{m} \times 100\%$.（若结果为负数，则表明效率降低.）

【解析】思路一：原计划每天生产总量的 $\dfrac{1}{10}$，实际每天生产总量的 $\dfrac{1}{8}$，则每天的产量比计划平均提高了 $\dfrac{\dfrac{1}{8} - \dfrac{1}{10}}{\dfrac{1}{10}} \times 100\% = 25\%$.

　　思路二：计划 10 天完成，实际用了 8 天，效率提高了 $\dfrac{2}{8} = 25\%$.

【拓展】若实际超期两天完成任务，则每天产量比原计划降低了多少？

解:降低了 $\dfrac{\dfrac{1}{10}-\dfrac{1}{12}}{\dfrac{1}{10}}\times100\%=16.7\%$.

21.【2012.10.16】【答案】D

【真题拆解】题目特征点:①已知甲上涨、乙下降的增长率;②变动后的总值不变即增长量等于减少量.

【解析】思路一(推荐):由题可得 $6\times a\%-4\times b\%=0$,解得 $3a-2b=0$,故均充分.

思路二:甲种股票花费 m 元,上涨 $a\%$,增加的价值为 $m\times a\%$. 乙种股票花费 $n=10-m$(元),下降 $b\%$,减少的价值为 $(10-m)\times b\%$. 由总价值保持不变可知 $m\times a\%-(10-m)\times b\%$ $=0$,解得 $m=\dfrac{10b}{a+b}$.

条件(1):代入 $a=2,b=3$,得 $m=6$,条件(1)充分.

条件(2):代入 $a=\dfrac{2}{3}b$,得 $m=6$,条件(2)也充分.

22.【2007.10.02】【答案】A

【真题拆解】总投资额 = 股票投资额 + 基金投资额,股票和基金分别减少的投资额之和等于总投资额的减少量.

【解析】设王女士投资股市的资金为 x,投资基金的资金为 y,则

$\begin{cases}x(1-10\%)+y(1-5\%)=(x+y)(1-8\%)\\x(1-15\%)+y(1-10\%)=(x+y)-130\end{cases}$,解得 $\begin{cases}x=600\\y=400\end{cases}$,$x+y=1000$.

📍 2.3.2　多个对象比较

23.【2013.10.01】【答案】B

【真题拆解】第一季度和第二季度今年比去年同比增长,多个变量比较,求上半年即前两个季度的同比增长率.【破题标志词】增长率问题⇒[比]字后为基准量.【破题标志词】多个对象比较⇒列表法.

【解析】设该公司去年第一、二季度的产值分别为 a,b.

表 2-6

	去年产值	今年产值	今年比去年同比增加量
第一季度	a	$(1+11\%)a$	$(1+11\%)a-a=11\%a$
第二季度	b	$(1+9\%)b$	$(1+9\%)b-b=9\%b$

同比绝对增加量相等,即意味着 $11\%a=9\%b$,即 $11a=9b$,$b=\dfrac{11}{9}a$. 根据【破题标志词】全比例问题⇒特值法,设 $a=9,b=11$,满足题干条件,则 $\dfrac{11\%\times9+9\%\times11}{11+9}\times100\%=9.9\%$.

24.【2011.01.05】【答案】D

【真题拆解】2017 年 R&D 经费和 GDP 相比 2016 年都增长了,多个变量比较,求比例关系.【破题标志词】增长率问题⇒[比]字后为基准量.【破题标志词】多个对象比较⇒列表法.

【解析】根据题意列表:

表 2-7　该市 2006 年及 2007 年 R&D 经费与 GDP 对比表

	R&D 经费	GDP
2006	a	b
2007	$300 = a(1 + 20\%)$	$10000 = b(1 + 10\%)$

则有:$a = \dfrac{300}{1.2}$,$b = \dfrac{10000}{1.1}$,则 2006 年该市的 R&D 经费支出占当年 GDP 的百分比为 $\dfrac{a}{b} \times 100\%$

$= \dfrac{300 \times 1.1}{1.2 \times 10000} \times 100\% = 2.75\%$.

25.【2010.01.20】【答案】D

【真题拆解】分析题目给出的信息有:①甲企业的总成本、员工人数、人均成本今年与去年底比值,符合【破题标志词】多个对象比较⇒列表法.②给定条件和结论全部为百分比,【破题标志词】全比例问题⇒特值法.

【解析】分别确定基准量本题为多个对象比较问题,使用列表法.由于题目中无具体量,全为比例,因此首选特值法求解.

思路一(推荐):设甲企业去年总成本为 100 元,员工人数为 100 人,根据题意可列下表:

表 2-8　甲企业今年及去年员工人数及成本情况表(特值)

	总成本	员工人数	人均成本
去年	100	100	$\dfrac{100}{100} = 1$
条件(1)今年	$100 \times (1 - 25\%) = 75$	$100 \times (1 + 25\%) = 125$	$\dfrac{75}{125} = 0.6$
条件(2)今年	$100 \times (1 - 28\%) = 72$	$100 \times (1 + 20\%) = 120$	$\dfrac{72}{120} = 0.6$

思路二:设甲企业去年总成本为 m 元,员工人数为 n 人,根据题意可列下表:

表 2-9　甲企业今年及去年员工人数及成本情况表

	总成本	员工人数	人均成本
去年	m	n	$\dfrac{m}{n}$
条件(1)今年	$m(1 - 25\%)$	$n(1 + 25\%)$	$\dfrac{m(1 - 25\%)}{n(1 + 25\%)} = 0.6\dfrac{m}{n}$
条件(2)今年	$m(1 - 28\%)$	$n(1 + 20\%)$	$\dfrac{m(1 - 28\%)}{n(1 + 20\%)} = 0.6\dfrac{m}{n}$

故条件(1)条件(2)均充分.

【技巧】本题也可将去年总成本和员工人数均设为 1 来分析.

26.【2007.10.26】【答案】C

【真题拆解】结论进行等价转化,重量相同,即求鸡肉的单价比牛肉高.分析条件特征:给出的都是比例关系,[比]字后为基准量,【破题标志词】全比例问题⇒特值法.

【解析】由于两条件给出的均为每袋之间的关系,单独均不充分,考虑联合.

设一袋牛肉的价格为 100 元,重量为 100 千克,则牛肉的单价为 1 元/千克.

通过条件(1)可以得出:一袋鸡肉的价格为 $100\times(1+30\%)=130$(元).

通过条件(2)可以得出:一袋鸡肉的重量为 $100\times(1+25\%)=125$(千克).

1 千克鸡肉的价格 $=\dfrac{130}{125}>1$,则联合充分.

2.3.3 多次增减

27.【2012.10.23】【答案】C

【真题拆解】分析题目特征点:连续两次降价求平均增长率,符合【破题标志词】多次增减⇒连乘.

【解析】两条件单独均不充分,需要联合分析. 两条件联合 $\begin{cases} m-n=900 \\ m+n=4100 \end{cases}$,解得 $\begin{cases} m=2500 \\ n=1600 \end{cases}$.恰满足 $2500\times(1-20\%)\times(1-20\%)=1600$,故联合充分.

28.【2012.01.01】【答案】C

【真题拆解】分析题目特征点:求连续两次降价后的售价,符合【破题标志词】多次增减⇒连乘.

【解析】连续两次降价后的售价为 $200\times(1-20\%)\times(1-20\%)=128$(元).

29.【2010.10.03】【答案】C

【真题拆解】分析题目特征点:①基期住房面积为 a;②平均增长率为 10%;③每年除了建新房还会拆除危旧房;④$10$ 年后面积增加一倍.求连续 10 年增长后的住房面积,多次增减题目中以前一次变化后的量为新的基准量,最终表现形式为连乘,符合【破题标志词】多次增减⇒连乘.

【解析】设每年拆除的危房面积为 x 平方米,则有:

第 1 年后该区住房总面积为 $a(1+0.1)-x=1.1a-x$;

第 2 年后该区住房总面积为 $[a(1+0.1)-x](1+0.1)-x=1.1^2a-1.1x-x$;

......

第 10 年后该区住房总面积 $1.1^{10}a-1.1^9x-1.1^8x-\cdots-1.1x-x=2a$

根据题意有:$1.1^{10}a-x(1.1^9+1.1^8+\cdots+1)=2a$,根据等比数列求和公式计算:$1.1^{10}a-$ $x\dfrac{1(1-1.1^{10})}{1-1.1}=2a\Rightarrow2.6a-16x=2a\Rightarrow x=\dfrac{3}{80}a$.

30.【2010.01.21】【答案】E

【真题拆解】分析题目特征点:连续三先涨后跌,符合【破题标志词】多次增减⇒连乘.【结论】先增再减相同百分比 = 先减再增相同百分比 < 原数值.

【解析】设该股票原价为 m.条件(1):连续三天涨 10%,即 $m(1+10\%)(1+10\%)(1+10\%)$,以此为基准再连续三天跌 10%,即有 $m(1+10\%)(1+10\%)(1+10\%)(1-10\%)(1-10\%)(1-10\%)=m(1-0.01)^3=0.99^3m<m$.条件(1)不充分.

条件(2):同理可得 $m(1-10\%)(1-10\%)(1-10\%)(1+10\%)(1+10\%)(1+10\%)=m$

$(1-0.01)^3=0.99^3m<m$. 条件(1)不充分,联合亦不充分.

31.【1998.10.01】【答案】B

【真题拆解】分析题目特征点:降价后再升价,符合【破题标志词】多次增减⇒连乘.

【解析】设该商品原价为a,应提价x,则有$a\times(1-20\%)(1+x)=a$,解得$x=25\%$.

32.【1998.01.01】【答案】E

【真题拆解】分析题目特征点:贬值后再增值,符合【破题标志词】多次增减⇒连乘.

【解析】设原币值为a,贬值15%后需增值x才能保持原币值,即$a(1-15\%)(1+x)=a$,解得$x=17.65\%$.

 ## 2.3.4　平均增长率

33.【2015.13】【答案】E

【真题拆解】分析题目特征点:平均增长率只与①期初数值②期末数值③增长的期数有关.

【解析】根据题意可列表:

表2-10　该新兴产业在两个时间段内的增长情况表

时间	期初	期末
2005年末~2009年末,跨越4期	设2005年末为a	$a(1+q)^4$
2009年末~2013年末,跨越4期	$a(1+q)^4$	$a(1+q)^4(1+0.6q)^4$

2013年末产值约为2005年末产值的$14.46(\approx1.95^4)$倍,即$a(1+q)^4(1+0.6q)^4=14.46a=1.95^4a\Rightarrow(1+q)(1+0.6q)=1.95$,整理得$12q^2+32q-19=0$,$q=\dfrac{1}{2}$或$q=-\dfrac{19}{6}$(舍).

 ## 2.3.5　全比例问题

34.【2012.10.04】【答案】C

【真题拆解】给定条件和问题全部为百分比或比例,【破题标志词】全比例问题⇒特值法.【破题标志词】多次增减⇒连乘.

【解析】思路一(推荐):设第一季度乙公司产值为100,则甲公司第一季度产值为$100\times(1-20\%)=80$,甲公司第二季度产值为$80\times(1+20\%)=96$,乙公司第二季度产值为$100\times(1+10\%)=110$.因此第二季度甲、乙两公司产值之比为$96:110=48:55$.

思路二:设第一季度乙公司产值为a,则第一季度甲公司产值为$0.8a$,第二季度甲公司产值为$0.8a(1+0.2)=0.96a$,第二季度乙公司产值为$a(1+0.1)=1.1a$.则第二季度甲、乙两公司的产值之比$\dfrac{0.96a}{1.1a}=\dfrac{96}{110}=\dfrac{48}{55}$.

35.【2011.10.01】【答案】D

【真题拆解】分析题目特征点:①连续三个月增长,平均增长率为10%;②给定条件和问题全部为百分比或比例.【破题标志词】全比例问题⇒特值法.【破题标志词】多次增减⇒连乘.

【解析】思路一(推荐):假设该商品一月份价格为 100 元,则两次增长后价格为 $100 \times (1 + 10\%) \times (1 + 10\%) = 100 \times 1.1^2 = 121$(元),即三月份价格是一月份的 121%.

思路二:设一月份价格为 a,则二月份价格为 $a(1 + 10\%)$,三月份价格为 $a(1 + 10\%)(1 + 10\%) = a(1 + 10\%)^2 = 1.21a$,即三月份价格是一月份价格的 121%.

36.【2009.01.17】【答案】E

【真题拆解】给定条件和问题全部为百分比或比例,【破题标志词】全比例问题⇒特值法.

【解析】类型判断:条件(1)仅给出去年与前年关系,而条件(2)仅给出今年与去年关系,单独信息均不完全,因此两条件单独均不充分,本题为联合型题目.

思路一(推荐):假设 A 企业前年人数为 100 人,则由条件(1)可知去年人数为 $100 \times (1 - 20\%) = 80$(人). 由条件(2)知今年人数为 $80 \times (1 + 50\%) = 120$(人). 因此今年人数 120 比前年人数 100 增加了 20% 而非 30%,两条件联合亦不充分,选 E.

思路二:假设前年 A 企业的职工人数为 a 人,由条件(1)可知去年人数比前年减少了 20%,变为 $0.8a$ 人;由条件(2)可知今年人数比去年增加了 50%,变为 $0.8a \times (1 + 50\%) = 1.2a$(人). 故今年 $1.2a$ 人比前年 $0.8a$ 人增加了 20% 而非 30%,两条件联合亦不充分,选 E.

37.【2007.10.03】【答案】C

【真题拆解】分析题目特征:①给定条件和问题全部为百分比或比例,【破题标志词】全比例问题⇒特值法. ②两次改进操作方法,【破题标志词】多次增减⇒连乘.

【解析】思路一(推荐):假设原来用锌量为 100,则两次改进操作方法之后用锌量为 $100 \times (1 - 15\%) = 85$. 设平均每次节约百分比为 p,则有 $100 \times (1 - p)^2 = 85$,解得 $p = (1 - \sqrt{0.85}) \times 100\%$.

思路二:设原来用锌为 x,平均每次节约百分比为 p,则第一次节约后用量为 $x(1 - p)$,第二次节约后用量为 $x(1 - p)^2$. 故有 $x(1 - p)^2 = x(1 - 15\%)$,解得 $p = (1 - \sqrt{0.85}) \times 100\%$.

2.4 浓度问题

2.4.1 溶剂溶质单一改变

38.【2011.10.11】【答案】C

【真题拆解】含水量减少即水分蒸发,果肉含量不变,【破题标志词】一般浓度问题⇒以调配前后不变的量建立等量关系.

【解析】第一天卖出 600 斤,此时水果含水 98%,含果肉 2%. 第一天剩余 400 斤,此时水果仍含水 98%,含果肉 2%,即有果肉 8 斤. 第二天果肉 8 斤保持不变,水果含水量降为 97.5%,含果肉 2.5%,则水果总重变为 $8 \div 2.5\% = 320$(斤). 设每斤售价为 x,要使利润维持在 20%,则有 $600x + 320x = 1200$,$x \approx 1.30$(元).

【陷阱】本题不可以通过 $98\% - 97.5\% = 0.5\%$ 来计算水分变化,因为每个百分比对应的基准量均为当时的总质量,而第一天和第二天水果总质量不同.

39.【2011.10.02】【答案】E

【真题拆解】分析题目特征点:蒸发,说明水分减少溶质不变,**【破题标志词】**一般浓度问题⟹以调配前后不变的量建立等量关系.

【解析】思路一:含盐量即 $12.5\% \times 40 = 5(\mathrm{kg})$,蒸发后盐不变,溶液质量为 $5 \div 20\% = 25(\mathrm{kg})$,则蒸发掉水分 $40 - 25 = 15(\mathrm{kg})$.

思路二:比例法.含盐 $12.5\% = \dfrac{1}{8} = \dfrac{1}{1+7}$,故盐和水的比例为 $1:7$,可设盐重 k 千克,水重 $7k$ 千克,共有盐水 $8k$ 千克.$8k = 40$,解得 $k = 5$(千克).

蒸发后含盐 $20\% = \dfrac{1}{5} = \dfrac{1}{1+4}$,故盐和水的比例为 $1:4$,盐不变仍为 k 千克,而水由 $7k$ 千克变为 $4k$ 千克,减少了 $3k$ 千克,共减少 $3 \times 5 = 15$(千克).

40.【2009.01.04】【答案】C

【真题拆解】分析题目特征:①三个试管中原本只有水;②每个试管(纯水)分别倒入不同浓度的盐水,相当于给盐水中加入不同质量的水,为稀释类题目,前后溶质的质量不变;③给出了混合后三个试管的浓度.

【解析】三个试管中原本只有水,后均只倒入一次不同浓度的盐水,为稀释类题目.设三个试管原盛水量分别为 a,b,c.题目相当于问 A 管:浓度为 12% 的盐水 10 克加多少水浓度会变为 6%?$12\% \times 10 = 6\% \times (10 + a)$,解得 $a = 10(\mathrm{g})$.A 管中最终浓度为 6% 的溶液倒入 B 管,相当于问 B 管:浓度为 6% 的盐水 10 克加多少水浓度会变 2%?$6\% \times 10 = 2\% \times (10 + b)$,解得 $b = 20(\mathrm{g})$.同理 C 管:浓度为 2% 的盐水 10 克加多少水浓度会变为 0.5%?$2\% \times 10 = 0.5\% \times (10 + c)$,解得 $c = 30(\mathrm{g})$.

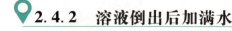 2.4.2　溶液倒出后加满水

41.【2014.01.06】【答案】B

【真题拆解】倒出后加满水问题,水和酒精同时改变,根据**【破题标志词】**倒出后加满水⟹套用固定公式进行计算.

【解析】由题意知初始浓度为 90%,最终浓度为 40%,两次均倒出 1 升,故设容器体积为 V,根据公式有 $90\% \cdot \dfrac{V-1}{V} \Rightarrow \dfrac{V-1}{V} = 40\%$,解得 $V_1 = 3$ 或 $V_2 = \dfrac{3}{5} < 1$(舍).

42.【2012.10.12】【答案】C

【真题拆解】倒出后加满水问题,水和酒精同时改变,根据**【破题标志词】**倒出后加满水⟹套用固定公式进行计算.

【解析】由题意知第一次倒出 10 升,第二次倒出 4 升,最终液体浓度为 $\dfrac{2}{2+3}$,根据公式有 $\dfrac{V-10}{V} \times \dfrac{V-4}{V} = \dfrac{2}{5}$,解得 $3V^2 - 70V + 200 = (3V - 10)(V - 20) = 0$,$V_1 = \dfrac{10}{3} < 10$(舍),$V_2 = 20$(升).

2.4.3 两种不同浓度溶液混合

43.【2013.10.11】【答案】C

【真题拆解】对于给出最终状态的溶液问题,往往采用逆向思维求解.

【解析】丙将 $\frac{1}{10}$ 倒给甲后,剩余 $\frac{9}{10}$,含盐 9 kg. 故丙原来含盐 $9 \div \frac{9}{10} = 10(\text{kg})$,丙倒入甲容器的 $\frac{1}{10}$ 盐水含盐 1 kg. 又已知甲最终含盐 9 kg,则甲容器中盐水的 $\frac{1}{3}$ 倒入乙容器后含盐 8 kg. 甲将 $\frac{1}{3}$ 倒入乙,此时甲剩余 $\frac{2}{3}$,含盐 8 kg,故甲容器原含盐量为 $8 \div \frac{2}{3} = 12(\text{kg})$.

44.【2008.01.08】【答案】E

【真题拆解】甲、乙两种溶液,给出了混合后溶液的浓度和质量,【破题标志词】两种不同浓度溶液混合 ⟹ 根据总溶质不变 & 总溶液不变列方程.

【解析】思路一:设甲溶液有 x 克,乙溶液有 y 克,故有 $\begin{cases} 30\%x + 20\%y = 24\% \times 500 \\ x + y = 500 \end{cases}$,解得 $\begin{cases} x = 200 \\ y = 300 \end{cases}$.

　　　　思路二:十字交叉法:

得 $\dfrac{\text{甲}}{\text{乙}} = \dfrac{4}{6} = \dfrac{2}{3}$,且已知甲、乙共 500 g,则甲乙两种溶液各取 200 g 和 300 g.

2.5 工程问题

2.5.1 基础题型

45.【2007.10.05】【答案】B

【真题拆解】【破题标志词】无具体工作量的工程问题:工作总量设为特值 1 或最小公倍数.

【解析】设工作总量为 1,则甲、乙、丙三人的工作效率分别是 $\frac{1}{4}, \frac{1}{6}, \frac{1}{8}$,化为同分母为 $\frac{6}{24}, \frac{4}{24}, \frac{3}{24}$,故甲、乙、丙各做一天后完成 $\frac{13}{24}$. 之后甲再做一天,乙做一天,此时共完成 $\frac{23}{24}$,还剩 $\frac{1}{24}$,剩下的由丙完成,需要 $\dfrac{\frac{1}{24}}{\frac{3}{24}} = \frac{1}{3}$ 天,故一共需要 $5\frac{1}{3}$ 天.

📍 2.5.2 效率改变,分段计算

46.【2011.10.05】【答案】E

【真题拆解】分析题目特征点:效率改变问题,前面 $\frac{2}{5}$ 用时不变,效率提高后,打完后 $\frac{3}{5}$ 的材料比原计划提前30分钟结束,等量关系:后 $\frac{3}{5}$ 原计划 − 后 $\frac{3}{5}$ 实际用时 $=30$(分钟).

【解析】根据题意得:打印材料前 $\frac{2}{5}$ 的效率为30个字/分钟,后 $\frac{3}{5}$ 的效率提高40%,变为 42 个字/分钟.效率提高使时间节省,故设材料共有 x 个字,有 $\frac{3}{5} \times \frac{x}{30} - \frac{3}{5} \times \frac{x}{42} = 30$,解得 $x = 5250$(字).

47.【2011.01.14】【答案】D

【真题拆解】分析题目特征点:效率改变问题,前面 400 m 用时不变,效率提高后,剩余 2000 m 比原计划提前50天完成,等量关系:剩余 2000 m 原计划用时 − 剩余 2000 m 实际用时 $=50$.

【解析】设原来计划每天 x m,后 2000 m 原计划用时 $\frac{2000}{x}$ 天,效率提高耗时 $\frac{2000}{x+2}$ 天.根据题意可列方程:$\frac{2000}{x} - \frac{2000}{x+2} = 50$,化简 $x^2 + 2x - 80 = 0$,即 $(x+10)(x-8) = 0$,解得 $x = 8$,$x = -10$(舍),故原工期为 $\frac{2400}{x} = 300$(天).

48.【2006.01.02】【答案】D

【真题拆解】分析题目特征点:效率改变问题,晴天用时不变,雨天效率降低,等量关系:晴天工程量 + 雨天工程量 = 总工程量.【破题标志词】无具体工作量的工程问题:工作总量设为特值1或最小公倍数.

【解析】设甲、乙两项工程的工程量都为1,晴天时,一队完成甲工程需要12天,故一队晴天效率为 $\frac{1}{12}$;雨天时一队的效率是晴天的60%,即一队雨天效率为 $\frac{1}{12} \times \frac{3}{5}$.晴天时,二队完成乙工程需要15天,故二队晴天效率为 $\frac{1}{15}$,二队雨天效率为 $\frac{1}{15} \times \frac{4}{5}$.两队同时开工并同时完成各自的工程,设工期内晴天 m 天,雨天 n 天,晴天雨天时效率不同,分段计算,一队:$\frac{m}{12} + \frac{n}{12} \times \frac{3}{5} = 1$,二队:$\frac{m}{15}$ $+ \frac{n}{15} \times \frac{4}{5} = 1$,整理得 $\begin{cases} 5m + 3n = 60 \\ 5m + 4n = 75 \end{cases} \Rightarrow \begin{cases} m = 3 \\ n = 15 \end{cases}$.

📍 2.5.3 合作工作,效率之和

49.【2013.10.18】【答案】D

【真题拆解】分析题目,给出了甲、乙两人一起的工作效率,【破题标志词】合作工作⇒效率相加.

【解析】设甲每小时可完成 x 件,题干要求可唯一确定 x 的具体数值.

条件(1):乙速度是甲速度的 $\frac{1}{3}$,即乙每小时可完成 $\frac{x}{3}$ 件.已知两人一起每小时可完成600

件,故 $x + \frac{x}{3} = \frac{4x}{3} = 600$,$x = 450$.条件(1)充分.

条件(2):乙每小时可完成 $\frac{1000}{5} = 200$(件),则甲每小时完成 $600 - 200 = 400$(件),条件(2)

亦充分.

50. 【2013.01.04】【答案】E

【真题拆解】分析题目特征点:甲单独完成的工作时间,甲、乙合作完成的工作时间,乙、丙合作完成的工作时间,符合【破题标志词】合作工作⇒效率相加.【破题标志词】无具体工作量的工程问题:工作总量设为特值1或最小公倍数.

【解析】思路一:工作总量设为1,则甲效率 $= \frac{1}{60}$,乙效率 $= \frac{1}{乙单独完成天数}$,甲、乙合作的效率 $=$

甲效率 $+$ 乙效率 $= \frac{1}{28}$,乙、丙合作的效率 $=$ 乙效率 $+$ 丙效率 $= \frac{1}{35}$,故:丙效率 $=$ 甲效率 $+$(乙效率 $+$

丙效率)$-$(甲效率 $+$ 乙效率)$= \frac{1}{60} + \frac{1}{35} - \frac{1}{28} = \frac{1}{105}$.

思路二:将工作总量为60,28,35的最小公倍数420,则甲单独每天完成工作量为 $\frac{420}{60} = 7$,甲

和乙合作每天共完成工作量 $\frac{420}{28} = 15$,则乙单独每天完成工作量为 $15 - 7 = 8$.乙和丙合作每天共

完成工作量 $\frac{420}{35} = 12$,故丙单独每天完成工作量为 $12 - 8 = 4$.丙完成该工程需要 $\frac{420}{4} = 105$

(天).

51. 【2012.10.17】【答案】A

【真题拆解】分析题目符合【破题标志词】无具体工作量的工程问题:工作总量设为特值1或最小公倍数.【破题标志词】合作工作⇒效率相加.

【解析】甲、乙、丙三人各自独立完成需要的天数分别为3,4,6,即甲、乙、丙的效率分别为 $\frac{1}{3}$,

$\frac{1}{4}$,$\frac{1}{6}$.

条件(1):四人共同完成该项工作需要1天时间,则丁一天完成的工作量为 $1 - \frac{1}{3} - \frac{1}{4} - \frac{1}{6}$

$= \frac{1}{4}$,故丁独立做需要4天,充分.

条件(2)只能得到丁需要做的工作量为 $1 - \frac{1}{3} - \frac{1}{4} - \frac{1}{6} = \frac{1}{4}$,但并不知道丁做这 $\frac{1}{4}$ 的工作量

所需要的时间,不充分.

52.【2012.01.10】【答案】D

【真题拆解】分析题目特征点:工作总量为100,分两部分,前两天乙单独完成,后三天甲乙合作完成.

【解析】设甲组每天植树x棵,则乙组每天植树$(x-4)$棵,根据题意可列方程:$2(x-4)+3(x+x-4)=100$,解得$x=15$(棵).

53.【2011.01.24】【答案】D

【真题拆解】已知4台打印机单独完成的工作时间,可推出工作效率,【破题标志词】无具体工作量的工程问题:工作总量设为特值1或最小公倍数.【破题标志词】合作工作$\Rightarrow$效率相加.

【解析】设工作总量为1,根据题意可知四台打印机的效率分别为:新$_1=\dfrac{1}{4}$,新$_2=\dfrac{1}{5}$,旧$_1=\dfrac{1}{9}$,

旧$_2=\dfrac{1}{11}$.

条件(1):$t=\dfrac{1}{\dfrac{1}{4}+\dfrac{1}{5}}<2.5$,充分.

条件(2):选用较慢的新型打印机进行计算,若能在2.5小时内完成任务,则条件充分.$t=$

$\dfrac{1}{\dfrac{1}{5}+\dfrac{1}{9}+\dfrac{1}{11}}<2.5$,条件(2)亦充分.

54.【2010.10.07】【答案】B

【真题拆解】分析题目特征:甲乙单独完成的时间都和规定时间有关,可设规定时间为x天,求得甲、乙的工作效率,根据等量关系列方程求解.

【解析】思路一:设规定时间为x天,则甲单独做需要$(x+4)$天,甲的效率为$\dfrac{1}{x+4}$,乙单独做需

要$(x-2)$天,乙的效率为$\dfrac{1}{x-2}$.根据甲、乙合作了3天,剩下的部分由甲单独做,恰好在规定时间

内完成列方程:$\left(\dfrac{1}{x+4}+\dfrac{1}{x-2}\right)\times 3+\dfrac{1}{x+4}\times(x-3)=1$,整理得$\dfrac{x}{x+4}+\dfrac{3}{x-2}=1$,解得$x=20$(天).

　　思路二:若无帮助(即单独做)甲将推迟4天,而乙帮助甲3天,甲即按期完成.因此乙3天的工作量=甲4天的工作量,因此:乙单独做需要的天数:甲单独做需要的天数=3:4,故可设乙单独做用$3k$天,甲单独做用$4k$天,相差$4k-3k=k$天.又已知乙单独做比甲单独做早6天完成,即$k=6$.故甲单独做需要$4k=4\times 6=24$天,比规定时间推迟4天,则规定时间为$24-4=20$(天).

55.【2007.10.25】【答案】C

【真题拆解】比较甲、丙管道的供油效率,要么求出各自的工作效率对比,要么有一个中间量作为桥梁进行对比.

【解析】两条件单独均不充分,考虑联合.甲、乙合作比乙、丙合作速度慢,由于乙的供油速度不变,则丙的供油速度一定比甲大.联合充分.

【拓展】本题只需要定性比较甲、丙管道的供油效率即可,若题目问效率具体大多少,则需要列方

程求解. 设甲的效率为 $\dfrac{1}{甲}$, 乙的效率为 $\dfrac{1}{乙}$, 丙的效率为 $\dfrac{1}{丙}$, 有: $\begin{cases} \dfrac{1}{甲} + \dfrac{1}{乙} = \dfrac{1}{10} \\ \dfrac{1}{乙} + \dfrac{1}{丙} = \dfrac{1}{5} \end{cases}$, 两式相减得: $\dfrac{1}{丙} - \dfrac{1}{甲}$

$= \dfrac{1}{10}$.

📍 2.5.4 工费问题

56.【2015.10】【答案】A

【真题拆解】分析题目特征点:①人工费⇒工费问题,【破题标志词】工费问题⇒施工安排和施工费用分别列方程组,分别求解. ②甲乙合作完成一件工作,【破题标志词】合作工作⇒效率相加.

【解析】无具体工作量,设工作总量为 1,甲、乙、丙效率分别记为 x, y, z,则 $\begin{cases} x + y = \dfrac{1}{2} \\ y + z = \dfrac{1}{4} \\ 2x + 2z = \dfrac{5}{6} \end{cases}$,解得

$\begin{cases} x = \dfrac{1}{3} \\ y = \dfrac{1}{6} \\ z = \dfrac{1}{12} \end{cases}$,即甲、乙、丙单独做该工作需要的时间分别为 3 天、6 天和 12 天.

设甲、乙、丙每人每天的人工费分别为 a 元、b 元、c 元,则 $\begin{cases} 2a + 2b = 2900 \\ 4b + 4c = 2600 \\ 2a + 2c = 2400 \end{cases}$,解得 $\begin{cases} a = 1000 \\ b = 450 \\ c = 200 \end{cases}$. 则

甲单独完成的人工费为 $3 \times 1000 = 3000$(元).

57.【2014.01.02】【答案】B

【真题拆解】分析题目特征点:工时费⇒工费问题,【破题标志词】工费问题⇒施工安排和施工费用分别列方程组,分别求解.

【解析】设甲公司每周工时费为 x 万元,乙公司每周工时费为 y 万元,则有 $\begin{cases} 10(x + y) = 100 \\ 6x + 18y = 96 \end{cases}$,解

得 $\begin{cases} x = 7 \\ y = 3 \end{cases}$.

【拓展】若求甲公司单独完成此工程需要多少钱,该如何求解?

设甲公司每周工作效率为 a,乙公司每周工作效率为 b,则有 $\begin{cases} 10(a + b) = 1 \\ 6a + 18b = 1 \end{cases}$,解得 $\begin{cases} a = \dfrac{1}{15} \\ b = \dfrac{1}{30} \end{cases}$,即公

司单独工作需要15周完成此工程,已求得甲公司每周工时费为7万元,故共需 $15 \times 7 = 105$(万元).

2.6　行程问题

2.6.1　基础题型

58.【2015.07】【答案】D

【真题拆解】路程从中间分为两段,根据前半程的用时和后半程的用时列等量关系.

【解析】设 A、B 两地距离为 s,计划平均速度为 v km/h,则 $\begin{cases} 前半程用时 = 计划用时 + \dfrac{3}{4}h \\ 后半程用时 = 计划用时 - \dfrac{3}{4}h \end{cases}$,

即 $\begin{cases} \dfrac{0.5s}{0.8v} = \dfrac{0.5s}{v} + \dfrac{3}{4} & ① \\ \dfrac{0.5s}{120} = \dfrac{0.5s}{v} - \dfrac{3}{4} & ② \end{cases}$. 式①中将 $\dfrac{s}{v}$ 看做一个整体,得 $\dfrac{s}{v}\left(\dfrac{1}{1.6} - \dfrac{1}{2}\right) = \dfrac{3}{4}$,全程计划时间 $\dfrac{s}{v} =$

$6(\text{h})$. 代入式②,可得 $\dfrac{0.5s}{120} = \dfrac{6}{2} - \dfrac{3}{4} = \dfrac{9}{4}$,$s = 540(\text{km})$.

59.【2013.10.06】【答案】B

【真题拆解】不论速度和时间如何变化,从家到办公楼的距离不变,根据等量关系列方程.

【解析】设从 8:00 到会议开始时间需 x 分钟,根据路程不变列等量方程有 $150(x + 5) = 210(x - 5)$,解得 $x = 30$.

60.【2012.10.09】【答案】B

【真题拆解】分析题目特征:①同一起点同时出发;②给出了相同时间内三人的行驶路程;③相同时间内,速度比等于路程比.

【解析】甲到终点时,甲跑了 1000 m;乙距离终点还有 40 m,乙跑了 960 m;丙距离终点还有 64 m,丙跑了 936 m. 设乙到终点时,丙跑了 x 米,此时两人跑步时间相同,速度之比等于路程之比,即 $\dfrac{v_{乙}}{v_{丙}}$

$= \dfrac{S_{乙}}{S_{丙}} = \dfrac{960}{936} = \dfrac{1000}{x}$,解得 $x = 975$,则丙距终点还有 $1000 - 975 = 25(\text{m})$.

61.【2008.10.11】【答案】C

【真题拆解】可以把 16 列货车看作一个火车的 16 节车厢,每个车厢中间有间隔,求最后一节车厢到乙站时的时间,物资全部到达乙站的时间最少,意味着相邻两列货车的间隔最小.

【解析】第 1 列与第 16 列之间有 15 个间隔,当第 16 列货车到达乙站,相当于第 1 列货车至少多走了 $15 \times 25 = 375(\text{km})$. 故第 1 列货车总计最少走了 $600 + 375 = 975(\text{km})$,最少耗时 $t = \dfrac{975}{125}(\text{h})$

$= 7.8(\text{h})$.

2.6.2 相遇和追及

62.【2014.01.08】【答案】D

【真题拆解】分析题目特征:①同时出发,相向而行,相遇问题;②1小时后第一次相遇,再过1.5小时第二次相遇,根据两次相遇路程分别列等量方程.

【解析】本题为相遇问题.设甲、乙的速度分别为$v_甲$和$v_乙$,A、B两地距离为S.出发后经过1小时第一次相遇,两人所走路程之和为A、B两地距离,即有$(v_甲+v_乙)\times1=S$.

从第一次相遇开始计时,到第二次相遇,经过了1.5小时,两人共走过两个A、B间距离,即有$[(v_甲+1.5)+(v_乙+1.5)]\times1.5=2S$.

联立两方程可得$(S+3)\times1.5=2S$,解得$S=9$(千米).

63.【2011.10.18】【答案】C

【真题拆解】两人赛跑,追及问题,相同时间内快者比慢者多走初始距离问题,追及时间$=\dfrac{初始距离}{速度差}$.

【解析】本题为追及问题.设甲速度为x米/秒,乙速度为y米/秒.

根据条件(1)有:$6=\dfrac{12}{x-y}$,$6x=6y+12$.根据条件(2)有:$5x=(5+2.5)y$.单独均不可解出x,y,联立可得$x=6$(米/秒),$y=4$(米/秒),故联合充分.

2.6.3 环形道路

64.【2013.10.22】【答案】C

【真题拆解】分析题目特征点:①环形跑道,甲比乙快;②相向跑圈每相遇一次,两人路程之和为环形跑道周长;③同向跑圈每相遇一次,快者比慢者多跑一个环形跑道周长.

【解析】设甲,乙速度分别为$v_甲,v_乙$,跑道长为S.条件(1):相向跑圈每相遇一次,两人路程之和为环形跑道周长,即有$2v_甲+2v_乙=S$.条件(2):同向跑圈每相遇一次,快者比慢者多跑一个环形跑道周长,即有$6v_甲-6v_乙=S$.条件(1)与条件(2)单独均不充分,联合可得$\begin{cases}v_甲=\dfrac{1}{3}S\\v_乙=\dfrac{1}{6}S\end{cases}$,故乙跑一圈$t_乙=\dfrac{S}{v_乙}=6$(分钟),联合充分.

65.【2013.01.02】【答案】C

【真题拆解】分析题目特征点:跑道为环形道路问题,同一地点同时出发,同向而行,25分钟后乙比甲少走了一圈,说明25分钟后甲乙第一次相遇.

【解析】25分钟后,$S_甲-S_乙=v_甲\times25-v_乙\times25=400$.故$v_甲-v_乙=\dfrac{400}{25}=16$.已知乙行走一圈需要8

$\min, v_乙 = \dfrac{400}{8} = 50(\text{m/min})$，则 $v_甲 = 16 + v_乙 = 66(\text{m/min})$.

66.【2009.10.04】【答案】E

【真题拆解】分析题目特征点：①跑道为环形道路问题，同一地点同时出发，甲比乙快；②方向相反，相向而行，相向跑圈每相遇一次，两人路程之和为环形跑道周长；③方向相同时，同向跑圈每相遇一次，快者比慢者多跑一个环形跑道周长.

【解析】设乙的速度为 v 米/分，则甲的速度为 $(v+40)$ 米/分，则反向时有 $v \times \dfrac{48}{60} + (v+40) \times \dfrac{48}{60} = s$. 同向时有 $(v+40) \times 10 - v \times 10 = s$. 解得 $v = 230$（米/分）.

📍 2.6.4 顺水/逆水行船

67.【2011.01.01】【答案】B

【真题拆解】分析题目信息：①$v_船 = 28 \text{ km/h}$，$v_水 = 2 \text{ km/h}$；②两地相距 78 km；③往返一次包括顺水行船和逆水行船. 等量关系：往返一次时间 = 顺水行船耗时 + 逆水行船耗时.

【解析】顺水行船时耗时 $\dfrac{78}{28+2}$ h，逆水行船时耗时 $\dfrac{78}{28-2}$ h，则往返一次耗时 $t = \dfrac{78}{28+2} + \dfrac{78}{28-2} = 2.6 + 3 = 5.6(\text{h})$.

68.【2009.10.05】【答案】D

【真题拆解】分析题目信息：①先逆流而上 50 分钟，逆水行船问题；②中途木板落水后，木板和传背向而行；③50 分钟后掉头追木板，顺水行船，追及问题. 【破题标志词】行程问题 ⇒ 题干文字中找时间等量，画图找路程等量.

【解析】设水速为 $v_水$，船速为 $v_船$，起航后 t 分钟木板落水（如图 2-2 所示）. 从木板落水到船员发现，用时 $(50-t)$ 分钟. 此时木板顺水走了 $(50-t) \cdot v_水$，船逆水走了 $(50-t)(v_船 - v_水)$. 从 8：50 发现木板丢失到 9：20 追上，共用 30 分钟，追及距离为 $(50-t) \cdot v_水 + (50-t)(v_船 - v_水)$，则有等式：$[(v_船 + v_水) - v_水] \times 30 = (50-t) \cdot v_水 + (50-t)(v_船 - v_水)$，解得 $t = 20$，即 8：20 木板落水.

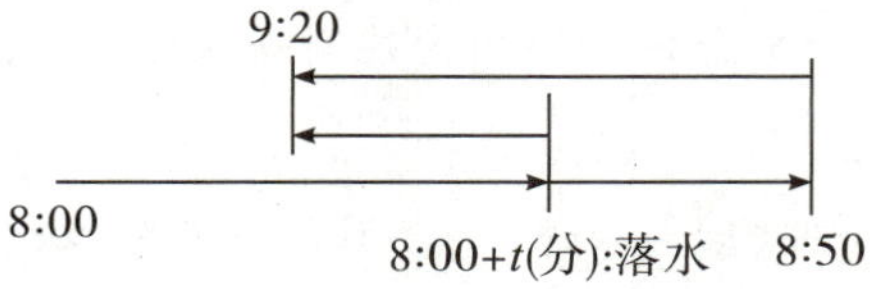

图 2-2

【技巧】极限分析法：假设水速为零，则木板落入水后静止不动，从 8：50 发现木板丢失到 9：20 追上木板耗时 30 分钟，说明木板为 8：50 之前 30 分钟丢失，即 8：20.

69.【2009.01.05】【答案】A

【真题拆解】往返一次包括顺水行船和逆水行船. 等量关系：往返一次时间 = 顺水行船耗时 + 逆水行船耗时.

【解析】设船速为 $v_船$，水速为 $v_水$，两码头之间路程为 1. 则顺水时耗时 $\dfrac{1}{v_船 + v_水}$，逆水时耗时 $\dfrac{1}{v_船 - v_水}$，

故往返时间为 $t = \dfrac{1}{v_{船} - v_{水}} + \dfrac{1}{v_{船} + v_{水}} = \dfrac{2v_{船}}{v_{船}^2 - v_{水}^2}$,水速增加时,分母减小,往返时间为 t 增大.

【技巧】极限分析法:假设水流速度增加至 $v_{水} > v_{船}$,则船在逆水时永远无法前进到达另一码头,时间增加为 $t = +\infty$,故选A.

📍 2.6.5 火车错车/过桥过洞

70.【2011.10.04】【答案】D

【真题拆解】火车过桥问题,通过不同长度的桥梁,通过桥梁的时间 $t = \dfrac{l_{山洞/桥梁} + l_{火车}}{v}$,可以得出一个行程方案代表一个等式.

【解析】火车通过桥梁时车头前进距离为 $l_{桥梁} + l_{火车}$,设车速为 v,则所需时间 $t = \dfrac{l_{桥梁} + l_{火车}}{v}$.由于车速不变,由题意知 $v = \dfrac{250 + l}{10} = \dfrac{450 + l}{15}$,解得 $l = 150(\text{m})$,$v = 40(\text{m/s})$,故所求时间 $t = \dfrac{1050 + l}{v} = \dfrac{1050 + 150}{40} = 30(\text{s})$.

71.【2010.10.06】【答案】D

【真题拆解】行人、骑车人、火车都是同向行驶,可看做同向超车问题,行人和骑车人相比火车长度非常小,可以忽略不计.同向超车:$t = \dfrac{车长之和(l_1 + l_2)}{速度之差(v_1 - v_2)}$.

【解析】单位换算得行人速度为 $3.6\ \text{km/h} = 1\ \text{m/s}$,骑车人速度为 $10.8\ \text{km/h} = 3\ \text{m/s}$.设火车长度为 l,速度为 v,根据题意有 $\begin{cases} (v-1)22 = l \\ (v-3)26 = l \end{cases}$,解得 $\begin{cases} v = 14(\text{m/s}) \\ l = 286(\text{m}) \end{cases}$.

2.7 分段计费问题

72.【2012.10.15】【答案】E

【真题拆解】分析题目特征:不同的区间范围内有不同的计费标准,为分段计费问题,识别分段点及各区间执行标准之后每段分别计算.

【解析】设甲付费 x 元,乙付费 y 元.对于甲有两种可能情况,第一种甲没有享受折扣优惠,则他实际付费94.5元,$x = 94.5$.第二种甲购物超过100元,享受9折优惠后实付94.5元,则 $x = \dfrac{94.5}{0.9} = 105(\text{元})$.对于乙有 $200 \times 0.9 + (y - 200) \times 0.85 = 197(\text{元})$,解得 $y = 220$.故付费总额为314.5(元)或325(元).

73.【2011.10.03】【答案】B

【真题拆解】分析题目特征:不同的区间范围内有不同的计费标准,为分段计费问题,本题两种方案,不同的起征点,分别算出所纳税额.

【解析】新方案下每段最多缴税:$1500 \times 3\% = 45$(元);$(4500 - 1500) \times 10\% = 300$(元).合计$45 + 300 = 345$(元).故工资为$3500 + 1500 + 3000 = 8000$(元).此工资在在原方案下应缴税:$2000 \times 0 + 500 \times 5\% + 1500 \times 10\% + 3000 \times 15\% + 1000 \times 20\% = 25 + 150 + 450 + 200 = 825$(元).故减少了$825 - 345 = 480$(元).

2.8　集合问题

📍 2.8.1　二饼图

74.【2011.01.03】【答案】C

【真题拆解】集合问题先画饼图,有合唱团、运动队两个集合,$30 + 45 = 75 > 60$,所以有人两个项目都参加,求出重复元素,被重复计算的部分减去.

【解析】根据题意画出二饼图,如图$2 - 3$所示,30人参加合唱团,且参加合唱团而未参加运动队的有8人,则既参加合唱团又参加运动队的有$30 - 8 = 22$(人).已知45人参加运动队,则仅参加运动队的有$45 - 22 = 23$(人).

图$2 - 3$

75.【2008.01.19】【答案】D

【真题拆解】要领到驾照,必须两种考试均通过,所求结论等价转化为求两种考试均通过的占比.

【解析】由题意可画,如图$2 - 4$二饼图.

条件(1):既通过路考又通过理论考试的人有$(70\% + 80\%) - (100\% - 10\%) = 60\%$,充分.

条件(2):既通过路考又通过理论考试的人有$80\% - 20\% = 60\%$,充分.

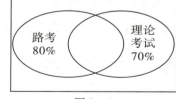

图$2 - 4$

📍 2.8.2　三饼图

76.【2010.01.08】【答案】B

【真题拆解】集合问题画饼图,有本科毕业证、计算机等级证、汽车驾驶证三个"饼",熟知每一个封闭区域的含义,没加的部分加上,被重复计算的部分减去.

【解析】思路一:如图$2 - 5$三饼图所示,$(130 - 30 - a - b) + (110 - 30 - a - c) + (90 - 30 - b - c) = 140$,故恰有双证的人数为$a + b + c = 50$(人).

思路二:如图$2 - 5$三饼图所示,$130 + 110 + 90 - 140 = 2a + 2b + 2c + 30 \times 3$,解得$a + b + c = 50$(人).

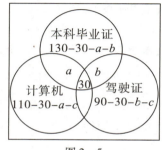

图$2 - 5$

2.9 不定方程

77.【2015.22】【答案】C

【真题拆解】分析题目特征点：①人数未知，购买瓶装水数量未知，两个未知量；②条件(1)给了一个等量关系，条件(2)只表明只有1人不够，没具体说缺几瓶，可列一个不等式；③人数和瓶数都为正整数．

【解析】条件(1)与(2)单独均不成立，考虑联合．设有 x 个朋友外出游玩，购买了 y 瓶瓶装水，据题意列方程：$\begin{cases} y = 3x + 30 \\ 10(x-1) \leqslant y < 10x \end{cases}$，将 $y = 3x + 30$ 代入不等式得 $30 < 7x \leqslant 40$．

取整数 $x = 5$，则 $y = 3 \times 5 + 30 = 45$（瓶）．

78.【2010.10.08】【答案】C

【真题拆解】分析题目特征点：①做对和做错题目数量未知，两个未知量，且为正整数；②共得13分，根据等量关系可列方程，符合【破题标志词】[多个未知量] + [一个等式]，限制未知量为整数的等式⇒奇偶性．

【解析】设该同学做对了 x 题，做错了 y 题，所以有 $8x - 5y = 13$，由于 $8x$ 为偶数，13 为奇数，由奇偶性四则运算【偶±奇=奇】可知，y 一定为奇数．依次穷举奇数讨论可知 $x = 6$，$y = 7$，故没做的题数是 $20 - 6 - 7 = 7$．

79.【2011.01.13】【答案】A

【真题拆解】分析题目特征点：①三种数额的捐款人数未知，人数为正整数，三个未知量；②人数和为100，捐款总额为19000，三个未知量两个方程，需结合奇偶性求解．

【解析】设捐款 100 元有 x 人，500 元的 y 人，2000 元的 z 人，题干要求 y 的值．列方程得 $\begin{cases} x + y + z = 100 \\ 100x + 500y + 2000z = 19000 \end{cases}$，整理得 $\begin{cases} x + y + z = 100 \\ x + 5y + 20z = 190 \end{cases}$，即 $4y + 19z = 90$．90 为偶数，$4y$ 也为偶数，根据奇偶性四则运算法则【偶±偶=偶】，则 $19z$ 也一定为偶数，又由于 19 为奇数，则 z 一定为偶数．穷举验证得 $z = 2$（人），$y = 13$（人）．

2.10 至多至少及最值问题

2.10.1 至多至少

80.【2013.01.23】【答案】B

【真题拆解】分析题目特征：①每种奖项获奖人数未知，获奖总金额为100，根据等量关系列方程；②结论该单位至少有100人，单位总人数一定大于等于获奖人数，结论等价转换为求获奖总人数大于等于100．

【解析】思路一：条件(1)：取一等奖30人，二等奖50人，三等奖10人，符合题干条件，但总人数小于100人，不充分．

条件(2):设一等奖 x 人,二等奖 y 人,三等奖 z 人,则有 $1.5x+y+0.5z=100$,$(x+y+z)+0.5(x-z)=100$.三等奖人最多,即 $z≥x$ 且 $z≥y$,故 $x-z≤0$,则 $x+y+z≥100$,充分.

思路二:设一等奖 x 人,二等奖 y 人,三等奖 z 人,则有 $1.5x+y+0.5z=100$,结论求 $x+y+z$ $≥100$,代入得 $x+y+z≥1.5x+y+0.5z$,解得 $z≥x$,故只需要获得三等奖的人数比一等奖的人数多就可保证该单位至少有100人,所以条件(1)不充分,条件(2)充分.

81.【2013.01.03】【答案】B

【真题拆解】分析题目特征点:①30名学生,一部分成绩 $≥60$ 分,一部分成绩 <60 分;②知道总人数和平均成绩,【破题标志词】算术平均值 $\Rightarrow$ 乘以个数求总和,可求得失分总数;③"至多"问题,成绩 <60 分的人数最多,那就让成绩 $≥60$ 分的学生都拿满分,所有的失分都给成绩 <60 分的学生.

【解析】30名学生平均成绩为90分,则总计失分为:$30×100-30×90=300$(分).设成绩低于60分(最多59分)的有 x 人,他们每人至少失分41分,总计至少失分 $41x$ 分.他们失分一定小于等于总失分,即 $41x≤300$,$x≤\dfrac{300}{41}≈7.3$,则 x 取最大整数7.

82.【2011.01.23】【答案】D

【真题拆解】分析题目特征点:"最多"、"至少",为至多至少问题,要求(一)班不及格人数至少,转化为求其余班级不及格人数至多.

【解析】在确定某一部分至少/至多的数量时,可转化为其余部分至多/至少的数量.本题题干要求:除(一)班外,其余7个班不及格人数至多20人($≤20$ 人).除(一)班外其余7个班按最大不及格人数计算,依然凑不够总额,则(一)班至少有人不及格.共21名学生不及格,每班最多3人,7个班均按最大量算时正好21人.若7个班任何一个班达不到不及格最大人数3人,则(一)班至少有1名学生不及格.

条件(1):(二)班的不及格人数多于(三)班,(二)班最多3人,则(三)班最多2人,充分.条件(2):(四)班不及格的学生有2名,亦充分.

83.【2010.10.04】【答案】E

【真题拆解】分析题目特征点:"至少",为至多至少问题,在确定某一部分至少/至多的数量时,可转化为其余部分至多/至少的数量.

【解析】第6、7、8、9次射击的平均环数为 $\dfrac{9+8.4+8.1+9.3}{4}=8.7$,由于前9次射击的平均环数最高于前5次的平均环数,故前5次最多射击了 $(5×8.7-0.1)$ 环,6~9次射击总环数为 $(8.7×4)$ 环.前9次最多射击 $(9×8.7-0.1)$ 环.若10次射击的平均环数超过8.8环,则总环数至少为:$(8.8×10+0.1)$ 环.故最后一次射击至少要 $(8.8×10+0.1)-(9×8.7-0.1)=9.9$(环).

📍 2.10.2 最值问题

84.【2010.01.09】【答案】B

【真题拆解】分析题目特征点:求最大利润,为最值问题,根据题目场景列出一元二次函数,化为求一元二次函数最值问题.

【解析】设该商品的定价为 x 元,利润为 y 元,根据题意列方程:$y = [500 - (x - 100) \times 10](x - 90) = (1500 - 10x)(x - 90) = -10x^2 + 2400x - 1500 \times 90$,图像为开口向下抛物线,当取到对称轴 $x = -\dfrac{b}{2a} = 120$(元)时,利润 y 有最大值.

85.【2009.01.03】【答案】B

【真题拆解】分析题目特征点:①平均每天支付的总费用 $= \dfrac{\text{总费用}}{\text{总天数}}$;②求平均每天支付的总费用最省,最值问题;③含有分数形式,且天数一定为正,利用均值定理求最值.

【解析】设该厂每 n 天购买一次原料,这 n 天内购买费用为 $(6n \times 1800)$ 元,保管费用为 $6 \times 3 \times [n + (n-1) + \cdots + 1]$(元),运费为 900,则总费用 $= 6n \times 1800 + 6 \times 3 \times [n + (n-1) + \cdots + 1] + 900 = 6 \times 1800n + 18 \times \dfrac{n(n+1)}{2} + 900$.

平均每天支付费用 $= \dfrac{6 \times 1800n + 9(n^2 + n) + 900}{n} = 6 \times 1800 + 9 + 9n + \dfrac{900}{n}$.根据均值定理,当且仅当 $9n = \dfrac{900}{n}$,即 $n = 10$(天)时,平均每天的费用最少.

【陷阱】原材料每天都要付保管费用,且费用额和材料多少有关,故随着材料消耗,保管费用递减.不可认为保管费用只付一次或为恒定不变.

86.【2013.10.15】【答案】A

【真题拆解】分析题目特征点:①运费最少,最值问题;②分析表格信息,根据不同的存放量列等式;③根据表1,甲离 A 近,乙离 B 近,求运费最少,就尽可能的把甲仓库的货物运往 A,乙仓库的货物运往 B.

【解析】思路一:由表格信息可得:$\begin{cases} A \text{存放量}: x + y = 40 \\ B \text{存放量}: u + v = 40 \\ \text{甲存放量}: x + u = 30 \\ \text{乙存放量}: y + v = 50 \end{cases} \Rightarrow \begin{cases} y = 40 - x \\ v = x + 10 \\ u = 30 - x \end{cases}$,总运费 $M = 10x + 15y + 15u + 10v = 10x + 15(40 - x) + 15(30 - x) + 10(x + 10) = -10x + 1150 (0 \leqslant x \leqslant 30)$.当 $x = 30$ 时,M 最小,$M_{\min} = 850$(元).

思路二:根据表1,甲离 A 近,乙离 B 近,A、B 两地的存放量都是 40,所以距离越近花费的运费越少,把甲 30 吨货物全运往 A,A 存放量是 40 吨,还差 10 吨,把乙的 40 吨货物运往 B,剩余 10 吨运往 A,即 $x = 30, y = 10, u = 0, v = 40$.

2.11 线性规划

87.【2014.10.23】【答案】A

【真题拆解】分析题目特征点:①结论求花租金"至少";②两条件给出的信息都是"不多于";③且两种型号车的总载人数一定要大于900.可根据上述信息列出几组不等式,线性规划求最值.

【解析】设有 A 型号车 x 辆，B 型号车 y 辆，题干要求总花费 $z = 1600x + 2400y \geqslant 37600$，且 $36x + 60y \geqslant 900$，即 $3x + 5y \geqslant 75$.

条件(1)：B 型车租用数量不多于 A 型车租用数量，即 $\begin{cases} x \geqslant y \\ 3x + 5y \geqslant 75 \end{cases}$，可得 $x \geqslant \dfrac{75}{8}$.

取 $x_{\min} = 10$，则 $y = 9$，$z_{\min} = 1600x + 2400y = 37600$（元），条件(1)充分.

条件(2)：租用车总数不多于 20 辆，即 $\begin{cases} x + y \leqslant 20 \\ 3x + 5y \geqslant 75 \end{cases} \Rightarrow \begin{cases} 0 \leqslant x \leqslant 12.5 \\ 7.5 \leqslant y \leqslant 20 \end{cases}$. 由于 $\dfrac{1600}{36} > \dfrac{2400}{60}$，故 B

型车性价比高，尽量多用 B 型车，全用 B 型车时需要 $\dfrac{900}{60} = 15$（辆）即可，而 $15 \times 2400 = 36000 <$ 37600，条件(2)不充分.

88.【2013. 01. 10】【答案】C

【真题拆解】分析题目特征点：①"最多"可同时安排 12 人；②熟练工报酬高，普通工报酬低，要支付报酬"最少"，则尽可能熟练工人数少，普通工人数多；③给出了单独装箱的天数，无具体装箱任务，【破题标志词】无具体工作量的工程问题：工作总量设为特值 1 或最小公倍数.

【解析】无具体工作量，工作总量设为 1，设需要 x 名熟练工，y 名普通工，据题意列方程组有：

$$\begin{cases} x + y \leqslant 12 \\ \dfrac{1}{10}x + \dfrac{1}{15}y \geqslant 1 \end{cases} \Rightarrow \begin{cases} x + y \leqslant 12 \\ 3x + 2y \geqslant 30 \\ x > 0 \\ y > 0 \end{cases}.$$ 一天内完成任务支付的报酬为 $z = 200x + 120y$，取 $x = 6$ 时所需费

用最少：$6 \times 200 + 6 \times 120 = 1920$（元）.

89.【2012. 01. 13】【答案】B

【真题拆解】分析题目特征点：①每辆"最多"可载数量，两种货车载货方式不同，有 A、B 两种处理方案，可列不等式组；②求运费"最少"，列目标函数求最值，穷举，一般在交点处取得.

【解析】设需要甲种货车 x 台，乙种货车 y 台，$x、y$ 为正整数，据题意列不等式组：

$\begin{cases} 40x + 20y \geqslant 180 \\ 10x + 20y \geqslant 110 \end{cases} \Rightarrow \begin{cases} 2x + y \geqslant 9 \\ x + 2y \geqslant 11 \end{cases}$. 题干要求 $400x + 360y$ 的最小值，穷举法可知：$x = 2$，$y = 5$ 时，有最

小值 $400 \times 2 + 360 \times 5 = 2600$（元）.

90.【2011. 10. 07】【答案】A

【真题拆解】分析题目特征点：①每天的垃圾处理费"不能超过"，甲、乙两厂处理量和费用不同，有 A、B 两种处理方案，一个垃圾量一个处理费，可列方程组；②求处理垃圾的时间"最少"，代入化简求值.

【解析】思路一：设甲厂每天处理 x 小时，乙厂每天处理 y 小时，据题意列方程组：

$\begin{cases} 55x + 45y = 700 \\ 550x + 495y \leqslant 7370 \end{cases} \Rightarrow \begin{cases} 55x + 45y = 700 \\ 50x + 45y \leqslant 670 \end{cases} \Rightarrow x \geqslant 6$. 即甲厂至少需要处理 6 小时.

思路二：最优替换法. 首先根据题干得到约束条件：甲厂处理单价用为 $550 \div 55 = 10$（元/吨），乙厂处理单价为 $495 \div 45 = 11$（元/吨）. 故甲厂每处理一顿垃圾，比乙厂便宜 1 元. 先假乙单

独处理 700 吨垃圾花费 7700 元,此时超出预算 7700 − 7370 = 330(元),故甲厂至少需要处理 330 吨垃圾,用时:330 ÷ 55 = 6(小时).

91.【2010.01.13】【答案】B

【真题拆解】分析题目特征点:①"不少于"、"不多于",可列不等式组;②总投资额一定"少于等于"15 万;③求修建车位"最多",室外费用便宜,尽可能多建造室外车位.

【解析】思路一:设室内修 x 个车位,室外修 y 个车位,题干要求 $x + y$ 的最大值.据题意列方程组

$$\begin{cases} 5000x + 1000y \leq 150000 \\ 2x \leq y \leq 3x \end{cases} \Rightarrow \begin{cases} 5x + y \leq 150 \\ 2x \leq y \leq 3x \end{cases},$$ 首先考虑室外车位最多,即 $y = 3x$ 时,$x = 18.75$,取整得

$x = 19$(个),$y = 55$(个).

　　思路二:最优替换法.虽然室外便宜,但是不能全部建造室外车位,最高比例为 3 个室外车位:1 个室内车位,这样构成的每 4 个车位为一组,需要 8000 元.现在共有 15 万,可以修 18 组车位,费用为 14.4 万,车位数量为 72 个.余下 6000 元,因为室外:室内 = 3:1 已经是最大比例,所以必须先修一个室内车位,才能修室外车位,余下的钱恰好修 1 个室内车位和一个室外车位,所以共 74 个车位.

2.12　一般方程——寻找等量关系

92.【2015.02】【答案】D

【真题拆解】分析题目特征:两次人事调动,两个等量关系,列方程组求解.

【解析】设甲部门有 x 人,乙部门有 y 人.据题意列方程:$\begin{cases} y + 10 = 2(x - 10) \\ x + \dfrac{y}{5} = \dfrac{4}{5}y \end{cases}$,解得 $\begin{cases} x = 90 \\ y = 150 \end{cases}$,$x + y =$

240(人).

【技巧】由乙部门人数是甲部门人数的 2 倍,可知总人数一定为 3 的倍数,可迅速排除 C、E.

93.【2014.01.01】【答案】E

【真题拆解】分析题目特征:①26 个奖的平均价格已知,【破题标志词】算术平均值⇒乘以个数求总和,可求得 26 个奖一共花费的价格;②已知一等奖的单价和其他奖品均价,可以将 26 个奖品分为两种,一等奖和其它奖,简化计算.

【解析】本题中虽然情景设置有 26 个奖,但我们可以将奖品仅分为两种考虑,一种为一等奖,一种为其它奖,以此来设未知量,即设一等奖个数为 x,其它奖个数为 y.据题意可列方程 $\begin{cases} x + y = 26 \\ 400x + 270y = 26 \times 280 \end{cases}$,解得 $\begin{cases} x = 2(个) \\ y = 24(个) \end{cases}$.

94.【2013.10.14】【答案】D

【真题拆解】根据筹得资金 ≥ 发行彩票面值总和的 32% 列等量关系求解.

【解析】设彩票发行量为 x 张,筹得资金需满足 $5x - x \cdot p \times 50 - x(50\% - p) \times 5 \geq 5x \times 32\%$,解得 $p \leq 0.02$.

95.【2010.10.05】【答案】C

【真题拆解】分析题目特征:210 和 183 都是一些商品的总重量,总重量 = 每个商品的重量×个数,重量和个数都为整数,将问题转化为求 210 和 183 的公约数.

【解析】取出若干个商品的重量为 $210 - 183 = 27 (\text{kg})$,取出的为整数个,则每个商品重量为 27 的大于 1 的整数约数,仅有 C 选项符合.

【技巧】商品重量为 210 与 183 的大于 1 的公约数,仅有 C 选项符合.

96.【2010.01.22】【答案】D

【真题拆解】分析题目特征:女生人数 + 男生人数 = 总人数,通过人数 + 未通过人数 = 总人数,总人数已知,知道其中一个就可推出另外一个的值.

【解析】本题中以通过与否和性别将学生分为四类:男通过、男未过、女通过、女未过. 由题干得男生有 24 人,女生有 26 人,通过为 23 人,未通过为 27 人.

条件(1):设男生通过 x 人,则 $x + 5 + x = 23$,解得 $x = 9 (\text{人})$,充分;条件(2):设男生中通过的为 y 人,则 $(24 - y) - y = 6$,解得 $y = 9 (\text{人})$,亦充分.

97.【2008.10.24】【答案】E

【真题拆解】两人排队,先确定甲乙之间的相对位置,在确定甲乙前后中间的人数.

【解析】两条件单独均不充分,联合时甲、乙两人的前后位置无法确定,依然无法确定总人数.

98.【2008.10.09】【答案】A

【真题拆解】分析题目特征:无人得 0 分,即每个同学至少答对 1 题,从答对题目的数量和答对题目的人数两个数量进行分析.

【解析】设答对 A 题有 x 人,答对 B 题有 y 人,答对 C 题有 z 人,故有 $\begin{cases} x + y = 29 \\ x + z = 25 \\ y + z = 20 \end{cases}$,解得 $\begin{cases} x = 17 \\ y = 12 \\ z = 8 \end{cases}$. 总计有 $17 + 12 + 8 = 37 (\text{人})$. 三题全答对有 1 人,占 $1 \times 3 = 3 (\text{人})$. 两题答对有 15 人,占 $15 \times 2 = 30 (\text{人})$. 故答对一题的有 $37 - 3 - 30 = 4 (\text{人})$. 总人数为 $1 + 15 + 4 = 20 (\text{人})$.

99.【2008.01.09】【答案】C

【真题拆解】寻找等量关系:根据混合前后总质量不变列等式.

【解析】设新原料单价为 x 元,则根据题意有甲原料单价为 $(x + 3)$ 元,乙原料单价为 $(x - 1)$ 元. 混合前后总质量不变,故有 $\dfrac{200}{x+3} + \dfrac{480}{x-1} = \dfrac{680}{x}$,解得 $x = 17 (\text{元})$.

100.【2007.10.24】【答案】D

【真题拆解】根据倒入或倒出不同量的酒,列等量关系求解.

【解析】设酒杯容积为 x 升. 条件(1):$\dfrac{3}{4} + x = \dfrac{7}{8}$,$x = \dfrac{1}{8}$,充分. 条件(2):$\dfrac{3}{4} - 2x = \dfrac{1}{2}$,$x = \dfrac{1}{8} (\text{升})$,亦充分.

2.13 新题型

101.【2014.10.05】【答案】B

【真题拆解】分析题目特征点:双循环赛. n 个球队双循环赛,每两个球队之间赛两场,则共比赛 $2C_n^2 = n(n-1)$ 场,每个球队需比赛 $2(n-1)$ 场.

【解析】双循环赛,每个球队需要比赛 $2 \times (5-1) = 8$ 场. 可能的比分分析如下:8 胜 = 24(分);7 胜 1 平 = $3 \times 7 + 1 = 22$(分);7 胜 1 负 = $3 \times 7 + 0 = 21$(分);6 胜 2 平 = $3 \times 6 + 2 + 0 = 20$(分);6 胜 1 平 1 负 = $3 \times 6 + 1 + 0 = 19$(分);6 胜 2 负 = $3 \times 6 + 0 = 18$(分);…最少积分为全负:$0 \times 8 = 0$(分);最多积分为全胜:$3 \times 8 = 24$(分). 积分在 0~24 之间,此间只有 23 分不能得到,因此积分不同情况共计 24 种.

102.【2012.10.08】【答案】E

【真题拆解】分析题目特征点:单循环赛. n 名选手单循环比赛,则共需比赛 C_n^2 场,其中每位选手比赛 $n-1$ 场.

【解析】8 名选手等分为 2 组,每组 4 名,小组内单循环,则每组内有 $C_4^2 = 6$ 场比赛,两组共 $2 \times 6 = 12$ 场比赛. 一名选手打了一场比赛后退赛,即少了 2 场比赛,总计实际比赛场次为 $12 - 2 = 10$(场).

103.【2010.10.16】【答案】A

【真题拆解】分析题目特征点:单循环赛. n 名选手单循环比赛,则共需比赛 C_n^2 场,其中每位选手比赛 $n-1$ 场.

【解析】单循环赛制,是指所有参赛队在竞赛中均能相遇一次,即不完全相同的每两队赛一场. 12 支篮球队单循环每队共要打 $12 - 1 = 11$ 场比赛,故若要求 11 天完成,则每队每天恰好只能比赛 1 场. 因此条件(1)充分,条件(2)不充分.

104.【2009.10.13】【答案】C

【真题拆解】往杯口注水,口杯注满水之前,水槽中没水,口杯内水满后,水开始由口杯溢出注入水槽内.

【解析】当 $t = 0$ 时,往杯口注水,但全在杯内,水槽里不会有水,故初始一段时间水槽中水面高度为零. 此时仅剩 A、C 选项符合. 注入水一段时间后,口杯内水满,水开始由口杯溢出注入水槽内;当水槽内的水平面高于口杯后,水相当于直接注入水槽,但此时截面积增加,水面上升速度减小,故 C 选项正确.

105.【2009.10.02】【答案】E

【真题拆解】分析题目特征:①单位不统一先化单位,100 克 = 2 两 = 0.2 斤;②100 克在秤上显示 0.25 斤,可得秤偏重;③根据称重是等比例放大,真实质量与显示的质量之比相等,列等量关系求解.

【解析】设补猪肉 x 斤,利用真实质量与显示的质量之比相等可得 $\dfrac{4-x}{4} = \dfrac{4.2-x}{4.25}$,解得 $x = 0.8$(斤),即 8 两.

2.14 数据描述问题

2.14.1 平均值的基本计算

106.【2015.25】【答案】C

【真题拆解】分析题目特征：①给出了三个数的平均数；②结论和条件都带绝对值符号．结论求证的是每个数到平均数的距离小于等于1，考虑绝对值的几何意义或三角不等式．

【解析】题干要求 $|x_k - \bar{x}| \leq 1$，即 $\left| x_1 - \dfrac{x_1 + x_2 + x_3}{3} \right| \leq 1$，$\left| x_2 - \dfrac{x_1 + x_2 + x_3}{3} \right| \leq 1$，$\left| x_3 - \dfrac{x_1 + x_2 + x_3}{3} \right| \leq 1$，整理得 $|2x_1 - x_2 - x_3| \leq 3$，$|2x_2 - x_1 - x_3| \leq 3$，$|2x_3 - x_1 - x_2| \leq 3$．

条件(1)令 $x_1 = -1$，$x_2 = -1$，$x_3 = 1$，$\bar{x} = -\dfrac{1}{3}$，则 $|x_3 - \bar{x}| = \dfrac{4}{3}$，条件(1)单独不充分．

条件(2)令 $x_1 = 0$，$x_2 = 4$，$x_3 = -1$，条件(2)单独不充分，故考虑联合．

联合(1)与(2)则有 $x_1 = 0$ 且 $|x_2| \leq 1$，$|x_3| \leq 1$，$x_1 = 0$ 代入题干得：$|x_2 + x_3| \leq 3$，$|2x_2 - x_3| \leq 3$，$|2x_3 - x_2| \leq 3$，分别利用三角不等式可得：$|x_2 + x_3| \leq |x_2| + |x_3| \leq 2 < 3$，$|2x_2 - x_3| \leq |2x_2| + |-x_3| \leq 3$，$|2x_3 - x_2| \leq |2x_3| + |-x_2| \leq 3$，故联合充分．

107.【2015.05】【答案】B

【真题拆解】总成绩 = 总平均成绩 × 总人数，【破题标志词】算术平均值 ⟹ 乘以个数求总和．

总分已知，题目给出了三个班各自的平均成绩，实际就是给出了总平均成绩的范围，介于最大值 81.5 与最小值 80 之间．

【解析】甲、乙、丙平均成绩为 80，81，81.5，设总人数为 a，则有 $80a < 6952 < 81.5a \Rightarrow \begin{cases} a < 87 \\ a > 85 \end{cases}$，故 $a = 86$（分）．

108.【2012.01.06】【答案】E

【真题拆解】求平均分，需要知道总分和总人数，需注意每个分数对应有多人．

【解析】根据平均值定义计算得甲地区平均分为 $\dfrac{6 \times 10 + 7 \times 10 + 8 \times 10 + 9 \times 10}{40} = 7.5$；乙地区平均分为 $\dfrac{6 \times 15 + 7 \times 15 + 8 \times 10 + 9 \times 20}{60} = 7.6$；丙地区平均分为：$\dfrac{6 \times 10 + 7 \times 10 + 8 \times 15 + 9 \times 15}{50} = 7.7$．

2.14.2 总体均值与部分均值

109.【2013.10.02】【答案】D

【真题拆解】分析题目特征：已知甲均值、乙均值、甲乙间的比，求总体均值，符合【破题标志词】总体均值与部分均值 ⟹ 数值计算：根据总量列等式．

【解析】思路一：设年级平均分为 x，年级共有学生 m 人，则男生有 $0.4m$ 人，女生有 $0.6m$ 人．根据总量列等式：(女生平均分 − 总平均分) × 女生数量 = (总平均分 − 男生平均分) × 男生数量，即

有 $(80-x)\cdot 0.6m=(x-75)\cdot 0.4m$,消去 m 解得 $x=78$(分).

　　思路二:权重分析法:$75\times 0.4+80\times 0.6=78$.

　　思路三:特值法:设男生有4人,女生有6人,则有:$\dfrac{4\times 75+6\times 80}{10}=78$(分).

110.【2011. 10. 19】【答案】C

【真题拆解】分析题目特征:已知甲均值、乙均值、甲乙间的比,求总体均值,符合【破题标志词】总体均值与部分均值⇒数值计算:根据总量列等式.

【解析】根据总量列等式:(乙组平均成绩－总平均成绩)×乙组人数＝(总平均成绩－甲组平均成绩)×甲组人数.条件(1)条件(2)单独均不充分,考虑联合.已知乙组的平均成绩是171.6环,比甲组的平均成绩高30%,故甲组平均成绩是132环,设乙组人数 n,甲组的人数比乙组人数多20%,故甲组人数为 $1.2n$,设总平均成绩为 x,根据公式有:$(171.6-x)\cdot n=(x-132)\cdot 1.2n$,消去 n 解得:$x=150$(环),故联合充分.

111.【2011. 01. 17】【答案】E

【真题拆解】分析条件特征:条件(1)只已知男生和女生的及格率,男女生人数之比未知,条件(2)平均分和及格率无关联.

【解析】两条件单独不充分,考虑联合.已知男生和女生的及格率,要求班级及格率,还需要知道男生与女生人数情况,但条件中并未给出,因此联合亦不充分.

112.【2009. 10. 01】【答案】C

【真题拆解】分析题目特征:已知总体均值、男女人数的比,男女平均成绩的比例,求女均值,符合【破题标志词】总体均值与部分均值⇒数值计算:根据总量列等式.

【解析】设女工人数为 m,男工人数比女工人数多80%,则男工人数为 $1.8m$,男工平均成绩为 n,女工平均成绩比男工平均成绩高20%,则女工平均成绩为 $1.2n$.根据总量列等式:$(1.2n-75)\times m=(75-n)\times 1.8m$,约去 m 可得 $n=70$,则女工平均成绩 $1.2n=84$(分).

【技巧】女工平均成绩是男工平均成绩的1.2倍,则答案为1.2的整数倍,即C选项.

113.【2008. 10. 14】【答案】C

【真题拆解】分析题目特征:该班有优秀生和非优秀生,总人数已知,已知总体均值,优秀生均值、非优秀生均值,符合【破题标志词】总体均值与部分均值⇒数值计算:根据总量列等式.

【解析】根据总量列等式:$(90-80)\times$优秀$=(80-72)\times$非优秀,则优秀:非优秀$=8:10=4:5$,且优秀＋非优秀$=36$,故该班优秀人数为:$36\times\dfrac{4}{9}=16$(人).

 2. 14. 3　方差的计算与大小比较

114.【2014. 01. 24】【答案】C

【真题拆解】要确定集合 M 需确定集合中每个数的值.

【解析】条件(1)条件(2)单独均不充分,考虑联合.由方差计算公式可得:

$$\begin{cases} a+b+c+d+e=50 \\ (a-10)^2+(b-10)^2+(c-10)^2+(d-10)^2+(e-10)^2=10 \end{cases},$$

由于五个完全平方的和等于 10，则 a,b,c,d,e 取值与 10 的差均不能大于 3，即有 $7<a,b,c,$ $d,e<13$，且其和为 50，尝试检验可知 $(-2)^2+(-1)^2+(0)^2+1^2+2^2=10$，$a,b,c,d,e$ 分别取 8、9、10、11、12，能确定集合 M，联合充分.

第3章 代数式

3.1 整式的运算

1.【2015. 21】【答案】B

【真题拆解】分析题目发现有两个特征点：①题干两个表达式中具有较多相同部分,使用换元法,将相同部分看成整体,进行代换化简；②结论求两个整式比较大小,可考虑做差法或做商法.

【解析】第一步换元化简：令 $a_2 + \cdots + a_{n-1} = T$,则 $M = (T + a_1)(T + a_n)$,$N = (T + a_1 + a_n)T$.

第二步做差法两式相减得：$M - N = (T + a_1)(T + a_n) - (T + a_1 + a_n)T = T^2 + a_n T + a_1 T + a_1 a_n - T^2 - a_1 T - a_n T = a_1 a_n$,要使题干结论成立,则需 $M - N = a_1 a_n > 0$,故条件(1)不充分,条件(2)充分.

2.【2013. 10. 19】【答案】D

【真题拆解】分析条件特征：条件(1)和条件(2)都给出未知字母关系式,符合【破题标志词】给定未知字母取值或关系式⇒代入,只需将给定的条件代入待求整式即可.

【解析】条件(1)：代入 $x = y$,得 $f(x, y) = y^2 - y^2 - y + y + 1 = 1$,条件(1)充分.

条件(2)：$x + y = 1$,即 $x = 1 - y$,代入得 $f(x, y) = (1 - y)^2 - y^2 - (1 - y) + y + 1 = y^2 - 2y + 1 - y^2 - 1 + y + y + 1 = 1$. 条件(2)也充分.

3.【2010. 01. 07】【答案】B

【真题拆解】题干多项式为三次,可分解为三个一次因式相乘的形式,其中两个因式已知,可将多项式设为 $x^3 + ax^2 + bx - 6 = (x - 1)(x - 2)(x + p)$,两多项式相等,它们的常数项也相等.

【解析】由题可知,多项式可写为 $x^3 + ax^2 + bx - 6 = (x - 1)(x - 2)(x + p)$,其中 $(x + p)$ 即为我们所要求的第三个一次因式. 根据常数项 $-6 = (-1) \times (-2)p$,解得 $p = -3$,所求因式为 $(x - 3)$.

【技巧】由于只需求取第三个一次因式的常数项就可以确定此因式,使用特值法令 $x = 0$,得到 $(-1) \times (-2)p = -6$,$p = -3$,亦能得出所求因式为 $x - 3$.

3.2 乘法公式

◉ 3.2.1 基础运用

4.【2010. 10. 02】【答案】B

【真题拆解】题目给了三项的平方和,还给出了代数式求最大值,符合【破题标志词】利用完全平方公式求代数最值$\Rightarrow$变形为$\left[\text{常数}-(\quad)^2\right]$求最大值.

【解析】根据乘法公式有:$(a-b)^2+(b-c)^2+(c-a)^2$

$$=2\left(a^2+b^2+c^2\right)-(2ab+2bc+2ac)$$

$$=2\left(a^2+b^2+c^2\right)-\left[(a+b+c)^2-\left(a^2+b^2+c^2\right)\right]$$

$$=3\left(a^2+b^2+c^2\right)-(a+b+c)^2$$

$$=27-(a+b+c)^2\leqslant 27$$

由于完全平方式具有非负性,即$(a+b+c)^2\geqslant 0$,上式最大只能取到27,当$a+b+c=0$时等号成立取到最值.

【总结】1. 对于整式最值求取常采用凑配完全平方式的方法,利用非负性进行求解.

2. 题干已知条件为三元平方和$a^2+b^2+c^2=9$,而求解过程中出现两两乘积形式$2ab+2bc+2ac$,因此需要将其向已知条件进行转化.此处考查了整体与部分思维,需要对$(a+b+c)^2=a^2+b^2+c^2+2ab+2bc+2ca$的各个部分非常熟悉,将其变形为$2ab+2bc+2ac=(a+b+c)^2-\left(a^2+b^2+c^2\right)$,从而可利用非负性求解最值.

📍 3.2.2　倒数形态乘法公式

5.【2014.01.19】【答案】A

【真题拆解】分析题目结构有两个特征点:①x是非零实数;②条件给出的代数式都是倒数和形态,结论为倒数和的值.符合【破题标志词】倒数和/倒数差$\Rightarrow$完全平方公式/立方和立方差公式.

【解析】条件(1):$x+\dfrac{1}{x}=3$,则$x^2+\dfrac{1}{x^2}=\left(x+\dfrac{1}{x}\right)^2-2=7$,$x^3+\dfrac{1}{x^3}=\left(x+\dfrac{1}{x}\right)\left(x^2-1+\dfrac{1}{x^2}\right)=3\times(7-1)=18$,条件(1)充分.

条件(2):$x^2+\dfrac{1}{x^2}=7$,$x^2+\dfrac{1}{x^2}+2=\left(x+\dfrac{1}{x}\right)^2=9$,则$x+\dfrac{1}{x}=\pm 3$.当$x+\dfrac{1}{x}=-3$时,$x<0$,则$x^3+\dfrac{1}{x^3}<0$,条件(2)不充分.

6.【2010.10.01】【答案】E

【真题拆解】分析题目结构发现题目等式含有倒数和形态,符合【破题标志词】倒数和/倒数差$\Rightarrow$完全平方公式/立方和立方差公式.

【解析】已知$x+\dfrac{1}{x}=3$,则$x^2+\dfrac{1}{x^2}=\left(x+\dfrac{1}{x}\right)^2-2=3^2-2=7$,则有:

$$\frac{x^2}{x^4+x^2+1}=\frac{1}{x^2+1+\dfrac{1}{x^2}}=\frac{1}{7+1}=\frac{1}{8}.$$

📍 3.2.3　因式定理

7.【2012.01.12】【答案】D

【真题拆解】题干中多项式 $f(x)=x^3+x^2+ax+b$ 能被因式 x^2-3x+2 整除,符合【破题标志词】A 是因式、A 能整除 $f(x)$ 或 $f(x)$ 能被 A 整除 $\Leftrightarrow$ 令因式 A 为零,则 $f(x)$ 也为零.

【解析】令因式 $x^2-3x+2=(x-1)(x-2)=0$,解得 $x=1$ 或 $x=2$,分别代入 $f(x)$ 得,

当 $x=1$ 时,$2+a+b=0$;当 $x=2$ 时,$12+2a+b=0$.

解上述关于 a、b 的二元一次方程组得 $a=-10$,$b=8$.

【技巧】在得到两个关于 a、b 的方程后,不需要解方程,直接代入选项验证即可.

8.【2010.10.20】【答案】B

【真题拆解】两条件互斥,不能联合.结论多项式 $f(x)=ax^3-bx^2+23x-6$ 能被因式 $(x-2)(x-3)$ 整除,符合【破题标志词】A 是因式、A 能整除 $f(x)$ 或 $f(x)$ 能被 A 整除 $\Leftrightarrow$ 令因式 A 为零,则 $f(x)$ 也为零.

【解析】令因式 $(x-2)(x-3)=0$,解得 $x=2$ 或 $x=3$,分别代入 $f(x)$ 得:

$$\begin{cases} f(2)=8a-4b+40=0 \\ f(3)=27a-9b+63=0 \end{cases} \Rightarrow \begin{cases} a=3 \\ b=16 \end{cases}$$

故条件(1)不充分,条件(2)充分.

9.【2007.10.13】【答案】E

【真题拆解】题中给出了多项式 $f(x)=x^3+a^2x^2+x-3a$ 能被因式 $x-1$ 整除,符合【破题标志词】A 是因式、A 能整除 $f(x)$ 或 $f(x)$ 能被 A 整除 $\Rightarrow$ 令因式 A 为零,则 $f(x)$ 也为零.

【解析】令因式 $x-1=0$,解得 $x=1$.

将 $x=1$ 代入 $f(x)$ 得:

$$f(1)=1+a^2+1-3a=0=a^2-3a+2=(a-1)(a-2).$$

解得 $a=1$ 或 $a=2$.

3.3 分式

📍 3.3.1 基础概念和运算

10.【2015.18】【答案】B

【真题拆解】分析题目结构要求分式的值,考查分式的运算,通分、等价变形.

【解析】条件(1):$p+q=1$,则 $q=1-p$,对所求分式进行等价变形,转换成同一个未知量的比值,

即 $\dfrac{p}{q(p-1)}=\dfrac{p}{(1-p)(p-1)}=\dfrac{p}{-(p-1)^2}$,其取值随着 p 值的变化而变化,条件(1)不充分.

条件(2):$\dfrac{1}{p}+\dfrac{1}{q}=1$,通分得:$\dfrac{p+q}{pq}=1 \Rightarrow p+q=pq$,代入结论 $\dfrac{p}{q(p-1)}=\dfrac{p}{pq-q}=\dfrac{p}{p+q-q}=1$,

为定值,条件(2)充分.

📍 3.3.2 给定未知字母间比例关系的相关计算

11.【2015.01】【答案】E

【真题拆解】题目给了三项间的比值,还给出了三项和的具体值,符合【破题标志词】比 + 具体量 $\Rightarrow$ 见比设 k 再求 k.

【解析】已给定整数形式比,直接设 k. 即已知 $a:b:c=1:2:5$,令 $a=k,b=2k,c=5k$. 代入求 k 得 $a+b+c=k+2k+5k=8k=24,k=3$. 故 $a=k=3,b=2k=6,c=5k=15,a^2+b^2+c^2=9+36+225=270$.

12.【2009.01.19】【答案】B

【真题拆解】分析结论特征:表达式为定值意味着,表达式中的未知量可以被约去,只剩下常数. 分析条件特征:条件(1)和条件(2)都给出了 2 个未知量的 1 个等式,符合【破题标志词】[n 个未知量] + [$n-1$ 个方程] $\Rightarrow$ ①消元后用一个量表示其余所有未知量;②消元求出未知量间的比例关系.

【解析】条件(1):$7a-11b=0,a=\dfrac{11}{7}b,a:b=11:7$. 设 $a=11k,b=7k$,则 $\dfrac{ax+7}{bx+11}=\dfrac{11kx+7}{7kx+11}$,并不能约去未知量,不是定值,故条件(1)不充分.

条件(2):$11a-7b=0,a=\dfrac{7}{11}b,a:b=7:11$. 设 $a=7k,b=11k$,则 $\dfrac{ax+7}{bx+11}=\dfrac{7kx+7}{11kx+11}=\dfrac{7(kx+1)}{11(kx+1)}=\dfrac{7}{11}$,故条件(2)充分.

📍 3.3.3　乘法公式运用

13.【2011.01.15】【答案】C

【真题拆解】分析题目结构给出了 x^2+y^2 与 xy 的值,要求代数式中有 x^3+y^3,在所学乘法公式中,仅有立方和公式:$a^3+b^3=(a+b)(a^2-ab+b^2)$ 将 x^2+y^2、xy、x^3+y^3 全部囊括,因此首先考虑使用此公式将待求分式中较复杂的分母因式分解.

【解析】$\dfrac{x+y}{x^3+y^3+x+y}=\dfrac{x+y}{(x+y)(x^2-xy+y^2)+(x+y)}=\dfrac{1}{x^2+y^2-xy+1}=\dfrac{1}{6}$.

3.4　特值法在代数式中的应用

14.【2013.01.22】【答案】C

【真题拆解】分析题目结构有三个特征点:①x,y,z 为非零实数;②条件(1)条件(2)单独成立的情况下,待求分式仍含有未知字母,非定值,因此两条件单独均不充分,考虑联合;③条件(1)与条件(2)联合给出了 3 个未知量的 2 个等式,符合【破题标志词】[n 个未知量] + [$n-1$ 个方程] $\Rightarrow$ ①消元后用一个量表示其余所有未知量;②消元求出未知量间的比例关系.

【解析】第一步:化整数连比. $\begin{cases} 3x-2y=0 \\ 2y-z=0 \end{cases} \Rightarrow \begin{cases} x:y=2:3 \\ y:z=1:2=3:6 \end{cases} \Rightarrow x:y:z=2:3:6.$

第二步:设 k. 设 $x=2k,y=3k,z=6k$. 本题符合【出题套路二及解析】,待求式分子分母中每一项均为一次式,属于齐次分式,令 $k=1$,即将未知量赋值为:$x=2,y=3,z=6$,代入题干等式得

$$\frac{2x+3y-4z}{-x+y-2z}=\frac{4+9-24}{-2+3-12}=1.$$

【另解】本题也可联合条件(1)条件(2),将 x,y 均用 z 表示,代入分式中求解.

15.【2011.10.22】【答案】A

【真题拆解】题目给了两个相等的多项式,符合**【破题标志词】两多项式相等**⟹①对变量赋特值;
②变形为相同形式后,对应项系数相等.

【解析】使用完全立方公式 $(a\pm b)^3=a^3\pm3a^2b+3ab^2\pm b^3$ 将原式左边展开:

$x(1-kx)^3=x(1-3kx+3k^2x^2-k^3x^3)=x-3kx^2+3k^2x^3-k^3x^4=a_1x+a_2x^2+a_3x^3+a_4x^4.$ 根据
两多项式相等,对应项系数相等有:$a_1=1,a_2=-3k,a_3=3k^2,a_4=-k^3.$ 关于 x 的两多项式相等,
此等式对所有/任意实数 x 都成立,求两多项式系数相关算式的值.因此考虑使用特值法.当 $x=1$
时,$x=x^2=x^3=x^4=1,a_1+a_2+a_3+a_4=(1-k)^3.$ 此时只需根据条件(1)和条件(2)分别确定 k
值,若 $(1-k)^3=-8$ 则条件充分,反之不充分.

条件(1):$a_2=-9=-3k$,则 $k=3,a_1+a_2+a_3+a_4=(1-k)^3=(-2)^3=-8$,故条件(1)
充分.

条件(2):$a_3=27=3k^2,k^2=9,k=\pm3.$ 当 $k=3$ 时,$(1-k)^3=-8$;当 $k=-3$ 时,$(1-k)^3=$
64,故条件(2)不充分.

16.【2008.10.01】【答案】C

【真题拆解】分析题目给出了 a,b 之间比例关系,要求代数式的值,符合**【破题标志词】比例关系**
+代数式求值⟹①见比设 k 再求 k;②特值法.

【解析】第一步:化整数连比.根据比的基本性质,比的前项和后项都乘以或除以一个不为零的
数,比值不变,即 $\frac{a}{b}=\frac{am}{bm}(m\neq0)$,它常用来将分数形式的比转化为整数形式,如本题 $\frac{1}{3}:\frac{1}{4}$ 前项
与后项同乘 12,可得 $a:b=\frac{1}{3}:\frac{1}{4}=4:3.$

第二步:设 k.令 $a=4k,b=3k.$ 本题符合**【出题套路二及解析】**待求分式为齐次分式,令比例
系数 $k=1$,将 a,b 直接赋值为:$a=4,b=3$,故有:$\frac{12a+16b}{12a-8b}=\frac{12\times4+16\times3}{12\times4-8\times3}=\frac{96}{24}=4.$

4.1　方程、函数与不等式基础

1.【2014.10.03】【答案】B

【真题拆解】先通分，再求值.

【解析】$\frac{x}{2}+\frac{x}{3}+\frac{x}{6}=-1$，两边同乘6得$3x+2x+x=-6$，$x=-1$.

2.【2010.10.19】【答案】D

【真题拆解】求出参数a的值即可求出对应x的解集.

【解析】条件(1)：直线$\frac{x}{a}+\frac{y}{b}=1$与$x$轴的交点是$(1,0)$，即给出直线上一点坐标，代入直线方程，即$\frac{1}{a}+\frac{0}{b}=1$，$a=1$. 代入题干得$3x-\frac{5}{2}\leqslant2$，$x\leqslant\frac{3}{2}$，条件(1)充分.

条件(2)：令$x=1$可得到关于a的等式，即$\frac{3-1}{2}-a=\frac{1-a}{3}$，解得$a=1$，与条件(1)等价，故条件(2)亦充分.

【注意】题干要求解的不等式中变量x的系数中含有未知字母a，由于不等式两边乘除正数不等号不变，乘除负数不等号变向，而未知字母a符号不确定，因此不能直接将解集表示为

$$x\leqslant\frac{2a+\frac{5}{2}}{3a}.$$

4.2　一元二次方程

📍 4.2.1　仅给出根的数量，求系数

3.【2014.10.24】【答案】C

【真题拆解】题干符合【破题标志词】二次方程有两个不相等的实根.

【解析】题干结论成立要求$\Delta=2^2+4m>0$，且$m\neq0$. 即$m>-1$且$m\neq0$.

观察两条件可知单独均不成立，联合条件(1)与条件(2)成立.

【注意】当一元二次方程中二次项系数为未知字母时,一定要注意判断它是否可能为零.当二次项系数为零时,方程变为一次方程,不可能有两实根,因此本题中需要添加限制条件 $m \neq 0$.(相似题目【2001.01.06】.

4.【2014.01.21】【答案】D

【真题拆解】题干符合【破题标志词】二次方程有实根.

【解析】题干成立要求给定的二次方程 $\Delta = 4(a+b)^2 - 4c^2 \geqslant 0$,即 $(a+b)^2 \geqslant c^2$.

条件(1):a,b,c 是一个三角形的三边长,则任意两边长的和大于第三边,因此有 $a+b>c$,三角形边长均为正,因此两边平方得:$(a+b)^2 > c^2$.条件(1)充分.

条件(2):实数 a,c,b 成等差数列 $\Leftrightarrow a+b=2c$,$(a+b)^2 = 4c^2 \geqslant c^2$.条件(2)充分.

5.【2013.10.20】【答案】E

【真题拆解】两条件均符合【破题标志词】二次方程有实根.

【解析】给定两二次方程 $\Delta \geqslant 0$.

条件(1):$\Delta = 64 - 24a \geqslant 0 \Rightarrow a \leqslant \dfrac{8}{3}$ 且 $a \neq 0$,在此范围内有无穷多个整数,不能充分推出 $a=2$,条件(1)不充分.

条件(2):$\Delta = 25a^2 - 36 \geqslant 0 \Rightarrow a \leqslant -\dfrac{6}{5}$ 或 $a \geqslant \dfrac{6}{5}$,同理条件(2)不充分.

联合两条件可得 $a \in \left(-\infty, -\dfrac{6}{5} \right] \cup \left[\dfrac{6}{5}, \dfrac{8}{3} \right]$,在此范围内依然有无穷多个整数,不能充分推出 $a=2$,联合亦不充分.

6.【2013.01.19】【答案】A

【真题拆解】题干符合【破题标志词】二次方程有两个不相等的实根.

【解析】题干结论成立要求 $\Delta = b^2 - 4ac > 0$,且由于 $f(x)$ 是二次函数,一定有 $a \neq 0$.

条件(1):$a+c=0$,$a=-c$,代入根的判别式得 $\Delta = b^2 + 4a^2$,由于 $a \neq 0$,$\Delta = b^2 + 4a^2 > 0$,条件(1)充分.

条件(2):$a+b+c=0$,$b=-(a+c)$,代入根的判别式得 $\Delta = b^2 - 4ac = (a+c)^2 - 4ac = (a-c)^2 \geqslant 0$.当 $a=c$ 时,$\Delta = 0$,条件(2)不充分.

7.【2012.01.16】【答案】D

【真题拆解】题干符合【破题标志词】二次方程有两个不相等的实根.

【解析】题干结论成立要求 $\Delta = b^2 - 4 > 0$,即 $b^2 > 4$,$b > 2$ 或 $b < -2$.

条件(1):$b < -2$,充分;条件(2):$b > 2$,充分.

8.【2010.10.21】【答案】A

【真题拆解】题干符合【破题标志词】二次方程无实根.

【解析】结论要求根的判别式 $\Delta = b^2 - 4ac < 0$.

条件(1):a,b,c 成等比数列,且 $b \neq 0 \Leftrightarrow b^2 = ac(b \neq 0)$.由完全平方式的非负性可知 $b^2 = ac > 0$.

代入根的判别式得 $\Delta = b^2 - 4ac = -3b^2 < 0$,条件(1)充分.

条件(2):取特值:$a = 1, b = 0, c = -1$,此时原方程变为 $x^2 - 1 = (x+1)(x-1) = 0$ 有实根,条件(2)不充分.

 ### 4.2.2 给出/求方程两根的算式

9.【2015.09】【答案】A

【真题拆解】分析题干条件给出了方程的两根,结论所求是关于两根平方的代数式,符合【破题标志词】一元二次方程已知两根求系数⟹韦达定理.

【解析】思路一:根据【破题标志词】一元二次方程已知两根求系数⟹韦达定理.可知:$x_1 + x_2 = a$,$x_1 x_2 = -1$,则 $x_1^2 + x_2^2 = (x_1 + x_2)^2 - 2x_1 x_2 = a^2 + 2$.

思路二:分析题目发现无论 a 取何值,都有 $x_1^2 + x_2^2$ 满足条件,根据【破题标志词】恒成立属性问题⟹特值法.令 $a = 0$,则方程变为 $x^2 - 1 = 0$,$x_1^2 + x_2^2 = 1^2 + (-1)^2 = 2$,可排除 B、C、D,$x_1^2 + x_2^2$ 一定非负,E 选项当 $a < -2$ 时为负,所以选 A.

10.【2012.10.18】【答案】E

【解析】条件(1)符合【破题标志词】给出二次方程,求关于两根的算式.根据韦达定理有:$a + b = 4$,$ab = -\frac{1}{2}$.则 $a^2 + b^2 = (a+b)^2 - 2ab = 16 + 1 = 17$,条件(1)不充分.

条件(2):两个具有非负性的式子 $|a - b + 3|$ 与 $|2a + b - 6|$ 互为相反数,即它们的和为零,符合【破题标志词】几个非负性式子之和等于零,则它们各自分别为零.即 $\begin{cases} a - b + 3 = 0 \\ 2a + b - 6 = 0 \end{cases} \Rightarrow \begin{cases} a = 1 \\ b = 4 \end{cases}$,则 $a^2 + b^2 = 1 + 16 = 17$,条件(2)不充分.

11.【2008.01.05】【答案】C

【真题拆解】题目符合【破题标志词】给出二次方程,求关于两根的算式.

【解析】$x^2 - (1+\sqrt{3})x + \sqrt{3} = (x-1)(x-\sqrt{3}) = 0$,两根为 a, b 且 $a < b$,则腰 $a = 1$,底 $b = \sqrt{3}$.由三角形相关知识得底边上的高为 $\frac{1}{2}$,则三角形面积 $S = \frac{1}{2} \times \sqrt{3} \times \frac{1}{2} = \frac{\sqrt{3}}{4}$.

12.【2007.10.08】【答案】B

【真题拆解】题目符合【破题标志词】给出关于两根的算式($x_2 = 2x_1$),求二次方程系数.

【解析】设 $x_1 = a, x_2 = 2a$,根据韦达定理有 $\begin{cases} x_1 + x_2 = 3a = -p \\ x_1 x_2 = 2a^2 = q \end{cases} \Rightarrow 2p^2 = 9q$.

 ### 4.2.3 二次函数求最值

13.【2012.10.02】【答案】A

【真题拆解】分析题目要求一个二元二次函数的最值,又给出了两未知数的关系式,可将关系带入,题目转化成求一元二次函数最值来求解.

【解析】$x+2y=3$,$x=3-2y$,代入 x^2+y^2+2y 得

$$(3-2y)^2+y^2+2y=5y^2-10y+9=5(y-1)^2+4.$$

题目转化为求关于 y 的二次函数最值,当 $y=1$ 时,有最小值4.

14.【2008.10.27】【答案】D

【真题拆解】符合【破题标志词】给出二次方程,求关于两根的算式.

【解析】条件(1):α 与 β 是方程 $x^2-2ax+(a^2+2a+1)=0$ 的两个实根. 由韦达定理可知:$\alpha+\beta=2a$,$\alpha\beta=a^2+2a+1$,根的判别式 $\Delta=4a^2-4(a^2+2a+1)\geq0$,即 $a\leq-\dfrac{1}{2}$. 代入得

$$\alpha^2+\beta^2=(\alpha+\beta)^2-2\alpha\beta=4a^2-2(a^2+2a+1)=2(a^2-2a-1).$$

此时题目转化为求 $a\leq-\dfrac{1}{2}$ 时,二次函数 $2(a^2-2a-1)$ 的最小值. 由于抛物线开口向上,对称轴为 $a=1$,因此当 $a=-\dfrac{1}{2}$ 时,$\alpha^2+\beta^2$ 取得最小值 $2\left(\dfrac{1}{4}+1-1\right)=\dfrac{1}{2}$,条件(1)充分.

条件(2):$\alpha\beta=\dfrac{1}{4}$,且 $\alpha^2+\beta^2-2\alpha\beta=(\alpha-\beta)^2\geq0$,则有 $\alpha^2+\beta^2\geq2\alpha\beta=2\times\dfrac{1}{4}=\dfrac{1}{2}$,条件(2)充分.

15.【2007.10.06】【答案】E

【解析】本题为二次函数求最值基础题型,$y=x(1-x)=-\left(x-\dfrac{1}{2}\right)^2+\dfrac{1}{4}$,为开口向下抛物线,$y_{\max}=\dfrac{1}{4}=0.25$.

4.2.4 给出根的取值范围相关计算

16.【2009.10.09】【答案】B

【真题拆解】题干符合【破题标志词】二次方程在 (m,n) 范围中只有一个根 $\Leftrightarrow f(m)f(n)<0$.

【解析】根据题意,方程在 $(-1,0)$ 范围内只有一个实根 α,在 $(0,1)$ 范围内只有一个实根 β.

令 $f(x)=mx^2-(m-1)x+m-5$,抛物线与 x 轴的交点即为二次方程的根. 即有

$$\begin{cases}f(-1)\cdot f(0)<0\\f(0)\cdot f(1)<0\end{cases}\Rightarrow\begin{cases}(3m-6)(m-5)<0\\(m-5)(m-4)<0\end{cases}\Rightarrow\begin{cases}2<m<5\\4<m<5\end{cases}\Rightarrow4<m<5.$$

17.【2008.01.21】【答案】D

【真题拆解】【破题标志词】二次方程的一个根大于 m,一个根小于 m(或给出某数在两根之间)$\Leftrightarrow af(m)<0$.

【解析】题干条件方程 $2ax^2-2x-3a+5=0$ 的一个根大于1,另一个根小于1. 符合【破题标志词】二次方程的一个根大于1,一个根小于1. $\Leftrightarrow2af(1)=2a(2a-2-3a+5)=a(3-a)<0$,解得 $a<0$ 或 $a>3$. 因此条件(1)条件(2)均充分.

📍 4.2.5　给出抛物线过点、对称轴、与坐标轴交点等求系数

18.【2014.01.22】【答案】C

【真题拆解】直线 $y=$ 常数为平行于 x 轴的直线,与抛物线平行即抛物线顶点在该直线上.

【解析】条件(1):$f(x)$ 过点 $(0,0)$ 和点 $(1,1)$,符合【破题标志词】则将 $x=0,y=0$ 和 $x=1,y=1$ 分别代入原二次函数中,得到关于系数的等式 $\begin{cases} c=0 \\ a+b=1 \end{cases}$.

条件(2):曲线 $y=f(x)$ 与直线 $y=a+b$ 相切,则顶点在直线 $y=a+b$ 上,即:$\dfrac{4ac-b^2}{4a}=a+b$,$4ac-b^2=4a^2+4ab$,$(2a+b)^2=4ac$.

可知条件(1)和条件(2)单独均不充分,考虑联合:$\begin{cases} a+b=1 \\ 2a+b=0 \\ c=0 \end{cases} \Rightarrow \begin{cases} a=-1 \\ b=2 \\ c=0 \end{cases}$.联合充分.

事实上,本题并不需要计算出 a,b,c 的值,只需要将两条件联合唯一解出 a,b,c 数值即可确定联合充分.

【总结】若抛物线与一条水平直线相切(典型表达式为 $y=m$),则它的顶点在这条水平直线上.

19.【2013.01.12】【答案】A

【真题拆解】题目符合【破题标志词】抛物线图像过点 $(-1,1)$,与【破题标志词】抛物线对称轴为 $x=1$.

【解析】在题干方程中代入 $x=-1,y=1$,得到关于系数的等式 $1=1-b+c$,即 $b=c$.对称轴 $x=1$,得到关于系数的等式 $\dfrac{-b}{2a}=\dfrac{-b}{2}=1,b=-2=c$.

4.3　一元二次不等式

📍 4.3.1　给定二次不等式,求解集

20.【2007.10.10】【答案】D

【解析】将原不等式左边十字相乘因式分解得 $x^2+x-6=(x+3)(x-2)>0$,故解集为 $x>2$ 或 $x<-3$.

【技巧】由于 x^2+x-6 二次项系数为正,所对应抛物线开口方向向上,故原不等式解集只可能为两根之外的形式,只有 D 选项符合.

📍 4.3.2　已知二次不等式解集,求系数

21.【2011.10.21】【答案】E

【真题拆解】$ax^2+(a-6)x+2>0$ 对所有实数 x 都成立,意味着它对应的抛物线开口方向向上,

且与 x 轴无交点.

【解析】$a>0$ 且 $\Delta=(a-6)^2-8a<0$,解得 $2<a<18$.即题干结论成立要求 a 的取值在 $(2,18)$ 内.故条件(1):$0<a<3$ 不充分;条件(2):$1<a<5$ 不充分;联合亦不充分.

 ## 4.4 特殊方程/不等式

4.4.1 高次方程/不等式求解

22.【2009.01.23】【答案】E

【真题拆解】题目符合【破题标志词】题目中算式可因式分解出恒为正的式子.

【解析】题干原式中 $2x^2-2x+6$ 恒为正($\Delta<0$),符合【破题标志词】题目中算式可因式分解出恒为正的式子.因此原不等式解集等同于 $(x^2-2x-8)(x-2)>0$ 的解集.整理得 $(x+2)(x-4)(x-2)>0$,用穿根法解得解集为 $-2<x<2$ 或 $x>4$,两条件单独和联合均不充分.

23.【2009.01.21】【答案】A

【解析】由条件(1):由根的定义可知,$a^2-3a+1=0$,$a^2=3a-1$.符合【破题标志词】给出关于未知量的较高次项和较低次项间等量变换关系式.将待求式中 a^2 用 $3a-1$ 替换 $2a^2-5a-2+\dfrac{3}{a^2+1}=2(3a-1)-5a-2+\dfrac{3}{3a-1+1}=a-4+\dfrac{1}{a}=\dfrac{a^2+1}{a}-4=\dfrac{3a}{a}-4=-1$,条件(1)充分.

条件(2):$|a|=1$,则 $a^2=1$,$a=\pm1$.代入得 $2a^2-5a-2+\dfrac{3}{a^2+1}=2-5a-2+\dfrac{3}{2}=-5a+\dfrac{3}{2}$,计算结果随着 a 的取值变化而变化,不为定值 -1,条件(2)不充分.

24.【2008.01.26】【答案】D

【真题拆解】题干符合【破题标志词】题目中算式可因式分解出恒为正的式子.

【解析】题干中 $2x^2+x+3$ 恒为正,符合【破题标志词】题目中算式可因式分解出恒为正的式子.因此原不等式解集等同于 $-x^2+2x+3<0$ 的解集,即 $(x-3)(x+1)>0$,$x>3$ 或 $x<-1$.

条件(1)条件(2)均充分.

4.4.2 分式方程/不等式求解

25.【2014.10.19】【答案】C

【真题拆解】两条件可变形为几个式子相乘大于等于小于 0 的形式的不等式,从而求出 x 的取值范围.

【解析】条件(1):将分式不等式移项、等价变形、因式分解得

$$x<\frac{1}{x}\Rightarrow x-\frac{1}{x}<0\Rightarrow\frac{x^2-1}{x}<0\Rightarrow x(x^2-1)<0\Rightarrow x(x+1)(x-1)<0.$$

由穿根法知,解集为 $x\in(-\infty,-1)\cup(0,1)$.条件(1)单独不充分.

条件(2)：$2x > x^2 \Rightarrow x(x-2) < 0$，解得 $x \in (0,2)$．条件(2)单独不充分．

条件(1)与条件(2)联合得 $x \in (0,1)$，充分．

26.【2013.10.05】【答案】E

【真题拆解】对于几个式子相除的分式不等式，将其等价变形为几个式子相乘的形式的不等式求解．

【解析】根据分式不等式等价变形可知：$\begin{cases} (x^2 - 2x + 3)(x^2 - 5x + 6) \geq 0 \\ x^2 - 5x + 6 \neq 0 \end{cases}$．其中 $x^2 - 2x + 3$ 为恒大于

零的式子（$\Delta < 0$），对不等式解集无影响，故本题转化为求解 $x^2 - 5x + 6 = (x-2)(x-3) > 0$，解得

$x \in (-\infty, 2) \cup (3, +\infty)$．

【技巧】首先选取选项区间端点进行验证，取特值 $x = 2$，$x = 3$ 得分母无意义，故 $x \neq 2$ 且 $x \neq 3$，排除

B，C，D．代入 $x = 0$ 满足不等式，故选 E．

27.【2012.10.14】【答案】E

【真题拆解】分析题目 x 为正，因此不等式两边同乘 x 去分母不改变不等式方向，可转化为二元一

次不等式恒大于 0 求解．

【解析】将原不等式整理得 $\dfrac{2x^2 + 2a^2}{x} > 4$，由于本题讨论范围为 $x \in (0, +\infty)$，故不等式两边同乘 x

去掉分母得 $x^2 - 2x + a^2 > 0$ 对 $x \in (0, +\infty)$ 恒成立．它所对应的图形为开口向上抛物线，对称轴

为 $x = 1$，则要求 $\Delta = 4 - 4a^2 < 0$，即 $a < -1$ 或 $a > 1$．

【注意】对于分式不等式，只有分母符号确定时，才可以两边同乘去掉分母．

28.【2007.10.18】【答案】C

【真题拆解】分析题目，方程有实根，则等号左边相加后分子等于 0，分母不为 0．

【解析】将原方程通分得 $\dfrac{2x + a}{x^2 - 1} = 0$，解得 $x = -\dfrac{a}{2}$ 且 $x \neq \pm 1$．方程有实根要求 $-\dfrac{a}{2} \neq \pm 1$ 即可，即

$a \neq \pm 2$．故条件(1)条件(2)联合充分．

📍 4.4.3　无理方程/不等式求解

29.【2008.10.15】【答案】A

【真题拆解】分析题目为有两个变量的不等式，已知某变量在某范围内恒成立，求另一个变量的

取值范围，则需要分离变量．

【解析】分离变量，将 x，y 分别放在不等号的左右两边．即有 $\dfrac{y^2 + 3}{2y} < \sqrt{x} + \dfrac{1}{\sqrt{x}}$．由均值定理可知 $\sqrt{x} +$

$\dfrac{1}{\sqrt{x}} \geq 2$，则 $\dfrac{y^2 + 3}{2y}$ 必小于 $\sqrt{x} + \dfrac{1}{\sqrt{x}}$ 的最小值才能满足恒成立条件，因此有 $\dfrac{y^2 + 3}{2y} < 2$，解得 $1 < y < 3$．

【技巧】本题采用常规解法较复杂，可采用特值代入法．由于不等式条件"一切实数 x 恒成立"，则

取 $x = 1$ 对原式进行化简，不等式变形为 $y^2 - 4y + 3 < 0$，解得 $1 < y < 3$．原不等式的解集必为

$(1,3)$ 的子集，由选项分析得只有 A 选项符合．

30.【2007.10.19】【答案】B

【真题拆解】分析题目可采用算术和数形结合两种方法求解.算术解法可给不等式两边同时平方转化为二元一次不等式求解,数形结合解法可通过做出两函数图像(图4-1)对比求解.

【解析】思路一:对于无理不等式,利用平方法去掉根号有 $\begin{cases} 1-x^2 \geqslant 0 \\ x+1 > 0 \\ 1-x^2 < (x+1)^2 \end{cases} \Rightarrow 0 < x \leqslant 1$,故条件(1)不充分,条件(2)充分.

思路二:解析几何作图求解.原式左边 $y = \sqrt{1-x^2}$ 表示圆心在原点,半径为1的上半圆;原式右边 $y = x+1$ 表示与坐标轴交点分别为 $(-1,0)$ 和 $(0,1)$ 的直线.如图4-1所示,$\sqrt{1-x^2} < x+1$ 表示取半圆在直线下方的部分,即当 $0 < x \leqslant 1$ 时,有 $\sqrt{1-x^2} < x+1$.

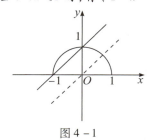

图4-1

【注意】本题中在进行平方法去掉根号时,一定要注意保证根号和算式整体均有意义.即限制根号下算式 $1-x^2$ 非负,比根号大的算式 $x+1$ 也非负.

4.4.4 带绝对值的方程/不等式求解

31.【2014.01.17】【答案】B

【真题拆解】分析结论要求小于等于1解集为空,可转化为大于1恒成立求解.【破题标志词】遇到绝对值⇒去掉绝对值.

【解析】本题讨论绝对值内为二次的不等式,符合【破题标志词】$|ax^2+bx+c|$.首先进行空集与恒成立的等价转化:$|x^2+2x+a| \leqslant 1$ 的解集为空集 $\Leftrightarrow |x^2+2x+a| > 1$ 恒成立.根据定义去掉绝对值得题干成立要求 $x^2+2x+a > 1$ 或 $x^2+2x+a < -1$ 恒成立.

$x^2+2x+a-1 > 0$ 恒成立:抛物线开口方向向上,$\Delta = 4-4(a-1) < 0, a > 2$. $x^2+2x+a+1 < 0$,抛物线开口方向向上,不可能恒成立.故条件(1)不充分,条件(2)充分.

【技巧】可利用抛物线图像分析:要求 $x^2+2x+a > 1$ 恒成立,对于开口向上的抛物线,只需要它的最小值 $f(-1) = a-1 > 1$ 即可,即 $a > 2$.

32.【2012.10.25】【答案】A

【真题拆解】题目可转化为带绝对值不等式求解集.【破题标志词】遇到绝对值⇒去掉绝对值.

【解析】题干为绝对值内为一次的不等式,采用零点分段法去掉绝对值,求得题干结论成立所要求的 x 的取值范围.

当 $x \geqslant \dfrac{1}{2}$ 时:$x^2-3x-4 = (x-4)(x+1) > 0, x > 4$ 或 $x < -1$(舍),条件(1)充分.

当 $x < \dfrac{1}{2}$ 时: $x^2 + x - 6 = (x + 3)(x - 2) > 0, x < -3$ 或 $x > 2$(舍),条件(2)不充分.

33.【2009.01.06】【答案】C

【真题拆解】题干为嵌套型绝对值方程,可根据绝对值定义由最内层开始零点分段求解.

【解析】当 $x \geqslant -\dfrac{1}{2}$ 时, $||x - |2x + 1||| = |x - (2x + 1)| = |-x - 1| = x + 1 = 4$,解得 $x = 3$.

当 $x \leqslant -\dfrac{1}{2}$ 时, $||x - |2x + 1||| = |x + (2x + 1)| = |3x + 1| = -3x - 1 = 4$,解得 $x = -\dfrac{5}{3}$.

【技巧】可直接从选项入手代入验证, $x = 3$ 时等式成立,故可直接选 C.

4.5　指数函数与对数函数

34.【2009.01.18】【答案】D

【真题拆解】分析结论【破题标志词】遇到绝对值 $\Rightarrow$ 去掉绝对值,将常数也写成对数形式,则可以转化为 x 和 a 的关系取值.

【解析】根据绝对值性质有: $|\log_a x| > 1 \Leftrightarrow \log_a x > 1$ 或 $\log_a x < -1$. 代入常用对数值 $\log_a a = 1$, $\log_a \dfrac{1}{a} = -1$ 得题干结论成立要求 $\log_a x > \log_a a$ 或 $\log_a x < \log_a \dfrac{1}{a}$.

条件(1): $x \in [2, 4]$, $\dfrac{1}{2} < a < 1$,即有 $x > \dfrac{1}{a}$ 且此时对数函数单调递减(如图 4-2 所示),则 $\log_a x < \log_a \dfrac{1}{a}$ 成立,条件(1)充分.

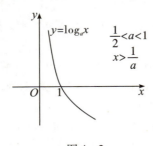

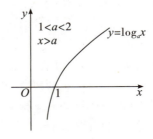

图 4-2　　　　　　　　　　　　图 4-3

条件(2): $x \in [4, 6]$, $1 < a < 2$,即有 $x > a$ 且此时对数函数单调递增(如图 4-3 所示),则 $\log_a x > \log_a a$ 成立,条件(2)也充分.

4.6　均值不等式

📍 4.6.1　算术平均值与几何平均值基本计算

35.【2012.01.23】【答案】D

【真题拆解】分析题干条件已知平均价格,则可以得到三种水果的总价格,从而带入两条件进行判断.

【解析】设三种水果的价格分别为 a,b,c,平均价格为 10 元/千克,即 $\frac{a+b+c}{3}=10$,则 $a+b+c=30$(元/千克).

条件(1):三种水果单价最低为 6 元/千克,则其他两种单价之和为 $30-6=24$(元/千克),设其中一种的单价也为 6 元/千克,则最后一种单价最高,为 $24-6=18$(元/千克).符合题干结论,条件(1)充分.

条件(2):根据条件可得 $\begin{cases} a+b+c=30 \\ a+b+2c=46 \end{cases}$,两式相减得 $c=16$,$a+b=14$,满足 a,b,c 均不超过 18 元/千克,条件(2)充分.

36.【2007.10.17】【答案】B

【真题拆解】分析题目发现两个特征点:①算术平均数,可得三个实数总和;②等差中项,也可以得到三个实数总和.

【解析】题干要求推出 $\frac{x_1+x_2+x_3}{3}=4$,化简即 $x_1+x_2+x_3=12$.

条件(1):根据算术平均数定义有 $x_1+6+x_2-2+x_3+5=12$,$x_1+x_2+x_3=3$,不充分.

条件(2):根据等差中项定义有 $\begin{cases} 2x_2=x_1+x_3 \\ x_2=4 \end{cases}$,即 $x_1+x_3=8$,故 $x_1+x_2+x_3=8+4=12$,条件(2)充分.

【相关概念】等差中项:若 a,b,c 成等差数列,那么 b 叫作 a,c 的等差中项,且有 $2b=a+c$.

📍 **4.6.2 均值定理相关计算**

37.【2009.10.19】【答案】C

【真题拆解】分析条件可通过举例证伪,不能证真.联合后符合【破题标志词】限制为正+求最值 ⟹ 均值定理.

【解析】条件(1):取 $a=b=c=1$,可知条件(1)不充分.

条件(2):取 $a=b=1,c=2$,可知条件(2)不充分.

单独均不充分,考虑联合条件(1)和条件(2),将 $abc=1$ 代入题干可得

$$\frac{1}{a}+\frac{1}{b}+\frac{1}{c}=bc+ac+ab=\frac{ab}{2}+\frac{bc}{2}+\frac{ac}{2}+\frac{bc}{2}+\frac{ab}{2}+\frac{ac}{2}\geq\sqrt{abbc}+\sqrt{acbc}+\sqrt{abac}$$ 分别两两

使用均值定理且再次代入 $abc=1$,有

$$\frac{ab+bc}{2}\geq\sqrt{abbc}=\sqrt{b},\frac{ac+bc}{2}\geq\sqrt{acbc}=\sqrt{c},\frac{ab+ac}{2}\geq\sqrt{abac}=\sqrt{a},$$

上列式子中取等号条件为每对使用均值定理的项均相等,即 $ab=bc,ac=bc,ab=ac$ 同时成立.但条件(2):a,b,c 为不完全相等的正整数,故等号不成立,只能取到大于号,即 $\frac{1}{a}+\frac{1}{b}+\frac{1}{c}>\sqrt{a}+\sqrt{b}+\sqrt{c}$,联合充分.

38.【2008.01.10】【答案】B

【真题拆解】分析题目可转化为,两正数和为定值求乘积最大值,符合【破题标志词】限制为正 + 求最值⇒均值定理.

【解析】令三角形两直角边分别为 a 和 b,直角三角形面积为 $S_\triangle = \frac{1}{2}ab$. 符合【破题标志词】问几项乘积的最大值→凑配使它们的和为常数. 由于已给定和为常数,即 $a + b = 12$. 故直接用均值不等式:$\left(\frac{a+b}{2}\right)^2 \geq ab$,$S_\triangle = \frac{1}{2}ab \leq \frac{1}{2}\left(\frac{a+b}{2}\right)^2 = \frac{1}{2}\left(\frac{12}{2}\right)^2 = 18$.

【拓展】直角三角形:两直角边边长和一定,两直角边边长相等时,三角形面积最大. 因此本题可直接取两直角边相等,即 $a = b = 6$,$S_\triangle = \frac{1}{2}ab = 18$.

　　三角形:周长一定,三边长度相等即为正三角形时,三角形面积最大;

　　四边形:周长一定,四边长度相等即为正方形时,四边形面积最大;

　　以此类推.

　　可记结论:平面几何中,在周长一定的 n 边形中,正 n 边形面积最大.

4.7 绝对值三角不等式

39.【2013.01.21】【答案】C

【真题拆解】符合【破题标志词】题目中同时出现 $|a|$,$|b|$,$|a + b|$ 或 $|a - b|$ 时,考虑从三角不等式入手.

【解析】从绝对值的几何意义来看,条件(1)代表数轴上点 a 与点 $-b$ 的距离小于等于 1,条件(2)代表数轴上点 a 与点 b 距离小于等于 1. 而题干结论要求推出点 a 与原点距离及点 b 与原点距离均小于等于 1. 借助数轴可知,两条件单独均不充分,因此考虑联合.

　　根据三角不等式有:$2|a| = |(a - b) + (a + b)| \leq |a - b| + |a + b| \leq 2$,$|a| \leq 1$.

　　同理:$2|b| = |(b - a) + (b + a)| \leq |b - a| + |b + a| \leq 2$,$|b| \leq 1$.

第5章　数　列

5.1　数列基础:三项成等差、等比数列

📍 5.1.1　数列基础

1.【2008.10.22】【答案】C

【真题拆解】本题未给定数列是否为等差或等比数列,应根据给定条件递推得出a_1数值.

【解析】条件(1)仅知a_3的值,无法得出a_1,故条件(1)不充分.

条件(2)有 3 个未知数,2 个等式,无法确定未知数的值,故条件(2)不充分.

考虑联合:$\begin{cases} a_3 = 2 \\ a_2 = 2a_1 \\ a_3 = 3a_2 \end{cases} \Rightarrow a_2 = \dfrac{2}{3}, a_1 = \dfrac{1}{3}$,故联合充分.

📍 5.1.2　三项成等差、等比数列

2.【2014.01.18】【答案】C

【真题拆解】分析条件特征:条件(2)甲、乙、丙的年龄成等比数列,符合【破题标志词】三项成等比数列$\Leftrightarrow$若为 a, b, c,则有$b^2 = ac$ $(b \neq 0)$.

【解析】条件(1)条件(2)单独均不充分,考虑联合.设甲、乙、丙年龄为 a, b, c,设公差为 d. 条件(1):$a = b - d, c = b + d$,代入条件(2)得$b^2 = ac = (b - d)(b + d) = b^2 - d^2$,故 $d = 0$,即 a, b, c 为非零常数列,三人年龄相同,联合充分.

【总结】可记结论:既成等差数列又成等比的数列为非零的常数列.

3.【2011.01.16】【答案】A

【真题拆解】分析条件特征:①条件(1)e^a, e^b, e^c成等比数列,符合【破题标志词】三项成等比数列$\Leftrightarrow$若为 a, b, c,则有$b^2 = ac$ $(b \neq 0)$;②条件(2)$\ln a, \ln b, \ln c$ 成等差数列,符合【破题标志词】三项成等差数列 $\Leftrightarrow$设为 a, b, c,则有$2b = a + c$.

【解析】条件(1):e^a, e^b, e^c 成等比数列,意味着$e^{2b} = e^a \cdot e^c = e^{a+c}$,得$2b = a + c$,则 a, b, c 成等差数列,充分.条件(2):$\ln a, \ln b, \ln c$ 成等差数列,意味着$2\ln b = \ln a + \ln c = \ln ac$,得$b^2 = ac$,故 a, b, c 成等比数列,不充分.

4.【2010.01.04】【答案】A

【真题拆解】分析题目特征:①每行为等差数列,符合【破题标志词】三项成等差数列⇔设为 $a,b,$ c,则有 $2b=a+c$;②每列等比数列,符合【破题标志词】三项成等比数列⇔若为 a,b,c,则有 $b^2=ac$ $(b\neq0)$.

【解析】根据第二行成等差数列可知:$x+\dfrac{3}{2}=2\times\dfrac{5}{4}$,则 $x=1$,根据第二列和第三列成等比数列可知:$y\times\dfrac{5}{2}=\left(\dfrac{5}{4}\right)^2=\dfrac{5}{8}\Rightarrow y=\dfrac{5}{8}$,$z\times\dfrac{3}{2}=\dfrac{9}{16}\Rightarrow z=\dfrac{3}{8}$.故 $x+y+z=2$.

5.2 等差数列

5.2.1 定义和性质

5.【2015.20】【答案】E

【真题拆解】分析题目特征:题干要求确定等差数列,即要确定数列的通项 $a_n=a_1+(n-1)d$,其中有三个参数 a_n,a_1,d,知道两个可以推出第三个,故确定 a_1,d 即可确定 a_n.结论要求"能确定数列 $\{a_n\}$",意味着需要求出一个可以唯一确定的通项公式.

【解析】条件(1):$a_1+a_6=2a_1+5d=0$.条件(2):$a_1a_6=a_1(a_1+5d)=a_1^2+5a_1d=-1$.

两条件单独均不充分,考虑联合,得 $\begin{cases}a_1+a_6=0\\a_1a_6=-1\end{cases}$,解得 $\begin{cases}a_1=-1\\a_6=1\end{cases}$ 或 $\begin{cases}a_1=1\\a_6=-1\end{cases}$.$a_1=-1$ 时,公差 $d=\dfrac{a_6-a_1}{5}=\dfrac{2}{5}$,$a_n=-1+\dfrac{2}{5}(n-1)=\dfrac{2}{5}n-\dfrac{7}{5}$;$a_1=1$ 时,公差 $d=\dfrac{a_6-a_1}{5}=-\dfrac{2}{5}$,$a_n=-1-$ $\dfrac{2}{5}(n-1)=-\dfrac{2}{5}n-\dfrac{3}{5}$,不同的 a_1 对应着两个不同的通项公式即两个不同的等差数列,不能唯一确定 $\{a_n\}$,故联合也不充分.

6.【2012.10.11】【答案】C

【真题拆解】分析题目特征:前6名同学的成绩恰好成等差数列,要求第6名同学的成绩 $a_6=a_1+$ $5d$,需要求出 a_1 和 d 的值.

【解析】设前6名同学的成绩分别为 $a_1\sim a_6$,公差为 d.前6名同学的平均成绩为95分,即 $\dfrac{1}{6}\times$ $(a_1+a_2+a_3+a_4+a_5+a_6)=\dfrac{S_6}{6}=95=\dfrac{1}{6}\times\dfrac{6(a_1+a_6)}{2}$.前4名同学的成绩之和为388分,即 a_1+ $a_2+a_3+a_4=S_4=\dfrac{4(a_1+a_4)}{2}=388(分)$.联立可得方程组 $\begin{cases}2a_1+5d=190\\2a_1+3d=194\end{cases}$,解得 $\begin{cases}a_1=100\\d=-2\end{cases}$.故 $a_6=$ $a_1+5d=90(分)$.

7.【2011.01.25】【答案】C

【真题拆解】分析条件特征:条件(1)给出的不等式含有数列的 n 项和,运用等差数列求和公式 S_n

$$= \frac{n(a_1 + a_n)}{2}.$$ 条件 (2) 给出了 $a_2 \geqslant a_1$, 公差非负.

【解析】条件 (1): d 取负数时可有数列满足条件, 但题干结论不成立, 不充分.

条件 (2): $a_2 \geqslant a_1$, 即 $a_2 - a_1 = d \geqslant 0$, 不充分.

考虑联合: $\begin{cases} \dfrac{n(a_1 + a_n)}{2} \leqslant n \\ a_2 - a_1 \geqslant 0 \end{cases} \Rightarrow \begin{cases} a_1 + a_n \leqslant 2 \\ d \geqslant 0 \end{cases}$. 若 $d > 0$, 数列单调递增, 则 n 较大时总会有 a_n 使

$a_1 + a_n > 2$, 只有 $d = 0$ 时, 才会存在数列使得 $a_1 + a_n \leqslant 2$, 故两条件联合充分.

8. 【2011.01.07】【答案】B

【真题拆解】分析题目特征: 每年比上一年多招 200 名学生, 则每年招到学生的数量为以 2001 年招生数量 2000 为首项, 200 为公差的等差数列.

【解析】在校生共有 4 个年级, 在 2007 年 9 月底, 在校生分别是 2007 年、2006 年、2005 年和 2004 年入学的学生. 根据等差数列写出每一年的人数: 2001 为 2000 人; 2002 为 2200 人; 2003 为 2400 人; 2004 为 2600 人; 2005 为 2800 人; 2006 为 3000 人; 2007 为 3200 人. 故 2007 年九月底的在校学生有 $2600 + 2800 + 3000 + 3200 = 11600$ (人).

9. 【2010.01.19】【答案】D

【真题拆解】分析题目特征: 题目给出等差数列前四项的值, 要证明 $a_4 = 0$, 可以用等差数列通项公式 $a_n = a_m + (n - m) d$.

【解析】根据等差数列通项公式, 用 a_4 和 d 表示出数列的每一项, 即 $a_1 + a_2 + a_3 + a_4 = (a_4 - 3d) + (a_4 - 2d) + (a_4 - d) + a_4 = 4a_4 - 6d = 12$.

条件 (1): 将 $d = -2$ 代入上式得 $a_4 = 0$, 充分; 条件 (2): $a_2 + a_4 = 2a_4 - 2d = 4$, 与 $4a_4 - 6d = 12$ 联立可得 $a_4 = 0$, 条件 (2) 充分.

10. 【2008.10.21】【答案】B

【真题拆解】分析题目发现有两个特征点: ①两条件给出了 a_1 与 d 的取值范围, 可以用等差数列通项公式 $a_n = a_1 + (n - 1) d$ 将结论中的不等式用 a_1 与 d 表示出来; ②结论求两个整式比较大小, 可考虑做差法或做商法.

【解析】根据等差数列通项可知: $a_1 a_8 = a_1 (a_1 + 7d) = a_1^2 + 7a_1 d$, $a_4 a_5 = (a_1 + 3d)(a_1 + 4d) = a_1^2 + 7a_1 d + 12d^2$, 两式相减得 $a_1 a_8 - a_4 a_5 = -12d^2$. 题干要求 $-12d^2 < 0$, 即只要 $d \neq 0$ 即可. 条件 (1) 仅知道 $a_1 > 0$, d 有可能为零, 数列为非零常数列, 此时 $a_1 a_8 = a_4 a_5$, 不充分; 条件 (2) $d \neq 0$, 充分.

【技巧】对于等差数列, 由于 $a_1 a_8 = (a_4 - 3d)(a_5 + 3d) = a_4 a_5 - 3d(a_5 - a_4) - 9d^2 = a_4 a_5 - 12d^2$, 当 $d = 0$ 时, $a_1 a_8 = a_4 a_5$, $12d^2 > 0$, $a_4 a_5 > a_4 a_5 - 12d^2 = a_1 a_8$, 条件 (2) 充分.

11. 【2008.10.12】【答案】D

【真题拆解】分析题目特征: 判断 $\{a_n\}$ 是等差数列, 可从定义角度、a_n 或 S_n 表达式特征角度判断. 每个选项都给出了数列的通向公式, 判断是否符合关于 n 的一次函数形式.

【解析】等差数列通项公式 $a_n = a_1 + (n - 1) d = nd + a_1 - d$ 为关于 n 的一次函数, 故仅 D 选项符合.

【技巧】令 $n=1,2,3$，分别代入选项求出前三项,观察是否构成等差数列.

【总结】等差/等比数列的判定主要有两大类方法. ①从定义角度判断:判断等差数列要看 $a_{n+1}-a_n$ 是否为常数;判断等比数列要看 $\dfrac{a_{n+1}}{a_n}$ 是否为常数. ②从通项表达式特征角度判断:等差数列的通项 $a_n=dn+(a_1-d)$,为关于 n 的一次函数;等比数列的通项 $a_n=a_1\cdot q^{n-1}=\dfrac{a_1}{q}\cdot q^n$,为关于 n 的指数函数.

📍 5.2.2　等差数列各项的下标

12.【2013.01.13】【答案】D

【真题拆解】题目给出了 a_2 与 a_{10} 是一元二次方程的两个根,根据【破题标志词】给出一元二次方程的两根 $\Rightarrow$ 韦达定理求值,得到 a_2 与 a_{10} 的和,符合【破题标志词】等差数列某几项和 $\Rightarrow$ 下标和相等的两项之和相等.

【解析】a_2 与 a_{10} 是方程 $x^2-10x-9=0$ 的两个根,根据韦达定理有 $a_2+a_{10}=10$. $\{a_n\}$ 为等差数列,根据下标和相等的两项之和相等,有 $a_5+a_7=a_2+a_{10}=10$.

13.【2009.10.22】【答案】A

【真题拆解】分析题目结构要求前18项和的值,两条件都给出了 a_3 与 a_6 的值,通过等差数列通项公式可联立求出数列的首项和公差,再根据等差数列求和公式求出 S_{18},但较为繁琐运算量大,推荐充分利用等差数列性质以及下标和相等的项之间的转换.

【解析】条件(1):根据等差数列定义,a_3 与 a_6 之间相差三个公差 d,即可得 $d=\dfrac{\frac{1}{3}-\frac{1}{6}}{6-3}=\dfrac{1}{18}$,$a_{16}=a_6+(16-6)d=\dfrac{8}{9}$. 故 $S_{18}=\dfrac{a_1+a_{18}}{2}\times18=\dfrac{a_3+a_{16}}{2}\times18=\dfrac{19}{2}$,充分. 同理条件(2):$d=\dfrac{\frac{1}{2}-\frac{1}{4}}{6-3}=\dfrac{1}{12}$,$a_{16}=a_6+(16-6)d=\dfrac{4}{3}$,$S_{18}=\dfrac{a_1+a_{18}}{2}\times18=\dfrac{a_3+a_{16}}{2}\times18=\dfrac{57}{4}$,不充分.

14.【2009.01.25】【答案】C

【真题拆解】分析题目特征:两条件给出两个数列为等差数列,给出了中间项之比,要求两个数列奇数个项和的比例,符合【破题标志词】等差数列奇数个项 $a_{\text{中间项}}\Leftrightarrow$ 对应的 $S_n=n\cdot a_{\text{中间项}}$,前 n 项和之比 = 中间项之比.

【解析】条件(1)条件(2)单独均不充分,考虑联合. 已知等差数列前奇数个项的和 S_{19},可求出中间项 $a_{10}=\dfrac{1}{19}S_{19}$. 已知中间项 a_{10},可求出 $S_{19}=19a_{10}$. 故 $\dfrac{S_{19}}{T_{19}}=\dfrac{19a_{10}}{19b_{10}}=\dfrac{3}{2}$,联合充分.

📍 5.2.3　等差数列求和

15.【2012.10.05】【答案】D

【真题拆解】题中的等式给出等差数列 $\{a_n\}$ 相邻两项之积在分母,符合【破题标志词】给定等差数列 $\{a_n\}$,求 $\sum\dfrac{1}{a_n a_{n+1}} \Rightarrow$ 裂项相消.

【解析】已知 $a_2=4,a_4=8$,故公差 $d=\dfrac{a_4-a_2}{2}=2$,首项 $a_1=2$.故裂项相消求和可得 $\sum\limits_{k=1}^{n}\dfrac{1}{a_k a_{k+1}}=\dfrac{1}{2\times4}+$

$\dfrac{1}{4\times6}+\cdots+\dfrac{1}{2n\times2(n+1)}=\dfrac{1}{4}\left[\dfrac{1}{1\times2}+\dfrac{1}{2\times3}+\cdots+\dfrac{1}{n\times(n+1)}\right]=\dfrac{1}{4}\left(1-\dfrac{1}{n+1}\right)=\dfrac{5}{21}$,

解得 $n=20$.

5.2.4 等差数列过零点的项

16.【2015.23】【答案】D

【真题拆解】分析题目特征:①公差 $d>0$;②结论求 S_n 的最小值在 $n=10$ 处取得.【破题标志词】等差数列 S_n 的最值 $\Rightarrow$ 寻找数列变号的项.当 $a_1<0,d>0$,S_n 有最小值;当 $a_1>0,d<0$,S_n 有最大值.

【解析】等差数列 $\{a_n\}$ 公差 $d>0$.条件(1):$a_{10}=0$,数列为 $a_1<0,d>0$ 的递增数列,随着 n 增加 a_n 越来越大,S_n 有最小值;a_{10} 是过零点的项,所以 $S_n\geqslant S_{10}$($S_9=S_{10}$),条件(1)充分.条件(2):$d>0$,$a_{11}a_{10}<0$,说明 $a_{10}<0,a_{11}>0$,则 a_{11} 是数列过零点的项,故有 $S_n>S_{10}$,条件小范围可推出结论大范围,条件(2)充分.

5.2.5 等差数列片段和

17.【2014.10.07】【答案】B

【真题拆解】题目给出了 S_3 与 S_6 的值,符合【破题标志词】出现形如 $S_n,S_{2n},S_{3n} \Rightarrow$ 片段和定理.S_n,$S_{2n}-S_n$ 和 $S_{3n}-S_{2n}\cdots$ 构成新等差数列,新公差为 n^2d.

【解析】根据等差数列片段和定理,$S_3,S_6-S_3,S_9-S_6,\cdots$ 也构成等差数列,新数列公差为:$(S_6-S_3)-S_3=(24-3)-3=n^2d=9d$,解得 $d=2$.

5.3 等比数列

5.3.1 定义和性质

18.【2014.10.21】【答案】D

【真题拆解】分析题目结构:已知 a_2+a_4 的值,要求 a_3+a_5,利用等比数列通项公式 $a_n=a_k q^{n-k}(q\neq0)$.

【解析】条件(1):$\begin{cases}a_2+a_4=20\\q=2\end{cases}\Rightarrow a_3+a_5=q(a_2+a_4)=40$,充分;

条件(2):$\dfrac{a_2+a_4}{a_1+a_3}=\dfrac{(a_1+a_3)q}{a_1+a_3}=q=2$,因此条件(2)与条件(1)等价,亦充分.

19.【2013.10.21】【答案】E

【真题拆解】分析条件特征:条件(1)给出了等比数列两项之和为5,条件(2)给出两项之积为4,结论求a_2的值,可用特值证伪但不能证真.

【解析】当取特值$\begin{cases} a_1 = 1 \\ a_3 = 4 \end{cases}$时,同时满足两条件,但$a_2 = \pm 2$,不能得出$a_2 = 2$. 故条件(1)和条件(2)单独或联合均不充分.

【陷阱】本题如果忽略负值的可能性,容易误选C.

5.3.2 等比数列各项的下标

20.【2010.10.13】【答案】C

【真题拆解】题目给出了a_3,a_8是方程$3x^2 + 2x - 18 = 0$的两个根,根据【破题标志词】给定两个数是二次方程的两根$\Rightarrow$①韦达定理②两根式设出方程,可得出a_3a_8的值,要求a_4a_7,符合【破题标志词】等比数列某几项乘积$\Rightarrow$下标关系,下标和相等的两项乘积相等.

【解析】根据韦达定理有$a_3 \cdot a_8 = -\dfrac{18}{3} = -6$. 根据等比数列下标和相等的两项乘积相等有$a_4a_7 = a_3a_8 = -6$.

5.3.3 等比数列求和

21.【2012.10.07】【答案】B

【真题拆解】分析题目特征:①公比$q \geq 0$;②$\{a_n\}$是等比数列,则$\left\{\dfrac{1}{a_n}\right\}$为等比数列,公比为$\dfrac{1}{q}$.

【解析】数列$\{a_n\}$的$a_3 = 1$,$a_5 = \dfrac{1}{4}$,则$q^2 = \dfrac{a_5}{a_3} = \dfrac{1}{4}$,又数列$\{a_n\}$非负,故$q = \dfrac{1}{2}$,$a_1 = 4$. 故数列$\left\{\dfrac{1}{a_n}\right\}$是首项为$\dfrac{1}{4}$,公比为2的等比数列,$\sum\limits_{n=1}^{8} \dfrac{1}{a_n}$为其前8项和,即$S_8 = \dfrac{\dfrac{1}{4}(1 - 2^8)}{1 - 2} = \dfrac{255}{4}$.

22.【2012.01.08】【答案】A

【真题拆解】分析题目考查等比数列前n项和公式($q \neq 0$),当$q \neq 1$时,$S_n = \dfrac{a_1(1 - q^n)}{1 - q}$.

【解析】第一天取出$\dfrac{2}{3}M$,第二天取出$\dfrac{2}{3}M \times \dfrac{1}{3} = \dfrac{2}{9}M$,第三天取出$\dfrac{2}{3}M \times \dfrac{1}{3} \times \dfrac{1}{3} = \dfrac{2}{27}M$,$\cdots$,依此类推,可以看出每天取出的钱数为首项为$\dfrac{2}{3}M$,公比为$\dfrac{1}{3}$的等比数列. 则七天共取出$S_7 = $

$\dfrac{\dfrac{2}{3}M\left[1 - \left(\dfrac{1}{3}\right)^7\right]}{1 - \dfrac{1}{3}} = M - \left(\dfrac{1}{3}\right)^7 M$,即还剩余$\dfrac{M}{3^7}$(元).

【技巧】当天数很大时,剩余现金趋于零,故可排除D和E.

23.【2010.01.23】【答案】A

【真题拆解】分析题目考查等比数列前 n 项和公式$(q \neq 0)$,当 $q \neq 1$ 时,$S_n = \dfrac{a_1(1-q^n)}{1-q}$.

【解析】条件(1):甲企业一月份产值为 a,以后每月产值的增长率为 p,则二月份产值为 $a(1+p)$,三月份产值为 $a(1+p)^2$,…,依此类推,十二月份产值为 $a(1+p)^{11}$. 得到全年总产值为首项为 a、公比为 $(1+p)$ 的等比数列前 12 项和,根据等比数列求和公式有:总产值 $= \dfrac{a\left[1-(1+p)^{12}\right]}{1-(1+p)} = \dfrac{a}{p}\left[(1+p)^{12}-1\right]$,充分.

条件(2):甲企业一月份产值为 $\dfrac{a}{2}$,以后每月产值的增长率为 $2p$,则二月份产值为 $\dfrac{a}{2}(1+2p)$,三月份产值为 $\dfrac{a}{2}(1+2p)^2$,…,依此类推,十二月份产值为 $\dfrac{a}{2}(1+2p)^{11}$. 得到全年总产值为首项为 $\dfrac{a}{2}$,公比为 $(1+2p)$ 的等比数列前 12 项的和,根据等比数列求和公式有:总产值 $= \dfrac{\dfrac{a}{2}\left[1-(1+2p)^{12}\right]}{1-(1+2p)} = \dfrac{a}{4p}\left[(1+2p)^{12}-1\right]$,不充分.

24.【2009.10.10】【答案】A

【真题拆解】分析题目要求球第 10 次着地时,共经过的路程,考查等比数列前 n 项和公式$(q \neq 0)$,当 $q \neq 1$ 时,$S_n = \dfrac{a_1(1-q^n)}{1-q}$.

【解析】第一次着地时,下落距离为 $a_1 = 100$(米);第二次着地时,下落距离为 $a_2 = \dfrac{1}{2}a_1 = 50$(米),行程经跳回和下落,走了两个 a_2 距离;第三次着地,下落距离为 $a_3 = \dfrac{1}{2}a_2 = 25$(米),行程经跳回和下落,走了两个 a_3 距离;…,依此类推,得每个下落距离构成首项为 100,公比为 $\dfrac{1}{2}$ 的等比数列,则

$$S_{10} = a_1 + 2a_2 + 2a_3 + \cdots + 2a_{10} = 2(a_1 + a_2 + a_3 + \cdots + a_{10}) - a_1 = 2 \times \dfrac{100 \times \left[1-\left(\dfrac{1}{2}\right)^{10}\right]}{1-\dfrac{1}{2}} - 100$$

≈ 300(米).

【技巧】由于跳回高度越来越低,总路程主要受前几次路程,前三次路程和已为 250 米,故总路程一定大于 250 米,只有 A 选项符合.

25.【2009.01.16】【答案】B

【真题拆解】分析结论特征要求 $\{a_n^2\}$ 的前 n 项和,若 $\{a_n\}$ 为等比数列,公比为 q,则 $\{a_n^2\}$ 也为等比数列,公比为 q^2.

【解析】条件(1):$a_n = 2^n$,则 $a_n^2 = 2^{2n} = 4^n$,即 $\{a_n^2\}$ 为首项为 4,公比为 4 的等比数列. 根据等比数列求和公式有 $a_1^2 + a_2^2 + a_3^2 + \cdots + a_n^2 = 4 + 4^2 \cdots + 4^n = \dfrac{4}{3}(4^n - 1)$,不充分.

条件(2):给定前 n 项和 $S_n = a_1 + a_2 + a_3 + \cdots + a_n = 2^n - 1$,则 $a_n = S_n - S_{n-1} = 2^n - 1 - 2^{n-1} + 1$

$= 2^{n-1}(2-1) = 2^{n-1}, a_n^2 = 2^{2n-2}, \dfrac{a_n^2}{a_{n-1}^2} = \dfrac{2^{2n-2}}{2^{2n-4}} = 4$,即 $\{a_n^2\}$ 为首项为 1、公比为 4 的等比数列. 根据等

比数列求和公式有 $a_1^2 + a_2^2 + a_3^2 + \cdots + a_n^2 = 1 + 4 + \cdots + 4^{n-1} = \dfrac{1}{3}(4^n - 1)$,充分.

26.【2008.01.20】【答案】A

【真题拆解】分析条件特征:两条件都给出了数列为等比数列,并给出了 q 的值,而结论为 $S_2, S_5,$ S_8 的等量关系,可根据等比数列求和公式或片段和定理得出要使等式成立需要的 q 值.

【解析】已知 $S_2 + S_5 = 2S_8$,根据等比数列求和公式得 $1 - q^2 + 1 - q^5 = 2(1 - q^8)$ (每项均包含 $\dfrac{a_1}{1-q}$,

故约去). 整理得 $2(q^3)^2 - q^3 - 1 = 0, q^3 = -\dfrac{1}{2}$ 或 1(舍). 故 $q = -\dfrac{\sqrt[3]{4}}{2}$.

【技巧】观察到题目涉及 S_2, S_5, S_8 恰为数列等长片段节点,考虑使用等比数列片段和定理.

由 $S_2 + S_5 = 2S_8$ 凑配得 $S_5 - S_2 = -2(S_8 - S_5)$,故 $-\dfrac{1}{2} = \dfrac{S_8 - S_5}{S_5 - S_2} = \dfrac{a_6 + a_7 + a_8}{a_3 + a_4 + a_5} = q^3$,解得

$q = -\dfrac{\sqrt[3]{4}}{2}$. 即题干结论成立要求 $q = -\dfrac{\sqrt[3]{4}}{2}$,条件(1)充分.

5.3.4　结合等差数列

27.【2012.01.18】【答案】C

【真题拆解】分析题目发现给出了两个特征点:①数列 $\{a_n\}, \{b_n\}$ 分别为等比数列与等差数列;② 给出两数列的首项都为 1.

【解析】题干要求 $b_2 \geqslant a_2$,即 $1 + d \geqslant q$.

条件(1):$a_1 = b_1 = 1, a_2 > 0$,则 $q > 0$,令 $q = 1, d = -1$,不充分.

条件(2):取 $q = -2, a_{10} = 1 \times q^9 = b_{10} = 1 + 9d, d = \dfrac{q^9 - 1}{9}$,不充分. 两条件单独均不充分,考虑

联合:$a_{10} = q^9, b_{10} = 1 + 9d, q^9 = 1 + 9d, d = \dfrac{q^9 - 1}{9}$,根据均值定理可得 $b_2 = 1 + d = \dfrac{q^9 + 8}{9} =$

$\dfrac{q^9 + 1 + 1 + \cdots + 1}{9} \geqslant \dfrac{9\sqrt[9]{q^9}}{9} = q = a_2$,故联合充分.

5.4　常数列特值法

28.【2014.01.07】【答案】D

【真题拆解】分析题目发现给出了两个特征点:①$\{a_n\}$ 为等差数列;②给出三项的等量关系为单一条件,符合【破题标志词】等差/等比数列单一条件⇒常数列特例法.

【解析】常数列特值法:设 $\{a_n\}$ 为公差 $d = 0$ 的常数列,令 $a_2 = a_5 = a_8 = t$,则有 $a_2 - a_5 + a_8 = t - t + t$ $= 9$,解得 $t = 9$. 故 $a_1 + a_2 + \cdots + a_9 = 9t = 81$.

常规解法:由等差数列下标和相等的两项之和相等可得$a_2-a_5+a_8=2a_5-a_5=a_5=9$. 又由已知奇数个项的中间项$a_{中间项}$,可求出$S_n=n\cdot a_{中间项}$得,$a_1+a_2+\cdots+a_9=S_9=9\times a_5=81$.

29.【2011.10.09】【答案】D

【真题拆解】分析题目发现给出了两个特征点:①$\{a_n\}$为等差数列;②给出两项的等量关系为单一条件,符合【破题标志词】等差/等比数列单一条件$\Rightarrow$常数列特例法.

【解析】常数列特值法:设$\{a_n\}$为公差$d=0$的常数列,令每一项$a_n=t$,则$5a_7-a_3-12=5t-t-12$ $=0$,解得$t=3$,故$\sum\limits_{k=1}^{15}a_k=S_{15}=15t=45$.

常规解法:题目要求$\sum\limits_{k=1}^{15}a_k=S_{15}$. 根据【破题标志词】已知前奇数个项的中间项$a_{中间项}$,可求出前奇数个项的和$S_n=n\cdot a_{中间项}$,故有$S_{15}=15a_8$. 已知$5a_7-a_3-12=5(a_8-d)-(a_8-5d)-12$ $=0$,解得$a_8=3$. 故待求式$\sum\limits_{k=1}^{15}a_k=S_{15}=15\times 3=45$.

30.【2011.10.06】【答案】B

【真题拆解】分析题目发现给出了两个特征点:①$\{a_n\}$为等比数列;②给出多项的等量关系为单一条件,符合【破题标志词】等差/等比数列单一条件$\Rightarrow$常数列特例法.

【解析】常数列特值法:令$\{a_n\}$为公比$q=1$的非零常数列,则每一项均为t,故有:$a_2a_4+2a_3a_5+$ $a_2a_8=t^2+2t^2+t^2=4t^2=25$,解得$t=\dfrac{5}{2}$,则$a_3+a_5=2t=5$.

常规解法:利用等比数列下标和相等的两项乘积相等可得$a_2a_4+2a_3a_5+a_2a_8=a_3^2+2a_3a_5+$ $a_5^2=(a_3+a_5)^2=25$,故$a_3+a_5=5$.

31.【2007.10.11】【答案】D

【真题拆解】分析题目发现给出了两个特征点:①$\{a_n\}$为等差数列;②给出多项的等量关系为单一条件,符合【破题标志词】等差/等比数列单一条件$\Rightarrow$常数列特例法.

【解析】常数列特值法:将数列$\{a_n\}$看作公差$d=0$的常数列,则此时每一项均相等,设为t,即有$a_2=a_3=a_{10}=a_{11}=t$,$a_2+a_3+a_{10}+a_{11}=4t=64$,$t=16$. 故前12项和为$16\times 12=192$.

常规解法:根据等差数列下标和相等的两项之和相等可知,$a_2+a_{11}=a_3+a_{10}=a_1+a_{12}$,故可对原式变换:$a_2+a_3+a_{10}+a_{11}=(a_2+a_{11})+(a_3+a_{10})=2(a_1+a_{12})=64$,故$a_1+a_{12}=32$. 根据等差数列求和公式得$S_{12}=\dfrac{a_1+a_{12}}{2}\times 12=\dfrac{32}{2}\times 12=192$.

5.5　一般数列

📍5.5.1　等差与等比元素混合

32.【2007.10.21】【答案】B

【真题拆解】分析题目结构:两条件都给出了数列的通项公式,要求前n项和,先判断数列是否为等差或等比数列,通过等差或等比数列的前 n 项和公式求解.

【解析】条件(1):数列通项公式为关于 n 的一次函数,则 $\{a_n\}$ 为等差数列,$a_1 = 70, d > 0$,数列每一项均为正且递增,$a_6 = 220$,已超出要求范围,不充分.

条件(2):由数列通项公式形式可知,$\{a_n\}$ 为等比数列,$a_1 = 2, q = 2, S_6 = \dfrac{2(1-2^6)}{1-2} = 126$,充分.

【技巧】条件(1)由通项可知,每项元素都是 10 的倍数,故前 n 项和也是 10 的倍数,不充分.

33.【2007.10.01】【答案】C

【真题拆解】观察题目特征发现,分式的分子为等比数列前 8 项和,分母为等差数列前 9 项和,可通过等差和等比数列的前 n 项和公式求解.

【解析】原式分子为首项为 $\dfrac{1}{2}$、公比为 $\dfrac{1}{2}$ 的等比数列前 8 项和,根据等比数列求和公式有:

$$S_{分子} = \dfrac{\dfrac{1}{2}\left[1-\left(\dfrac{1}{2}\right)^8\right]}{1-\dfrac{1}{2}} = 1-\left(\dfrac{1}{2}\right)^8.$$ 原式分母为首项为 0.1、公差为 0.1 的等差数列前 9 项和,根据

等差数列求和公式有:$S_{分母} = \dfrac{0.1+0.9}{2} \times 9 = \dfrac{9}{2}$. 故原式 $= \dfrac{85}{384}$.

【总结】对于形如分子的数列求和,可记结论:$\dfrac{1}{2} + \left(\dfrac{1}{2}\right)^2 + \left(\dfrac{1}{2}\right)^3 + \cdots + \left(\dfrac{1}{2}\right)^n = 1-\left(\dfrac{1}{2}\right)^n.$

📍 5.5.2　已知 S_n 求 a_n

34.【2009.01.11】【答案】E

【真题拆解】题目中给出前 n 项和是 S_n 的表达式,并给出了首项的值,要求通项 a_n 的表达式,则利用数列的通用算式:$a_n = S_n - S_{n-1}, n \geq 2$.

【解析】对于数列有:$a_1 = S_1, a_n = S_n - S_{n-1}(n \geq 2)$,则 $a_n = \dfrac{2S_n^2}{2S_n - 1} = S_n - S_{n-1}$. 整理得

$$(S_n - S_{n-1}) \cdot (2S_n - 1) = 2S_n^2 \Rightarrow -S_n - 2S_nS_{n-1} + S_{n-1} = 0 \Rightarrow S_{n-1} - S_n = 2S_nS_{n-1}.$$

两边同除 S_nS_{n-1} 得 $\dfrac{1}{S_n} - \dfrac{1}{S_{n-1}} = 2$. 此时得到新数列 $\left\{\dfrac{1}{S_n}\right\}$,它是首项 $\dfrac{1}{S_1} = \dfrac{1}{a_1} = 2$,公差为 2 的等差数列.

【技巧】分别代入 $n = 1, 2, 3$,得数列 $\left\{\dfrac{1}{S_n}\right\}$ 的前三项:$\dfrac{1}{S_1} = \dfrac{1}{a_1} = 2, \dfrac{1}{S_2} = 4, \dfrac{1}{S_3} = 6$,验证选 E.

35.【2008.01.11】【答案】D

【真题拆解】题目中给出前 n 项和是 S_n 的表达式,要求通项 a_n 的表达式,则利用数列的通用算式:$a_n = \begin{cases} a_1 = S_1, & n = 1 \\ S_n - S_{n-1}, & n \geq 2 \end{cases}$.

【解析】$S_n = \dfrac{3}{2}a_n - 3, S_{n-1} = \dfrac{3}{2}a_{n-1} - 3$,则当 $n \geq 2$ 时,$a_n = \dfrac{3}{2}a_n - 3 - \left(\dfrac{3}{2}a_{n-1} - 3\right)$,整理得

$a_n = 3a_{n-1}, \dfrac{a_n}{a_{n-1}} = 3$. 当 $n = 1$ 时, $S_1 = a_1 = \dfrac{3}{2}a_1 - 3$, $a_1 = 6$. 故 $a_n = 6 \times 3^{n-1} = 2 \times 3^n$.

【技巧】特值法: 当 $n = 1$ 时得 $a_1 = 6$, $n = 2$ 时得 $a_2 = 18$, 代入选项验证即可.

📍 5.5.3 a_n 与 a_{n+1} 或 a_{n-1} 的递推关系式

36.【2014.10.10】【答案】E

【真题拆解】分析题目特征:①给出了一个 a_n 与 a_{n+1} 的递推公式;②给出 $a_2 > a_1$;③求 a_1 的取值范围,需要根据 a_n 与 a_{n+1} 的递推公式用 a_1 将 a_2 表示出来,代入不等式中求解.

【解析】已知 $a_{n+1} = \dfrac{a_n + 2}{a_n + 1}$, 当 $n = 1$ 时可得 $a_2 = \dfrac{a_1 + 2}{a_1 + 1} > a_1$, $\dfrac{a_1 + 2}{a_1 + 1} - a_1 > 0$, 整理得 $\dfrac{2 - a_1^2}{a_1 + 1} > 0$. 利用不等式的等价变形,不等式两边同乘 $(a_1 + 1)^2$ 整理得 $(a_1 - \sqrt{2})(a_1 + \sqrt{2})(a_1 + 1) < 0$. 由穿根法解得 $a_1 < -\sqrt{2}$ 或 $-1 < a_1 < \sqrt{2}$.

37.【2013.10.08】【答案】B

【真题拆解】分析题目特征:①给出 a_1 的值;②给出了一个 a_n 与 a_{n+1} 的递推公式,对于递推公式常见处理方式有构造等比数列、累加、累乘、找循环节等四种方法.③求 a_{100} 的值,需要求出 a_n 的通项或规律.

【解析】思路一:已知:$a_1 = 1$, 根据【破题标志词】所有数列难题⇒依次代入选项 $n = 1, 2, 3, \cdots$ 验证选项/寻找规律. 递推公式 $a_{n+1} = a_n + \dfrac{n}{3} (n \geqslant 1)$ 中分别代入 $n = 1, 2, 3, \cdots$ 可得: $a_2 = 1 + \dfrac{1}{3}$, $a_3 = 1 + \dfrac{1}{3} + \dfrac{2}{3}$, $a_4 = 1 + \dfrac{1}{3} + \dfrac{2}{3} + \dfrac{3}{3}, \cdots$. 观察可知, $a_{100} = a_{99} + \dfrac{99}{3} = 1 + \dfrac{1}{3} + \dfrac{2}{3} + \dfrac{3}{3} + \cdots + \dfrac{98}{3} + \dfrac{99}{3} = 1 + \dfrac{(1 + 2 + 3 + \cdots + 99)}{3} = 1 + \dfrac{(1 + 99) \times 99}{2 \times 3} = 1651$.

思路二:由 $a_{n+1} = a_n + \dfrac{n}{3}$ 可得 $a_{n+1} - a_n = \dfrac{n}{3}$, n 从 1 开始取可得 $\begin{cases} a_2 - a_1 = \dfrac{1}{3} \\ a_3 - a_2 = \dfrac{2}{3} \\ \vdots \\ a_n - a_{n-1} = \dfrac{n-1}{3} \end{cases}$, 累加得

$a_n - a_1 = \dfrac{1}{3} + \dfrac{2}{3} + \cdots + \dfrac{n-1}{3} = \dfrac{(n-1)\left(\dfrac{1}{3} + \dfrac{n-1}{3}\right)}{2}$, 整理得 $a_n - 1 = \dfrac{n(n-1)}{6}$. 故 $a_{100} = 1 + \dfrac{100 \times 99}{6} = 1651$.

【总结】对于形如 $a_{n+1} = a_n + f(n) (n \geqslant 1)$ 的递推关系,有通项公式 $a_n = a_1 + f(1) + f(2) + f(3) + \cdots + f(n-1)$.

38.【2013.01.25】【答案】D

【真题拆解】分析题目特征:①给出a_1的值;②给出了一个a_n与a_{n+1}的递推公式,对于递推公式常见处理方式有构造等比数列、累加、累乘、找循环节等四种方法.③求$a_{100}+a_{101}+a_{102}$的值,需要求出a_n的通项或规律.

【解析】根据递推公式寻找数字变化规律.条件(1):$a_2=k=2$,根据【破题标志词】所有数列难题$\Rightarrow$依次代入选项$n=1,2,3,\cdots$,验证选项/寻找规律.递推公式$a_{n+1}=|a_n-a_{n-1}|$中分别代入$n=1,2,3,\cdots$,可得:$a_3=|a_2-a_1|=1,a_4=|a_3-a_2|=1,a_5=|a_4-a_3|=0,a_6=1,a_7=1,a_8=0,\cdots$,可以看出,数列为$1,2,1,1,0,1,1,0,1,1,0,\cdots$.观察可知,此数列$a_3$以后的任意连续三项之和均为2.故$a_{100}+a_{101}+a_{102}=2$,条件(1)充分.

　　条件(2):k是小于20的正整数,递推公式$a_{n+1}=|a_n-a_{n-1}|$中分别代入$n=1,2,3,\cdots$,可得:数列为$1,k,k-1,1,k-2,k-3,1,k-4,k-5,1,\cdots,k-(k-1),k-k,1,1,0,1,1,0,\cdots$,观察可知,数列从值为$k-k$即第一个值为0的项后,后面的任意连续三项和为2,当k为最大19时,第一个值为0的项是第30项,当k为18时,第一个值为0的项是第29项,可以看出,当k值越小时,第一个值为0的项数越小,即数列从第30项后,后面的任意连续三项和为2.条件(2)亦充分.

39.【2011.10.23】【答案】D

【真题拆解】分析题目特征:①给出了一个a_n与a_{n+1}的递推公式,对于递推公式常见处理方式有构造等比数列、累加、累乘、找循环节等四种方法;②两条件都给出a_1的值,可根据【破题标志词】所有数列难题$\Rightarrow$依次代入选项$n=1,2,3,\cdots$,验证选项/寻找规律.

【解析】根据$a_{n+1}=\dfrac{a_n+2}{a_n+1}$,则当$n=1$时,$a_2=\dfrac{a_1+2}{a_1+1}$.

　　条件(1):代入$a_1=\sqrt{2}$并分母有理化,得$a_2=\dfrac{a_1+2}{a_1+1}=\dfrac{\sqrt{2}+2}{\sqrt{2}+1}=\dfrac{(\sqrt{2}+2)(\sqrt{2}-1)}{(\sqrt{2}+1)(\sqrt{2}-1)}=2+\sqrt{2}-2=\sqrt{2}$.同理可得$a_2=a_3=a_4=\sqrt{2}$,条件(1)充分.

　　条件(2):代入$a_1=-\sqrt{2}$并分母有理化,得$a_2=\dfrac{a_1+2}{a_1+1}=\dfrac{2-\sqrt{2}}{1-\sqrt{2}}=\dfrac{(2-\sqrt{2})(1+\sqrt{2})}{(1-\sqrt{2})(1+\sqrt{2})}=-(2+\sqrt{2}-2)=-\sqrt{2}$.同理可得$a_2=a_3=a_4=-\sqrt{2}$,条件(2)充分.

40.【2010.10.17】【答案】B

【真题拆解】分析题目特征:要求数列的通项公式,两条件都给出了x_1的值和x_n与x_{n+1}的递推公式,对于递推公式常见处理方式有构造等比数列、累加、累乘、找循环节等四种方法.

【解析】$x_n=1-\dfrac{1}{2^n}$随着n的增大而增大,$\{x_n\}$为单调递增数列.

　　条件(1):$x_1=\dfrac{1}{2}$,$x_{n+1}=\dfrac{1}{2}(1-x_n)(n=1,2,\cdots)$,则$x_2=\dfrac{1}{2}\left(1-\dfrac{1}{2}\right)=\dfrac{1}{4}$,单调递减,不充分.

　　条件(2):$x_1=\dfrac{1}{2}$,$x_{n+1}=\dfrac{1}{2}(1+x_n)=\dfrac{1}{2}x_n+\dfrac{1}{2}$,两边同时减1得$x_{n+1}-1=\dfrac{1}{2}x_n-\dfrac{1}{2}=\dfrac{1}{2}(x_n-1)$,故$\{x_n-1\}$是首项为$-\dfrac{1}{2}$,公比为$\dfrac{1}{2}$的等比数列.则$x_n-1=-\dfrac{1}{2}\left(\dfrac{1}{2}\right)^{n-1}=-\left(\dfrac{1}{2}\right)^n$,$x_n=1-\dfrac{1}{2^n}$,条件(2)充分.

6.1　三角形

📍6.1.1　性质和分类

1.【2014.10.20】【答案】E

【真题拆解】分析结论要判定三条长度分别为 a,b,c 的线段能否构成一个三角形,符合【破题标志词】以 a,b,c 三项为边可构成三角形⟺这三项中任意两项和大于第三项,任意两项差(大减小)小于第三项.

【解析】三角形的判定要求:任意两边之和大于第三边或任意两边之差小于第三边,故 a,b,c 要构

成三角形需同时满足: $\begin{cases} a+b>c \\ a+c>b \\ b+c>a \end{cases}$ 或 $\begin{cases} |a-b|<c \\ |a-c|<b \\ |b-c|<a \end{cases}$.

仅固定两边之和大于第三边不构成三角形,故条件(1)不充分.

仅固定两边之差小于第三边不构成三角形,故条件(2)不充分.

联合两条件仅有 $\begin{cases} a+b>c \\ a+c>b \end{cases}$,亦不充分.

2.【2009.10.23】【答案】A

【真题拆解】分析结论要判定 $\triangle ABC$ 是否为等边三角形,根据【等边三角形的判定】三条边相等的三角形是等边三角形;任一个内角为 $60°$ 的等腰三角形为等边三角形;有两个内角均为 $60°$ 的三角形是等边三角形.两条件都给出三边的关系,可利用三条边相等的三角形是等边三角形来判定.

【解析】题干要求 $a=b=c$,已知乘法公式 $(a-b)^2+(a-c)^2+(b-c)^2=2a^2+2b^2+2c^2-2ab-2bc-2ac$.

条件(1): $a^2+b^2+c^2-ab-ac-bc=0\Rightarrow a^2+b^2-2ab+b^2+c^2-2bc+a^2+c^2-2ac=0\Rightarrow(a-b)^2+(b-c)^2+(a-c)^2=0\Rightarrow a=b=c$,充分.

条件(2): $a^3-a^2b+ab^2+ac^2-b^2-bc^2=0\Rightarrow(a^2+c^2)(a-b)+b^2(a-1)=0$,不能得出 $a=b=c$,不充分.

3.【2008.10.29】【答案】A

【真题拆解】分析结论要判定一元二次方程有两个相等的实根,符合【破题标志词】一元二次方程有两个相等的实根$\Leftrightarrow \Delta = 0$.

【解析】条件(1):a,b,c是等边三角形的三条边,即$a = b = c$,代入方程得$3x^2 - 6ax + 3a^2 = 0$,故根的判别式$\Delta = 36a^2 - 36a^2 = 0$,方程有相等实根,条件(1)充分. 条件(2):$a,b,c$是等腰三角形的三条边,可设$a = b$,在$c$不确定的情况下,不一定充分.

4.【2008.01.02】【答案】C

【真题拆解】分析题目给出了三角形三边的等式,可根据乘法公式得出三边的关系.

【解析】将$a^2 + b^2 + c^2 = ab + ac + bc$移项,根据乘法公式$(a-b)^2 + (a-c)^2 + (b-c)^2 = 2a^2 + 2b^2 + 2c^2 - 2ab - 2bc - 2ac$. 可得$\frac{1}{2}[(a-b)^2 + (b-c)^2 + (a-c)^2] = 0$,根据完全平方式的非负性可得,$a = b = c$,该三角形为等边三角形.

6.1.2 三角形面积

5.【2014.01.03】【答案】B

【真题拆解】分析题目特征:①给出了边长比,1个三角形的面积,要求另一个三角形的面积,符合【破题标志词】[面积比] + [边长比]$\Rightarrow$①等高模型②相似三角形;②由图可得:$\triangle ABF$,$\triangle ABC$底边在BF上,共用顶点A,$\triangle AEF$,$\triangle ABF$底边在AE上,共用顶点F,符合【破题标志词】[底同线] + [共顶点]$\Rightarrow$等高模型,面积比 = 底边比.

【解析】$\triangle ABF$,$\triangle ABC$底边在BF上,共用顶点A,面积比等于底边长比,即$S_{\triangle ABF} : S_{\triangle ABC} = BF : BC = 2 : 1$. $\triangle AEF$,$\triangle ABF$底边在AE上,共用顶点F,面积比等于底边长比,即$S_{\triangle ABF} : S_{\triangle AEF} = AB : AE = 1 : 3 = 2 : 6$. 故$S_{\triangle AEF} = 3 \times S_{\triangle ABF} = 3 \times 2 \times S_{\triangle ABC} = 12$.

6.【2010.01.14】【答案】B

【真题拆解】由图可得,$\triangle AFC$与$\triangle BFD$底边在同一条直线BC上,顶点在底边平行线AD上,符合【破题标志词】[底同线] + [顶同线]$\Rightarrow$等高模型,底边在同一条直线上,顶点在底边平行线上的三角形,面积和$= \frac{1}{2}$(底边和)$\times$高.

【解析】由图形可知:阴影部分的面积$= S_{ABCD} - S_{空白}$,$S_{空白} = S_{\triangle AFC} + S_{\triangle BFD} - S_{OEFG}$,$\triangle AFC$与$\triangle BFD$底边在同一条直线$BC$上,顶点在底边平行线$AD$上,面积和$= \frac{1}{2}$(底边和)$\times$高,故$S_{空白} = \frac{1}{2}FC \times AB + \frac{1}{2}BF \times AB - S_{OEFG} = \frac{1}{2}(FC + BF) \times AB - S_{OEFG} = \frac{1}{2} \times 8 \times 6 - 4 = 20$. 则阴影部分的面积$= 8 \times 6 - 20 = 28(\text{m}^2)$.

7.【2010.01.05】【答案】D

【真题拆解】分析题目,给出了两直角边AB与AC的长度,要求定点A到底边BC的最短距离AD,点到直线的距离垂线段最短,即$AD \perp BC$,符合【破题标志词】直角三角形斜边上的高$\Rightarrow$【等面积模型】直角边$\times$直角边 = 斜边$\times$高.

【解析】要求隧道最短,即 $AD \perp BC$,根据【等面积模型】直角边×直角边=斜边×高,可得 $AB \times AC = BC \times AD$,即 $5 \times 12 = 13 \times AD$,$AD = 4.62(\mathrm{km})$.

8.【2008.10.18】【答案】A

【真题拆解】分析题目,要求直角三角形斜边上的高与斜边的乘积,符合【破题标志词】直角三角形斜边上的高⇒【等面积模型】直角边×直角边=斜边×高.

【解析】根据【等面积模型】直角边×直角边=斜边×高,可得 $QR \times PR = PQ \times RS$. 故条件(1)充分,条件(2)不充分.

9.【2008.10.05】【答案】B

【真题拆解】分析题目特征:给出了三个三角形面积相等,即它们的面积比为 $1:1:1$,符合【破题标志词】[面积比]+[边长比]⇒①等高模型②相似三角形,面积比=底边比.

【解析】由图可得:$S_{\triangle ABC} = S_{\triangle AEC} + S_{\triangle DEC} + S_{\triangle BED} = 1$,$\triangle AEC$,$\triangle DEC$,$\triangle BED$ 的面积相等,则 $S_{\triangle AEC} = S_{\triangle DEC} = S_{\triangle BED} = \dfrac{1}{3}$,$\triangle AEC$,$\triangle BEC$ 底边都在 AB 上,共用顶点 C,面积比等于底边比,即 $\dfrac{AE}{BE} = \dfrac{S_{\triangle AEC}}{S_{\triangle BEC}} = \dfrac{S_{\triangle AEC}}{S_{\triangle BED} + S_{\triangle DEC}} = \dfrac{1}{2}$. $\triangle AED$,$\triangle BED$ 底边都在 AB 上,共用顶点 D,边长比等于面积比,$\dfrac{S_{\triangle AED}}{S_{\triangle BED}} = \dfrac{AE}{BE} = \dfrac{1}{2}$,所以 $S_{\triangle AED} = \dfrac{1}{2} \times S_{\triangle BED} = \dfrac{1}{6}$.

10.【2007.10.20】【答案】B

【真题拆解】分析题目特征:两条件都只改变了底边 AB 和 AB 上的高 h,根据三角形面积公式 $S = \dfrac{1}{2} AB \times h$,判断三角形 ABC 的面积是否保持不变.

【解析】条件(1):底边 AB 增加了 2 厘米,AB 上的高 h 减少了 2 厘米,此时 $S' = \dfrac{1}{2}(AB + 2) \times (h - 2)$,与 S 不一定相等,不充分.

条件(2):底边 AB 扩大了 1 倍,AB 上的高 h 减少了 50%,此时 $S' = \dfrac{1}{2} \times 2AB \times (1 - 50\%)h = \dfrac{1}{2} AB \times h = S$,面积不变,条件(2)充分.

◉ 6.1.3 等腰三角形

11.【2013.10.07】【答案】D

【真题拆解】分析题目特征:①三角形 ABC 为等腰三角形,E 是底边 BC 的中点,【破题标志词】等腰三角形缺少三线⇒补齐三线,连接 AE;②在直角三角形 AEC 中,EF 为斜边上的高,符合【破题标志词】直角三角形斜边上的高⇒直角边×直角边=斜边×高.

【解析】连接 AE,由于等腰三角形三线合一,AE 既是底边的中线,又是底边的高和顶角平分线,已知 $AC = 5$,$EC = \dfrac{1}{2} BC = 3$,由勾股定理可得 $AE = \sqrt{(AC)^2 - (EC)^2} = 4$. 在直角三角形 AEC 中,根

据【破题标志词】直角三角形斜边上的高⇒直角边×直角边＝斜边×高,可得 $AE \times EC = AC \times EF$ ⇒$4 \times 3 = 5 \times EF$,故 $EF = 2.4$.

📍 6.1.4　重要三角形

12.【2013.01.18】【答案】B

【真题拆解】分析结论要判定$\triangle ABC$是否为直角三角形,根据直角三角形的判定:三边长度符合勾股定理 $a^2 + b^2 = c^2$;三角形面积 $S = \dfrac{1}{2}ab$.

【解析】条件(1):由 $(c^2 - a^2 - b^2)(a^2 - b^2) = 0$ 可知,$c^2 = a^2 + b^2$ 或 $a^2 = b^2$,$\triangle ABC$ 为直角三角形或等腰三角形,不充分.

条件(2):$S = \dfrac{1}{2}ab$,符合直角三角形判定,充分.

13.【2012.10.24】【答案】D

【真题拆解】分析题目特征点:将长方形 $ABCD$ 以顶点 A 为中心顺时针旋转$60°$,则 $\angle BAB' = 60°$,$\angle BAE = 30°$,旋转后 AB 的长度不变,$AB = AB'$,任一个内角为$60°$的等腰三角形为等边三角形,则$\triangle ABB'$ 为等边三角形,等边三角形面积 $= \dfrac{\sqrt{3}}{4}a^2$.

【解析】条件(1):$a = 2\sqrt{3} = AB$,$BE = \dfrac{\sqrt{3}}{3} \times 2\sqrt{3} = 2$,$S_{\triangle ABE} = \dfrac{1}{2} \times 2 \times 2\sqrt{3} = 2\sqrt{3}$,则 $S_{AECD} = 2\sqrt{3} \times 4\sqrt{3} - 2\sqrt{3} = 24 - 2\sqrt{3}$,充分.

条件(2):$\triangle ABB'$ 为等边三角形,故 $S_{\triangle ABB'} = 3\sqrt{3} = \dfrac{\sqrt{3}}{4}(AB)^2 \Rightarrow (AB)^2 = 12 \Rightarrow AB = 2\sqrt{3} = a$. 此时条件(2)与条件(1)等价,故亦充分.

14.【2011.01.20】【答案】C

【真题拆解】分析结论要判定$\triangle ABC$是否为等腰直角三角形,根据等腰直角三角形的三边长度之比为 $1:1:\sqrt{2}$ 判定.

【解析】条件(1):由 $(c^2 - a^2 - b^2)(a^2 - b^2) = 0$ 可知,$a = b$ 或 $c^2 = a^2 + b^2$,故三角形为等腰或者直角三角形,不充分.

条件(2):$c = \sqrt{2}b$,单独不充分. 联合条件(1)可得 $\begin{cases} a = b \\ c = \sqrt{2}b \end{cases}$,或 $\begin{cases} c^2 = a^2 + b^2 \\ c = \sqrt{2}b \end{cases}$. 这两组方程组均

可得到 $a:b:c = 1:1:\sqrt{2}$,即三角形 ABC 是等腰直角三角形,故联合充分.

📍 6.1.5　相似三角形

15.【2014.01.20】【答案】A

【真题拆解】分析题目特征:①直径对的圆周角是直角;②【破题标志词】A 字形相似:三角形内出

现边与平行线⇒此平行线分割出的小三角形与大三角形相似;③O 是半圆的圆心,即为斜边 AB 中点,可得边长比;④相似三角形对应一切线段成比例(这个比例叫做相似比).

【解析】由于直径所对的圆周角是直角,已知 AB 为圆 O 的直径,故 $AC \perp BC$. 又已知 $OD \perp AC$,故 $OD /\!/ BC$. 故 $\triangle ABC$ 与 $\triangle AOD$ 符合【破题标志词】A 字形相似,则有 $\dfrac{OD}{BC} = \dfrac{OA}{AB} = \dfrac{1}{2}$,$OD = \dfrac{1}{2}BC$.

　　条件(1):已知 BC 的长,可以确定 OD,故条件(1)充分.

　　条件(2):已知 AO 的长,不能确定 OD,故条件(2)不充分.

16.【2013.01.07】【答案】D

【真题拆解】分析题目特征:①$DE /\!/ BC$,符合【破题标志词】A 字形相似:三角形内出现边的平行线⇒此平行线分割出的小三角形与大三角形相似;②相似三角形的面积比 = 相似比^2.

【解析】$S_{\triangle ABC} = \dfrac{1}{2} \times 3 \times 4 = 6$,$S_{\triangle ADE} = S_{\triangle ABC} - S_{\triangle BCDE} = 6 - 3 = 3$. 由于 $DE /\!/ BC$,$\triangle ADE$ 与 $\triangle ABC$ 相似,面积比等于相似比的平方,故有 $\dfrac{S_{\triangle ADE}}{S_{\triangle ABC}} = \left(\dfrac{DE}{BC} \right)^2 = \dfrac{3}{6} = \dfrac{DE^2}{9}$,解得 $DE = \dfrac{3\sqrt{2}}{2}$.

17.【2012.01.15】【答案】A

【真题拆解】根据【破题标志词】A 字形相似:三角形内出现边的平行线⇒此平行线分割出的小三角形与大三角形相似可得图中所有直角三角形均相似,相似三角形对应一切线段成比例(这个比例叫做相似比).

【解析】图 6 - 30 中所有直角三角形均相似,对应直角边成比例,故有 $\dfrac{c}{a-b} = \dfrac{a-c}{b}$,$bc = a^2 - ac - ab + bc$,则 $a(a - c - b) = 0$,$a = b + c$.

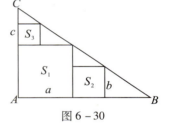

图 6 - 30

18.【2010.01.25】【答案】B

【真题拆解】分析题目特征:①$EF /\!/ BC$,符合【破题标志词】A 字形相似:三角形内出现边的平行线⇒此平行线分割出的小三角形与大三角形相似;②相似三角形的面积比 = 相似比^2.

【解析】题干要求证明:三角形 AEF 的面积等于梯形 $EBCF$ 面积,即 $S_{\triangle AEF} = \dfrac{1}{2}S_{\triangle ABC}$. 利用两三角形相似,其面积比等于相似比的平方可知:条件(1),$AG = \dfrac{2}{3}AD$,$EF = \dfrac{2}{3}BC$,从而 $S_{\triangle AEF} = \dfrac{2}{3} \times \dfrac{2}{3}S_{\triangle ABC} = \dfrac{4}{9}S_{\triangle ABC}$,不充分.

　　条件(2),$EF = \dfrac{\sqrt{2}}{2}BC$,$AG = \dfrac{\sqrt{2}}{2}AD$,从而 $S_{\triangle AEF} = \dfrac{\sqrt{2}}{2} \times \dfrac{\sqrt{2}}{2}S_{\triangle ABC} = \dfrac{1}{2}S_{\triangle ABC}$,充分.

19.【2009.01.12】【答案】B

【真题拆解】分析题目特征:①折叠后 $\angle ACD$ 的角度不变,即 $\angle AED = \angle ACD = 90°$,$DE \perp AB$,符合【破题标志词】反 A 字形相似:直角三角形斜边上的垂线⇒垂线分割出的各三角形均与原三角形相似;②相似三角形的面积比 = 相似比^2.

【解析】据题意得 $AB=13$，$AC=5$，$BC=12$，$AE=AC=5$，$BE=13-5=8$．$\triangle ABC$ 与 $\triangle DBE$ 相似，则根据面积比 = 相似比 ^{2}，有 $\dfrac{S_{\triangle DBE}}{S_{\triangle ABC}}=\left(\dfrac{BE}{BC}\right)^2=\dfrac{4}{9}$，故 $S_{\triangle DBE}=\dfrac{4}{9}\times\dfrac{1}{2}AC\times BC=\dfrac{40}{3}$．

【总结】关于折叠翻转问题，要抓住变化的量和不变的量，分析清楚这两个量，问题便会迎刃而解．

6.2　四边形

📍 6.2.1　矩形

20.【2014.10.25】【答案】A

【真题拆解】本题主要破题方向是首先考虑临界情况，当 AB 越大，AB 成为最长边的概率越大．

【解析】根据题干求出满足要求的 $\dfrac{AD}{AB}$ 取值范围，看条件是否在结论范围内即可．本题属于几何概型，概率 $P=\dfrac{\text{满足要求的线段长}}{\text{总可能线段长}}$，总可能结果为 P 在 CD 上，满足要求的结果为：P 的运动范围为 P_1P_2（如图 6-31）．

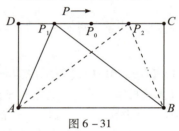

图 6-31

题干要求概率 $P=\dfrac{P_1P_2}{CD}>\dfrac{1}{2}$，即 $P_1P_2>\dfrac{1}{2}CD$．首先考虑临界情况 $P_1P_2=\dfrac{1}{2}CD$，则 $P_1D=P_2C\Rightarrow P_1D+P_2C=CD-P_1P_2=\dfrac{1}{2}CD\Rightarrow P_1D=P_2C=\dfrac{1}{4}CD$．此时 $AB=PB=P_1B$，$PC=P_1C=\dfrac{3}{4}AB$，$BC=AD$，则 $BC^2+PC^2=PB^2=AB^2$，$AD^2=BC^2=PB^2-PC^2=AB^2-\left(\dfrac{3}{4}AB\right)^2=\dfrac{7}{16}AB^2$，故 $\dfrac{AD}{AB}=\dfrac{\sqrt{7}}{4}$．当 AB 越大，AB 成为最长边的概率越大，所以当 $\dfrac{AD}{AB}<\dfrac{\sqrt{7}}{4}$ 时，概率大于 $\dfrac{1}{2}$，即条件（1）充分，条件（2）不充分．

【技巧】矩形越扁，即 $\dfrac{AD}{AB}$ 越小，AB 是 $\triangle APB$ 的最大边的概率越大；而当矩形足够竖高，$\dfrac{AD}{AB}$ 足够大时，AB 不可能成为 $\triangle APB$ 的最大边，故条件（2）不充分．

21.【2012.01.24】【答案】C

【真题拆解】分析题目特征：①羊栏是长方形；②结论等价转换，长方形的面积 = 长 × 宽 > 500；③条件（1）给出周长即长 + 宽的值；④条件（2）长方形对角线与长宽的关系，可联想勾股定理求解．

【解析】设羊栏的长为 a m，宽为 b m，题干要求 $ab>500$．

条件（1）：$2a+2b=120$，$a+b=60$，条件（2）：$a^2+b^2\leqslant 2500$，单独均不充分．考虑联合：$\begin{cases}a+b=60\\a^2+b^2\leqslant 2500\end{cases}$，且 $(a+b)^2=a^2+b^2+2ab=3600$，故 $2ab=3600-(a^2+b^2)\geqslant 3600-2500=1100$，$ab\geqslant 550$，联合充分．

22.【2011.10.14】【答案】A

【真题拆解】分析题目给出了大正方形的面积,可根据正方形面积 $S=a^2$ 解得大正方形的边长,要求小正方形的面积需确定小正方形的边长,对图分析,小正方形的边长等于乙宽减去丁长,可根据长方形的面积公式 $S=ab$ 求解.

【解析】400 平方米的正方形土地边长为 20 米. $S_{丙}+S_{丁}=80$(平方米),则丙、丁宽为 $\dfrac{80}{20}=4$(米),故丁长为 $\dfrac{32}{4}=8$(米). 且甲长为 $20-4=16$(米), $S_{甲}=128$(平方米),故甲宽为 8 米. 则乙长为 16 米,且 $S_{乙}=192$(平方米),故乙宽为 12 米. 又已求得丁长为 8 米,从而小正方形长为 $12-8=4$(米),面积 $S=4^2=16$(平方米).

【技巧】小正方形面积为完全平方数,故直接选 A.

23.【2008.01.03】【答案】E

【真题拆解】分析题目特征: P_i 为正方形,它们的面积公式为 $S=a^2$,求出 $P,P_1,P_2,\cdots,$ 的面积可得到 P_i 面积的规律,求出 P_6 的面积.

【解析】由题意知: P 的边长为 a,面积为 a^2; P_1 的边长为 $\dfrac{\sqrt{2}}{2}a$,面积为 $\dfrac{a^2}{2}$; P_2 的边长为 $\dfrac{a}{2}$,面积为 $\dfrac{a^2}{4}$; $\cdots$依此类推可知,每个正方形面积为前一个正方形面积的 $\dfrac{1}{2}$,它们构成首项为 a^2,公比为 $\dfrac{1}{2}$ 的等比数列,故 $P_6=a^2\left(\dfrac{1}{2}\right)^6=\dfrac{1}{64}a^2$.

【拓展】此题还可以变形为求前 n 个 P_i 面积之和或所有 P_i 面积之和,变为求等比数列前 n 项和.

6.2.2　平行四边形/菱形

24.【2014.10.06】【答案】C

【真题拆解】分析题目特征点:平行四边形、角平分线、150°的角可以得到互补角为 30°,特殊角度,考虑重要三角形,本题只求角度.

【解析】 $\angle BED=150°$,则 $\angle AEB=30°,AD/\!/BC$,所以 $\angle CBE=\angle AEB$(两直线平行,内错角相等),又 BE 是角平分线,可得 $\angle ABE=\angle AEB=30°$,故 $\angle A=180°-30°-30°=120°$.

【总结】平面几何常用的角度关系有:等腰三角形两底角相等;相交线对顶角相等;平行线中内错角相等、同位角相等、同旁内角互补;三角形内角和 180°;四边形内角和 360°;三角形的外角等于两不相邻的内角和.

25.【2012.10.03】【答案】D

【真题拆解】题目给出了菱形两条对角线的长度,菱形对角线互相垂直且平分,把菱形分为 4 个全等的直角三角形,菱形面积 $S=\dfrac{对角线\times对角线}{2}$.

【解析】由题意可知菱形的边长为 5,则周长为 $5\times4=20$;菱形面积等于对角线相乘的一半,即 $S=\dfrac{1}{2}\times6\times8=24$.

6.2.3 梯形

26.【2015.08】【答案】C

【真题拆解】已知 $AD=5$，$BC=7$，要求 MN 的值，则需要将 MN 用 AD 和 BC 表示出来.

【解析】梯形中 $AD\parallel BC$，根据【破题标志词】$\triangle ADE$ 与 $\triangle CBE$ 符合 8 字型相似，故有：

$$\begin{cases} DE:BE=AD:BC=5:7 \Rightarrow \begin{cases} BE:BD=7:12 \\ DE:BD=5:12 \end{cases} \\ AE:CE=AD:BC=5:7 \Rightarrow \begin{cases} CE:AC=7:12 \\ AE:AC=5:12 \end{cases} \end{cases}$$，

$\triangle AME$ 与 $\triangle ABC$ 共顶点 A，且 $AD\parallel MN$，根据【破题标志词】$\triangle AME$ 与 $\triangle ABC$ 符合 A 字型相似，则 $ME:BC=AE:AC=5:12$，$\triangle DNE$ 与 $\triangle DCB$ 符合 A 字型相似，则 $NE:BC=DE:DB=5:12$.

故 $(ME+NE):BC=10:12$，$MN=ME+NE=\dfrac{10}{12}\times 7=\dfrac{35}{6}$.

27.【2011.01.18】【答案】D

【真题拆解】分析条件特征：条件（2）给了梯形面积的值，梯形面积 $=\dfrac{(\text{上底}+\text{下底})\times\text{高}}{2}$.

【解析】条件（1）：$\dfrac{x}{x+10}=\dfrac{13}{23}\Rightarrow x=13$，充分.

条件（2）：该梯形的面积为 216，故 $\dfrac{1}{2}(x+10+x)\times h=216$，由勾股定理可得 $h^2+5^2=x^2$，$h=\sqrt{x^2-5^2}$，则 $(x+5)\sqrt{x^2-25}=216$，解得 $x=13$.

6.3 圆与扇形

6.3.1 基础题型

28.【2015.04】【答案】A

【真题拆解】空白区域 ABC 并不是扇形，不能用扇形的面积公式来计算空白区域 ABC 的面积. 对于不规则图像，遇见弦，先连圆心，做辅助线，转化为常见图形.

【解析】设圆心为 O，连接 AO.

已知 $\angle ABC=30°$，则 $\angle BAO=30°$，$\angle AOB=120°$. 阴影面积为扇形 OAB 的面积减去 $\triangle OAB$ 的面积，而其中 $S_{\triangle OAB}$ 为两个 $30°-60°-$ $90°$ 的直角三角形（边长比为 $1:\sqrt{3}:2$）面积之和，故 $S_{\text{阴影}}=S_{\text{扇形}OAB}-$

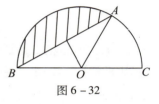

图 6-32

$S_{\triangle OAB}=\dfrac{1}{3}\pi r^2-2\times\dfrac{1}{2}\times 1\times\sqrt{3}=\dfrac{4}{3}\pi-\sqrt{3}$.

29.【2014.10.15】【答案】D

【真题拆解】木板第一次滚动绕 C 点旋转 $90°$，点 A 经过的路径为以 C 为圆心 AC 为半径的圆弧，第二次滚动绕 B 点旋转 $60°$，点 A 经过的路径为以 B 为圆心 AB 为半径的圆弧．

【解析】如图 $6-33$ 所示第一次滚动时，点 A 经过的路径长为以 AC 为半径的圆的一段圆弧长．

则点 A 在第一次滚动时经过的路径长为 $\dfrac{90°}{360°} \times 2\pi \times AC =$

$\dfrac{1}{4} \times 2\pi \times 10 = 5\pi$．第二次滚动时，点 A 经过的路径长为以 AB 为半径的一段圆弧长，则在第二次滚动时经过的路径长为 $\dfrac{60°}{360°} \times 2\pi \times AB = \dfrac{1}{6} \times 2\pi \times 6 = 2\pi$．总路径长

为 $5\pi + 2\pi = 7\pi$．

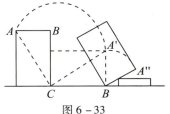

图 $6-33$

【陷阱】此题容易误把 A 走的路径看成以 C 为圆心的圆弧，实际上第一次滚动是以 C 为圆心 AC 为半径的圆弧，第二次滚动是以 B 为圆心 AB 为半径的圆弧．

30.【2012.10.10】【答案】B

【真题拆解】分析题目特征：①三角形 AOB 的两个边长为半径，是等腰三角形；②计算弧长时，一般首先求出它所对应的圆心角，然后根据圆心角计算弧长．

【解析】由图可知 $OA = OC = r$，$\triangle AOC$ 是等腰三角形，故 $\angle ACO = \angle CAO = \dfrac{\pi}{6}$，$\angle COA = \dfrac{2}{3}\pi$，

$\angle COB = \dfrac{\pi}{3}$，则弧 BC 的长度为：$\dfrac{\dfrac{\pi}{3}}{2\pi} \times 2\pi r = \dfrac{1}{3} \times \pi \times 3 = \pi$．

📍 6.3.2 内切与外接

31.【2007.10.15】【答案】B

【真题拆解】本题的两个正方形通过圆产生联系，根据圆的半径求出两个正方形的边长的关系，从而得到面积．此外，本题还可以记住一个小技巧：圆的内接正方形与外切正方形面积之比为 $\dfrac{1}{2}$．

【解析】$S_{ABCD} = 1$，$AB = BC = CD = AD = 1$，圆 O 的半径为 $r = \dfrac{1}{2}AB = \dfrac{1}{2}$，则直径为 $2r = 1$．圆 O 的直

径同时也是正方形 $EFGH$ 的对角线，即 $EF = FG = GH = EH = \dfrac{\sqrt{2}}{2}$．故 $S_{EFGH} = \left(\dfrac{\sqrt{2}}{2}\right)^2 = \dfrac{1}{2}$．

【技巧】圆的内接正方形与外切正方形面积之比为 $\dfrac{1}{2}$，外切正方形 $ABCD$ 面积为 1，故正方形

$EFGH$ 面积为 $\dfrac{1}{2}$．

6.4 不规则图形/阴影图形面积

32.【2014.10.13】【答案】C

【真题拆解】题目给了弦 AB 的长度,可将小半圆向右平移使大半圆和小半圆的圆心重合,将几何问题具体化,根据勾股定理求解.

【解析】设大圆半径为 R,小圆半径为 r. 如图 6-34 平移小半圆,使大半圆和小半圆的圆心重合,可知 r,R 与 $\dfrac{AB}{2}$ 构成直角三角形,根据勾股定理有 $R^2-r^2=36$. 故 $S_{阴影}=S_{大圆}-S_{小圆}=\dfrac{1}{2}\pi(R^2-r^2)=18\pi$.

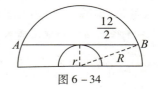

图 6-34

33.【2014.01.05】【答案】E

【真题拆解】要求的阴影部分为不规则图形时,通过规则图形的加、减、平移、折叠、复制等,来计算不规则图形的面积.

【解析】如图 6-35 做辅助线,将不规则图形分割为扇形与三角形.

可得 $S_{阴影}=S_{\triangle ABC}+S_{\triangle ABD}+4S_{弓形}=2S_{\triangle ABC}+4(S_{扇ABC}-S_{\triangle ABC})=4S_{扇ABC}-2S_{\triangle ABC}$. 而 $S_{扇ABC}=\dfrac{1}{6}\pi r^2=\dfrac{\pi}{6}$,$S_{\triangle ABC}=\dfrac{\sqrt{3}}{4}\times 1^2=\dfrac{\sqrt{3}}{4}$,故 $S_{阴影}=\dfrac{2\pi}{3}-\dfrac{\sqrt{3}}{2}$.

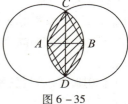

图 6-35

34.【2013.10.10】【答案】B

【真题拆解】观察图形关于 BD 对称,有多个完全相同的重复图形,符合**【破题标志词】多个完全相同的重复图形⇒割补法求阴影面积**.

【解析】图形关于 BD 对称,使用割补法过 O 做 AD,BC 的垂线. 所以 $S_{\triangle AEO}+S_{\triangle FCO}=S_{阴影}=ab$.

35.【2012.01.14】【答案】E

【真题拆解】分析图形特征不明显,符合**【破题标志词】题中图形特征不明显时⇒标号法**.

【解析】将图 6-24 中各封闭区域标号(如图 6-36),

所求区域面积为:①+②+③+④+⑤+⑥+⑦. 三个正方形面积相加为:(①+④+⑤+⑦)+(②+⑤+⑥+⑦)+(③+④+⑥+⑦). 其中区域④,⑤,⑥多加了 1 次,等边三角形区域⑦多加了 2 次,又有④+⑤+⑥=⑦,所以共多加了 3 次⑦. 根据边长为 a 的正三角形面积为 $\dfrac{\sqrt{3}}{4}a^2$ 可得所求面积 $=3S_{正方形}-3⑦=3-\dfrac{3\sqrt{3}}{4}$.

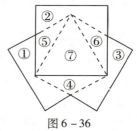

图 6-36

36.【2011.10.13】【答案】B

【真题拆解】分析图形:①图形中有多个面积相等的小块;②多边形 $ABCDE$ 是一个不规则图形. 不规则图形的面积常通过规则图形的加、减、平移、折叠、复制等来计算,本题可将多边形分解成多个三角形或四边形进行求解;或者扩充边界,用四边形的面积减去三角形的面积求解.

【解析】思路一:如图 6-37 所示,将多边形 $ABCDE$ 中的①补到②的位置,③补到④的位置,可凑成 2×4 的矩形,所以其面积为 8.

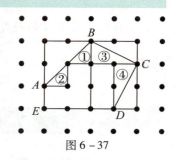

图 6-37

思路二:待求区域可以分为1个2×2的等腰直角三角形,2个2×1的矩形,2个2×1的直角三角形,则其面积为8.

思路三:将图形补充成一个3×4长方形,$ABCDE$面积=长方形面积-2×2的等腰直角三角形面积-2个2×1的直角三角形面积$=8$.

37.【2011.01.09】【答案】E

【真题拆解】观察图形具有对称关系,有多个完全相同的重复图形,【破题标志词】多个完全相同的重复图形$\Rightarrow$割补法求阴影面积. 也可根据相对普适的解题方法标号法进行计算.

【解析】思路一:由于所求的阴影部分具有对称关系,故进行割补凑配(如图$6-38-a$). 总阴影面积$=8$个相等的小阴影面积,4个小的阴影面积$=S_{正方形}-S_{圆形}$. 故总阴影面积$=2\left(S_{正方形}-S_{圆形}\right)=2\left(1-\pi\times\dfrac{1}{4}\right)=2-\dfrac{\pi}{2}$.

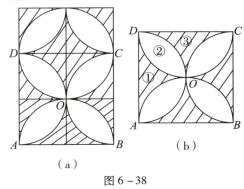

思路二:如图$6-38-b$对原图进行标号,则小正方形面积=①+②+③;扇形面积=①+②;小正方形面积$-$扇形面积=①=③. 故$S_{阴影}=8\times$①$=8\left(\dfrac{1}{2^2}-\dfrac{1}{4}\times\pi\times\dfrac{1}{2^2}\right)=2-\dfrac{\pi}{2}$.

图$6-38$

38.【2010.10.11】【答案】A

【真题拆解】分析图形特征:甲、乙、空白部分都是不规则图形,计算不规则图形,优先将不规则图形向规则图形转化.

【解析】观察图形可知,由于空白部分是半圆与直角三角形共用的,则半圆与三角形面积之差即为阴影甲与阴影乙的面积之差,即:$28=S_{半圆}-S_{\triangle ABC}=\dfrac{\pi\cdot r^2}{2}-\dfrac{1}{2}AB\times BC=\dfrac{\pi}{2}\times(20)^2-\dfrac{1}{2}\times 40\times BC$,$BC=\dfrac{200\pi-28}{20}\approx 30(\mathrm{cm})$.

39.【2010.10.09】【答案】E

【真题拆解】分析题目特征:已知阴影部分分别占两正方形面积的比例,根据两正方形的空白部分面积相等列等式,可求出两正方形面积比.

【解析】本题考查阴影部分面积的比较. 设小正方形的面积为a,大正方形的面积为b,小正方形的$\dfrac{3}{4}$被阴影所覆盖,大正方形的$\dfrac{6}{7}$被阴影所覆盖,故$\dfrac{1}{4}a=\dfrac{1}{7}b$,整理得$a:b=4:7$,则阴影部分的面积之比$\dfrac{3}{4}a:\dfrac{6}{7}b=1:2$.

【技巧】特值法:令小正方形的面积为4,大正方形的面积为7,空白面积为1,则阴影部分的面积之比为$3:6=1:2$.

40.【2008.01.07】【答案】D

【真题拆解】分析图形阴影部分特征不明显,符合【破题标志词】题中图形特征不明显时⇒标号法.

【解析】如图 6 – 39 对原图标题,则根据标号法有:

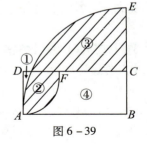

图 6 – 39

(式1)小扇形面积 = ① + ②;(式2)大扇形面积 = ② + ③ + ④;

(式3)矩形面积 = ① + ② + ④;(式4)阴影面积 = ② + ③.

故:阴影面积 = 式 2 −(式 3 − 式 1)= ② + ③ = $\dfrac{1}{4}\pi \times 10^2$ −

$\left(5 \times 10 - \dfrac{1}{4}\pi \times 5^2\right) = \dfrac{125}{4}\pi - 50$.

第7章

立体几何

7.1 长方体、正方体

1.【2014.01.12】【答案】A

【真题拆解】分析题目发现特征点求正方体内邪穿的一条线段长,构造三角形,使用勾股定理求解.

【解析】连接 AD' 可得 AD' 为侧面正方形 $AA'D'D$ 的对角线, $AD' = \sqrt{2^2 + 2^2} = 2\sqrt{2}$. $\triangle AD'F$ 为直角三角形,故 $AF^2 = AD'^2 + D'F^2 = \left(2\sqrt{2}\right)^2 + 1^2 = 9$, $AF = 3$.

【技巧】事实上, AF 可看作长宽高分别为 $1,2,2$ 的长方体体对角线,则根据体对角线公式可知, $AF = \sqrt{1^2 + 2^2 + 2^2} = 3$.

7.2 圆柱体

2.【2015.06】【答案】C

【真题拆解】熔化再铸造型等量关系:前后体积不变.

【解析】铁管内管半径为 $\dfrac{1.8}{2} = 0.9$ m,外管半径为 $0.9 + 0.1 = 1$ m,故长方体体积为 $\pi \times 1^2 \times 2 - \pi \times 0.9^2 \times 2 = 0.38\pi \approx 1.19$.

3.【1999.01.05】【答案】C

【真题拆解】不论如何放置,水的总体积不变,根据前后体积不变建立等量关系.

【解析】设桶高为 h,水桶直立时水高为 l. 已知水平横放时桶内有水部分占水桶一头圆周长的 $\dfrac{1}{4}$,所对应的圆心角为 $90°$(如图 $7-2$),因此水的截面积为 $\dfrac{1}{4}$ 圆面积减去直角三角形面积,即 $S = \dfrac{1}{4}\pi r^2 - \dfrac{1}{2}r^2$, $V_水 = Sh$. 直立时桶内水的体积不变,故 $V_水 = Sh = \left(\dfrac{1}{4}\pi r^2 - \dfrac{1}{2}r^2\right)h = \pi r^2 l$,整理得 $\dfrac{l}{h} = \dfrac{1}{4} - \dfrac{1}{2\pi}$.

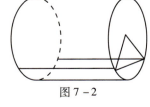

图 7-2

7.3　　球体

4.【2015.24】【答案】C

【真题拆解】分析题目特征:条件给出了球的半径与圆柱的半径和高之间的关系,结论求两个整式比较大小,可考虑做差法或做商法.

【解析】题干要求 $S_1 \leqslant S_2$,即: $2\pi r(r+h) \leqslant 4\pi R^2$,$R^2 \geqslant \dfrac{r(r+h)}{2}$,即 $R^2 - \dfrac{r(r+h)}{2} \geqslant 0$

条件(1):不等号两边都为正,两边平方得 $R^2 \geqslant \dfrac{(r+h)^2}{4}$,若 R^2 的最小值 $\dfrac{(r+h)^2}{4} - \dfrac{r(r+h)}{2} \geqslant 0$

时,那 $R^2 - \dfrac{r(r+h)}{2} \geqslant 0$ 恒成立, $\dfrac{(r+h)^2}{4} - \dfrac{r(r+h)}{2} = \dfrac{h^2-r^2}{4}$,$h$ 和 r 的关系不能确定,条件(1)不充分,如 $r=3$,$h=1$,$R=2$.

条件(2):取 $r=2$,$h=2$,$R=1$,题干结论不成立,不充分.

两条件联合: $\dfrac{r+h}{2} \leqslant R \leqslant \dfrac{r+2h}{3} \Rightarrow \dfrac{r+h}{2} \leqslant \dfrac{r+2h}{3}$,不等号两边同乘6化简得 $r \leqslant h$,则 $\dfrac{(r+h)^2}{4} -$

$\dfrac{r(r+h)}{2} = \dfrac{h^2-r^2}{4} \geqslant 0$,故联合充分.

5.【2013.01.11】【答案】B

【真题拆解】根据金属球熔化再铸造前后总体积不变建立等量关系.

【解析】设大球的半径是 R,将两球熔铸成一个新的球,总体积不变,即有 $V_1 + V_2 = V = 4\pi + 32\pi =$

$36\pi = \dfrac{4}{3}\pi R^3 \Rightarrow R=3$,故大球的表面积 $S = 4\pi R^2 = 4\pi \times 9 = 36\pi (\text{cm}^2)$.

7.4　　内切与外接

6.【2011.01.04】【答案】B

【真题拆解】分析题目,球内切最大正方体,其体对角线为球的直径.

【解析】设正方体边长为 a,正方体体对角线为球的直径,即 $a^2 + (a^2 + a^2) = 3a^2 = (2R)^2 = 4R^2$,$a$

$= \dfrac{2\sqrt{3}}{3}R$,则体积 $V = a^3 = \dfrac{8\sqrt{3}}{9}R^3$.

8.1　平面直角坐标系

1.【2014.01.16】【答案】A

【真题拆解】分析条件特征:给定曲线过的一个点,就可以得到一个关于系数的等式.【破题标志词】曲线过点⇒点坐标代入曲线方程,等式成立.

【解析】根据【破题标志词】曲线过点⇒点坐标代入曲线方程,等式成立.

条件(1)中曲线 l 过点 $(1,0)$,原式代入 $x=1,y=0$,得 $0=a+b-6+1\Rightarrow a+b-5=0$,故 $(a+b-5)(a-b-5)=0$,条件(1)充分.

条件(2)曲线 l 过点 $(-1,0)$,原式代入 $x=-1,y=0$,得 $0=a-b-6-1\Rightarrow a-b=7$,条件(2)不充分.

2.【2010.10.18】【答案】C

【真题拆解】分析题目特征:数形结合直线过第一、第二、第四象限,此时需要直线的斜率为负,截距为正.

【解析】两个条件单独均不充分,考虑联合,$y=ax+b$ 中 a 代表直线斜率,b 代表直线在 y 轴截距.由条件(1)可知直线斜率为负,由条件(2)得到 y 轴上的截距 $b>0$,故直线经过第一、二、四象限,联合充分.

3.【2008.10.26】【答案】D

【真题拆解】分析题目特征:①曲线恒过 4 个定点,根据【破题标志词】恒过定点⇒分离变量,令等号左右两部分分别为零,联立求出定点.②两条件都给出的是一个关于 a、b 的等量关系.

【解析】思路一:当系数 a,b 无论取何值,x,y 都满足的坐标称为曲线的定点,故可用特值法.

条件(1):$a+b=1$,当 $a=0,b=1$ 时,$y^2=1,y=\pm1$;当 $a=1,b=0$ 时,$x^2=1,x=\pm1$,故共有 $(\pm1,\pm1)$ 四个定点,条件(1)充分.

条件(2):$a+b=2$,当 $a=0,b=2$ 时,$2y^2=1,y=\pm\dfrac{\sqrt{2}}{2}$.当 $a=2,b=0$ 时,$2x^2=1,x=\pm\dfrac{\sqrt{2}}{2}$,故定点坐标为 $\left(\pm\dfrac{\sqrt{2}}{2},\pm\dfrac{\sqrt{2}}{2}\right)$,共 4 个,条件(2)亦充分.

思路二:条件(1)$b=1-a$ 代入得 $ax^2+(1-a)y^2=1$,分离变量 $(x^2-y^2)a+y^2-1=0$,不论 a

取何值,恒过定点,则有 $\begin{cases} x^2 - y^2 = 0 \\ y^2 - 1 = 0 \end{cases}$,解得 $\begin{cases} x = \pm 1 \\ y = \pm 1 \end{cases}$,故共有 $(\pm 1, \pm 1)$ 四个定点,条件(1)充分.

同理条件(2) $b = 2 - a$ 代入得 $a x^2 + (2 - a) y^2 = 1$,分离变量 $(x^2 - y^2) a + 2y^2 - 1 = 0$,不论 a

取何值,恒过定点,则有 $\begin{cases} x^2 - y^2 = 0 \\ 2y^2 - 1 = 0 \end{cases}$,解得 $\begin{cases} x = \pm \dfrac{\sqrt{2}}{2} \\ y = \pm \dfrac{\sqrt{2}}{2} \end{cases}$,故共有 $\left(\pm \dfrac{\sqrt{2}}{2}, \pm \dfrac{\sqrt{2}}{2} \right)$ 四个定点,条件(2)亦

充分.

8.2 点与直线

4.【2011.10.25】【答案】D

【真题拆解】分析题目特征:①$OABC$ 是矩形,已知 B 点坐标,可以求出点 A,C 的坐标;②矩形是中心对称图形,过矩形中心(对角线交点)的直线平分矩形.

【解析】思路一:若直线方程过矩形的中心即可将矩形分成面积相等的两部分,矩形的中心即 OB

的中点,根据中点坐标公式有 $\begin{cases} x = \dfrac{0+6}{2} = 3 \\ y = \dfrac{0+4}{2} = 2 \end{cases}$,中心坐标为 $(2,3)$. 将中心坐标代入直线方程得,条

件(1)$3 - 2 - 1 = 0$,条件(2)$3 - 3 \times 2 + 3 = 0$,两直线都过矩形的中心,即两条件均充分.

思路二:条件(1)中如图 8-4 所示:

$l : x - y - 1 = 0$,故有 $D(5,4)$,$M(1,0)$,直线将矩形分为了两个梯形,它们的一个底为 1,另一个底为 5,高均为 4,故面积相等,条件(1)充分.

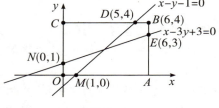

图 8-4

条件(2)中,如图 8-4 所示,$l : x - 3y + 3 = 0$,故有 $E(6,3)$,$N(0,1)$,直线也将矩形分为了两个梯形,它们的一个底为 1,另一个底为 3,高均为 6,故面积相等,条件(2)充分.

5.【2009.01.13】【答案】C

【真题拆解】直线与坐标轴围成三角形,求三角形面积,需要求出直线与两坐标轴的交点.

【解析】原式分别代入 $x = 0$ 和 $y = 0$ 可得第 n 条直线与两坐标轴的交点为 $\left(\dfrac{1}{n}, 0 \right)$ 和 $\left(0, \dfrac{1}{n+1} \right)$,则

第 n 条直线与坐标轴围成的面积 $S_n = \dfrac{1}{2} \times \dfrac{1}{n} \times \dfrac{1}{n+1} = \dfrac{1}{2} \left(\dfrac{1}{n} - \dfrac{1}{n+1} \right)$. 故裂项相消可得 $S_1 +$

$S_2 + \cdots + S_{2009} = \dfrac{1}{2} \left(1 - \dfrac{1}{2} \right) + \dfrac{1}{2} \left(\dfrac{1}{2} - \dfrac{1}{3} \right) + \cdots + \dfrac{1}{2} \left(\dfrac{1}{2009} - \dfrac{1}{2010} \right) = \dfrac{1}{2} \left(1 - \dfrac{1}{2010} \right) = \dfrac{1}{2} \times \dfrac{2009}{2010}$.

6.【2008.10.25】【答案】D

【真题拆解】题干代数式含有未知字母,条件给出未知字母的取值,根据【破题标志词】给定未知字母取值或关系式⇒代入.

【解析】条件(1)：原式代入 $m=7$，则 $x^2+7xy+6y^2-10y-4=(x+6y+2)(x+y-2)=0$，故 $x+6y+2=0$ 或 $x+y-2=0$，表示两条直线，充分.

条件(2)：原式代入 $m=-7$，$x^2-7xy+6y^2-10y-4=(x-6y-2)(x-y+2)=0$，故 $x-6y-2=0$ 或 $x-y+2=0$，表示两条直线，亦充分.

7.【2008.01.24】【答案】A

【真题拆解】分析条件特征：条件(1)点关于直线对称，【破题标志词】点关于一般直线对称⇒两点中点在对称轴上. 条件(2)两直线垂直，【破题标志词】两直线垂直⇔系数关系 $A_1A_2+B_1B_2=0$.

【解析】条件(1)：点 $A(1,0)$ 与点 $A'\left(\dfrac{a}{4},-\dfrac{a}{2}\right)$ 的中点 $\left(\dfrac{4+a}{8},-\dfrac{a}{4}\right)$ 在直线 $x-y+1=0$ 上，可得 $\dfrac{4+a}{8}+\dfrac{a}{4}+1=0$，解得 $a=-4$.

条件(2)：两直线垂直，根据【破题标志词】两直线垂直⇔系数关系 $A_1A_2+B_1B_2=0$. 即 $(2+a)a+5(2+a)=0$，解得 a 有两个值 -5 和 -2，不充分.

8.【2008.01.17】【答案】B

【真题拆解】给出的一条直线方程含有未知字母，条件给出未知字母的取值，根据【破题标志词】给定元知字母取值或关系式⇒代入.

【解析】条件(1)：代入 $a=-3$，可得图形如图 8-5-a 所示，两直线为 $y=x+1$，$y=-3x+7$，交点为 $\left(\dfrac{3}{2},\dfrac{5}{2}\right)$，它们与 x 轴的交点分别为 $(-1,0)$，$\left(\dfrac{7}{3},0\right)$，故它们所围成的三角形的高为 $\dfrac{5}{2}$，底为 $1+\dfrac{7}{3}=\dfrac{10}{3}$，三角形面积 $S=\dfrac{1}{2}\times\dfrac{10}{3}\times\dfrac{5}{2}=\dfrac{25}{6}$，不充分.

条件(2)：可得图形如图 8-5-b 所示，代入 $a=-2$，同理可得到面积 $S=\dfrac{1}{2}\times3\times\dfrac{9}{2}=\dfrac{27}{4}$，充分.

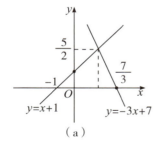

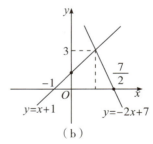

图 8-5

8.3 求直线与坐标轴组成图形的面积

9.【2009.10.12】【答案】E

【真题拆解】分析题目特征：①已知代数式符合 $|xy|-a|x|-b|y|+ab=0(a>0,b>0)$ 的特征形式，当 $a=b$ 时，围成一个正方形；当 $a\ne b$ 时，围成一个长方形；面积均为 $4ab$.

【解析】思路一：将 $|xy|+1=|x|+|y|$ 两边平方得 $x^2y^2+2|xy|+1=x^2+2|xy|+y^2$，$x^2y^2+1=$

$x^2 + y^2$,因式分解得$(x^2 - 1)(y^2 - 1) = 0$.故$x = \pm 1, y = \pm 1$,方程代表的图形为一个边长为2的正方形,面积$S = 2 \times 2 = 4$.

也可直接将$|xy| + 1 = |x| + |y|$因式分解得$(|x| - 1)(|y| - 1) = 0$,依然可得$x = \pm 1$, $y = \pm 1$.

思路二:根据结论代数式符合$|xy| - a|x| - b|y| + ab = 0(a > 0, b > 0)$的特征形式,面积为$4ab = 4 \times 1 \times 1 = 4$.

8.4　圆

10.【2014.10.09】【答案】C

【真题拆解】遇到圆,先将圆的一般方程化为标准方程,根据圆心距与半径的关系判断圆与圆位置关系.

【解析】$x^2 + y^2 + 2x - 3 = 0$配方得$(x + 1)^2 + y^2 = 4$,即圆心为$(-1, 0)$,半径$r_1 = 2$. $x^2 + y^2 - 6y + 6 = 0$配方得$x^2 + (y - 3)^2 = 3$,即圆心为$(0, 3)$,$r_2 = \sqrt{3}$.两圆圆心距为$d = \sqrt{(-1 - 0)^2 + (0 - 3)^2} = \sqrt{10}$,故$r_1 - r_2 < d < r_1 + r_2$,两圆相交.

11.【2013.01.16】【答案】A

【真题拆解】给出圆的标准方差,画图数形结合求解. D_1、D_2都表示圆上及圆内平面区域.

【解析】条件(1):$x_0^2 + y_0^2 = 9$,则两圆的圆心分别在另一个圆上(如图8 - 6).

圆心距为3,故$\dfrac{360° - 120°}{360°} \times 2\pi \times 3 \times 2 = 8\pi$.

条件(2):$x_0 + y_0 = 3$,即点(x_0, y_0)在直线上,无法确定圆心距,不充分.

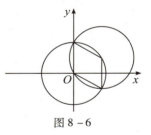

图8 - 6

12.【2009.10.24】【答案】B

【真题拆解】圆与圆相切有内切和外切两种情况,内切时$d = |r_1 - r_2|$,外切时$d = r_1 + r_2$.

【解析】由题意知:圆C_1圆心为$(3, 4)$,半径$r_1 = 5$;圆C_2圆心为$(1, 2)$,半径为r.两圆心之间的距离$d = \sqrt{(3 - 1)^2 + (4 - 2)^2} = 2\sqrt{2}$.当$r = 5 \pm 2\sqrt{2}$时,$d = 2\sqrt{2} = |5 - r|$,两圆相内切.故条件(1)不充分,条件(2)充分.

13.【2008.01.28】【答案】E

【真题拆解】根据【破题标志词】两圆位置关系⇔圆心距与两半径和/差的大小关系.若两圆相交⇔$|r_1 - r_2| < d < r_1 + r_2$.

【解析】已知圆$C_1 : \left(x - \dfrac{3}{2}\right)^2 + (y - 2)^2 = r^2$,圆心为$\left(\dfrac{3}{2}, 2\right)$,半径为$r$.将圆$C_2$配方化为标准方程:$(x - 3)^2 + (y - 4)^2 = 5^2$,圆心为$(3, 4)$,半径为5.故两圆的圆心距$d = \sqrt{(x_1 - x_2)^2 + (y_1 - y_2)^2} = \sqrt{\left(\dfrac{3}{2}\right)^2 + 2^2} = \dfrac{5}{2}$.题干结论成立要求$C_1$与$C_2$有交点,即要求$|r_1 - r_2| \leqslant d \leqslant r_1 + r_2$,即$5 - \dfrac{5}{2} \leqslant r \leqslant$

$5 + \dfrac{5}{2}$,对照条件(1)条件(2)可知单独或联合均不充分.

【技巧】极限分析法:由条件(1)当 $r \to 0$ 时,圆很小,不可能有交点;条件(2)当 $r \to \infty$ 时,圆很大,也不可能有交点.

14.【2008.01.22】【答案】B

【真题拆解】对条件特征进行分析:条件(1)符合结论:$|k_1 x + b_1| + |k_2 y + b_2| = a(a > 0)$ 在直角坐标系中的图形是中心为 $\left(-\dfrac{b_1}{k_1}, -\dfrac{b_2}{k_2}\right)$ 的菱形,其面积是 $S = \dfrac{2a^2}{|k_1 k_2|}$,当 $k_1 = k_2$ 时图形是正方形.条件(2)看是否能化为圆的标准方程.

【解析】条件(1):$|x - 1| + |y| = 4$,$x \geq 1, y \geq 0$ 时得 $x + y = 5$;$x \geq 1, y < 0$ 时得 $x - y = 5$;$x < 1, y \geq 0$ 时得 $-x + y = 3$;$x < 1, y < 0$ 时得 $-x - y = 3$.故图形为一个正方形,不充分.

条件(2):$3(x^2 + y^2) + 6x - 9y + 1 = 0$,整理得 $x^2 + y^2 + 2x - 3y + \dfrac{1}{3} = 0$ 或标准方程 $(x + 1)^2 + \left(y - \dfrac{3}{2}\right)^2 = \dfrac{35}{12}$,是圆心为 $\left(-1, \dfrac{3}{2}\right)$,半径为 $r = \sqrt{\dfrac{35}{12}}$ 的圆,充分.

8.5　　直线与圆

8.5.1　直线与圆的等式

15.【2015.16】【答案】D

【真题拆解】分析题目特征:圆是中心对称图形,即过圆心的直线平分圆.

【解析】圆的方程为 $(x - 1)^2 + (y - 1)^2 = 2$,圆心为 $(1, 1)$,若直线过圆心,则直线将圆分成面积相等的两部分.故条件(1) $l: x + y = 2$,过圆心 $(1, 1)$,充分;条件(2) $l: 2x - y = 1$,过圆心 $(1, 1)$,亦充分.

16.【2014.01.11】【答案】D

【真题拆解】直线与圆相切,符合【破题标志词】圆与直线相切 $\Leftrightarrow$ 圆心到直线距离 $d = r$.

【解析】思路一:利用切线与对应半径垂直.由圆心 $(0, 0)$ 与 $(1, 2)$ 可确定直线 $y = 2x$,它与 l 垂直,故 l 的斜率为 $-\dfrac{1}{2}$,且过切点 $(1, 2)$,故 l 的方程为 $y = -\dfrac{1}{2}(x - 1) + 2 = -\dfrac{1}{2}x + \dfrac{5}{2}$,则 l 在 y 轴上的截距为 $\dfrac{5}{2}$.

思路二:利用圆心到切线距离等于半径.l 过切点 $(1, 2)$,则其方程为 $y - 2 = k(x - 1)$,即 $kx - y - k + 2 = 0$,由圆心到 l 的距离 $d = \dfrac{|-k + 2|}{\sqrt{k^2 + 1}} = \sqrt{5}$,解得 $k = -\dfrac{1}{2}$,则 l 在 y 轴上的截距为 $2 - k = \dfrac{5}{2}$.

思路三:利用结论——过圆 $x^2 + y^2 = r^2$ 上某点 (x_0, y_0) 的切线方程可写为 $x_0 x + y_0 y = r^2$.故圆

$x^2 + y^2 = 5$ 在点 $(1,2)$ 处的切线方程为 $x + 2y = 5$,故其在 y 轴上的截距为 $\dfrac{5}{2}$.

思路四:利用平面几何相似三角形求解.如图 $8-7$ 所示, AO 为所求截距,由切点 D 坐标为 $(1,2)$ 可知: $DE = OF = 1$, $OE = DF = 2$, $OD = r = \sqrt{5}$, $\triangle AOD$ 与 $\triangle DOE$ 相似,则有 $AO : DO = OD : OE$,故 $AO = \dfrac{\sqrt{5}}{2} \cdot \sqrt{5} = \dfrac{5}{2}$.

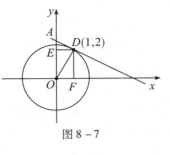

图 $8-7$

17.【2011. 10. 15【答案】E

【真题拆解】直线与圆相交,当弦离圆心越近、越接近直径时,弦长越大,数形结合会发现直线越接近 y 轴越好.

【解析】本题考察直线与圆的位置关系.配方得圆标准方程为 $x^2 + (y-1)^2 = 1$,圆心为 $(0,1)$,半径为 $r = 1$. 弦长 $|AB| = 2\sqrt{r^2 - d^2} = 2\sqrt{1 - d^2} > \sqrt{2}$,则 $d^2 < \dfrac{1}{2}$. 圆心 $(0,1)$ 到直线 $kx - y = 0$ 距离为 $d = \dfrac{|-1|}{\sqrt{k^2 + 1}}$,故 $\dfrac{1}{k^2 + 1} < \dfrac{1}{2}$,得 $k > 1$ 或 $k < -1$.

18.【2010. 10. 10【答案】D

【真题拆解】分析题目特征:直线与圆相交,已知 AB 中点的坐标,则圆心与中点的连线垂直于 AB,两直线垂直,斜率乘积为 -1.

【解析】设 AB 中点 $M(1,1)$,则 $k_{OM} = 1$, $k_{AB} \cdot k_{OM} = -1$, $k_{AB} = -1$. 又 AB 过点 $M(1,1)$,由点斜式直线方程可得 AB 方程为: $y - 1 = -(x - 1)$ 即 $y = -x + 2$.

【技巧】A、B 中点 $(1,1)$ 在直线 l 上,代入各选项得,仅 D 选项直线方程符合.

19.【2010. 01. 10【答案】D

【真题拆解】分析题目特征:①直线过圆心,可将圆心代入直线方程得到一个关于 a,b 的等式;②a,b 限制为正,求最大值,考虑使用均值定理.

【解析】将圆方程 $x^2 + 4x + y^2 - 2y + 1 = 0$ 配方得: $(x + 2)^2 + (y - 1)^2 = 4$,即圆心为 $(-2,1)$,半径为 2. 直线过圆心,即有 $-2a - b + 3 = 0$, $2a + b = 3$, $3 = 2a + b \geqslant 2\sqrt{2ab} \Rightarrow \sqrt{2ab} \leqslant \dfrac{3}{2}$,则 $2ab \leqslant \dfrac{9}{4}$, $ab \leqslant \dfrac{9}{8}$.

20.【2009. 10. 11【答案】B

【真题拆解】题目求圆上一点到直线的最短距离,若直线与圆相离,则圆上的点到直线的最短距离等于圆心到直线的距离减去半径;若直线与圆相交或相切,则圆上的点到直线的最短距离为零.

【解析】将圆方程 $x^2 - 2x + y^2 = 0$ 配方得: $(x - 1)^2 + y^2 = 1$,圆心为 $(1,0)$,半径 $r = 1$,根据点到直线距离公式可知,圆心到直线的距离为 $d = \dfrac{|3 \times 1 + 4 \times 0 - 12|}{\sqrt{3^2 + 4^2}} = \dfrac{9}{5} > 1$,直线与圆相离,则最短距离

为 $d - r = \dfrac{9}{5} - 1 = \dfrac{4}{5}$.

21.【2008.10.07】【答案】E

【解析】圆为单位圆,半径为1,圆心在原点,整个图形关于 x 轴对称.连接圆心与 M、N 点,圆心与切点的连线与切线垂直,阴影面积为 $S_{阴影} = 2\left(S_{\triangle OAN} - S_{扇形 OBN} \right) = 2\left(\dfrac{1}{2} \times 1 \times \sqrt{3} - \dfrac{60°}{360°} \times \pi \times 1^2 \right) = \sqrt{3} - \dfrac{\pi}{3}$.

8.5.2　直线与圆的不等式

22.【2014.01.25】【答案】A

【真题拆解】题目所求结论和条件都给出的是关于 x 和 y 两个变量的不等式关系,【破题标志词】两变量的不等关系 $\Rightarrow$ 数形结合.

【解析】$x^2 + y^2 \geqslant 1$ 表示单位圆外部.条件(1):$4y - 3x \geqslant 5$ 表示直线 $4y - 3x - 5 = 0$ 的上方,圆心到直线距离 $d = \dfrac{|-5|}{\sqrt{9+16}} = 1$,故直线与圆相切(如图 8-8),从而满足条件 $4y - 3x \geqslant 5$ 的点都满足 $x^2 + y^2 \geqslant 1$.条件(1)充分.

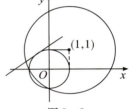

图 8-8

条件(2):两圆心距 $d = \sqrt{(0-1)^2 + (0-1)^2} = \sqrt{2}$,则 $(x-1)^2 + (y-1)^2 = 5$ 与圆 $x^2 + y^2 = 1$ 相交(见图 8-8),故会存在某些 $x^2 + y^2 < 1$ 的点,条件(2)不充分.

23.【2012.01.09】【答案】C

【真题拆解】题目给出的是关于 x 和 y 两个变量的不等式关系,【破题标志词】两变量的不等关系 $\Rightarrow$ 数形结合.$a \leqslant x \leqslant b$ 表示两条竖线 $x = a$,$x = b$ 和两者之间的区域;$a \leqslant y \leqslant b$ 表示两条水平线 $y = a$,$y = b$ 和两者之间的区域;$|ax + by| \leqslant c$ 表示两条平行线 $ax + by = \pm c$ 及以内带状区域;$x^2 + y^2 \geqslant r^2$ 表示圆上及圆外的区域;$x^2 + y^2 \leqslant r^2$ 表示圆上及圆内的区域.

【解析】由题可知所求面积为图 8-9 中阴影面积.

$$S_{阴影} = S_{正方形} - 2 \times S_{\triangle} - S_{扇}$$
$$= 6 \times 6 - 2 \times \dfrac{1}{2} \times 3 \times 3 - \dfrac{1}{4} \times 3^2 \times \pi$$
$$= 9\left(3 - \dfrac{\pi}{4} \right).$$

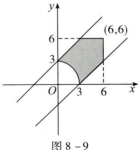

图 8-9

【技巧】根据图形发现,答案特征应该为某个常数减去多少 π,故应该在 B 和 C 中选择,再对图形进行估算,面积较小,所以选 C.

8.6　直线与抛物线

24.【2012.10.21】【答案】C

【真题拆解】类型判断:两个未知量一个等式无法求出具体值,联合型.分析条件特征:条件(1)曲线与 x 轴有两个交点, $\Delta > 0$;两个交点的距离即两根之差的值已知,韦达定理求解.条件(2)曲线关于直线 $x = -2$ 对称,给出了一元二次函数的对称轴.

【解析】条件(1)条件(2)均给出关于方程系数的一个限制条件,而需要求两个系数的具体值,故单独均不充分,考虑联合.

条件(1)中曲线 $y = ax^2 + bx + 1$ 与 x 轴的两个交点的距离为 $2\sqrt{3}$,即 $(x_1 - x_2)^2 = (x_1 + x_2)^2 - 4x_1x_2 = \dfrac{b^2}{a^2} - \dfrac{4}{a} = (2\sqrt{3})^2 = 12$.条件(2)中曲线 $y = ax^2 + bx + 1$ 关于直线 $x + 2 = 0$ 对称,即 $\dfrac{-b}{2a} = -2$, $b = 4a$.代入条件(1)算式解得 $a = 1$, $b = 4$,充分.

25.【2012.01.25】【答案】A

【真题拆解】直线与抛物线相切(有一个交点),联立方程 $x^2 + a = x + b$,判别式 $\Delta = 0$.

【解析】条件(1):直线斜率已经确定且不与 y 轴平行,它与抛物线只有一个交点,只可能相切,充分.条件(2): $x^2 - x \geqslant b - a$,即 $x^2 + a \geqslant x + b$,说明抛物线在直线上方,不一定相切,条件(2)不充分.

26.【2011.10.17】【答案】C

【真题拆解】抛物线二次项系数为正,开口向上,与 x 轴相切,即顶点在 x 轴上,根的判别式 $\Delta = 0$.

【解析】题干要求抛物线与 x 轴相切,即顶点在 x 轴上,根的判别式 $\Delta = 0$,即 $(a + 2)^2 - 4 \times 2a = 0$, $a = 2$.条件(2)中 $a^2 + a - 6 = (a - 2)(a + 3) = 0$,即 $a = 2$ 或 $a = -3$,单独不充分,联合条件(1)中 $a > 0$ 可得 $a = 2$,联合充分.

8.7　直线与反比例函数

27.【2013.10.24】【答案】C

【真题拆解】分析题目特征:①直线与曲线有两个不同的交点,联立方程,判别式 $\Delta > 0$;②要确定 b 的值,给出两根,可用韦达定理.

【解析】由 $y = x + b$ 与 $y = \dfrac{4}{x}$ 相交于点 A 和点 B 可得 $\dfrac{4}{x} = x + b$,即 $x^2 + bx - 4 = 0$,由于直线与曲线有两个不同交点,故方程有两不同实根,设为 x_1, x_2,根据韦达定理有: $\begin{cases} x_1 + x_2 = -b \\ x_1 x_2 = -4 \end{cases}$,故设坐标 A $(x_1, x_1 + b)$, $B(x_2, x_2 + b)$.两点距离为:

$$|AB| = \sqrt{(x_1 - x_2)^2 + [x_1 + b - (x_2 + b)]^2} = \sqrt{2}\sqrt{(x_1 - x_2)^2} = \sqrt{2}\sqrt{(x_1 + x_2)^2 - 4x_1x_2}$$
$$= \sqrt{2}\sqrt{b^2 + 16}.$$

由条件(1)可得 AB 已知,但 b 有正负,不能确定 b 的值,不充分.条件(2)可得 $b > 0$,不充分.联合两条件,可确定 b 的值为由条件(1)中得出的大于零的根,联合充分.

8.8 特殊对称

28.【2012.10.19】【答案】A

【真题拆解】考查特殊对称,两直线关于 x 轴对称,将原曲线方程中的 y 用 $-y$ 替换.

【解析】根据【破题标志词】求关于 x 轴对称的新函数(纵坐标对称),将原曲线方程中的 y 用 $-y$ 替换,即与 $2x+3y=1$ 关于 x 轴对称的直线为 $2x-3y=1$. 故条件(1)充分;条件(2)不充分.

【拓展】若求 $2x+3y=1$ 关于 $y=x$ 轴对称的直线则为 $2y+3x=1$,即条件(2)充分.

29.【2010.10.22】【答案】B

【真题拆解】考查特殊对称,两圆关于 $y=x$ 轴对称,将原曲线方程中的 x 和 y 互换.

【解析】根据【破题标志词】求关于 $y=x$ 对称的新函数,将原曲线方程中的 x 和 y 互换即可. 故圆 C_2 函数中 x 和 y 互换得: $x^2+y^2+2y-6x-14=0$,即条件(2)充分.

30.【2008.01.12】【答案】A

【真题拆解】考查特殊对称,两直线关于 $y=-x$ 轴对称,将原曲线方程中的 x 变 $-y$,y 变 $-x$.

【解析】思路一(推荐):直线 $y+x=0$ 即 $y=-x$,符合【破题标志词】,将原曲线方程中的 x 变 $-y$,y 变 $-x$ 即可,得到 $-x+3y=2$,整理得 $y=\dfrac{x}{3}+\dfrac{2}{3}$.

思路二:依据轴对称的性质,有 $y-3x=2$ 的对称直线,直线 $y-3x=2$ 及直线 $y+x=0$ 交于点 $P\left(-\dfrac{1}{2},\dfrac{1}{2}\right)$,在 $y-3x=2$ 上任取一点 $Q(0,2)$,则 Q 关于 $y+x=0$ 的对称点为 $Q'(-2,0)$,连接 PQ' 即为所求直线 $y=\dfrac{x}{3}+\dfrac{2}{3}$.

8.9 线性规划求最值

31.【2015.12】【答案】B

【真题拆解】分析题目特征:①已知 A、B 两点坐标,可得 AB 的直线方程;②点 M 在直线 AB 上,代入直线方程;③矩形面积为 xy,【破题标志词】求 xy 最值 $\Rightarrow$ 乘积型线性规划.

【解析】AB 所在直线方程为 $\dfrac{y-0}{2-0}=\dfrac{x-1}{0-1}$,即 $2x+y=2$,$y=-2x+2$,矩形面积为 xy(如图 $8-10$ 所示).

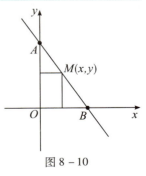

图 $8-10$

思路一:利用均值定理 $ab\leqslant\left(\dfrac{a+b}{2}\right)^2$,则矩形面积 $S=xy=\dfrac{1}{2}\times 2xy$

$\leqslant\dfrac{1}{2}\left(\dfrac{2x+y}{2}\right)^2=\dfrac{1}{2}$.

思路二:利用二次函数求最值. 将 $y=-2x+2$ 代入得矩形面积 $S=xy=x(2-2x)=-2x^2+$

$2x = -2\left[\left(x - \dfrac{1}{2}\right)^2 - \dfrac{1}{4}\right]$，当 $x = \dfrac{1}{2}$ 时，xy 取最大值 $-2 \times \left(-\dfrac{1}{4}\right) = \dfrac{1}{2}$.

32.【2012. 10. 13】【答案】B

【真题拆解】分析题目特征：①A, B 分别是圆周上使得 $\dfrac{y}{x}$ 取到最大值和最小值的点，**【破题标志词】**求 $\dfrac{y-n}{x-m}$ 最值 $\Rightarrow$ 斜率型线性规划. ②最值一般在边界点取得，O 是圆外一点，过圆外一点可以作圆的两条切线.

【解析】令 $\dfrac{y}{x} = k$，则 $y = kx$，它表示过原点斜率为 k 的直线，$\dfrac{y}{x}$ 取到最大值和最小值即直线 $y = kx$ 斜率取到最大值和最小值. 如图 $8 - 11$ 所示，直线与圆相切，A, B 为切点（过圆外一定点可以作两条切线），结合图形得 $BC = r = \sqrt{3}$，$BO = 3$，则 $CO = 2\sqrt{3}$，$\angle COB = 30^0 = \dfrac{\pi}{6}$，故 $\angle AOB = 2 \times \dfrac{\pi}{6} = \dfrac{\pi}{3}$.

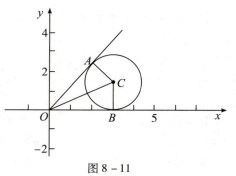

图 $8 - 11$

第9章　排列组合

9.1　排列组合基础知识

9.1.1　排列数与组合数计算

1.【2012.01.05】【答案】B

【真题拆解】本题实际考查的是排列组合的运算，从 15 种商品中取出 5 种不同的组合方式.

【解析】$C_{15}^5 = 3003$ 表示从 15 种商品中取出 5 种的方法数，每两次取法不完全相同，故有多少种取法就有多少种陈列方式，一旦陈列超过 C_{15}^5 次，则必然有两次陈列的商品完全相同.

2.【2010.10.24】【答案】E

【真题拆解】题干结论给出了组合数性质 $C_n^m = C_n^{n-m}$ 相关的等式可求得 n，条件是关于 n 的一元二次方程，可求得 n，判断是否充分.

【解析】根据 $C_n^m = C_n^{n-m}$ 可知，题干要求 $C_{31}^{4n-1} = C_{31}^{n+7}$，即 $(4n-1)+(n+7)=31$ 或 $4n-1=n+7$. 解得 $n=5$ 或 $n=\dfrac{8}{3}$（舍）.

条件（1）：$n^2-7n+12=0$，即 $(n-3)(n-4)=0$，解得 $n=3$ 或 $n=4$，不充分. 条件（2）：$n^2-10n+24=0$，即 $(n-4)(n-6)=0$，解得 $n=4$ 或 $n=6$，不充分，联合亦不充分.

3.【2008.10.19】【答案】B

【真题拆解】条件给出未知字母的取值，符合【破题标志词】给定未知字母取值或简单关系式 $\Rightarrow$ 代入求解.

【解析】由 $C_n^k = C_n^{n-k}$ 可知，条件（1）中 $n=10$ 时，$C_{10}^4 = C_{10}^6$，不充分. 条件（2）中代入 $n=9$，得 $C_9^4 > C_9^3 = C_9^6$，充分.

4.【2008.01.25】【答案】A

【真题拆解】每两个车站可形成一张车票，始发站不同车票不同，所以选出的两站之间有前后顺序，对两个车站还需进行排列.

【解析】条件（1）：有 10 个车站，每两站之间都有往返车票，共有 $C_{10}^2 A_2^2 = 90$（种）车票，充分. 条件（2）：有 9 个车站，每两站之间都有往返车票，共有 $C_9^2 A_2^2 = 72$（种）车票，不充分.

9.1.2　加法原理与乘法原理

5.【2013.01.15】【答案】C

【真题拆解】分析题目特征：①实际路线为 A→B→C→A，每一步逐步分析，完成这件事需要经过三个步骤，每一步有多种不同的方案，为分步计数运用乘法原理；②至多至少问题，优先从对立面考虑.

【解析】第一步：从 A 地到 B 地有 $2 \times 2 = 4$（种）方案；第二步：从 B 地到 C 地，每人变道或不变道有 2 种选择，2 人共有 2×2 种可能的方案，两人都变道只有一种可能，此时至多一人变道有 $2 \times 2 - 1 = 3$（种）方案；第三步：从 C 地到 A 地，此时至多一人变道，有 $2 \times 2 - 1 = 3$（种）方案. 故共有 $4 \times 3 \times 3 = 36$（种）方案.

9.2　不同元素选取分配问题

9.2.1　从不同备选池中选取元素

6.【2008.10.13】【答案】A

【真题拆解】题型定位：O 型、A 型、B 型、AB 型是 4 个不同的备选池，每个备选池均选出 1 个元素（各选 1 人）.

【解析】从每种血型中选出一人，分别有 C_{10}^1，C_5^1，C_8^1，C_3^1 种方法，根据乘法原理可知不同选法有 $C_{10}^1 \times C_5^1 \times C_8^1 \times C_3^1 = 1200$（种）.

9.2.2　不同元素分组，每组不能为空——分堆分配

7.【2013.10.12】【答案】D

【真题分解】题型定位：不同元素仅分堆问题. 实际就是将 6 个人分成 $1 + 2 + 3$ 三堆，确定分配.

【解析】6 名选手是不同元素分成 $1 + 2 + 3$ 三堆有 $C_6^1 \times C_5^2 \times C_3^3 = 6 \times 10 \times 1 = 60$ 种选法. 其中 1 人的中一等奖，2 人的中二等奖，3 人的全部中三等奖，为确定分配，方法数是 1.

根据乘法原理可能的选法有 $60 \times 1 = 60$（种）.

8.【2010.01.11】【答案】A

【真题拆解】分析题目特征点：5 人到 4 所中学支教，不能为空. 题型定位：不同元素分堆分配问题.

【解析】第一步先分组：将 5 名志愿者，分为 2 人、1 人、1 人、1 人共四组，其中有三组数量相同需要消序，因此分组共有 $\dfrac{C_5^2 \times C_3^1 \times C_2^1 \times C_1^1}{A_3^3} = 10$（种）. 第二步分配：将四组分配给四所中学，共有 A_4^4 种分配方案，故共有 $\dfrac{C_5^2 \times C_3^1 \times C_2^1 \times C_1^1}{A_3^3} \times A_4^4 = 240$（种）方案.

9.【2001.01.11】【答案】C

【真题拆解】分析题目特征点:4 封信投入 3 个不同的邮筒,不能为空. 题型定位:不同元素分堆分配问题.

【解析】第一步先分组:4 封信分为 $2+1+1$ 三组,其中有两组数量相同需要消序,因此分组共有 $\dfrac{C_4^2 \times C_2^1 \times C_1^1}{A_2^2} = 6$(种). 第二步分配:将三组分配给三个邮筒,共有 A_3^3 种分配方案,故共有 $6 \times A_3^3 = 36$(种)方案.

10.【2000.10.08】【答案】B

【真题拆解】分析题目特征点:6 个班级分给 3 位不同的教师,不能为空. 题型定位:不同元素分堆分配问题,分堆方式已确定.

【解析】第一步先分组:6 个班级分为 $1+2+3$ 三组,共有 $C_6^3 \times C_3^2 \times C_1^1 = 60$(种). 第二步分配:将三组分配给三位教师,共有 A_3^3 种分配方案,故共有 $60 \times A_3^3 = 360$(种)方案.

📍 9.2.3 不同元素可重复分配——分房法

11.【2007.10.07】【答案】A

【真题拆解】把同一备选池的 5 个人(不同元素)分配给 3 项不同的培训(对象),有的培训可能没人选(有些对象可能不分得元素),题型定位:分房问题. 需注意两类要素:①必须被调用且只被调用一次的要素(5 个人)——指数;②可能不被调用的要素(3 项不同的培训)——底数.

【解析】思路一:每个人均从三项培训中任选一项报名,对每个人可选方案均为 C_3^1 种,则 5 个人总方案数为 $C_3^1 \times C_3^1 \times C_3^1 \times C_3^1 \times C_3^1 = 243$(种).

思路二:题型定位:分房问题. 每人都只能报一项,即只能被调用一次,指数为 5,有的培训可能被多人选中,也有的培训可能一个人也没选,底数为 3,故方法数为 $3^5 = 243$(种).

9.3 相同元素选取分配问题——隔板法

12.【2009.10.14】【答案】B

【真题拆解】相同元素(10 只相同的球)分配给不同的对象(4 个盒子),每个盒子不能为空,符合【破题标志词】相同元素分不同组,每组不能为空⟹隔板法.

【解析】本题符合【破题标志词】相同元素(10 只相同的球)分不同组(放入编号为 1,2,3,4 的四个盒子中),每组不能为空(每个盒子不空)⟹ 隔板法. 即有:$C_{10-1}^{4-1} = C_9^3 = \dfrac{9 \times 8 \times 7}{3 \times 2 \times 1} = 84$(种)方法

9.4 排列问题

📍 9.4.1 某元素有位置要求

13.【2012.01.11】【答案】A

【真题拆解】分题目特征点:女子比赛位置有特殊要求,符合【破题标志词】全部分配时,某元素必须/不能处于某位置,有特殊位置要求的元素优先安排.

【解析】两名女子比赛安排在第二和第四局进行,方案数为A_2^2,则三名男运动员一定在第一、三、五局位置出场,方案数为A_3^3,故总方案数为$A_3^3 \times A_2^2 = 12$.

14.【2011.01.19】【答案】B

【真题拆解】分题目特征点:安排5人的面试顺序,两条件都给出了特殊位置要求,符合【破题标志词】全部分配时,某元素必须/不能处于某位置,有特殊位置要求的元素优先安排.

【解析】有特殊位置要求的元素优先处理.条件(1):第一步,从两名女生中选一名作为第一个面试的女生C_2^1种选法;第二步,剩余四位全排列A_4^4,故排序法有$C_2^1 \times A_4^4 = 48$(种),不充分.条件(2):第二位指定,其余四位全排列,即$A_4^4 = 24$,充分.

15.【1999.01.04】【答案】A

【真题拆解】分题目特征点:工种位置有特殊要求,符合【破题标志词】全部分配时,某元素必须/不能处于某位置,有特殊位置要求的元素优先安排.

【解析】思路一:特定工种只能在前四道工序种任选一道进行,方案数为C_4^1,其余四个工种在剩余工序中全排列,方案数为A_4^4,故总方案数为$C_4^1 \times A_4^4 = 96$.

思路二:总体剔除,五个工种全排列减去特定工种最后加工的情况数.总方案数为$A_5^5 - A_4^4 = 96$.

9.4.2　捆绑法与插空法

16.【2011.01.10】【答案】D

【真题拆解】对题目进行分析,同一家庭的成员必须相邻,符合【破题标志词】相邻问题⇒捆绑法.

【解析】第一步:捆绑后家庭间排序,即将3个三口之家分别用捆绑法捆在一起,作为3个"大元素"进行排列有$A_3^3 = 3!$(种)坐法.

第二步:松绑,即将3个"大元素"内部的家人进行排列有$A_3^3 \times A_3^3 \times A_3^3 = (3!)^3$(种)坐法.所以一共有$(3!)^4$种不同的坐法.

9.4.3　消序问题

17.【2014.10.12】【答案】D

【真题拆解】分析题目特征:千位数字 > 百位数字 > 十位数字,个位没要求,局部定序,符合【破题标志词】局部元素定序⇒局部有几个元素定序,就除以几的全排列.

【解析】第一步:个位没有要求,可以从六个数中任取,共有6种可能;第二步:从剩下的五个数中取不同的三个作为千位、百位、十位,由于规定从大到小排列(定序),故需要消序$\dfrac{A_5^3}{A_3^3} = C_5^3 = 10$.则根据乘法原理共$6 \times 10 = 60$(种)可能.

9.5　错位重排

18.【2014.01.15】【答案】D

【真题拆解】每位经理不能在自己部门任职. 题型定位:不对应问题⇒错位重排.

【解析】本题要求每位经理必须轮换到 4 个部门中的其他部门任职,即不能在自己部门任职,则为四个元素错位重排,$D_4 = 9$.

9.6　排列组合在几何中的应用

19.【2015.15】【答案】D

【真题拆解】要选定矩形,只需要选取两条不同水平线和两条不同垂直线即可.

【解析】在 5 条平行线中任选 2 条,在另一组 n 条平行线中任取 2 条,即可组成矩形,故矩形个数为 $C_5^2 \times C_n^2 = 10 \times \dfrac{n(n-1)}{2} = 280$,解得 $n = 8$.

20.【2009.01.10】【答案】B

【真题拆解】若要修建三座桥将这四个小岛连接起来,正面方案太多,可逆向思维,四个小岛无法连接,需将其中一个岛孤立起来,【破题标志词】正难则反⇒总体剔除.

【解析】正方形四边及对角线共有 6 条线(见图 9-2-a),从中任取 3 条修桥,有 C_6^3 种选法,但是当如图 9-2-b 时,将出现孤岛,桥将无法将四个岛连接起来,相似的修法共有 4 种,故总方案共有 $C_6^3 - 4 = 16$(种).

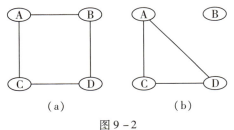

图 9-2

9.7　分情况讨论

21.【2011.10.12】【答案】E

【真题拆解】分析题目特征属于双重功能元素类题目,解题核心思路为根据双重功能元素是否被选中分情况讨论.

【解析】思路一:分情况讨论.

情况①:两种语言都能翻译的双重功能元素被选中,则此时已可以确保英语和法语都有翻译,从剩余 7 人中任选 2 人即可,方法数为 $C_7^2 = 21$.

情况②:两种语言都能翻译的双重功能元素未被选中,则选出 1 英 2 法,方法数为 $C_4^1 \times C_3^2$;或选出 2 英 1 法方法数为 $C_4^2 \times C_3^1$. 根据加法原理情况②总方法数为 $C_4^1 \times C_3^2 + C_4^2 \times C_3^1 = 12 + 18 = 30$.

根据加法原理,总方法数为 $21 + 30 = 51$.

思路二:逆向思维.【破题标志词】正难则反 $\Rightarrow$ 总体剔除.英语和法语都有翻译的对立面为选出的三人全为英语翻译或全为法语翻译,采用总体剔除法.从 8 名志愿者中任意选取三人的方法数为 C_8^3,全部选中只能做英语翻译的方法数为 C_4^3,全部选中只能做法语翻译的方法数为 C_3^3,故满足要求的方法数为 $C_8^3 - C_4^3 - C_3^3 = 51$.

9.8　　总体剔除法

22.【2013.01.24】【答案】A

【真题拆解】分析条件特征:条件(1)"不能"来自同一科室,【破题标志词】"非"的问题 $\Rightarrow$ 总体剔除法.条件(2)来自三个不同的科室,三个科室三个备选池,每个备选池选 1 人值班.

【解析】两个月最多 62 天,题干要求设计的不同值班方案数多于 62.条件(1):值班人员不能来自同一科室,采用逆向思维,任意选取的总方案数减去全部来自同一科室的方案数,即为不能来自同一科室方案数,即 $C_{11}^3 - C_6^3 - C_3^3 = 144$(种).两个月最多 62 天,可以保证每晚值班人员不完全相同,充分.

条件(2):值班人员来自三个不同科室,共有 $C_6^1 C_3^1 C_2^1 = 36$(种)方案,当大于 36 天时,一定有值班人员与之前完全相同,故无法保证每晚值班的人不完全相同,不充分.

10.1 古典概型

10.1.1 基础题型

1.【2014.10.02】【答案】E

【真题拆解】一共大小相同的试卷12页,一次试验包括有限等可能基本结果,符合古典概型.

【解析】第一步:计算总方法数. 从12页大小相同的试卷中抽出1页有C_{12}^1可能情况.

第二步:求满足要求的方法数. 抽出的是数学试卷的方法数为C_4^1.

第三步:计算概率. $P(A) = \dfrac{C_4^1}{C_{12}^1} = \dfrac{4}{12} = \dfrac{1}{3}$.

2.【2014.01.23】【答案】C

【真题拆解】分析题目特征点:①三种颜色的球若干个,基本事件数量有限;②随机抽取1球,每种情况出现的可能性是相同的,符合古典概型.

【解析】设红球有a个,黑球b个,白球c个,题干要求$a>b$且$a>c$. 条件(1):$\dfrac{c}{a+b+c} = \dfrac{2}{5}$,条件(2):$\dfrac{C_{a+c}^2}{C_{a+b+c}^2} > \dfrac{4}{5}$. 故条件(1)条件(2)单独均不成立,考虑联合.

条件(2)中至少一个黑球的概率小于$\dfrac{1}{5}$,即没有黑球(出现红球或白球)的概率大于$\dfrac{4}{5}$,联合条件(1)取出白球的概率为$\dfrac{2}{5}$,则取出红球的概率一定大于$\dfrac{4}{5} - \dfrac{2}{5} = \dfrac{2}{5}$,故联合充分.

3.【2014.01.13】【答案】E

【真题拆解】本题符合古典概型特征:有限性、等可能性. 分母为将6人均分成3组的可能性,分子为每组志愿者都是异性的可能方案数.

【解析】第一步:计算总方法数. 将3男3女共6人分配给甲、乙、丙三组,先分堆再分配,每组人数相同需消序,总方案数共有$\dfrac{C_6^2 C_4^2 C_2^2}{A_3^3} \times A_3^3 = C_6^2 C_4^2 C_2^2 = 90$ 种.

第二步:计算满足要求的方法数. 题干要求每组都是异性,将3个男生分给3个女生有A_3^3种情况,再将这三组分配给甲乙丙有 A_3^3 种情况,故满足要求的方法数为 $A_3^3 \times A_3^3 = 36$ 种方案.

第三步:计算每组都为异性概率. $P = \dfrac{满足要求}{全部可能} = \dfrac{36}{90} = \dfrac{2}{5}$.

4.【2012.10.22】【答案】C

【真题拆解】袋中球的数量有限,每一个球取到的可能性相等,符合古典概型特征:有限性、等可能性.

【解析】条件(1)条件(2)单独均不充分,考虑联合.条件(1):摸到白球的概率 $P = \dfrac{2}{总球数} = 0.2$,得到共有10个球.条件(2):得到摸到黄球的概率 $P = \dfrac{m}{总球数} = \dfrac{m}{10} = 0.3$,解得 $m = 3$,即黄球为3个,故联合充分.

5.【2011.10.10】【答案】C

【真题拆解】本题符合古典概型特征:有限性、等可能性.10名选手分为两类,普通选手和种子选手,分母为10个人5人一组可能性,分子为2名种子选手不在同一组的可能方案数.

【解析】第一步:计算总方法数.将10人分为5人一组,共2组,有 $\dfrac{C_{10}^5 \cdot C_5^5}{2!} = 126$(种)方法.

第二步:计算满足要求的方法数.

思路一:正向思维.满足要求方案即剩余8人分为4人一组,共2组,共有 $\dfrac{C_8^4 \times C_4^4}{2!} = 35$(种)方法,分别与两名种子选手搭配有 A_2^2 种方法,根据乘法原理,总方案数为 $35 \times 2 = 70$(种).相除得概率 $P = \dfrac{70}{126} = \dfrac{5}{9}$.

思路二:逆向思维,正难则反.对立事件为两名种子选手在同一组,则剩余8人分为3人一组与种子选手搭配,剩余5人一组,对立事件方案数为 $C_8^3 \cdot C_5^5 = 56$ 种,故所求概率 $P = 1 - \dfrac{56}{126} = \dfrac{5}{9}$.

6.【2011.01.06】【答案】E

【真题拆解】本题符合古典概型特征:有限性、等可能性.分母为10个人选3人可能性,分子为该小组中3个专业各有1名学生的可能方案数.

【解析】第一步:计算总方法数.从 $5 + 4 + 1 = 10$(人)中选出3人,共有 $C_{10}^3 = 120$(种).

第二步:计算满足要求的方法数.即从3个专业中各选1人,共有 $C_5^1 \times C_4^1 \times C_1^1 = 5 \times 4 \times 1 = 20$(种).

第三步:计算概率. $P = \dfrac{20}{120} = \dfrac{1}{6}$.

7.【2010.10.14】【答案】D

【真题拆解】本题符合古典概型特征:有限性、等可能性.分母为从中任意抽调4人的可能性,分子为这4人包括张三的可能性.

【解析】第一步:计算总方法数.从9人中任意抽调4人,总方案数为 C_9^4 种.

第二步:计算满足要求的方法数. 题目要求抽调的 4 人中包括张三,组内其他成员从剩余的 8 人中任选出 3 人即可,方案数为 C_8^3 种.

第三步:计算概率. $P = \dfrac{C_8^3}{C_9^4} = \dfrac{4}{9}$.

8.【2010.01.06】【答案】E

【真题拆解】本题符合古典概型特征:有限性、等可能性. 分母为从 4 种赠品中随机选取 2 件的可能性,分子为两位顾客所选的赠品中恰有 1 件赠品相同的可能性."恰"问题,代表对全局的描述,有且仅有 1 件赠品相同.

【解析】第一步:计算总方法数. 顾客从 4 件中任选两种,总方法数为 $C_4^2 \times C_4^2 = 36$.

第二步:计算满足要求的方法数. 恰有 1 件赠品相同,意味着另一件赠品必不同,满足要求方法数为: $C_4^1 \times C_3^1 \times C_2^1 = 24$.

第三步:计算概率. $P = \dfrac{24}{36} = \dfrac{2}{3}$.

9.【2009.01.09】【答案】A

【真题拆解】本题符合古典概型特征:有限性、等可能性. 分母为从 36 人中随机选出两人的可能性,分子为这两人血型相同的可能性.

【解析】第一步:计算总方法数. 从 36 人中任选出两人的总方法数为 C_{36}^2.

第二步:计算满足要求的方法数. 选出的两人同为 A 型方案数有 C_{12}^2;同为 B 型有 C_{10}^2;同为 AB 型有 C_8^2;同为 O 型有 C_6^2,故满足要求方法数: $C_{12}^2 + C_{10}^2 + C_8^2 + C_6^2$.

第三步:计算概率. $P = \dfrac{C_{12}^2 + C_{10}^2 + C_8^2 + C_6^2}{C_{36}^2} = \dfrac{77}{315}$.

10.【2007.10.22】【答案】A

【真题拆解】条件给出了 n 的取值,本题符合古典概型特征:有限性、等可能性. 分母为从 n 件产品中随机抽查 2 件的可能性,分子为有 1 件次品的可能性,这儿的有 1 件是指有且仅有 1 件.

【解析】条件(1):代入 $n = 5$.

第一步:计算总方法数. 从 5 个产品中选出 2 个,有 C_5^2 种方法.

第二步:计算满足要求的方法数. 从 3 件正品和 2 件次品中各取出 1 个,有 $C_2^1 C_3^1$ 种方法.

第三步:计算概率. $P = \dfrac{C_2^1 \times C_3^1}{C_5^2} = 0.6$,充分.

条件(2):代入 $n = 6$.

第一步:计算总方法数. 从 6 个产品中选出 2 个,有 C_6^2 种方法.

第二步:计算满足要求的方法数. 从 4 件正品和 2 件次品中各取出 1 个,有 $C_2^1 C_4^1$ 种方法.

第三步:计算概率. $P = \dfrac{C_2^1 \times C_4^1}{C_6^2} = \dfrac{8}{15}$,不充分.

11.【2000.01.09】【答案】A

【真题拆解】本题符合古典概型特征:有限性、等可能性.分母为从 10 只球中随机选出 4 只球的可能性,四球得分不大于 6 分的可能性.

【解析】第一步:计算总方法数.从 10 只球中任选出 4 只的总方法数为 C_{10}^4.

第二步:计算满足要求的方法数.选出的 4 只球得分不大于 6 分有两红两黑、三黑一红、四黑 4 种情况.其中两红两黑有 $C_6^2 C_4^2$;三黑一红有 $C_6^1 C_4^3$;四黑有 C_4^4;根据加法原理,满足要求方法数为 $C_6^2 C_4^2 + C_6^1 C_4^3 + C_4^4$.

第三步:计算概率. $P = \dfrac{C_6^2 C_4^2 + C_6^1 C_4^3 + C_4^4}{C_{10}^4} = \dfrac{23}{42}$.

 ## 10.1.2 穷举法

12.【2013.10.09】【答案】B

【真题拆解】分析题目:此人停留期为连续的两天,所以满足要求的情况为连续两天都为优良.

【解析】由于某人从 3 月 1 日至 3 月 13 日,任意一天到达,故总计有 13 种情况,其中连续两天优良有:1 日 +2 日;2 日 +3 日;12 日 +13 日;13 日 +14 日,故所求概率 $P = \dfrac{4}{13}$.

13.【2012.10.20】【答案】D

【真题拆解】分析题目特征点:①给出了直线方程的斜截式,k 代表直线斜率,b 代表直线在 y 轴上的截距;②直线要经过第三象限有两种可能,一是斜率大于等于零,二是截距小于零.

【解析】两条件 k 和 b 全部的组合情况都有 $3 \times 3 = 9$(种).

由穷举法求满足题干要求的情况数.

条件(1):当 $k = -1$ 或 $k = 0$ 时,$b = -1$ 才可使直线经过第三象限;$k = 1$ 时无论 b 取何值直线都可以经过第三象限,即 $b = -1,1,2$,共 5 种情况满足题干要求,$P = \dfrac{5}{9}$,充分.

条件(2):当 $k = -2$ 或 $k = -1$ 时,$b = -1$ 才可使直线经过第三象限;当 $k = 2$ 时无论 b 取何值直线都可以经过第三象限,即 $b = -1,0,2$,共 5 种情况满足题干要求,$P = \dfrac{5}{9}$,亦充分.

14.【2012.10.06】【答案】E

【真题拆解】分析图形发现当 S_3 闭合,S_1,S_2 中任意一个闭合时灯泡才能发光,可根据穷举法找出符合条件的情况.

【解析】所有闭合组合数为 $C_3^2 = 3$,穷举可知分别为 $S_1 S_2$,$S_1 S_3$,$S_2 S_3$,其中可以发光的有 $S_1 S_3$,$S_2 S_3$,则 $P = \dfrac{满足要求方法数}{所有方法数} = \dfrac{2}{3}$.

15.【2012.01.04】【答案】B

【真题拆解】一共 9 位数,相邻的 3 个数组成一组,可以一一穷举出来求解.

【解析】采用穷举法,5 1 3 5 3 5 3 1 9 从左到右相邻三个数字组成的三位数有:513,135,353,535,353,531,319,去掉重复后共有 6 种,商品价格为其中一种,故所求概率 $P = \dfrac{1}{6}$.

16.【2009.10.15】【答案】E

【真题拆解】每个骰子有 1～6 点,有限个基本事件,掷骰子是随机的,每个点出现的情况相等,古典概型求解.

【解析】点 $P(a,b)$ 坐标的所有可能情况有 $6 \times 6 = 36$(种). $P(a,b)$ 落入三角形内的情况有 $(1,1)$,
$(1,2)$,$(1,3)$,$(1,4)$,$(2,1)$,$(2,2)$,$(2,3)$,$(3,1)$,$(3,2)$,$(4,1)$ 共 10 种,故所求概率 $P = \dfrac{10}{36}$
$= \dfrac{5}{18}$.

17.【2008.10.06】【答案】D

【真题拆解】分析题目:当点 (a,b) 落入圆内时 $a^2 + b^2 < 18$,可根据穷举法找出符合条件的情况.

【解析】连续掷两枚骰子,结果共有 $(a,b) = 6 \times 6 = 36$(种). 其中落入圆 $x^2 + y^2 = 18$ 内的有 $(1,1)$
$(1,2)$,$(1,3)$,$(1,4)$,$(2,1)$,$(2,2)$,$(2,3)$,$(3,1)$,$(3,2)$,$(4,1)$,共 10 种. 故所求概率 $P = \dfrac{10}{30} = \dfrac{5}{18}$.

10.1.3 取出后放回(分房模型)

18.【2015.19】【答案】B

【真题拆解】分析题目特征点:①10 张奖券,单张有奖,有限个基本事件;②同时抽取 2 张,古典概型;③取出后放回,每次抽取面对场景相同,重复抽取 n 次,伯努利概型.

【解析】从 10 张奖券中同时抽取 2 张奖券,中奖概率 $P = \dfrac{C_1^1 C_9^1}{C_{10}^2} = \dfrac{1}{5} = 0.2$. 从信封中每次抽取 1 张奖券后放回,如此重复 n 次,为有放回抽样,不管重复抽取多少次,每次中奖概率恒定不变,中奖概率 $Q = 1 - P_{全未中奖} = 1 - \left(\dfrac{9}{10}\right)^n = 1 - 0.9^n$.

条件(1):$n = 2$ 时,$Q = 1 - \left(\dfrac{9}{10}\right)^2 = 0.19$,$Q < P$,不充分. 条件(2)$n = 3$ 时,$Q = 1 - \left(\dfrac{9}{10}\right)^3 = 0.271$,$Q > P$,充分.

19.【1998.01.12】【答案】C

【真题拆解】分析题目特征点:①3 人分配到 4 间房,基本事件数量有限,且可能性相同,符合古典概型;②房间可被重复选择,符合不同元素可重复分配即分房问题.

【解析】本题总方法数属于分房模型,可重复使用的元素为 4,不可重复使用的元素为 3,一人随机分到 4 间房有 4 种分法,3 人分到 4 间房有 4^3 种方法. 某指定房间中恰有 2 人,先从 3 人中选出分到此房间的两人 C_3^2,剩下一人在剩下 3 间房中选择 C_3^1,则方法数为 $C_3^2 C_3^1$. 相除得概率 $P = \dfrac{C_3^2 C_3^1}{4^3} = \dfrac{9}{64}$

10.2 概率乘法公式与加法公式

📍 10.2.1 基本应用

20. 【2012.01.19】【答案】B

【真题拆解】分析题目特征：①两道独立工序，每道工序为独立事件，相互之间无影响；②产品是合格品，则必须两道工序都合格.

【解析】相互独立事件，由概率乘法公式可知：条件(1)中该产品是合格品的概率 $P = 0.81 \times 0.81 < 0.8$，不充分. 条件(2)中该产品是合格品的概率 $P = 0.9 \times 0.9 = 0.81 > 0.8$，充分.

21. 【2007.10.29】【答案】C

【真题拆解】类型判断：单独均不充分，联合型，相互独立事件用概率乘法公式.

【解析】条件(1)条件(2)单独均不充分，考虑联合. 王先生在每个路口没有遇到红灯的概率为 $1 - 0.5$，并且相互独立，则他全程没有遇到红灯的概率为 $(1 - 0.5)(1 - 0.5)(1 - 0.5) = 0.125$，故联合充分.

22. 【1999.01.10】【答案】E

【真题拆解】分析题目特征：①D_1 和 D_2 为串联，需要两元件均正常工作；②A, B, C 为并联，需要三个元件中至少一个正常工作.

【解析】相互独立事件，由概率乘法公式可知：D_1 和 D_2 均正常工作概率为 s^2，A, B, C 中至少有一个正常工作，至少问题利用对立事件法，至少一个正常工作的概率 $= 1 -$ 全不正常工作的概率，即 $1 - (1-p)(1-q)(1-r)$. 故系统正常工作概率 $P = s^2[1 - (1-p)(1-q)(1-r)]$.

📍 10.2.2 需分情况讨论的问题

23. 【2015.14】【答案】A

【真题拆解】甲获得冠军，甲肯定进入决赛，所以甲乙对阵一定甲赢，决赛有两种可能：一是四强赛丙胜丁，决赛甲胜丙；二是四强赛丁胜丙，决赛甲胜丁.

【解析】甲获得冠军有两种可能，四强赛甲胜乙，丙胜丁，决赛甲胜丙，即 $P_1 = 0.3 \times 0.5 \times 0.3$；四强赛甲胜乙，丁胜丙，决赛甲胜丁，即 $P_2 = 0.3 \times 0.5 \times 0.8$. 故 $P = 0.3 \times 0.5 \times 0.3 + 0.3 \times 0.5 \times 0.8 = 0.045 + 0.12 = 0.165$.

24. 【2010.01.15】【答案】E

【真题拆解】一共有 5 关，每次闯关都是相互独立的，连续通过 2 关就算闯关成功，分情况讨论哪两关连续通关.

【解析】小王分别在第 1 - 5 关闯关成功的概率如表 10 - 4 所示：

表10-4 小王在1~5关闯关成功概率

①	②	③	④	⑤	概率
√	√				$\frac{1}{2} \times \frac{1}{2} = \frac{1}{4}$
×	√	√			$\frac{1}{2} \times \frac{1}{2} \times \frac{1}{2} = \frac{1}{8}$
×	×	√	√		$\frac{1}{16} + \frac{1}{16} = \frac{1}{8}$
√	×	√	√		
×	×	×	√	√	
×	√	×	√	√	$\frac{1}{32} + \frac{1}{32} + \frac{1}{32} = \frac{3}{32}$
√	×	×	√	√	

则总概率为 $P = \frac{1}{4} + \frac{1}{8} + \frac{1}{16} \times 2 + \frac{1}{32} \times 3 = \frac{19}{32}$.

25.【2009.10.25】【答案】E

【真题拆解】类型判断:两条件单独不充分,联合型.至多同时发射4枚导弹分情况讨论.

【解析】条件(1)条件(2)单独不充分,考虑联合.条件(1)命中率为 $p = 0.6$,不命中率为 $1 - p = 0.4$,条件(2)至多同时发射4枚导弹.发射1枚时命中概率 $P = 0.6$;发射2枚时命中概率 $P = 1 - 0.4^2 = 0.84$;发射3枚时命中概率 $P = 1 - 0.4^3 = 0.936$;发射4枚时命中概率 $P = 1 - 0.4^4 \approx 0.974$,均不为 99%,故单独或联合均不充分.

26.【2008.01.14】【答案】B

【真题拆解】每一步移动有两种选择方案:移动一个坐标单位或两个坐标单位,正向一共移动三个坐标单位有 $3 = 1 + 1 + 1 = 1 + 2 = 2 + 1$,有先后顺序要求,分情况讨论.

【解析】要正向移动3个单位,可分为3种情况:(1)移动一个坐标单位+一个坐标单位+一个坐标单位,概率为 $\left(\frac{2}{3}\right)^3$;(2)移动两个坐标单位,再移动一个坐标单位,概率为 $\frac{1}{3} \times \frac{2}{3}$;(3)移动一个坐标单位,再移动两个坐标单位,概率为 $\frac{2}{3} \times \frac{1}{3}$,故整体概率 $P = \left(\frac{2}{3}\right)^3 + \frac{1}{3} \times \frac{2}{3} + \frac{2}{3} \times \frac{1}{3}$ $= \frac{20}{27}$.

10.3 　抽签模型

27.【2010.01.12】【答案】C

【真题拆解】分析题目特征点:①尝试密码,输错的密码不会再尝试,为取出后不放回;②要启动该装置,需3次内输入正确的密码;③正确的密码只有一个,即单张有奖.符合【抽签技巧3】单张有奖,前 k 次之内抽中的概率,等于第一次抽中的概率乘以 k.

【解析】思路一:恰好第 1 次输入就启动装置的概率为 $\frac{1}{10 \times 9 \times 8} = \frac{1}{720}$;恰好第 2 次输入后启动装置的概率为 $\frac{10 \times 9 \times 8 - 1}{10 \times 9 \times 8} \times \frac{1}{10 \times 9 \times 8 - 1} = \frac{1}{720}$;恰好第 3 次输入后启动装置的概率为 $\frac{1}{720}$,则 3 次内成功启动的概率 $P = \frac{1}{720} + \frac{1}{720} + \frac{1}{720} = \frac{1}{240}$.

思路二:根据【抽签技巧 3】可知,前 3 次之内猜中的概率,等于第一次猜中的概率乘以 3,即 3 次内成功启动的概率 $P = \frac{1}{720} \times 3 = \frac{1}{240}$.

10.4 伯努利概型

 10.4.1 基本伯努利概型问题

28.【2012.01.22】【答案】D

【真题拆解】分析题目特征:①答对 2 道题即为及格,暗含"至少"的问题,三题中答对 2 题或 3 题都为及格;②做每道题都是相互独立的的试验,每次试验结果只有[答对]与[未答对]两种;③答对各题的概率相同,为 3 重伯努利概型.

【解析】条件(1)答对各题的概率均为 $\frac{2}{3}$,条件(2)3 道题全错概率为 $\frac{1}{27}$,即 $(1-p)^3 = \frac{1}{27}$,$p = \frac{2}{3}$,故条件(2)与条件(1)等价.$P_{及格} = P_{对2题} + P_{对3题} = C_3^2 \left(\frac{2}{3}\right)^2 \left(\frac{1}{3}\right) + \left(\frac{2}{3}\right)^3 = \frac{4}{9} + \frac{8}{27} = \frac{20}{27}$,故两条件充分.

29.【2008.10.28】【答案】B

【真题拆解】分析题目特征:每次射击条件一样,且相互独立,射击结果互不影响,每次试验结果只有[击中]与[未击中]两种,故符合 10 重伯努利试验,求[击中]恰好发生 7 次的概率.

【解析】本题符合伯努利概型,条件(1) $P_1 = C_{10}^7 (0.2)^7 \times (1-0.2)^3 \neq \frac{15}{128}$,不充分.条件(2) $P_2 = C_{10}^7 (0.5)^7 \times (1-0.5)^3 = \frac{15}{128}$,充分.

 10.4.2 可确定试验次数的伯努利概型

30.【2014.01.09】【答案】C

【真题拆解】投掷硬币,每次试验条件都相同且互相独立,明确给出结束条件,问在 4 次之内停止的概率,为可确定试验次数的伯努利概型,需要分析试验结果的情况.

【解析】掷硬币 4 次之内正面向上次数大于反面向上次数情况如表 10-5

表 10 - 5

第 1 次	第 2 次	第 3 次	第 4 次
正	/	/	/
反	正	正	/

P_1（掷 1 次停止）$= P_1$（正）$= \dfrac{1}{2}$；P_2（掷 3 次停止）$= P_2$（反正正）$= \dfrac{1}{2} \cdot \dfrac{1}{2} \cdot \dfrac{1}{2} = \dfrac{1}{8}$，故总概率 $P = P_1 + P_2 = \dfrac{1}{2} + \dfrac{1}{8} = \dfrac{5}{8}$.

31.【2008.01.15】【答案】A

【真题拆解】两人比赛，每次试验条件都相同且互相独立，试验结果只有[输]+[赢]两种情况，明确给出结束条件，问甲以 4：1 战胜乙的概率，为可确定试验次数的伯努利概型，需要分析试验结果的情况.

【解析】由于甲选手以 4：1 战胜乙选手，故一共进行了 5 局比赛：最后一局一定甲赢；前 4 局中甲获胜 3 次、乙获胜 1 次，无顺序要求，故所求概率 $P = C_4^3 0.7^4 0.3 = 0.84 \times 0.7^3$.

10.5 对立事件法

32.【2013.10.13】【答案】E

【真题拆解】"至少有 1 个三面是红漆的小正方体"包括有 1 个、有 2 个、有 3 个三面是红漆的小正方体，需要计算三种情况的方案数. 其对立事件为"没有三面红漆的小正方体"仅需计算一种情况，所以本题应优先采用对立事件法来进行计算. 确定了计算方法，还需要知道没有三面红漆的小正方体的备选池中一共有多少个元素，三面是红漆的小正方体有 8 个，其余没有三面红漆的小正方体共 56 个.

【解析】$P_{\text{没有三面红漆的小正方体}} = \dfrac{C_{56}^3}{C_{64}^3} = \dfrac{165}{248}$，则 $P_{\text{至少有一个三面红漆的小正方体}} = 1 - P_{\text{没有三面红漆的小正方体}} = 1 - \dfrac{165}{248} \approx 0.335$.

33.【2013.01.20】【答案】D

【真题拆解】只要至少有一个警报器发出警报就叫做发出报警信号了，所以本题计算的就是至少有一个警报器发出警报的概率. 观察条件发现报警器都不止一个，所以从正面计算需要考虑的情况都比较多，考虑使用对立事件法，它的对立事件为"所有警报器都没有发出报警"

【解析】条件（1）：$n = 3$，$p = 0.9$，故报警概率 $P = 1 - (1 - 0.9)^3 = 0.999$，充分. 条件（2）：$n = 2$，$p = 0.97$，报警概率 $P = 1 - (1 - 0.97)^2 = 0.9991 > 0.999$，亦充分.

34.【2013.01.14】【答案】B

【真题拆解】一共取 2 件，"至少有 1 件一等品"包括"有 1 件一等品"、"有 2 件一等品"，其对立事件为"没有一等品"，相比较对立事件仅需计算一种情况，少计算就少出错，所以本题优先使用对立事件法.

【解析】全部取法数为$C_{10}^2=45$,对立事件的取法为$C_6^2=15$;故取两件没有一等品概率为$\dfrac{C_6^2}{C_{10}^2}=\dfrac{15}{45}=$

$\dfrac{1}{3}$,故取两件至少有一件一等品概率为$1-\dfrac{1}{3}=\dfrac{2}{3}$.

35.【2012.01.07】【答案】E

【真题拆解】"至少有1天中午办理安检手续的乘客人数超过15"包括"1天人数超过15"和"2天人数超过15",而其对立事件为"两天人数都不超过15".所以优先考虑使用对立事件法.

【解析】$P_{两天中至少一天人数超过15}=1-P_{两天人数都未超过15}=1-(0.1+0.2+0.2)^2=0.75$.

36.【2011.10.16】【答案】B

【真题拆解】结论的表述中拥有"至少"字眼,"至少"表示大于等于的意思,3人中至少1人的情况包括1人、2人和3人,计算这三种情况较为繁琐,所以应该考虑使用其对立事件"3人都未患病"来解题.

【解析】从对立事件考虑,$P_{至少一人患病}=1-P_{无人患病}=1-(1-p)^3=0.271\Rightarrow(1-p)^3=0.729$,$p=$0.1.故条件(1)不充分,条件(2)充分.

37.【2011.01.08】【答案】D

【真题拆解】3个球在放入三个盒子时并没有特别的要求,所以每个球都有3种选择,属于分房模型.乙盒中可能出现0个红球、1个红球、2个红球,而至少一个红球的情况包括1个红球和2个红球,所以计算其对立事件"乙盒子中有0个红球"相对简单一些,因此建议使用对立事件法.值得注意的是在计算满足题干要求的方案数时,乙盒中有没有白球都不重要,因此白球分配时还符合分房模型.

【解析】将3只球随机放入3个盒子中,3个盒子为可重复分配元素,故总方法数为3^3.题目要求"乙盒中至少有一只红球($\geqslant1$只)",它的对立事件为"乙盒中<1只红球",即一只红球也没有,则2个红球分别放入甲、丙两个盒子,方法数为2^2,同时白球可以在3个盒子中任选,方法数为C_3^1,故满足对立事件要求的方法数为$C_3^1\times2^2$,对立事件概率为$\dfrac{C_3^1\times2^2}{3^3}=\dfrac{4}{9}$,所求概率为$1-\dfrac{4}{9}=\dfrac{5}{9}$.

38.【2010.10.15】【答案】A

【真题拆解】甲乙都合格的概率等于甲合格的概率乘以乙合格的概率,在计算甲乙各自合格的概率时切勿与"伯努利概型"混淆,10道题甲能答对8题不代表甲答对每道题的概率都是0.8,而是在这10题中有8道题可以100%答对,另外2道题100%不能答对,所以甲答对的概率取决于甲选的3题中包含几道可以答对的题目几道不能答对的题目.同理乙也是如此.

【解析】考试合格要求至少答对两题,即甲至少对2题($\geqslant2$题),它的对立事件为甲答对<2题,即对1错2,或对0错3,但甲本身可以答对8题,故不可能对0错3,对立事件仅为对1错2,即甲考试合格概率$=1-\dfrac{C_8^1C_2^2}{C_{10}^3}=\dfrac{14}{15}$.同理,乙考试合格概率$=\dfrac{C_6^3}{C_{10}^3}+\dfrac{C_6^2\cdot C_4^1}{C_{10}^3}=\dfrac{2}{3}$.甲、乙都合格的概率$=P_{甲合格}\times P_{乙合格}$,故$P=\dfrac{14}{15}\times\dfrac{2}{3}=\dfrac{28}{45}$.

【拓展】甲、乙都不合格的概率$=P_{甲不合格}\times P_{乙不合格}$;甲、乙至少一个人合格概率$=1-P_{甲不合格}\times P_{乙不合格}$;甲、乙至少一个人不合格概率$=1-P_{甲合格}\times P_{乙合格}$.

原题&错解 （可粘贴）

所属知识点：

正解&分析

原因分析：

1. 概念错误 ☐
2. 思路错误 ☐
3. 运算错误 ☐
4. 审题错误 ☐
5. 粗心大意 ☐

其他原因

总结

原题&错解 （可粘贴）

日期&来源

所属知识点：

正解&分析

原因分析：

1. 概念错误 ☐
2. 思路错误 ☐
3. 运算错误 ☐
4. 审题错误 ☐
5. 粗心大意 ☐

其他原因

总结

MBA大师

日期&来源

原题&错解（可粘贴）

所属知识点：

原因分析：

正解&分析

1. 概念错误 □
2. 思路错误 □
3. 运算错误 □
4. 审题错误 □
5. 粗心大意 □

其他原因

总结

日期&来源

原题&错解（可粘贴）

所属知识点：

原因分析：

正解&分析

1. 概念错误 □
2. 思路错误 □
3. 运算错误 □
4. 审题错误 □
5. 粗心大意 □

其他原因

总结

原题&错解（可粘贴）

日期&来源

所属知识点：

正解&分析

原因分析：

1. 概念错误 ☐
2. 思路错误 ☐
3. 运算错误 ☐
4. 审题错误 ☐
5. 粗心大意 ☐

其他原因

总结

原题&错解（可粘贴）

日期&来源

所属知识点：

正解&分析

原因分析：

1. 概念错误 ☐
2. 思路错误 ☐
3. 运算错误 ☐
4. 审题错误 ☐
5. 粗心大意 ☐

其他原因

总结

日期&来源

原题&错解（可粘贴）

所属知识点：

原因分析：

正解&分析

1. 概念错误 ☐
2. 思路错误 ☐
3. 运算错误 ☐
4. 审题错误 ☐
5. 粗心大意 ☐

其他原因

总结

日期&来源

原题&错解（可粘贴）

所属知识点：

原因分析：

正解&分析

1. 概念错误 ☐
2. 思路错误 ☐
3. 运算错误 ☐
4. 审题错误 ☐
5. 粗心大意 ☐

其他原因

总结

原题&错解（可粘贴）

日期&来源

所属知识点：

正解&分析

原因分析：

1. 概念错误 ☐
2. 思路错误 ☐
3. 运算错误 ☐
4. 审题错误 ☐
5. 粗心大意 ☐

其他原因

总结

原题&错解（可粘贴）

日期&来源

所属知识点：

正解&分析

原因分析：

1. 概念错误 ☐
2. 思路错误 ☐
3. 运算错误 ☐
4. 审题错误 ☐
5. 粗心大意 ☐

其他原因

总结

MBA大师

日期&来源

原题&错解（可粘贴）

所属知识点：

原因分析：

正解&分析

1. 概念错误 ☐
2. 思路错误 ☐
3. 运算错误 ☐
4. 审题错误 ☐
5. 粗心大意 ☐

其他原因

总结

日期&来源

原题&错解（可粘贴）

所属知识点：

原因分析：

正解&分析

1. 概念错误 ☐
2. 思路错误 ☐
3. 运算错误 ☐
4. 审题错误 ☐
5. 粗心大意 ☐

其他原因

总结

原题&错解（可粘贴）

日期&来源

所属知识点：

正解&分析

原因分析：

1. 概念错误 ☐
2. 思路错误 ☐
3. 运算错误 ☐
4. 审题错误 ☐
5. 粗心大意 ☐

其他原因

总结

原题&错解（可粘贴）

日期&来源

所属知识点：

正解&分析

原因分析：

1. 概念错误 ☐
2. 思路错误 ☐
3. 运算错误 ☐
4. 审题错误 ☐
5. 粗心大意 ☐

其他原因

总结

MBA大师

日期&来源

原题&错解（可粘贴）

所属知识点：

原因分析：

正解&分析

1. 概念错误 □
2. 思路错误 □
3. 运算错误 □
4. 审题错误 □
5. 粗心大意 □

其他原因

总结

日期&来源

原题&错解（可粘贴）

所属知识点：

原因分析：

正解&分析

1. 概念错误 □
2. 思路错误 □
3. 运算错误 □
4. 审题错误 □
5. 粗心大意 □

其他原因

总结

原题&错解 （可粘贴）

所属知识点：

正解&分析

原因分析：

1. 概念错误 ☐
2. 思路错误 ☐
3. 运算错误 ☐
4. 审题错误 ☐
5. 粗心大意 ☐

其他原因

总结

原题&错解 （可粘贴）

日期&来源

所属知识点：

正解&分析

原因分析：

1. 概念错误 ☐
2. 思路错误 ☐
3. 运算错误 ☐
4. 审题错误 ☐
5. 粗心大意 ☐

其他原因

总结

日期&来源	原题&错解（可粘贴）

所属知识点：

原因分析：	正解&分析

1. 概念错误 ☐
2. 思路错误 ☐
3. 运算错误 ☐
4. 审题错误 ☐
5. 粗心大意 ☐

其他原因

总结

日期&来源	原题&错解（可粘贴）

所属知识点：

原因分析：	正解&分析

1. 概念错误 ☐
2. 思路错误 ☐
3. 运算错误 ☐
4. 审题错误 ☐
5. 粗心大意 ☐

其他原因

总结

原题&错解（可粘贴）

日期&来源

所属知识点：

正解&分析

原因分析：

1. 概念错误 ☐
2. 思路错误 ☐
3. 运算错误 ☐
4. 审题错误 ☐
5. 粗心大意 ☐

其他原因

总结

原题&错解（可粘贴）

日期&来源

所属知识点：

正解&分析

原因分析：

1. 概念错误 ☐
2. 思路错误 ☐
3. 运算错误 ☐
4. 审题错误 ☐
5. 粗心大意 ☐

其他原因

总结

MBA大师

日期&来源

原题&错解（可粘贴）

所属知识点：

原因分析：

正解&分析

1. 概念错误 ☐
2. 思路错误 ☐
3. 运算错误 ☐
4. 审题错误 ☐
5. 粗心大意 ☐

其他原因

总结

日期&来源

原题&错解（可粘贴）

所属知识点：

原因分析：

正解&分析

1. 概念错误 ☐
2. 思路错误 ☐
3. 运算错误 ☐
4. 审题错误 ☐
5. 粗心大意 ☐

其他原因

总结

原题&错解（可粘贴）

所属知识点：

正解&分析

原因分析：

1. 概念错误 ☐
2. 思路错误 ☐
3. 运算错误 ☐
4. 审题错误 ☐
5. 粗心大意 ☐

其他原因

总结

原题&错解（可粘贴）

日期&来源

所属知识点：

正解&分析

原因分析：

1. 概念错误 ☐
2. 思路错误 ☐
3. 运算错误 ☐
4. 审题错误 ☐
5. 粗心大意 ☐

其他原因

总结

日期&来源

原题&错解（可粘贴）

所属知识点：

原因分析：

1. 概念错误 □
2. 思路错误 □
3. 运算错误 □
4. 审题错误 □
5. 粗心大意 □

其他原因

正解&分析

总结

日期&来源

原题&错解（可粘贴）

所属知识点：

原因分析：

1. 概念错误 □
2. 思路错误 □
3. 运算错误 □
4. 审题错误 □
5. 粗心大意 □

其他原因

正解&分析

总结

原题&错解（可粘贴）

日期&来源

所属知识点：

正解&分析

原因分析：

1. 概念错误 ☐
2. 思路错误 ☐
3. 运算错误 ☐
4. 审题错误 ☐
5. 粗心大意 ☐

其他原因

总结

原题&错解（可粘贴）

日期&来源

所属知识点：

正解&分析

原因分析：

1. 概念错误 ☐
2. 思路错误 ☐
3. 运算错误 ☐
4. 审题错误 ☐
5. 粗心大意 ☐

其他原因

总结

日期&来源

原题&错解（可粘贴）

所属知识点：

原因分析：

正解&分析

1. 概念错误 □
2. 思路错误 □
3. 运算错误 □
4. 审题错误 □
5. 粗心大意 □

其他原因

总结

日期&来源

原题&错解（可粘贴）

所属知识点：

原因分析：

正解&分析

1. 概念错误 □
2. 思路错误 □
3. 运算错误 □
4. 审题错误 □
5. 粗心大意 □

其他原因

总结

原题&错解（可粘贴）

日期&来源

所属知识点：

正解&分析

原因分析：

1. 概念错误 □
2. 思路错误 □
3. 运算错误 □
4. 审题错误 □
5. 粗心大意 □

其他原因

总结

原题&错解（可粘贴）

日期&来源

所属知识点：

正解&分析

原因分析：

1. 概念错误 □
2. 思路错误 □
3. 运算错误 □
4. 审题错误 □
5. 粗心大意 □

其他原因

总结

日期&来源

原题&错解（可粘贴）

所属知识点：

原因分析：

正解&分析

1. 概念错误 ☐
2. 思路错误 ☐
3. 运算错误 ☐
4. 审题错误 ☐
5. 粗心大意 ☐

其他原因

总结

日期&来源

原题&错解（可粘贴）

所属知识点：

原因分析：

正解&分析

1. 概念错误 ☐
2. 思路错误 ☐
3. 运算错误 ☐
4. 审题错误 ☐
5. 粗心大意 ☐

其他原因

总结

MBA大师

原题&错解（可粘贴）

日期&来源

所属知识点：

正解&分析

原因分析：

1. 概念错误 □
2. 思路错误 □
3. 运算错误 □
4. 审题错误 □
5. 粗心大意 □

其他原因

总结

原题&错解（可粘贴）

日期&来源

所属知识点：

正解&分析

原因分析：

1. 概念错误 □
2. 思路错误 □
3. 运算错误 □
4. 审题错误 □
5. 粗心大意 □

其他原因

总结

日期&来源

原题&错解（可粘贴）

所属知识点：

原因分析：

正解&分析

1. 概念错误 □
2. 思路错误 □
3. 运算错误 □
4. 审题错误 □
5. 粗心大意 □

其他原因

总结

日期&来源

原题&错解（可粘贴）

所属知识点：

原因分析：

正解&分析

1. 概念错误 □
2. 思路错误 □
3. 运算错误 □
4. 审题错误 □
5. 粗心大意 □

其他原因

总结

原题&错解（可粘贴）

所属知识点：

正解&分析

原因分析：

1. 概念错误 ☐
2. 思路错误 ☐
3. 运算错误 ☐
4. 审题错误 ☐
5. 粗心大意 ☐

其他原因

总结

原题&错解（可粘贴）

日期&来源

所属知识点：

正解&分析

原因分析：

1. 概念错误 ☐
2. 思路错误 ☐
3. 运算错误 ☐
4. 审题错误 ☐
5. 粗心大意 ☐

其他原因

总结

日期&来源

原题&错解（可粘贴）

所属知识点：

原因分析：

正解&分析

1. 概念错误 ☐
2. 思路错误 ☐
3. 运算错误 ☐
4. 审题错误 ☐
5. 粗心大意 ☐

其他原因

总结

日期&来源

原题&错解（可粘贴）

所属知识点：

原因分析：

正解&分析

1. 概念错误 ☐
2. 思路错误 ☐
3. 运算错误 ☐
4. 审题错误 ☐
5. 粗心大意 ☐

其他原因

总结

原题&错解 （可粘贴）

日期&来源

所属知识点：

正解&分析

原因分析：

1. 概念错误 ☐
2. 思路错误 ☐
3. 运算错误 ☐
4. 审题错误 ☐
5. 粗心大意 ☐

其他原因

总结

原题&错解 （可粘贴）

日期&来源

所属知识点：

正解&分析

原因分析：

1. 概念错误 ☐
2. 思路错误 ☐
3. 运算错误 ☐
4. 审题错误 ☐
5. 粗心大意 ☐

其他原因

总结

日期&来源

原题&错解（可粘贴）

所属知识点：

原因分析：

正解&分析

1. 概念错误 ☐
2. 思路错误 ☐
3. 运算错误 ☐
4. 审题错误 ☐
5. 粗心大意 ☐

其他原因

总结

日期&来源

原题&错解（可粘贴）

所属知识点：

原因分析：

正解&分析

1. 概念错误 ☐
2. 思路错误 ☐
3. 运算错误 ☐
4. 审题错误 ☐
5. 粗心大意 ☐

其他原因

总结

原题&错解（可粘贴）

日期&来源

所属知识点：

正解&分析

原因分析：

1. 概念错误 ☐
2. 思路错误 ☐
3. 运算错误 ☐
4. 审题错误 ☐
5. 粗心大意 ☐

其他原因

总结

原题&错解（可粘贴）

日期&来源

所属知识点：

正解&分析

原因分析：

1. 概念错误 ☐
2. 思路错误 ☐
3. 运算错误 ☐
4. 审题错误 ☐
5. 粗心大意 ☐

其他原因

总结

MBA大师

日期&来源

原题&错解（可粘贴）

所属知识点：

原因分析：

正解&分析

1. 概念错误 ☐
2. 思路错误 ☐
3. 运算错误 ☐
4. 审题错误 ☐
5. 粗心大意 ☐

其他原因

总结

日期&来源

原题&错解（可粘贴）

所属知识点：

原因分析：

正解&分析

1. 概念错误 ☐
2. 思路错误 ☐
3. 运算错误 ☐
4. 审题错误 ☐
5. 粗心大意 ☐

其他原因

总结

原题&错解 （可粘贴）

所属知识点：

正解&分析

原因分析：

1. 概念错误 ☐
2. 思路错误 ☐
3. 运算错误 ☐
4. 审题错误 ☐
5. 粗心大意 ☐

其他原因

总结

原题&错解 （可粘贴）

日期&来源

所属知识点：

正解&分析

原因分析：

1. 概念错误 ☐
2. 思路错误 ☐
3. 运算错误 ☐
4. 审题错误 ☐
5. 粗心大意 ☐

其他原因

总结

日期&来源

原题&错解（可粘贴）

所属知识点：

原因分析：

正解&分析

1. 概念错误 ☐
2. 思路错误 ☐
3. 运算错误 ☐
4. 审题错误 ☐
5. 粗心大意 ☐

其他原因

总结

日期&来源

原题&错解（可粘贴）

所属知识点：

原因分析：

正解&分析

1. 概念错误 ☐
2. 思路错误 ☐
3. 运算错误 ☐
4. 审题错误 ☐
5. 粗心大意 ☐

其他原因

总结

原题&错解（可粘贴）

日期&来源

所属知识点：

正解&分析

原因分析：

1. 概念错误 □
2. 思路错误 □
3. 运算错误 □
4. 审题错误 □
5. 粗心大意 □

其他原因

总结

原题&错解（可粘贴）

日期&来源

所属知识点：

正解&分析

原因分析：

1. 概念错误 □
2. 思路错误 □
3. 运算错误 □
4. 审题错误 □
5. 粗心大意 □

其他原因

总结

日期&来源	原题&错解（可粘贴）

所属知识点：

原因分析：　　　　正解&分析

1. 概念错误 □
2. 思路错误 □
3. 运算错误 □
4. 审题错误 □
5. 粗心大意 □

其他原因

　总结

日期&来源	原题&错解（可粘贴）

所属知识点：

原因分析：　　　　正解&分析

1. 概念错误 □
2. 思路错误 □
3. 运算错误 □
4. 审题错误 □
5. 粗心大意 □

其他原因

　总结

原题&错解（可粘贴）

日期&来源

所属知识点：

正解&分析

原因分析：

1. 概念错误 ☐
2. 思路错误 ☐
3. 运算错误 ☐
4. 审题错误 ☐
5. 粗心大意 ☐

其他原因

总结

原题&错解（可粘贴）

日期&来源

所属知识点：

正解&分析

原因分析：

1. 概念错误 ☐
2. 思路错误 ☐
3. 运算错误 ☐
4. 审题错误 ☐
5. 粗心大意 ☐

其他原因

总结

MBA大师

日期&来源

原题&错解（可粘贴）

所属知识点：

原因分析：

正解&分析

1. 概念错误 ☐
2. 思路错误 ☐
3. 运算错误 ☐
4. 审题错误 ☐
5. 粗心大意 ☐

其他原因

总结

日期&来源

原题&错解（可粘贴）

所属知识点：

原因分析：

正解&分析

1. 概念错误 ☐
2. 思路错误 ☐
3. 运算错误 ☐
4. 审题错误 ☐
5. 粗心大意 ☐

其他原因

总结

MBA大师

原题&错解 （可粘贴）

日期&来源

所属知识点：

正解&分析

原因分析：

1. 概念错误 □
2. 思路错误 □
3. 运算错误 □
4. 审题错误 □
5. 粗心大意 □

其他原因

总结

原题&错解 （可粘贴）

日期&来源

所属知识点：

正解&分析

原因分析：

1. 概念错误 □
2. 思路错误 □
3. 运算错误 □
4. 审题错误 □
5. 粗心大意 □

其他原因

总结

日期&来源	原题&错解（可粘贴）

所属知识点：

原因分析： 正解&分析

1. 概念错误 ☐
2. 思路错误 ☐
3. 运算错误 ☐
4. 审题错误 ☐
5. 粗心大意 ☐

其他原因

总结

日期&来源	原题&错解（可粘贴）

所属知识点：

原因分析： 正解&分析

1. 概念错误 ☐
2. 思路错误 ☐
3. 运算错误 ☐
4. 审题错误 ☐
5. 粗心大意 ☐

其他原因

总结

原题&错解 （可粘贴）

日期&来源

所属知识点：

正解&分析

原因分析：

1. 概念错误 ☐
2. 思路错误 ☐
3. 运算错误 ☐
4. 审题错误 ☐
5. 粗心大意 ☐

其他原因

总结

原题&错解 （可粘贴）

日期&来源

所属知识点：

正解&分析

原因分析：

1. 概念错误 ☐
2. 思路错误 ☐
3. 运算错误 ☐
4. 审题错误 ☐
5. 粗心大意 ☐

其他原因

总结

MBA大师

日期&来源	原题&错解（可粘贴）

所属知识点：

原因分析：　　　　正解&分析

1. 概念错误 ☐
2. 思路错误 ☐
3. 运算错误 ☐
4. 审题错误 ☐
5. 粗心大意 ☐

其他原因

总结

日期&来源	原题&错解（可粘贴）

所属知识点：

原因分析：　　　　正解&分析

1. 概念错误 ☐
2. 思路错误 ☐
3. 运算错误 ☐
4. 审题错误 ☐
5. 粗心大意 ☐

其他原因

总结

原题&错解 （可粘贴）

日期&来源

所属知识点：

正解&分析

原因分析：

1. 概念错误 □
2. 思路错误 □
3. 运算错误 □
4. 审题错误 □
5. 粗心大意 □

其他原因

总结

原题&错解 （可粘贴）

日期&来源

所属知识点：

正解&分析

原因分析：

1. 概念错误 □
2. 思路错误 □
3. 运算错误 □
4. 审题错误 □
5. 粗心大意 □

其他原因

总结

日期&来源

原题&错解（可粘贴）

所属知识点：

原因分析：

正解&分析

1. 概念错误 ☐
2. 思路错误 ☐
3. 运算错误 ☐
4. 审题错误 ☐
5. 粗心大意 ☐

其他原因

总结

日期&来源

原题&错解（可粘贴）

所属知识点：

原因分析：

正解&分析

1. 概念错误 ☐
2. 思路错误 ☐
3. 运算错误 ☐
4. 审题错误 ☐
5. 粗心大意 ☐

其他原因

总结

原题&错解 （可粘贴）

日期&来源

所属知识点：

正解&分析

原因分析：

1. 概念错误 ☐
2. 思路错误 ☐
3. 运算错误 ☐
4. 审题错误 ☐
5. 粗心大意 ☐

其他原因

总结

原题&错解 （可粘贴）

日期&来源

所属知识点：

正解&分析

原因分析：

1. 概念错误 ☐
2. 思路错误 ☐
3. 运算错误 ☐
4. 审题错误 ☐
5. 粗心大意 ☐

其他原因

总结

日期&来源

原题&错解（可粘贴）

所属知识点：

原因分析：

正解&分析

1. 概念错误 ☐
2. 思路错误 ☐
3. 运算错误 ☐
4. 审题错误 ☐
5. 粗心大意 ☐

其他原因

总结

日期&来源

原题&错解（可粘贴）

所属知识点：

原因分析：

正解&分析

1. 概念错误 ☐
2. 思路错误 ☐
3. 运算错误 ☐
4. 审题错误 ☐
5. 粗心大意 ☐

其他原因

总结

原题&错解（可粘贴）

日期&来源

所属知识点：

正解&分析

原因分析：
1. 概念错误 ☐
2. 思路错误 ☐
3. 运算错误 ☐
4. 审题错误 ☐
5. 粗心大意 ☐

其他原因

总结

原题&错解（可粘贴）

日期&来源

所属知识点：

正解&分析

原因分析：
1. 概念错误 ☐
2. 思路错误 ☐
3. 运算错误 ☐
4. 审题错误 ☐
5. 粗心大意 ☐

其他原因

总结

MBA大师

日期&来源

原题&错解（可粘贴）

所属知识点：

原因分析：

正解&分析

1. 概念错误 ☐
2. 思路错误 ☐
3. 运算错误 ☐
4. 审题错误 ☐
5. 粗心大意 ☐

其他原因

总结

日期&来源

原题&错解（可粘贴）

所属知识点：

原因分析：

正解&分析

1. 概念错误 ☐
2. 思路错误 ☐
3. 运算错误 ☐
4. 审题错误 ☐
5. 粗心大意 ☐

其他原因

总结

原题&错解（可粘贴）

日期&来源

所属知识点：

正解&分析

原因分析：

1. 概念错误 ☐
2. 思路错误 ☐
3. 运算错误 ☐
4. 审题错误 ☐
5. 粗心大意 ☐

其他原因

总结

原题&错解（可粘贴）

日期&来源

所属知识点：

正解&分析

原因分析：

1. 概念错误 ☐
2. 思路错误 ☐
3. 运算错误 ☐
4. 审题错误 ☐
5. 粗心大意 ☐

其他原因

总结

日期&来源

原题&错解（可粘贴）

所属知识点：

原因分析：

1. 概念错误 ☐
2. 思路错误 ☐
3. 运算错误 ☐
4. 审题错误 ☐
5. 粗心大意 ☐

其他原因

正解&分析

总结

日期&来源

原题&错解（可粘贴）

所属知识点：

原因分析：

1. 概念错误 ☐
2. 思路错误 ☐
3. 运算错误 ☐
4. 审题错误 ☐
5. 粗心大意 ☐

其他原因

正解&分析

总结

原题&错解（可粘贴）

日期&来源

所属知识点：

正解&分析

原因分析：

1. 概念错误 ☐
2. 思路错误 ☐
3. 运算错误 ☐
4. 审题错误 ☐
5. 粗心大意 ☐

其他原因

总结

原题&错解（可粘贴）

日期&来源

所属知识点：

正解&分析

原因分析：

1. 概念错误 ☐
2. 思路错误 ☐
3. 运算错误 ☐
4. 审题错误 ☐
5. 粗心大意 ☐

其他原因

总结

错题修正 | CORRECTIONS

日期&来源

原题&错解 （可粘贴）

所属知识点：

原因分析：

正解&分析

1. 概念错误 ☐
2. 思路错误 ☐
3. 运算错误 ☐
4. 审题错误 ☐
5. 粗心大意 ☐

其他原因

总结

日期&来源

原题&错解 （可粘贴）

所属知识点：

原因分析：

正解&分析

1. 概念错误 ☐
2. 思路错误 ☐
3. 运算错误 ☐
4. 审题错误 ☐
5. 粗心大意 ☐

其他原因

总结

MBA大师

原题&错解（可粘贴）

日期&来源

所属知识点：

正解&分析

原因分析：

1. 概念错误 ☐
2. 思路错误 ☐
3. 运算错误 ☐
4. 审题错误 ☐
5. 粗心大意 ☐

其他原因

总结

原题&错解（可粘贴）

日期&来源

所属知识点：

正解&分析

原因分析：

1. 概念错误 ☐
2. 思路错误 ☐
3. 运算错误 ☐
4. 审题错误 ☐
5. 粗心大意 ☐

其他原因

总结

MBA大师

日期&来源

原题&错解（可粘贴）

所属知识点：

原因分析：

正解&分析

1. 概念错误 ☐
2. 思路错误 ☐
3. 运算错误 ☐
4. 审题错误 ☐
5. 粗心大意 ☐

其他原因

总结

日期&来源

原题&错解（可粘贴）

所属知识点：

原因分析：

正解&分析

1. 概念错误 ☐
2. 思路错误 ☐
3. 运算错误 ☐
4. 审题错误 ☐
5. 粗心大意 ☐

其他原因

总结